国家科学技术学术著作出版基金资助出版

高维稀疏数据驱动的城市固废焚烧过程二噁英排放智能检测

汤 健 乔俊飞 著

清華大學出版社
北 京

内 容 简 介

本书面向国家污染防治的重大需求，结合从实际复杂工业过程所提炼的针对产品质量、环保指标等难测参数检测的一类稀疏高维数据智能建模问题，以北京某城市固废焚烧（MSWI）过程为研究对象，对其所排放污染物（二噁英）浓度的智能检测技术进行系统、深入的论述，包括基于特征约简、集成学习、虚拟样本生成和群智能优化的建模技术。研究面向 MSWI 二噁英排放建模的人工智能算法，为实现该过程运行优化和城市污染排放控制提供有力支撑，对促进生态环境可持续发展具有积极的作用。

本书是首部涉及城市固废焚烧过程污染物排放浓度智能建模的专著，可供高校教师、研究生、高年级本科生和从事 MSWI 的工程技术人员学习、参考。

图书在版编目（CIP）数据

高维稀疏数据驱动的城市固废焚烧过程二噁英排放智能检测/汤健，乔俊飞著．—北京：清华大学出版社，2023.11

ISBN 978-7-302-62706-7

Ⅰ．①高…　Ⅱ．①汤…　②乔…　Ⅲ．①城市—固体废物—垃圾焚化—二恶英—有机污染物—自动检测　Ⅳ．①X705-39

中国国家版本馆 CIP 数据核字（2023）第 027093 号

责任编辑：戚　亚
封面设计：常雪影
责任校对：王淑云
责任印制：刘海龙

出版发行：清华大学出版社
网　　址：https://www.tup.com.cn，https://www.wqxuetang.com
地　　址：北京清华大学学研大厦 A 座　　**邮　　编**：100084
社 总 机：010-83470000　　**邮　　购**：010-62786544
投稿与读者服务：010-62776969，c-service@tup.tsinghua.edu.cn
质量反馈：010-62772015，zhiliang@tup.tsinghua.edu.cn
印 装 者：北京同文印刷有限责任公司
经　　销：全国新华书店
开　　本：170mm×240mm　　**印　　张**：21.25　　**字　　数**：424 千字
版　　次：2023 年 12 月第 1 版　　**印　　次**：2023 年 12 月第1 次印刷
定　　价：119.00 元

产品编号：096109-01

前言

PREFACE

随着人类社会文明的进步和公众环保意识的增强，科学合理地利用自然资源，全面系统地保护生态环境已经成为世界各国可持续发展的必然选择。环境保护是指人类科学合理地保护并利用自然资源，防止自然环境受到污染和破坏的一切活动。环境保护的本质是协调人类与自然的关系，维持人类社会发展和自然环境延续的动态平衡。由于生态环境是一个复杂的动态大系统，人类与自然的和谐共生是一项具有复杂性、系统性、长期性和艰巨性的任务，必须依靠科学理论和先进技术得以实现。

面向国家生态文明建设，聚焦污染防治国家重大需要，北京工业大学环境保护自动化研究团队围绕水污染治理、空气质量监控、城市固废处理等社会共性难题，从信息学科的视角研究环境污染防治自动化、智能化技术，助力国家打好“蓝天碧水净土”保卫战。作为国内环保自动化领域的拓荒者，研究团队经过二十多年的潜心钻研，在水环境质量评价与智能管控、城市污水处理过程智能优化控制、城市供水系统智能优化控制、城市固废焚烧（MSWI）过程智能优化控制和空气质量智能感知、识别与监控等方面取得了重要进展，形成了具有自主知识产权的环境质量感知、自主优化决策、智慧监控管理等智慧环保新技术。

本书主要对在无害化、减量化和资源化等方面具有显著优势的MSWI过程所涉及的难测污染物排放浓度的检测技术进行研究。虽然MSWI是目前广泛采用的城市固废处理技术，但其所排放的二噁英（DXN）却是具有极强化学性质和热稳定性的剧毒持久性有机污染物，也是引发公众高关注度和强烈抗议乃至产生焚烧建厂“邻避效应”的主要因素。DXN被称为“世纪之毒”，中毒轻者的内分泌系统和智力会受损，中毒重者的染色体会受损甚至导致细胞癌变，进而导致生物体出现致畸、致癌和致突变的“三致”效应，对人类健康和生态环境产生巨大的现实和潜在危害。因固废组分不同、焚烧工艺差异、统计数据有限等因素，国内外关于MSWI运行参数与DXN排放浓度间映射关系的研究还未形成统一定论，必须结合我国国情进行针对性的研究。目前，国内外对城市固废炉内燃烧的控制主要采用“3T1E”的策略，即850～1000℃高温（T）、燃烧室停留时间超过2s（T）、较大的湍流程度（T）和合适的过量空气系数（E）；对烟气的处理主要采用活性炭吸附工艺。显然，这种方式并不是以DXN排放浓度作为直接目标的优化控制策略。我国现有的成套引进的发达国家MSWI工艺与系统因不能适应我国城市固废特性，多由领域专家依据经验以手动方式操作运行，某些系统无法达到设计国和我国的运行标准，导致各类故障频发甚至计划外停炉，造成DXN排放浓度波动大，难以全年稳定达标。因此，除对焚烧设备和工艺进行国产化和适应化的改造外，必须依据我国MSW的特性，探索更为有效的以DXN排放浓度为直接优化目标的运行策略。显然，在线检测DXN排放浓度对实现MSWI过程的优化运行非常必要。

本书在国家自然科学基金项目(62073006、62021003)、北京市自然科学基金项目(4212032)和科技创新2030——“新一代人工智能”重大项目(2021ZD0112301、2021ZD0112302)等课题的支撑下，以基于数据驱动软测量模型在线实时检测MSWI过程的DXN排放浓度为目标，开展基于特征约简、选择性集成学习、虚拟样本生成和群智能优化技术的智能检测方法。首先，阐述进行MSWI过程DXN排放智能检测的背景和意义，综述工业过程高维数据软测量技术和稀疏数据完备技术的研究现状，以及目前DXN排放检测的现状；接着，进行面向DXN排放检测的基于炉排炉的MSWI过程特性分析，明晰影响DXN排放浓度的主要因素和对其进行智能检测的难点所在；然后，基于上述分析，从基于特征约简与选择性集成算法的软测量模型构建、基于改进大趋势扩散和隐含层插值的虚拟样本生成方法、基于群智能优化的虚拟样本优化选择方法共三部分描述相应的建模策略、算法实现和仿真验证；最后，描述了在北京某MSWI厂开发的DXN排放智能检测系统。本书旨在面向国家在污染防治领域的重大战略需求，以MSWI过程的二噁英排放浓度检测为研究对象，基于数据驱动建模的理论和应用视角，从实际工程出发提出了解决稀疏高维数据智能建模难点的系列新框架和新方法，进而支撑MSWI过程的运行优化和城市污染的排放控制，促进生态环境的可持续发展。

感谢国家自然科学基金委员会、科学技术部和北京工业大学的长期支持，感谢环境保护自动化研究团队的同事和研究生，特别是郭子豪、王丹丹、夏恒、王天峥、崔璨麟等同学参与了本书的成稿工作。感谢MSWI领域的国内外专家学者，正是在你们的启迪和激励下，本书的内容得到了进一步升华。

汤　健　乔俊飞

2022年7月于北京平乐园

目录

CONTENTS

第 1 章

绪论

第 1 章图片

1.1 研究背景和意义

城市固体废物(municipal solid wastes,MSW)又称为“城市生活垃圾”,简称为“城市固废”,指城市居民日常生活或为城市日常生活提供服务的活动中产生的固体废物,主要来自城市居民家庭、城市商业、餐饮业、旅馆业、旅游业、服务业、市政环卫业、交通运输业、街道打扫垃圾、建筑遗留垃圾、文教卫生业和行政事业单位、工业企业单位、水处理污泥和其他零散垃圾等[1]。MSW 包括厨余物、废纸、废塑料、废织物、废金属、废玻璃、陶瓷碎片、砖瓦渣土、废旧电池、废旧家用电器等,其成分的变化受居民生活水平、生活习惯,以及季节、气候等的影响。

目前,MSW 的全球年增长率随城镇人口增加和居民消费水平的提升已达到 8%[2],我国部分城市甚至出现了“垃圾围城”现象。截至 2021 年,全球 MSW 的年产量已达到 20.1 亿吨,其中 33%没有得到妥善处理,预计到 2050 年,全球 MSW 的年产量将达到 34 亿吨[3-4]。在无害化、减量化和资源化等方面优势显著的城市固体废物焚烧(municipal solid wastes incineration,MSWI)是目前广泛采用的处理技术[5]。研究表明,MSW 作为新型可循环能源[6-7],可以通过焚烧使减质率、减容率和能量回收率达到 70%、90%和 19%[8],在经济和环保方面所呈现的潜在价值已被发展中国家认可[9]。针对我国,MSWI 的优势体现在:减容率为 79.2%、稳定率为 100%、温室气体减量为 124.3kg-CO_2Eq/t 和电力产量为 1163.1MJ/t[10]。截至 2022 年 9 月,我国已投运 MSWI 厂 811 座,其中,在正在运行的 1822 台焚烧炉中,机械炉排炉占比超过 94%[11]。综合国家政策和统计数据分析表明,炉排炉已经成为我国 MSWI 过程采用的主要炉型[12-13]。在 2020 年,我国 MSW 的产量为 23560.2 万吨[14]。

研究表明,MSW 的产生受多种因素共同影响,如文献[15]指出,家庭规模、收入水平和教育因素是影响 MSW 产生的主要因素；文献[16]指出，MSW 的组成和产生速率依赖于社会、经济和环境条件。文献[17]认为，MSWI 过程的配置需要考虑环境条件、地区经济和社会因素。文献[18]将 MSW 管理作为综合考虑成本和污染排放的多目标优化问题。我国的 MSW 具有高有机组分(60%～70%)和高水分含量(50%以上)的特点，并且分类收集和处理程度低[10]。此外，发展中国家在回收机制、处理技术和管理策略等方面与德国、瑞典、日本等发达国家相比，还存在很多亟待解决的问题[19]，其中最为突出的问题是污染物排放不达标[20-21]。研究表明，污染排放低的热解汽化炉主要分布在日本和欧洲[22]。文献[3]指出，我国 MSWI 过程因低于标准的烟气排放而备受指责，主要原因包括 MSW 成分特殊、运行经验缺乏、资金运转不到位、监管测量措施不可靠等。由于国内经济发展不均衡的实际状况，发达地区多引进技术成熟的机械炉排炉，而小城市和中西部多采用成本较低的流化炉。

针对我国现状，文献[23]指出，我国 MSWI 的重点是预防烟气排放造成的二次污染，需要研究适合我国 MSW 特性的本土化高级焚烧技术。笔者认为，解决上述问题需要从环保规定、监督管理、工艺保障和控制策略等多个维度考虑。从控制学科的视角，其途径之一是研制面向 MSWI 过程的智能优化控制系统、智能优化决策系统、以及智能优化决策与控制一体化体统[24]，其中的首要问题是实现污染排放物的实时在线检测和 MSWI 过程的运行优化控制[25]。

MWSI 过程排放的最受争议的副产品是二噁英类化合物(dioxin-like chemicals，DLC)。DLC 是对多氯代二苯并-对-二噁英(polychlorinated dmenzo-p-dioxins，PCDDs)、多氯苯并呋喃(polychlorinated dibenzofurans，PCDFs)和共面多氯联苯(Coplanar polychlorinated diphenyls，Co-PCBs)等化合物的总称，其中的 PCDDs 和 PCDFs 总称为“二噁英”(dioxin，DXN)[26-27]。DXN 是具有极强化学性质和热稳定性的剧毒持久性有机污染物，被称为“世纪之毒”。中毒较轻者的内分泌系统和智力会受损；中毒严重者的染色体会受损甚至导致细胞癌变[27-28]；中毒更甚者，由于 DXN 在生物体内具有积累和放大效应(图 1.1 为造成美国旧金山湖泊污染，结构和特性均与 DXN 类似的有机含氯类杀虫剂双对氯苯基三氯乙烷(dichlorodiphenyltrichloroethane，DDT)的生态食物链积聚示意图)，会导致生物体出现致畸、致癌和致突变等“三致”效应[29]，对生态环境和人类健康产生巨大的现实和潜在危害[30]。

研究表明，MSWI 过程占全球 DXN 人为排放源的 37.6%[31]，这也是引发公众高关注度和强烈抗议，以致形成焚烧建厂“邻避效应”的主要原因[32-33]。文献[34]对 MSWI 过程 DXN 的排放特性、形成机理和最小化措施进行了简述。文献[35]指出，2006 年调研的我国 19 座商业焚烧炉仅有 6 座满足欧盟的排放标准。2006 年我国 DXN 的排放标准为 1.0ng TEQ/m^3[36]，为同时期欧盟排放标准的 10 倍。2014 年我国将排放标准提高为与欧盟一致的 0.1ng TEQ/m^3[37]。文献[38]测量

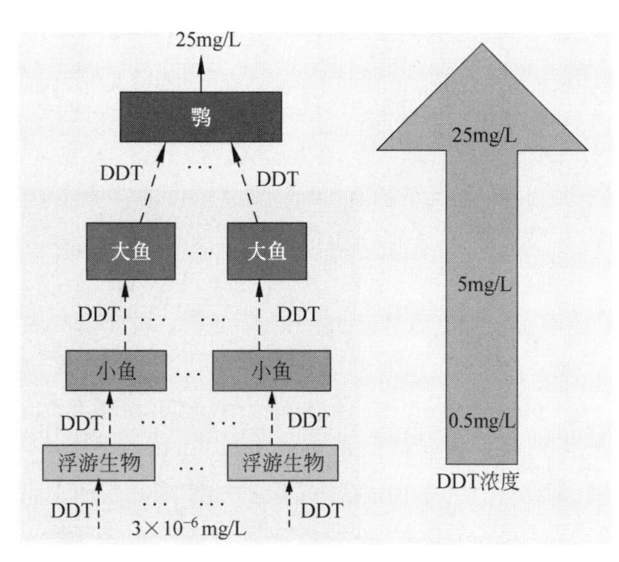

图 1.1 与 DXN 具有类似结构和特性的 DDT 生态食物链积聚图

了近年来我国 10 座焚烧炉的 DXN 排放浓度(0.016～0.104ng TEQ/m^3),其中 9 座达标。与此同时,文献[3]指出,意大利的 DXN 排放浓度仅为欧盟标准的 1/50。因此,与发达国家相比,我国大部分 MSWI 过程的 DXN 排放浓度仍然偏高。

针对 DXN 带来的环境问题和健康隐患,国内科研人员进行了多个维度的研究[39-43],但 DXN 组分的多样性和性质差异导致现有技术难以实现普适性检测[44]。MSWI 排放的 DXN 浓度为超痕量,对检测技术的特异性、选择性和灵敏度要求很高[45]。目前常用的 DXN 检测手段是高分辨率气相色谱-高分辨率质谱联机(high resolution gas chromatography/high resolution mass spectrometry,HRGC/HRMS)法、生物检测法和免疫法等离线直接检测法[46-47],这类方法的步骤是先在线连续采样烟气 4～6h,再在实验室离线和分析化验近 1 周,具有周期长、滞后大、成本高等缺点[48]。文献[49]所提方法减少了操作时间,降低了有害溶剂消耗和成本,但仍未实现在线实时检测。文献[50]研制了对含 DXN 的排放烟气进行连续采样的装置,但仍然需要离线化验。目前,工业现场和环保部门监测 DXN 排放的主要手段仍然是上述复杂度高、滞后时间尺度大(月/周)、需进行实验室化验分析等特点的离线直接检测法[3]。

文献[51]指出,进行 DXN 排放浓度的在线测量对 MSWI 过程的优化控制非常必要。先检测与 DXN 具有密切映射关系的高浓度化学物质(如单氯苯)等指示物/关联物,再利用映射模型计算 DXN 排放浓度的在线间接检测法[52],是目前的研究热点[53-58];该类方法的目标是根据 DXN 排放浓度的在线检测值制定 MSWI 过程操作参数的调整策略,进而实现变工况下 MSWI 过程的优化控制[59]。文献[60]首先在线检测低挥发性有机氯(low-volatile organic chlorine,LVOCl),再进一步估计 DXN 的排放浓度,将时间滞后尺度缩短至 1h 乃至 0.5h,该方法存在的问题是指示物/关联物在线检测设备的高复杂性和低性价比导致其难以应用于工业，DXN 映射模型的精度也有待提升。此外，此类方法的时间滞后性难以满足 MSWI 过程以降低 DXN 排放浓度为目标的实时运行优化控制。因此，该方法具有检测设备复杂度高和造价昂贵、滞后时间尺度居中（小时级）、可在线测量等特点。

由上可知，基于上述方法无法进行 DXN 排放浓度的在线实时检测。软测量技术在工业过程难以检测参数的实时在线推理估计中得到了广泛应用，其具有检测设备复杂度要求低、滞后时间尺度小（分或秒级）、可在线测量等特点[61]。面向 MSWI 过程，以少量样本构建 DXN 排放回归模型[62-63]，采用相关性分析、主成分分析（principal component analysis，PCA）确定输入变量后构建 DXN 排放神经网络软测量模型[48]等的研究均有报道。我国基于控制学科视角的研究成果仅见于 2015 年结题的以“二噁英软测量精简化建模研究”为目标的国家自然科学基金项目[64]，但其建模样本数量极为稀少，模型精度有待提高。总体上，文献中能够检索到的 MSWI 过程 DXN 排放软测量成果较少[65-66]。文献[51]指出，在线测量 DXN 排放浓度对实现 MSWI 过程的运行优化非常必要。以国内正在运行、数量占绝对优势的炉排炉的实际数据进行 DXN 排放浓度智能检测的研究却鲜有报道。

因焚烧工艺差异、统计数据有限等因素，国内外关于 MSWI 过程的运行参数与 DXN 排放浓度间映射关系的研究还未形成统一定论，必须进行针对性的研究。针对 MSWI 过程的运行参数优化，国内外对炉内燃烧的控制主要采用“3T1E”策略，即 850～1000℃高温（T）、燃烧室停留时间超过 2s（T）、较大的湍流程度（T）和合适的过量空气系数（E）；对烟气处理主要采用活性炭吸附工艺。显然，这种方式并不是以 DXN 排放作为直接目标的优化控制策略。我国现有的成套引进的国外 MSWI 工艺与系统，因不能适应我国 MSW 特性，多由领域专家根据经验以手动方式运行，某些系统甚至无法达到设计国和我国的运行标准，导致 DXN 排放波动大，难以全年稳定达标[67-68]。因此，除对焚烧设备和工艺进行改造外，必须根据我国 MSW 特性，探索更为有效的以 DXN 排放为直接目标的运行优化策略。

实际工业现场检测 DXN 浓度面临着价格昂贵、时间滞后等局限，使 MSWI 过程中用于 DXN 排放浓度建模的有标记真实样本（真输入-真输出）十分稀缺。因此，此类基于数据驱动的软测量建模问题受到样本容量不足、代表性差、分布不均衡等问题的严重制约。显然，解决“小样本”建模问题至关重要。该问题的本质是样本数量的有限造成了建模所需特征信息不足。因而，“小样本”建模问题不能简单理解为样本数量的绝对少，而是与样本输入维数、蕴含信息量等相关的相对概念，其通常也表现出空间分布稀疏和不平衡、概率分布偏移等问题。因此，基于小样本构建的模型往往具有片面性和偏差性，其软测量结果也难以真实反映类似 DXN 排放浓度的难测参数。

目前，已有多种机器学习方法用于小样本建模。但是，在样本数量极其稀缺和分布不平衡的情况下，上述算法难以进一步提高模型的软测量精度。解决小样本建模问题的有效方法之一是由模式识别领域首次提出的虚拟样本生成(virtual sample generation,VSG)方法[69],其原理是结合领域先验知识撷取小样本数据间存在的潜在信息以产生适当数量的虚拟样本,进而扩增建模样本数量,提高软测量模型性能[70],该方法已被成功应用于癌症识别[71]、可靠性分析[72]、机械振动信号建模[73]等诸多领域。VSG方法最初多应用于图像识别领域[74-77],研究者通常结合先验知识生成有效的虚拟图像以提高模型的泛化性能;但由于获得领域明确先验知识的难度大、耗费时间长,所以各领域的研究人员大多聚焦于从小样本中汲取知识以生成虚拟样本的方法。近年来,由于VSG在"小样本"建模上的良好表现,国内外研究人员进行了面向"小样本"回归建模VSG的研究与应用,取得了诸多研究成果。但面向工业数据回归建模的虚拟样本研究仍处于发展阶段,如何生成冗余度低的虚拟样本、如何基于虚拟样本不同质量确定其最佳数量、如何生成符合期望分布的虚拟样本等重要问题仍未被研究与解决。

综上可知,实验室大滞后的离线直接检测方法和基于指示物/关联物的在线间接检测法均难以有效支撑以降低DXN排放浓度为直接目标的MSWI过程的运行优化与反馈控制。为消除民众对DXN排放浓度长周期的困扰和间断性检测数据的不信任,避免MSWI建厂的"邻避困境",在线实时检测DXN排放浓度迫在眉睫。

本书在国家自然科学基金项目(62073006、62021003)、北京市自然科学基金项目(4212032)和科技创新2030——"新一代人工智能"重大项目(2021ZD0112301、2021ZD0112302)等的支撑下,依托北京市某MSWI厂,进行面向高维稀疏数据的MSWI过程DXN排放智能检测研究,为实现MSWI过程的运行优化和城市污染的排放控制奠定了必要基础。此外,从国内环境看,国务院《新一代人工智能发展规划》已将"环境污染物排放智能预测模型方法和预警方案"作为智能环保主题的主要规划之一。本书提出的维数约简、选择性集成学习、虚拟样本生成、智能优化等技术可在类似的具有高维、稀疏等特性的数据建模中进行推广应用。

1.2 工业过程高维数据软测量技术研究现状

软测量(soft sensor)指有机结合自动控制理论与生产过程,通过状态估计的方法对难以在线测量的参数进行在线估计,以软件来替代硬件的功能[78]。基于数据驱动的软测量方法是指不需要研究对象的内部规律,通过输入输出数据建立与过程特性等价的模型[79-80]。

软测量在本质上是建模问题,即通过构造某种数学模型,描述关键操作变量、被控变量、扰动变量等易测参数与产品质量、环保指标等难测参数之间的函数关系,以易检测的过程变量数据为基础,获得难测参数的估计值。软测量的原理如图1.2所示。

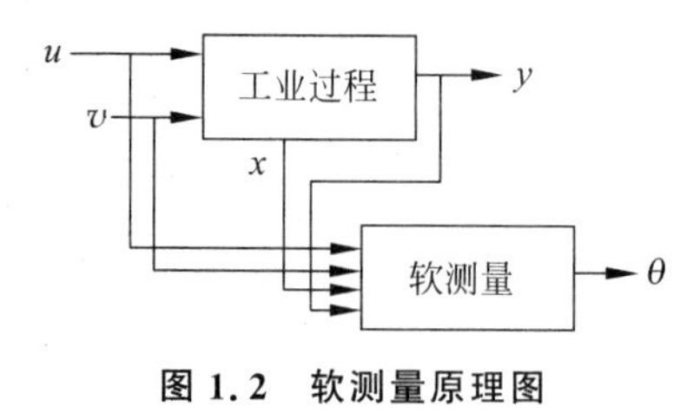

图 1.2 软测量原理图

如图 1.2 所示，软测量的目的就是利用所有可获得的信息$\{x,u,v\}$求取主导变量 y 的最佳估计值θ，即构造从可测信息集到 y 的映射。可测信息集包括所有可测主导变量 y（y 可能部分可测）、辅助变量 x、控制变量 u 和可测扰动 v。软测量是对传统测量手段的补充，可解决有关产品质量、生产效益、环保指标等关键性生产参数难以直接测量的问题，为提高生产效益、保证产品质量、降低污染排放提供手段。

文献[81]将软测量的实现方法归结为如下几个步骤。

1. 辅助变量选择

软测量的目的是利用所有易于获取的可测信息，通过计算实现对被测变量的估计。辅助变量的选择包括变量数量、变量类型和变量检测点位置的选择。变量数量的选择和过程的自由度、测量噪声和模型的不确定性等有关。变量类型的选择原则包括灵敏性、过程适用性、特异性、准确性和鲁棒性等。

2. 数据选择和预处理

为了保证软测量的准确性和有效性，采集数据时应均匀分配采样点，尽量拓宽涵盖范围，减少信息重叠，避免信息冗余。

由于仪表精度和环境噪声等随机因素的影响，对输入数据进行预处理是软测量技术不可缺少的一部分。输入数据预处理包括数值变换和误差处理两方面，其中，数值变换包括标度、转换和全函数三部分，误差处理分为随机误差和过失误差处理两大类。随机误差受随机因素（如操作过程的微小扰动和测量信号的噪声等）的影响，一般虽不可避免但符合一定统计学规律，可采用数字滤波方法予以消除，如算术平均滤波、中值滤波和阻尼滤波。

对于高维辅助变量，通过维数约简可以降低测量噪声的干扰和模型的复杂度。研究表明，特征的维数还会影响软测量模型的泛化性能。采用高维数据建立软测量模型，存在不可避免的“休斯”现象和“维数灾”问题；解决该问题的方法之一是维数约简，其包括特征提取和特征选择技术[82-83]。常用的特征提取技术包括基于主成分分析[84]和偏最小二乘（partial least squres，PLS）[85]的方法；特征选择技术包括各种选择输入变量子集的方法[86]。

3. 软测量模型构建

软测量技术的核心是建立被测量对象的模型。文献[87]将软测量建模方法分为机理建模[88-91]、回归分析[91]、状态估计[92-93]、模式识别[94]、人工神经网络[95-97]、模糊数学[98-100]、支持向量机（support vector machine，SVM）和核函数[101-104]、过程层析成像[105-106]、相关分析[92]和现代非线性系统信息处理技术[107-110]等方法或者以上几种方法的混合[111-113]。进一步，文献[79]和文献[80]将其分为三大类：

（1）机理建模方法，在对工业过程进行全面了解的基础上，列写各类平衡方程（如物料平衡、能量守恒、动量定理、化学反应方程式）和反映流体传热介质等基本规律的动力学方程、物理参数方程和设备特性方程等，以确定不可测主导变量与可测辅助变量间的数学关系，从而建立估计主导变量的精确数学模型[114-115]。对于复杂的工业过程，其内在机理往往不十分清晰，完全依赖机理分析的建模比较困难。

（2）基于数据驱动的建模方法，通过工业过程的输入/输出数据建立等价模型；

（3）混合建模方法，使用机理和数据建模相结合的方法建立软测量模型。

另外，对于小样本高维数据，一般采用数据驱动的建模方法。主成分分析/核主成分分析（kernel PCA，KPCA）、偏最小二乘/核偏最小二乘（kernel PLS，KPLS）和 SVM 等被广泛使用。采用集成多个子模型的集成建模方法可以提高模型的泛化性、有效性和可信度[116-118]。选择具有互补特性的子模型进行选择性集成（selective ensemble，SEN）的建模方法已成为构建泛化能力强的软测量模型的一个重要研究方向。

（4）软测量模型的校正

在实际工业过程中，随着对象特性的变化和工作点的漂移，需要对软测量模型进行校正以适应新工况。对软测量模型的在线校正方法包括多时标法、自适应法[92]和增量法[119]等。然而，对模型结构的修正需要大量的样本数据和较长的调试时间，在线进行修正存在实时性方面的困难。对此，Zhou 等提出了短期学习和长期学习相结合的思想，较好地解决了校正与实时性之间的矛盾[120]。短期校正计算某时刻软测量对象的真实值与模型的测量值之差，及时修正模型参数，如根据误差、累计误差和误差的增量对基于回归的软测量模型的常数项进行校正的方法[81]。长期校正是在模型运行一段时间并积累了足够多的新样本数据后进行软测量模型系数的重新计算，既可离线进行也可在线进行。显然，离线校正就是通过重新建立软测量模型，在线校正则是采用递推算法更新模型。目前，常用的软测量模型在线校正方法是滑动窗口和递推技术，如指数加权移动平均 PCA/PLS[121]、递推 PCA/PLS[122-124]和滑动窗口 PCA/PLS[125-126]。

1.2.1　模型输入维数约简

基于数据驱动的软测量模型的性能主要取决于建模样本数量、特征维数和软测量模型复杂度间的相互关系[127]。进行特征（维数）约简可降低测量成本并提高建模精度，但不当的维数约减也会降低模型的建模精度[128]。特征提取和特征选择技术是两种常用的各有特点的维数约简方法。后文主要针对高维数据涉及的维数约简方法进行现状描述。

复杂工业过程、光谱与近红外谱、图像识别、文本分类、可视化感知、基因表达等领域出现的大量小样本高维、超高维数据对特征选择问题提出了严峻挑战，其中特征冗余和特征间的共线性导致学习器的泛化能力下降。文献[129]针对分类问题描述了高维小样本数据的特征选择策略和评估准则，提出了基于 PLS 的高维小样本数据递推特征约简方法，采用不同研究领域的高维数据集进行方法验证。文献[130]提出了基于蒙特卡罗采样和 PLS 的近红外谱变量选择策略。常用的基于 GA-PLS 的谱数据特征选择算法具有运行效率低，未考虑谱数据特有的谱变量量纲一致、值为正等特点。考虑高维谱数据的这些特点，文献[131]提出了基于 PCA 和球域准则选择高维光谱特征的方法，文献[132]提出了基于 PLS 和球域准则选择频谱特征的方法。但这些方法所提取的特征在深度上难以模拟人脑的深层次特征提取。深度神经网络学习算法能够对图像、语音、文本等高维数据进行深度特征抽取[133-134]。理论上，深度学习可以充分模拟人类大脑的神经连接结构，通过组合低层特征实现数据的分层特征表示[135]，如深层神经网络-隐马尔可夫混合模型的成功应用[136]。针对难以获取足够有标签数据的工业过程，文献[137]用深度学习构建软测量模型，认为深度学习可以作为潜变量模型描述过程变量间的高相关性。文献[138]将深度学习理论用于机械设备故障诊断。文献[139]提出了处理不确定性信息的深度学习算法。文献[140]综述了深度学习的控制领域研究现状，指出其在特征提取和模型拟合等方面具有突出的潜力和优势。文献[141]面向干式球磨机，采用深度学习对实验磨机轴承振动频谱进行特征提取。文献[142]综述了面向时间序列建模的非监督特征学习和深度学习。模型驱动和数据驱动相结合进行具有机理知识支撑的深度特征提取更有价值。

大量研究表明，特征的选择和提取与具体问题有很大关系，目前没有理论能给出对任何问题都有效的方法。如何针对特定问题提出新的组合方法是目前特征提取与选择方法研究的方向之一[143]。

1.2.2 神经网络集成建模理论

文献[144]给出了构造集成回归器的通用理论框架，提出了建立在均方误差(mean square error，MSE)意义下性能优于任何子模型的混合神经网络集成模型，其特点为有效利用了参与集成的全部神经网络，有效利用了全部训练数据并且未造成过拟合，通过平滑函数空间的内在正则化避免了过拟合，利用局部最小构造了改进的估计器，适用于理想情况下的并行计算等。

混合多个神经网络集成的关键问题是如何设计网络结构、如何合并不同神经网络的最优输出以获得最佳估计和如何利用数量有限的建模数据集。通过重新采样技术可以从单个建模数据集中得到多个具有差异的神经网络系统。通常的做法是选择具有最佳预测性能的神经网络，但这是非常低效的。通过平均函数空间而非参数空间的集成建模方法可以提高效率并避免局部最小问题。

1. 基本集成方法

基本集成方法(basic ensemble method,BEM)主要是将一组子回归估计器的估计函数 $f(x)$合并,其定义为 $f(x)=E[y|x]$。假设有两个独立的有限数据集,训练集 $\boldsymbol{X}^{\text{train}}=\{x_l,y_l\}_{l=1}^{\boldsymbol{k}}$ 和交叉验证数据集 $\boldsymbol{X}^{\text{valide}}=\{x_m,y_m\}_{m=1}^{\boldsymbol{k}_{\text{valide}}}$;进一步假设采用 $\boldsymbol{X}^{\text{train}}$ 产生的一系列函数集 $\Gamma=\{f_j(x)\}_{j=1}^{J}$,目标是通过 Γ 寻求 $f(x)$的最好近似。

通常的选择是采用基于最小化 MSE 的估计器 $f_{\text{Naive}}(x)$:

$$f_{\text{Naive}}(x)=\underset{j}{\operatorname{argmin}}\{\text{MSE}[f_j]\} \tag{1.1}$$

其中,

$$\text{MSE}[f_j]=E_{\boldsymbol{X}^{\text{valide}}}[(y_m-f_j(x_m))^2] \tag{1.2}$$

该方法难以得到满意数据模型的原因有两个:一是在所有神经网络中只选择一个网络时会丢弃其他网络所含的有用信息,二是随机验证数据集可能会导致其他网络对未建模数据的预测性能好于所选择的估计器 $f_{\text{Naive}}(x)$。对未建模数据进行可靠估计的方法是平均 Γ 中所有估计器的性能,即采用 BEM 估计器 $f_{\text{BEM}}(x)$。

定义函数 $f_j(x)$偏离真值的偏差为偏差函数,记为 $m_j(x)\equiv f(x)-f_j(x)$,则 MSE 可改写为 $\text{MSE}[f_j]=E[m_j^2]$。相应地,平均 MSE 可以表示为

$$\overline{\text{MSE}}=\frac{1}{J}\sum_{j=1}^{J}E[m_j^2] \tag{1.3}$$

将 $f_{\text{BEM}}(x)$回归函数定义为

$$f_{\text{BEM}}(x)=\frac{1}{J}\sum_{j=1}^{J}f_j(x)=f(x)-\frac{1}{J}\sum_{j=1}^{J}m_j(x) \tag{1.4}$$

假设 $m_j(x)$是零均值相互独立的,采用下式计算 $f_{\text{BEM}}(x)$的 MSE:

$$\begin{aligned}\text{MSE}[f_{\text{BEM}}]&=E\left[\left(\frac{1}{J}\sum_{j=1}^{J}m_j\right)^2\right]\\&=\frac{1}{J^2}E\left[\left(\sum_{j=1}^{J}m_j\right)^2\right]+\frac{1}{J^2}E\left[\sum_{j\neq s}m_jm_s\right]\\&=\frac{1}{J^2}E\left[\left(\sum_{j=1}^{J}m_j\right)^2\right]+\frac{1}{J^2}\sum_{j\neq s}E[m_j]E[m_s]\\&=\frac{1}{J^2}E\left[\left(\sum_{j=1}^{J}m_j\right)^2\right]\\&=\frac{1}{J^2}\overline{\text{MSE}}\end{aligned} \tag{1.5}$$

上式表明,通过平均若干个子回归估计器可以有效减小 MSE,因为这些子回归器能够或多或少地跟踪真值回归函数;若把偏差函数视为叠加在真值回归函数上的随机噪声函数,并且这些噪声函数是零均值不相关的,则对这些子回归器进行平均

就等价于对噪声进行平均。显然，在这种意义下，集成方法就是平滑函数空间。

集成方法的另外一个优点是可以合并不同来源的多个子回归器。因此易扩展至统计 Jackknife、Bootstrap 和交叉验证等技术以获得性能更佳的回归函数。

但是，由于 Γ 中的所有偏差函数间既是相关的，也是非零均值的，导致上述期望的结果往往难以获得。

2. 广义集成方法

此处介绍 Γ 中子回归器的最佳线性合并方法，即广义集成方法（generalized ensemble method，GEM）。该方法可以获得低于最佳子回归器 $f_{\text{Naive}}(x)$ 和 BEM 回归器 $f_{\text{BEM}}(x)$ 的估计误差。

定义 GEM 回归器 $f_{\text{GEM}}(x)$ 如下：

$$f_{\text{GEM}}(x) \equiv \sum_{j=1}^{J} w_j f_j(x) = f(x) + \sum_{j=1}^{J} w_j m_j(x) \tag{1.6}$$

其中，w_j 是实数，并且满足 $\sum w_j = 1$。

定义误差函数之间的对称相关系数矩阵 $\boldsymbol{C}_{js} \equiv E[m_j(x) m_s(x)]$。

此处的目标是选择合适的 w_j 以最小化目标函数 $f(x)$ 的 MSE，即需要最小化 $\boldsymbol{w}_{\text{opt}}$：

$$\begin{aligned} \boldsymbol{w}_{\text{opt}} &= \operatorname{argmin}(\text{MSE}[f_{\text{GEM}}]) \\ &= \operatorname{argmin}\Big(\sum_{j,s} w_j w_s C_{js}\Big) \end{aligned} \tag{1.7}$$

此处，将 $\boldsymbol{w}_{\text{opt}}$ 的第 j^* 个变量记为 w_{opt,j^*}。

接着，采用拉格朗日乘子法求解 $\boldsymbol{w}_{\text{opt}}$：

$$\partial w_{\text{opt},j^*} \Big[\sum_{j,s} w_j w_s C_{js} - 2\lambda\Big(\sum_{j} w_j - 1\Big)\Big] = 0 \tag{1.8}$$

上式可简写为

$$\sum_{j^*} w_{j^*} C_{j^*j} = \lambda \tag{1.9}$$

考虑 $\sum_i w_i = 1$，可得

$$w_{\text{opt},j^*} = \frac{\sum_{j} \boldsymbol{C}_{js}^{-1}}{\sum_{j^*} \sum_{j} C_{j^*j}^{-1}} \tag{1.10}$$

进一步，可知最优 MSE 为

$$\text{MSE}[f_{\text{GEM}}] = \Big[\sum_{js} \boldsymbol{C}_{js}^{-1}\Big]^{-1} \tag{1.11}$$

上述结果依赖于两个假设，即 $\boldsymbol{C}$ 的行与列是线性独立的且能够可靠估计 $\boldsymbol{C}$。

实际上，神经网络几乎是在 Γ 中复制的，使得 $\boldsymbol{C}$ 的行与列几乎都是线性依靠的。因此，求逆的过程很不稳定，进而导致 $\boldsymbol{C}^{-1}$ 的估计不可靠。

1.2.3 选择性集成建模

研究表明,集成多个子模型的集成建模方法可以提高模型的泛化性、有效性和可信度[117-118]。最初的集成建模方法源于1990年由Hansen和Salamon提出的神经网络集成[116]。神经网络集成的定义由Sollich和Krogh给出,即用有限个神经网络对同一个问题进行学习,对于在某输入示例下的输出,由构成集成的各神经网络在该示例下的输出共同决定[145]。集成建模的构建可分为子模型的构建和子模型的合并两步。Krogh和Vedelsby指出,神经网络集成模型的泛化误差可以表示为子模型的平均泛化误差和子模型的平均差异度(ambiguilty)(在一定程度上可以理解为个体学习器之间的差异度)的差值[116],并指出子模型的差异度可以通过采用不同拓扑结构和不同训练数据集的方式获得。通常采用的获取不同训练数据集的方法包括[146]训练样本重新采样(subsampling the training examples,将训练样本分为不同子集)、操纵输入特征(manipulating the input features,将输入特征分为不同子集)、操纵输出目标(manipulating the output targets,适用于多类问题)和注入随机性(injecting randomness,在学习算法中注入随机性,如相同训练集的学习算法采用不同的初始权重)。文献[147]评估了集成算法,并研究了如何通过选择子模型的数量在子模型的建模精度和多样性间取得平衡,给出了逐步集成构造算法(stepwise ensemble construction algorithm,SECA)集成建模方法;该文同时指出,子模型的多样性可通过三种方式获得:子模型参数的变化(如神经网络模型的初始参数[148])、子模型训练数据集的变化(如采用Bagging和Boosting算法产生训练数据集[149])和子模型类型变化(如子模型采用神经网络、决策树等不同的建模方法[150])。

通过操纵输入特征增加子模型多样性的研究较多:文献[151]提出了采用随机子空间方式构造基于决策树的集成分类器;文献[152]提出了基于特征提取的旋转森林集成分类器设计方法;文献[153]采用GA选择特征子集获得了子模型的多样性。因此,如何针对特定问题提出新的特征子集选择方法是基于小样本高维数据的集成建模需要解决的问题之一。

在将集成建模方法用于函数估计时,常用的子模型集成方法包括简单平均集成、多元线性回归集成、以及加权或非加权集成等方法[118]。针对多变量统计建模方法,集成偏最小二乘(ensemble partial least squares,EPLS)在高维近红外复杂谱数据建模中成功应用[154],基于移除非确定性变量的EPLS进一步提高了模型的稳定性和建模精度[155]。针对子模型集成方法,基于信息熵[156]的概念,采用建模误差的熵值确定子模型加权系数的方法成功应用在铅锌烧结配料过程的集成建模中[157];广泛用于多传感器信息融合的基于最小均方差的自适应加权融合(Adaptive weight fusion,AWF)算法[158]在磨机负荷参数集成建模中得到应用[159]。通常认为,采用加权平均可以得到比简单平均更好的泛化能力[160],但也有研究认为，加权平均降低了集成模型的泛化能力，简单平均的效果更佳[161]。

集成建模的预测速度随着子模型数量的增加而下降，同时存储空间的要求也迅速增加。此外，集成全部子模型的集成模型的复杂度高且不一定具有最佳建模精度。因此，出现了从全部集成子模型中选择部分子模型参与集成的 SEN 建模方法。基于集成模型评估方法，采用基于子模型估计值的相关系数矩阵，文献[162]提出了 GASEN(GA based SEN，基于 GA 的 SEN)方法，认为选择集成系统中的部分个体参与集成可以得到比全部个体都参与集成更好的精度，并将该方法成功应用于人脸识别。文献[163]对集成建模中的偏置-方差困境进行了分析，将集成误差分解为偏置-方差-协方差三项，并结合差异性分解指出子模型间的协方差代表了子模型间的多样性；该文同时分析了负相关学习(negative correlation learning，NCL)[164]与多样性-建模精度均衡的关系，并进行了基于多目标优化进化算法的 SEN 建模方法的研究。结合泛化性较强的 SVM 建模方法，文献[165]提出了基于人工鱼群优化算法的 SEN-SVM 模型。文献[166]提出了基于误差向量的 SEN 神经网络模型，给出了基于误差向量的子模型多样性的定义，并分析了集成模型尺寸的影响。文献[167]提出了基于模型基元的智能集成模型六元素的描述方法，认为智能集成模型可由{O，G，V，S，P，W}六元素(建模对象(object)、建模目标(goal)、模型变量集(variable set)、模型结构形式(structure)、模型参数集(parameter set)和建模方法集(way set))决定，并将模型基元集成方式分为并联补、加权并、串联、模型嵌套、结构网络化和部分方法替代共 6 种，选择何种集成方式与具体问题相关，该方法对 SEN 建模研究具有重要意义。文献[168]基于遗传算法和模拟退火算法构建了综合考虑子模型多样性、子模型选择和子模型合并策略等因素的 SEN 神经网络模型。文献[169]建立了基于双堆叠 PLS 的 SEN 模型用于分析高维近红外谱数据。文献[170]面向分类问题提出了基于正则化互信息和差异度的迭代循环集成特征选择方法。但是，这些最近提出的集成建模方法未考虑如何同时对特征选择与提取、子模型构造、子模型选择、子模型合并等 SEN 模型不同建模阶段的学习参数进行基于多重优化机制的整体寻优。

文献[171]对 SEN 建模方法进行了综述，指出现有的 SEN 学习算法可以大致分为聚类、排序、选择、优化和其他方法，给出了未来研究中需要解决的若干问题，即如何结合具体问题自适应选择子模型数量、如何选择合适的准则进行 SEN 设计和如何在具体问题中进行实际应用；该文同时指出，目前的 SEN 研究多基于分类问题，关于回归问题的 SEN 相对较少。为了提高仿真元模型的适应性和泛化性，文献[172]深入分析和研究了基于加权平均的仿真元模型集成方法，文献[173]提出了基于 SVM 仿真元模型的最优 SEN 方法。

文献[174]指出，集成建模的三个基本步骤就是集成模型结构的选择(choice of organisation of the ensemble members)、集成子模型的选择(choice of ensemble members)和子模型集成方法的选择(choice of combination methods)。其中，集成

模型的结构可分为子模型串联和子模型并联两种，采用哪种结构需根据具体问题而定；集成子模型是保证集成模型具有较好泛化能力和建模精度的基础，如何选择最佳子模型是 SEN 建模中的难点；子模型集成方法的选择是在确定了集成模型结构和集成子模型后，采用有效的方法将子模型的输出进行合并的过程。因此，在集成模型结构和子模型集成方法确定的情况下，SEN 建模的实质就是优选集成子模型的过程。对 SEN 模型的众多学习参数进行优化选择是一个较难解决的问题，该过程需要同时确定候选子模型和 SEN 模型的结构和参数。基于预设定的加权方法和预构造的候选子模型，SEN 的建模过程可描述为一个类似于最优特征选择过程的优化问题[175-176]。

通常，SEN 的泛化性能取决于不同候选子模型的预测精度和差异性的影响，但子模型的预测性能和差异性受到其结构和参数的影响。从另一个角度讲，只有不同候选子模型的互补性的模型结构和参数才能保证最优化的 SEN 模型。Tang 等提出了基于双层遗传算法的 SEN 双层优化策略，即两层分别优化候选子模型和 SEN 模型的参数；但该方法仅采用传统 GA 算法对 SEN 模型的学习参数进行寻优，具有 GA 难以克服的缺点，需要进一步研究更加有效的智能优化算法（寻优策略）和建模参数的深层次演化机理，以及面向 SEN 模型的双层优化理论框架。文献[177]提出了同时考虑样本空间和特征空间的混合集成建模方法，文献[178]提出了基于深度特征的混合建模方法。从集成学习理论的视角出发，文献[179]主要采用了选择性融合多源特征子集，即基于“操纵输入特征”的集成构造策略；GASEN 策略采用“操纵训练样本”策略构造集成、采用 BPNN 构建候选子模型、采用 GA 优选集成子模型和简单平均组合集成子模型[162]，但存在 BPNN 训练时间长、容易过拟合和难以采用高维小样本数据直接建模等缺点。针对上述缺点，文献[180]提出了基于“操纵训练样本”集成构造策略的改进 SENKPLS 算法。进一步，文献[181]提出了综合上述两类集成构造策略的 SEN 模型。

综上，国际上很多研究者都已投入到 SEN 建模的研究中，如何有效地进行全局优化 SEN 并将其应用到具体实际问题中，是目前需要关注的热点之一。

1.2.4 模型泛化性能评价与超参数优化

在构建数据驱动软测量模型时，模型及其超参数的选择决定着模型的泛化性能，即要求模型在新样本上具有更小的测量误差。在训练模型前，需要对样本进行划分，获得训练样本与测试样本，用模型在测试样本上的误差来近似泛化误差。在划分数据集时，一般要求训练集与测试集独立同分布，避免因数据集划分引入偏差，常用的数据集划分的方法包括留出法、交叉验证法、自助法等。常用的回归模型泛化性能度量指标有 MSE、均方根误差（root mean squared error，RMSE）、残差标准差（residual standard error，RSE）、平均绝对误差（mean absolute error，MAE）、平均绝对百分比误差（mean absolute percentage error，MAPE）和决定系数

R^2(coefficient of determination)等。其中,MSE、RMSE、RSE、MAE 和 MAPE 均描述了模型测量输出与期望输出间的误差,其值越小代表模型性能越好;R^2 表示模型测量输出值与期望输出值间的相关系数的平方,理论上 R^2 越大越好,但训练集输入特征对其有较大的影响,而通常 R^2 达到 0.5~0.6 就表示模型已经有较好的性能。

同一模型采用不同配置的超参数会获得性能差异明显的训练结果,所以优化选择模型的超参数对提高模型的泛化性能也十分关键。通常,将训练样本的一部分作为验证样本对超参数选择环节的模型进行评估。传统的超参数选择一般依赖人工试凑或网络搜索[182]、随机搜索[183]等方法,通过对超参数的组合配置的逐一试验寻找高质量模型对应的参数配置。以卷积神经网络(convolutional neural network,CNN)为例,其超参数包含隐含层层数、卷积核与池化核的大小和数量、学习率、批量大小等,不仅数量众多、可行域庞大,而且存在相互作用,使得超参数的选择过程耗时耗力甚至无法找到最优配置。

本质上,模型超参数的选择是一个优化问题。最初的最优化方法是适用于目标函数可求导的数值优化方法,包括单纯形法、梯度下降法、牛顿法、共轭梯度法、内外点法等,但当决策变量的数量较多时,这些方法的求解难度较大。除此之外,还存在从历史数据中学习超参数后验知识的贝叶斯优化[184]、采用马尔可夫决策过程建模的强化学习搜索[185]等方法。相对而言,采用进化算法优化模型超参数具有良好的效果,例如采用 GA 优化神经网络[186-187],采用粒子群(particle swarm optimization,PSO)优化卷积神经网络、深度学习模型、支持向量回归(support vector regression,SVR)等模型[188-190],采用差分进化(difference evolution,DE)优化随机森林(random forest,RF)模型[191]。以 PSO 为例,利用群体智能使得搜索不断向目标函数的最优解靠近,优势在于原理简单、计算量相对较小且搜索效率高,但搜索到的最优解并不一定是目标函数的绝对最优解,而是在有限迭代次数下的相对最优解,所以需要不断改进算法的搜索性能,使其具有更好的收敛速度和全局搜索能力。

显然,如何对建模样本和模型超参数的选择过程进行同时优化也是有待深入研究的开放主题。同时,优化性能与建模样本的关系也值得持续关注。

1.2.5 建模数据期望概率分布

一般认为,数据驱动模型是能够描述建模样本输入与输出间的映射关系的,而其具体的映射关系却是无法被描述的,也即模型从训练集中学习的"知识"无法被明确解释。从数据概率分布的角度,可以理解为训练样本的输入和输出作为随机变量,模型训练即从样本中学习在输入随机变量条件下输出随机变量发生的条件概率;在基于训练后的模型进行软测量时,在新样本输入条件下发生概率最大的值即软测量的输出。因此,保证模型泛化性能的前提是训练样本与实际数据的概率分布一致。当训练样本分布不平衡时，即其分布与实际数据分布存在较大偏差时，模型在训练过程中学习到的知识必然存在偏差甚至引入额外误差。但在通常情况下，由于数据整体是未知的，在建模过程中可用测试集与训练集的概率分布相似度评估其分布状况。在概率论中，用于度量两个随机变量概率分布距离的指标包含 KL 散度(Kullback-Leibler divergence)、海林格距离(Hellinger distance)和推土机距离(earth mover's distance，也称为"Wasserstein distance")等。

因此，如何采用符合期望实际数据概率分布的建模样本构建软测量模型，是提高建模性能的关键之一。此外，理想建模样本之间应该是相互独立的，并且能够表征被建模复杂过程的不同运行工况，即样本具有代表性且不冗余。显然，如何去除建模样本间的冗余也是有待研究的方向之一。

1.3 工业过程稀疏数据完备技术研究现状

在实际工业应用过程中，产品质量、环保指标等难测参数的建模经常遇到的更为棘手的问题是，如何获得能够覆盖多种工况的充足、完备的建模样本。研究表明，充足、完备的建模样本对于构建有效的学习模型非常重要。通常，流程工业中难测参数的建模样本仅能在实验设计阶段或过程停产重新运行后的起始阶段获得；否则，需要以牺牲企业的经济效益或较长周期的时间等待为代价。如何基于短缺、非完备的稀疏数据构建鲁棒的面向工业应用的数据驱动模型，一直以来都是难以解决的开放性难题。

1.3.1 小样本数据集概述

在多数工业过程中，数据采集设备与数据存储系统的贡献主要是模型输入维数的增多和低价值训练样本的增加，使得输入特征高维、训练样本不完备等问题较为突出[192]。研究表明，样本数量充足、覆盖工况完备的建模数据对构建有效的软测量模型非常重要。目前，关于小样本数据的定义具有较大的相对性和主观性[192]。

为了确定获得必要的预测性能所需的最小训练样本的数量，研究人员提出了概率近似正确、训练样本和输入特征比率等指标[193-194]。在模式识别领域，通常认为训练样本数量与输入特征之比应足够大，其相互关系可表示为

$$\alpha=\frac{n_{\text{sample}}}{p_{\text{feature}}} \tag{1.12}$$

其中，n_{sample} 和 p_{feature} 分别表示训练样本和输入特征的数量。通常，α 的取值为 2、5 或 10。

文献[195]面向分类问题，研究了分类误差、训练样本数量、输入特征维数和分类算法复杂性间的相互关系。针对一些典型的分类器，文献[196]描述了需要充足

完备训练样本的内在原因，并着重研究了在 $\alpha \leqslant 1$ 时的分类器性能，即研究 n_{sample} 小于 p_{feature} 时线性分类器的泛化性能。此时，记维数约简后的特征为 $p_{\text{feature\_redu}}$，并定义如下指标：

$$\alpha_{\text{redu}} = \frac{n_{\text{sample}}}{p_{\text{feature\_redu}}} \tag{1.13}$$

若经维数约简后的 α_{redu} 仍然难以满足构建具有鲁棒预测性能的学习模型的要求，就必须采用其他方法解决训练样本的短缺问题。

1.3.2 虚拟样本生成简介

虚拟样本生成(VSG)在 1992 年被首次提出，应用于模式识别领域[69]，其本质是通过撷取小样本数据间隙中存在的潜在信息产生适当数量的虚拟样本，进而扩增建模样本数量，提高模型性能[70]。文献[197]给出了真实样本与虚拟样本的空间分布关系，表明了 VSG 的本质是通过“填充”数据整体空间中的信息间隙、信息空白实现样本扩充。

VSG 最初多应用于图像识别领域，研究者通常结合先验知识生成有效的虚拟图像样本以提高模型的识别精度；Niyogi 等[198]证明了结合先验知识的 VSG 等效于正则化策略，即将先验知识合并为正则化矩阵。基于先验知识的 VSG 也被成功应用于文本识别[199]、噪声源识别[200]等领域。但是，获得领域明确先验知识的难度大、耗费时间长。特别是对于复杂工业过程而言，通常需要领域专家长期的经验总结，即能够直接指导虚拟样本生成的先验知识需要对整个流程系统具有全面综合的认识。实际上，多数领域专家只能获得一些简单的局部性的过程先验知识。因此，各领域研究人员开始关注如何从小样本中汲取知识以生成虚拟样本。

进入 21 世纪以来，学者们对 VSG 进行了大量研究。通过在样本中注入噪声与添加扰动进行小样本有效扩充的 VSG 被提出[201-202]。进一步，He 等[203]采用在随机权神经网络(random weight neural network，RWNN)模型中注入噪声的方法生成非线性虚拟样本，在一定程度上可以有效地解决小样本数据建模精度差的问题。Bishop[204]和 An[205]证明了在小样本中注入噪声的 VSG 方法等价于神经网络结构设计的正则化方案，其中正则化系数与噪声标准差有关。然而，基于噪声/扰动的 VSG 对于模型泛化性能的改进具有随机性和局限性。通过 Bagging、Boosting 或 Boostrap 对小样本进行重采样[206-208]以增加训练样本数量的 VSG 也纷纷被提出，虽然这些方法可以扩充样本数量，但会改变样本的概率分布从而导致建模偏差。为了缓解小样本分布不平衡的缺陷，基于模糊理论的信息扩散准则，Li 等[71]提出了整体趋势扩散(mega-trend-diffusion，MTD)，通过三角隶属度函数估计数据分布趋势对小样本空间进行扩展，并在扩展域内生成不同类别的虚拟样本。进一步，Kangd 等[209]采用差分进化算法改进 MTD，有效地约束了虚拟样本的范围。Li 等[210]提出了一种基于区间核密度估计的 VSG，根据小样本分布估计数据总体分布，再由此生成虚拟样本。进一步，针对小样本的不同分布情况，基于双参数威布尔分布估计[211]和多模态分布估计[212]等的 VSG 被提出。上述基于分布估计和趋势扩散的 VSG 是根据小样本推断数据总体分布的，但是当小样本分布不平衡时，其所生成的虚拟样本会出现偏差。合成少数过采样（synthetic minority oversampling，SMOTE）[213]通过在小样本间进行线性插值以生成虚拟样本，进而填补小样本间的信息间隙。He 等和 Zhu 等[203,214]提出了基于神经网络隐含层插值而获得非线性虚拟样本的 VSG。为了综合考虑数据属性的影响，文献[215]和文献[216]提出了基于 GA 和 PSO 优化生成虚拟样本的方法。

上述 VSG 多面向分类问题进行研究，而对于回归问题，VSG 的研究具有更大的难度。不同于分类问题，VSG 只需为不同类别分别生成虚拟样本输入，而回归问题还需要侧重考虑如何为虚拟样本输入生成一个精准的输出。

1.3.3 虚拟样本的定义和内涵

为提高模型的泛化性能，图像识别领域首次提出了基于先验知识从给定小规模真实训练样本产生虚拟训练样本的策略[217-219]，即 VSG。文献[220]给出了虚拟样本较为通用的定义。

定义：将$\{\boldsymbol{x}_l, y_l\}$记为真实样本，其中，$\boldsymbol{x}_l, y_l \in \mathbf{R}^n$，$l=1,2,\cdots,k$，$k$ 是真实样本数量；基于先验知识 Know，采用变换$\{T, f(T)\}$产生新样本$\{T\boldsymbol{x}, f(T)y\}$，即

$$\left.\begin{matrix}\{\boldsymbol{x}_l, y_l\} \\ \text{Know}\end{matrix}\right\} \xrightarrow{\{T, f(T)\}} \{T\boldsymbol{x}, f(T)y\} \tag{1.14}$$

此处的新样本$\{T\boldsymbol{x}, f(T)y\}$被称为“虚拟样本”。变换$\{T, f(T)\}$所采用的方法根据应用背景不同而具有差异性。

基于上述定义给出如下推论。

推论：给定真实样本数据集$\{\boldsymbol{x}_l, y_l\}_{l=1}^{k}$，通过适当变换产生虚拟样本数据集$\{\boldsymbol{x}_{l'}^{\mathrm{VS}}, y_{l'}^{\mathrm{VS}}\}_{l'=1}^{k^{\mathrm{VS}}}$ 的过程可表示为

$$\begin{cases}\{\boldsymbol{x}_l\}_{l=1}^{k} \xrightarrow{T} \{\boldsymbol{x}_{l'}^{\mathrm{VS}}\}_{l''=1}^{k^{\mathrm{VS}}}, \quad \boldsymbol{x}_{\mathrm{low}}^{\mathrm{VS}} \leqslant \boldsymbol{x}_{l'}^{\mathrm{VS}} \leqslant \boldsymbol{x}_{\mathrm{high}}^{\mathrm{VS}} \\ \left.\begin{matrix}\{\boldsymbol{x}_{l'}^{\mathrm{VS}}\}_{l''=1}^{k^{\mathrm{VS}}} \\ \{y_l\}_{l=1}^{k}\end{matrix}\right\} \xrightarrow{f(T)} \{y_{l'}^{\mathrm{VS}}\}_{l''=1}^{k^{\mathrm{VS}}}, \quad y_{\mathrm{low}}^{\mathrm{VS}} \leqslant y_{l'}^{\mathrm{VS}} \leqslant y_{\mathrm{high}}^{\mathrm{VS}}\end{cases} \tag{1.15}$$

其中，$\boldsymbol{x}_{\mathrm{low}}^{\mathrm{VS}}$ 与 $\boldsymbol{x}_{\mathrm{high}}^{\mathrm{VS}}$ 和 $y_{\mathrm{low}}^{\mathrm{VS}}$ 与 $y_{\mathrm{high}}^{\mathrm{VS}}$ 分别表示虚拟样本输入和输出的下限与上限。由此可知，VSG 的本质是根据小样本数据生成尽可能符合真实数据分布的虚拟样本。

图 1.3 展示了虚拟样本、真实样本、虚拟样本空间、小样本空间、实际数据空间之间的关系。

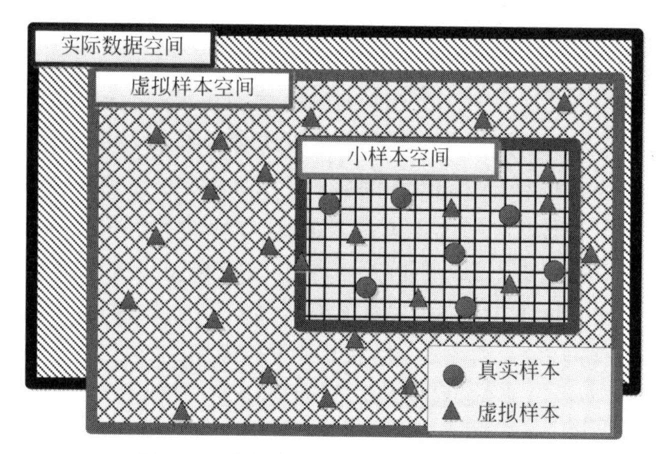

图 1.3 虚拟样本与真实样本间的关系

由图 1.3 可知，小样本存在如下问题：

(1) 小样本未能全面覆盖实际数据空间，存在信息空白区域；

(2) 小样本间存在信息间隙；

(3) 小样本未能在实际数据空间中均衡分布。

因此，小样本空间只能片面反映实际数据空间。众多学者研究 VSG 的目标就是使虚拟样本空间能够尽可能地贴近实际数据空间。但无论采用哪种 VSG，必然会生成某些不符合实际数据特征和分布的虚拟样本(如图 1.3 下部所示的实际数据空间之外的虚拟样本)，其不仅不利于模型的训练，还会导致模型泛化性能变差。

显然，针对虚拟样本质量的评判问题，需要提出更加合理的评价指标和筛选机制。

1.3.4 回归建模 VSG 的分类

VSG 广泛用于解决分类问题，且表现良好，根据生成方式可分为基于先验知识生成、基于分布生成、添加噪声/扰动生成、插值生成、优化生成、对抗生成及其混合生成等不同类别。近年来，面向回归建模问题的 VSG 研究也取得了一些进展，其分类主要包括分布生成法、插值生成法、优化生成法和混合生成法。

(1) 分布生成法：Li 等[221]基于 MTD 提出了基于树的趋势扩散(tree based trend diffusion，TTD)，即先基于 MTD 对样本进行扩散，再在边界内根据随机启发机制同时生成虚拟样本的输入与输出。Zhu 等[222]提出了多分布趋势扩散，即对样本的每个属性进行独立扩展后，先根据分布生成虚拟样本输入，再通过映射模型生成虚拟样本输出。Li 等[43]通过重建数据可能的分布来生成虚拟样本。

(2) 插值生成法：Tang 等[223]根据实际实验数据的物理含义，通过线性插值生成虚拟样本输入，再基于映射模型生成虚拟样本输出。He 等和 Zhu 等[204,213]则通过对小样本构建的神经网络模型隐含层进行插值或缩放同时生成非线性虚拟样本的输入与输出，以改善在高维空间中进行线性插值所造成的“空洞”问题。结合改进的MTD，基于隐含层插值的VSG被应用于MSWI过程DXN排放浓度的软测量[224]。为了能够均衡地填补小样本间的信息间隙，Zhu等[225]利用距离准则识别较大的信息区间并进行克里金插值(Kriging interpolation)，Zhang等[226]利用流形学习Isomap找到小样本稀疏区域进行插值。

(3) 优化生成法：Li等[216]通过MTD进行域扩展，并在扩展域采用GA优化生成虚拟样本。Chen等[215]通过三角隶属度信息扩散法扩展样本属性的上下限，采用PSO在扩展域内迭代搜索，生成最优虚拟样本。

(4) 混合生成法：由于面向回归建模的VSG要解决的问题较多，往往组合上述多种方法生成虚拟样本。Guo等[227]采用改进MTD对样本空间进行扩展，结合RWNN在扩展域通过等间隔插值与隐含层插值分别生成线性和非线性虚拟样本输入，最后由映射模型生成虚拟样本输出。Yu等[228]采用MTD扩展域范围，在扩展域内采用拉丁超立方采样(Latin hypercube sampling，LHS)生成虚拟样本输入，再结合随机权神经网络模型生成虚拟样本输出。

由此可知，面向回归建模的VSG在如何去除生成样本的冗余、如何均衡样本数据和建模性能、如何生成符合期望分布的样本等方面的研究有待深入。

1.3.5 回归建模VSG的要点

通常，若要产生合理的虚拟样本，需要至少关注如下4个问题：

(1) 确定虚拟样本的产生策略，已有方法包括利用先验知识、扰动原始样本、对输入数据添加噪声等[220]；

(2) 确定虚拟样本输入，已有方法包括先验知识、在真实样本输入点的超域内随机选取[229]、函数化虚拟群体[230]、基于真实样本输入间隔的信息分散[231]、间隔核密度估计[210]、Mega趋势分散函数[232]、基于模糊数据集的成员函数[233]、组虚拟样本生成[234]、基于模糊理论的生成趋势分散[235]、基于高斯分布[220]、基于GA和BPNN等[231]；

(3) 确定虚拟样本输出，已有方法包括平均神经网络输出[229]、基于实际样本输出间隔的信息分散[231]、基于GA和BPNN等[236]；

(4) 确定虚拟样本数量，目前，最优化虚拟样本数量主要基于实验数据确定，如何在理论上指导或确定优化的虚拟样本数量还是个开放性难题。

1. 虚拟样本输入生成分析

构建数据驱动模型的本质是学习建模样本蕴含的因果机理从而构造输入输出的映射关系，这要求建模样本具有足够的数据特征信息。但是，小样本不仅在空间上分布稀疏、不均衡，而且在概率分布上也与实际数据存在较大偏差。所以，生成虚拟样本输入的目标即改善小样本空间分布的稀疏、不均衡和概率分布偏差问题。

由于小样本分布不均衡，即样本集中分布在某个或某几个空间区域，导致小样本空间外存在较大的信息空白，所以需要对小样本空间进行有效扩展，使扩展域尽可能地贴近实际数据空间。然后，在扩展域内生成能够综合以下特征的虚拟样本输入：

(1) 贴近实际数据分布；

(2) 填补小样本输入的信息间隙或空白；

(3) 缓解小样本输入分布的不均衡特性。

由于虚拟样本与实际数据必然存在偏差，所以并不是虚拟样本输入生成越多越好；相反，通过更少的样本反映足够的数据特征才是理想的。

对于虚拟样本输入，图 1.4 分别展示了采用线性连续插值与 SMOTE 生成虚拟样本输入的空间分布情况。

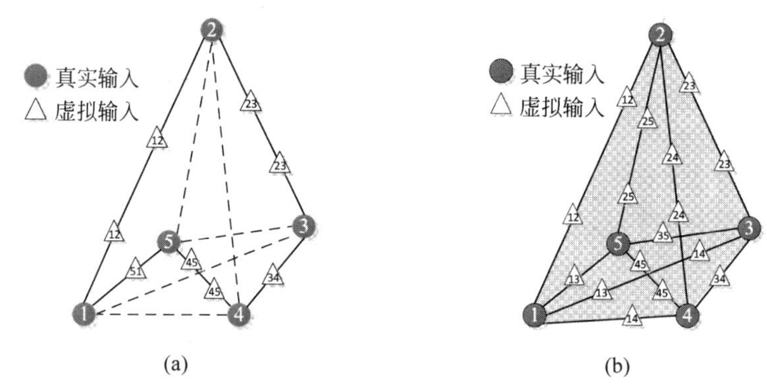

图 1.4 虚拟样本输入的空间分布情况

(a) 线性连续插值；(b) SMOTE

如图 1.4(a)所示的线性连续插值按照样本顺序依次在样本间进行线性插值，获得的虚拟输入仅分布在真实输入的顺序连线上；如图 1.4(b)所示的 SMOTE 随机选择两个真实输入并在其间进行线性插值。由此可知，线性连续插值只能在真实样本的连接“线”上生成虚拟输入，SMOTE 则能够在真实样本连接“面”上生成虚拟输入，但在由 5 个真实输入组成的锥体空间内并未生成虚拟样本输入，进而形成样本“空洞”。

因此，在高维空间生成虚拟样本输入时，要同时考虑其概率分布的一致性与空间分布的均衡性。

2. 虚拟样本输出生成分析

对于回归建模问题，如何为虚拟样本输入生成高精度的输出是 VSG 的关键问题，这在极大程度上决定了虚拟样本的优劣。现有面向回归建模的 VSG 一般通过构建基于小样本的映射模型生成虚拟样本输出。通常认为，当映射模型的 MAPE 不超过 10%时，该映射模型可用于生成与输入对应的输出。不同的模型结构通过调整参数可达到上述要求，但由于模型差异，相同输入映射的输出间也存在较大差异。为得到误差更小的虚拟样本输出，要求映射模型对数据集具有较好的适应性。

图 1.5 为映射模型生成虚拟样本输出的流程图。

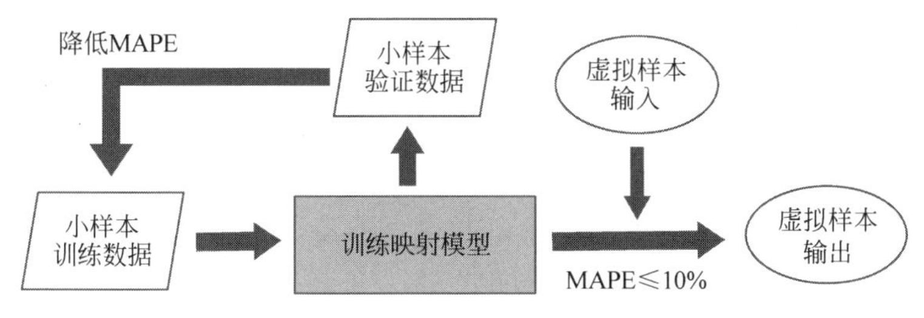

图 1.5 映射模型生成虚拟样本输出流程图

因此，如何综合考虑不同映射模型的特性以生成更为合理的虚拟样本输出，也是需要面对和解决的开放性问题之一。

3. 虚拟样本合理数量分析

VSG 的思想是通过生成虚拟样本扩增建模样本数量以解决小样本数量稀少的问题。在理想情况下，若虚拟样本与真实数据一致，则其数量越多越有利于模型泛化。但 VSG 的实质是通过撷取小样本数据信息的方式生成虚拟样本，其必然与实际数据存在偏差，而随着虚拟样本数量的不断增加，误差也不断累积，反而阻碍模型泛化，所以虚拟样本的合理数量也是 VSG 研究的关键问题。

现有的 VSG 未对该问题进行专门研究，通常采用实验设计确定最终选择的虚拟样本的数量。林等[237]提出了两种从理论上确定虚拟样本最优数量的方法：一是在给定训练样本标准方差上限的条件下，采用信息熵理论研究最优虚拟样本的生成数量；二是考虑虚拟样本所产生的噪声，在给定的置信水平(0.95)下建立最优虚拟样本生成数量的一般概率模型和分析方法。

实际上，虚拟样本的最佳数量往往与其质量有关，需要针对不同 VSG 的虚拟样本质量研究最佳数量问题。

4. 虚拟样本质量评价分析

虚拟样本的质量包含两个方面的含义，即虚拟样本的整体质量与个体质量。

(1) 虚拟样本的整体质量是对虚拟样本集的整体评价。最常用的指标是结合虚拟样本构建的模型泛化性能的提升程度。现有研究一般通过该指标评价 VSG 的有效性。另外，整体评价指标还包括虚拟样本集整体与实际数据集特征的一致性程度，例如虚拟样本与实际数据的概率分布相似度、虚拟样本空间分布稀疏度和均衡度等。

(2) 虚拟样本的个体质量即虚拟样本个体与实际数据的一致性程度，其本质是评价虚拟样本与实际数据间的偏差度。虚拟样本的个体质量是虚拟样本筛选及其最佳数量研究的关键，但目前尚未有研究提出相应的评价指标。

另外，有关 VSG 的评价还包括样本空间扩展程度、虚拟样本输出精度、虚拟样本平均质量等。

1.3.6 回归建模 VSG 的难点

VSG 在工业过程回归建模领域的难度较分类领域更大。如何生成虚拟样本的输入和输出是主要焦点。

理想的生成的虚拟样本输入应具有的特征包括①能够贴近实际数据分布；②可填补小样本的信息间隙或空白；③可缓解小样本分布的不均衡性。显然，若要达到上述目标，还需要更为深入的研究。

生成虚拟样本输出的方法是先构建基于小样本的映射模型再预测输出，当平均绝对百分比误差 MAPE 不超过 10%时可生成虚拟输出[236]。虽然通过调整模型参数可以达到上述要求，但由于映射模型构建方法固有的差异性，采用相同虚拟输入映射得到的输出在稳定性和扩展性上存在较大差异。因此，为了得到更为合理的虚拟样本输出，映射模型应该具有较好的数据适应性。

针对类似 MSWI 过程中 DXN 排放浓度的难测参数软测量在建模时所面临的样本数量稀少、分布稀疏且不均衡等特性，应使生成的虚拟样本尽可能地贴近实际数据特性，缓解小样本缺陷，提高软测量模型的泛化性能，其研究难点如下。

1. 多种 VSG 方法生成的虚拟样本存在冗余

现有基于分布和插值的 VSG 能够生成有效的虚拟样本，以扩展建模样本数量和填补小样本间的信息间隙，但分布估计偏差、过度插值、无效插值等问题也在不同程度上导致了虚拟样本间的冗余。

2. 虚拟样本数量与建模性能的均衡

VSG 生成的虚拟样本通过扩展建模样本数量提高模型泛化性能，但由于虚拟样本与实际数据间必然存在偏差，过多的虚拟样本会造成误差累积反而阻碍模型泛化。所以，确定虚拟样本的最佳数量也十分关键，同时虚拟样本与实际数据的误差也直接影响其最佳数量。

3. 生成符合数据实际概率分布的虚拟样本

传统插值法生成的虚拟样本输入会造成信息“空洞”，且破坏样本期望分布。基于分布的 VSG 通过小样本估计数据整体概率分布，未考虑样本属性间的相互关系，导致生成的虚拟样本在空间分布上存在信息间隙，在概率分布上存在较大偏差，显然难以生成符合数据实际概率分布的虚拟样本。

1.4 城市固废焚烧过程二噁英排放浓度检测现状

研究表明，MSWI 过程的某些焚烧烟气中与 DXN 具有高相关性的含氯前驱物等指示物/关联物更易检测[51,238]，排放烟气中的烟尘浓度、HCl 浓度和 SO_2 浓度等与 DXN 也具有一定的相关性[239-241]。相对而言,MSWI 的过程变量与 DXN 间的映射关系较弱[48]。软测量模型在本质上是采用生产过程的可测变量作为输入,结合专家与机理知识对难检测参数进行在线估计,以软件替代硬件功能,能够避免难测参数测量时间的滞后性、检测设备的复杂性等问题[61]。虽然基于关联物/指示物的 DXN 在线检测方法在本质上也是一种软测量方法,但这类方法具有其自身特点:一是指示物/关联物的检测需要复杂的在线取样、化验和分析设备,如文献[242]指出的 DXN 在线检测对分析仪表装置的灵敏度、稳定性、精确度、响应时间和现场烟气采样设备的要求很高;二是指示物/关联物的检测设备造价昂贵,如目前国内正在工业现场进行测试的基于氯苯指示物的在线检测设备售价近 500 万元;三是这类关联物/指示物多在烟气处理设备的前端与后端对焚烧烟气进行检测,与软测量模型常用的输入(能够以秒级单位实时采集与存储的过程变量)在时间尺度上具有较大差异。因此,本书将其单独归为一类,与以易检测过程变量为输入的软测量方法相区别。此外,上述三类方法在检测的时效性上,是按照周、小时、秒的尺度逐渐减小的。

本书将 MSWI 过程的 DXN 排放检测分为离线直接检测法、指示物/关联物在线间接检测法和软测量检测法(在线实时检测法),如图 1.6 所示。

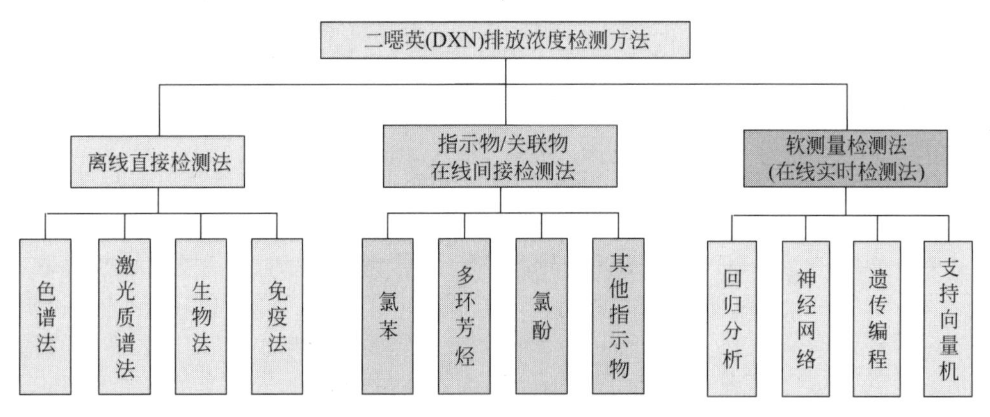

图 1.6　DXN 排放浓度检测方法分类

1.4.1　离线直接检测法

文献[243]对色谱法、激光质谱法、免疫法、生物法等离线直接检测法进行了较为详细的综述,此处仅做简单介绍。

1. 色谱法

色谱法是国际上公认的检测 DXN 的标准方法,尤其是 HRGC/HRMS 方法,步骤包括现场样本采集、DXN 提取与净化、同位素标记、色谱柱分离、与检测器联用进行定性与定量分析等。其优点是能够分离每种 DXN 同类物并准确度量;缺点是测试周期长、费用高、需专业测试设备和人员。

2. 激光质谱法

激光质谱法先基于激光波长选择性电离某些分子，同时抑制其他离子信号，再采用飞行时间质谱仪进行质量选择，其理论依据是每种 DXN 同类物具有独特的光谱结构和较窄带宽[244]，其流程包括现场样本采集、DXN 浓缩抽取、低能激光激发气态、高能激光电离、质谱图分离等。其优点是快速、高灵敏度、高时间分辨率、多种同类物可并行分析等[245-246]；缺点是需要事先获取待检测 DXN 同类物的光谱结构。

3. 生物法

1）酶活力诱导生物法

酶活力诱导生物法通过特殊受体芳香烃测量 DXN 的毒性，步骤包括现场样本采集、DXN 提取与分离、培养基与抗体基培育、荧光强度测量、毒性计量等，常用于 DXN 污染物的快速筛选[247]。其优点是周期短、成本低、可对大量样品同时测定等；缺点是不能测出待检测样品中每种 DXN 同类物的量值。

2）酶免疫分析法

酶免疫分析法利用老鼠或兔子的单克隆或复合克隆抗体可与 DXN 同类物高度结合的特性，建立竞争抑制酶免疫方法以实现 DXN 的毒性测量[248]，步骤包括现场样本采集、DXN 纯化分离、抗体培育、光密度测定、DXN 毒性计算等[249]。其优点是分析简便、操作容易、测定周期较短（3～4 天）；缺点是不能测出每种 DXN 同类物的量值、需要测定标准曲线、样品量大时测试难度增加，以及需采用光谱法进行系统校正等[250]。文献[251]的研究表明，该方法的准确度高于酶活力诱导生物法。

3）荧光素酶法

荧光素酶法利用基因工程技术合成哺乳动物细胞色素基因与萤火虫荧光酶基因，并重组到大鼠肝癌细胞系染色体上形成配体复合物，进一步合成与 DXN 成正比的荧光素，实现 DXN 毒性当量的检测[252]，步骤包括现场样本采集、DXN 提取、荧光合成酶与配体复合物、荧光素合成与强度测定、毒性计算等。其优点是基于基因工程进行、灵敏度高、检测时间短（24h）；缺点是不能测出每种 DXN 同类物的量值。文献[253]和文献[254]的研究表明，该方法的效果好于酶活力诱导生物法。文献[255]将该方法用于测定 MSWI 过程、危险废物、化工行业等废气的 DXN 浓度，并分析其与 HRGC HRMS 的相似性。

文献[243]从预处理、检测周期、检测成本、灵敏度、实验室投入等方面对上述生物法进行了对比，如表 1.1 所示。

表 1.1 DXN 生物检测法优缺点的对比（2008 年）

方法	预处理	检测周期/天	检测成本/美元	灵敏度/(pg/g)	实验室投入/美元
酶活力诱导生物法	简便	3	1000～1200	1.000	200000
酶免疫法	简便	2	200～900	0.500	200000
荧光素酶法	简便	1	200～900	0.025	200000

4. 免疫法

该方法分为基于 DXN 类抗体和依赖于 DXN 活化芳香烃受体两类，后者可用于计算 DXN 同类物的总毒性当量，步骤包括现场样本采集、DXN 提取、免疫抗体制备、DXN 与抗体结合、沉淀物定量检测、毒性计算等。其优点是操作简便、对检测仪器要求低；缺点是免疫抗体制作复杂、只能检测有限类型的 DXN 同类物等。

5. 离线直接检测法标准规范的发展

离线直接检测法经过多年的发展形成了完整、规范的体系，并且不同国家均建立了相应的标准规范。表 1.2 给出了 DXN 检测标准的发展历程。

表 1.2 DXN 检测标准的发展历程

序号	标准号	描　述	时间	国家/组织	文献编号
1	EPA 1613	同位素稀释法测定八氯二噁英及其呋喃	1994.10	美国	[256]
2	EPA 23	MSWI 过程多氯化二苯并二噁英的测定	1996.12	美国	[257]
3	EPA 8280	多氯化二苯并二噁英和呋喃的分析测定，高分辨率气相低分辨率质谱法	1996.12	美国	[258]
4	EPA 1668A	高分辨率气质联用测定水、土壤、沉积物、生物体和组织中的多氯联苯	1999.12	美国	[259]
5	JIS K0311	排入空气中的 PCDDs、PCDFs，以及 Co-PCBs 的气相色谱-质谱联用检测方法	1999.9	日本	[260]
6	EN 1948-1	DXN 排放统一检测标准	2006	欧盟	[261]
7	HJ/T 77—2001	多氯代二苯并二噁英和多氯代二苯并呋喃的测定，同位素稀释高分辨毛细管气相色谱高分辨质谱法	2001	中国	[262]
8	HJ 77.3—2008	固体废物二噁英类的测定，同位素稀释，高分辨气相色谱-高分辨质谱法	2008	中国	[263]
	HJ/T 365—2007	规定危险废物焚烧处置设施二噁英排放监测技术要求	2007	中国	[264]
9	GB 18485—2001	生活垃圾焚烧污染控制标准	2001	中国	[265]
10	GB 18485—2014	生活垃圾焚烧污染控制标准	2014	中国	[266]

注：我国的 HJ/T 77—2001 标准改进自美国的 EPA 1613，HJ 77.3—2008 改进自美国的 EPA 8280。

上述离线直接检测法的分类检测与步骤汇总于图 1.7。

综上可知，离线直接检测法不能在线测量 MSWI 过程的 DXN 排放浓度。

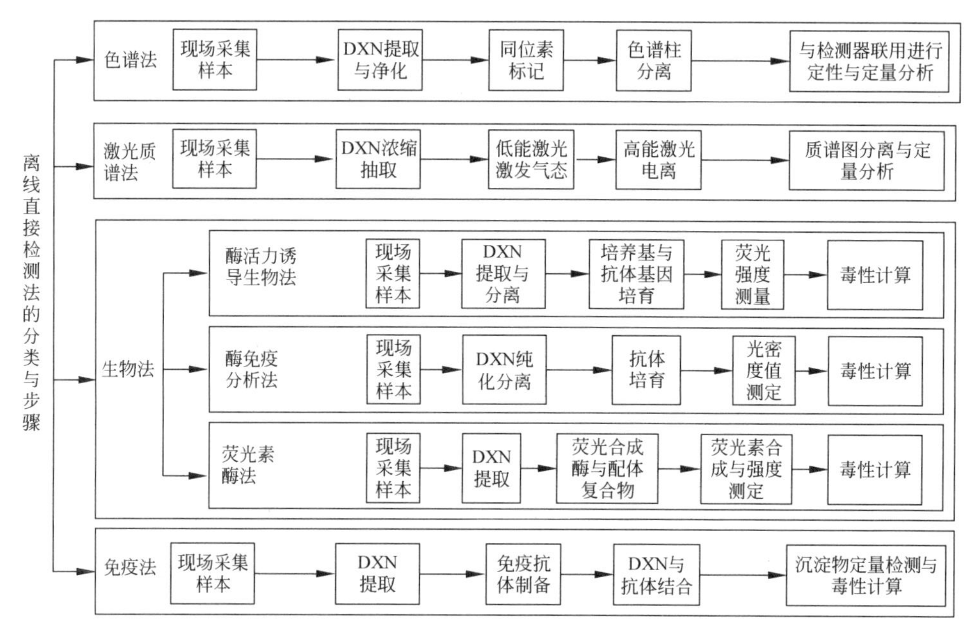

图 1.7 DXN 离线直接检测法的分类与检测步骤汇总

1.4.2 指示物/关联物在线间接检测法

DXN 排放浓度的在线检测对分析仪表装置的灵敏度、稳定性、精确度、响应时间和现场烟气采样设备的要求很高[242]。相较之下,指示物/关联物检测法更易实现和操作[51,238],即先检测指示物浓度再利用映射模型换算得到 DXN 排放浓度,如图 1.8 所示。

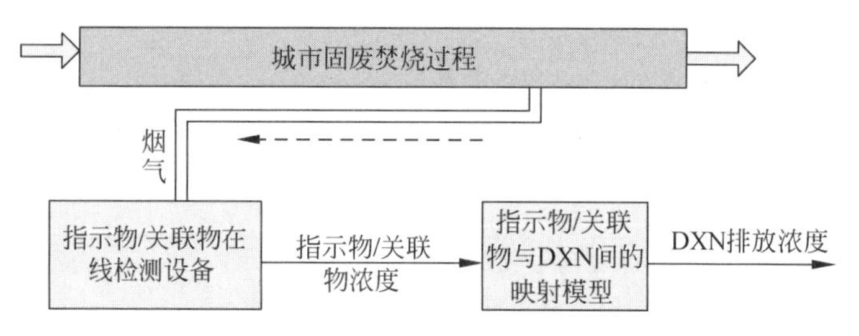

图 1.8 基于指示物/关联物的 DXN 检测框图

文献[267]将 DXN 指示物分为小分子气态无机物(一氧化碳、氯气、氯化氢等)、含氯前驱物(氯苯、氯酚、多氯联苯、氯代烃等)、不含氯前驱物(多环芳烃、乙烯、丙烯、丁二烯、环戊二烯、乙烯基乙炔、甲苯等)和半挥发或不挥发性有机氯四类。相对于离线直接检测法,文献[27]将此类方法称为“在线检测方法”。常用指示物/关联物方法如下所示。

1. 氯苯

六氯苯和 DXN 的相关性在危险废物焚烧炉烟气中首次被发现[268]后，Pandelova 等在 MSW 与煤的混烧烟气中发现五氯代苯也具有类似特性[269]。文献[270]指出，多氯联苯比多环芳烃、氯苯(chlorobenzene,CBz)、氯酚、联苯等指示物具有更强的 DXN 相关性。研究表明，CBz 与 DXN 的生成机理相似[51]，两者的相关系数为 0.98[271]。文献[272]采用 PLS 构建了 CBz 与 DXN 的多元回归模型，但这需要大量检测数据才能保证模型的稳定性。文献[54]和文献[273]研制了实时监视 CBz 的质谱系统。文献[274]～文献[276]利用共振增强多光子电离技术联合飞行时间质谱技术，开展了以 CBz 为指示物/关联物的 DXN 排放在线检测研究。

文献[42]针对国内两台循环流化床焚烧炉的实际排放情况，对烟气中的 DXN 和 CBz 含量进行了检测，研究了氯苯(TrCBz)、四氯苯(TeCBz)和 DXN 的排放特性和相关性，建立了 CBz 与 DXN 及其毒性当量间的映射模型，指出完善映射模型还需要更持续深入的研究，研究结果有望为指导 MSWI 过程的优化运行、DXN 抑制剂与活性炭的合理使用提供支撑。

严等采用相关性分析研究烟气中 CBz、多环芳烃和 DXN 间的相关系数[277]。文献[58]基于医疗废弃物焚烧炉的研究表明，CBz 的最优生成温度区间为 350～400℃，其生成量与 O_2 的含量成正比，并基于实验数据构建了 CBz 和 DXN 的映射模型。

文献[278]提出了将 CBz 的测量周期缩短为 0.5h 的新方法，并进行了为期 3 个月的烟气监视，研究成果对控制 DXN 排放和实时抑制 MSWI 过程的异常工况意义重大。

文献[267]面向国内循环流化床 MSWI 过程，测量了燃烧系统燃烬前后、余热系统过热器后、烟气处理系统半干前与布袋后等不同情况和位置的 CBz、DXN 数据，分析了 CBz 和 DXN 的特征，构建了多个检测情况和位置间的映射模型，将 DXN 检测滞后周期从离线 1 周缩短至在线 0.5h，但在映射模型的普适性和在线检测系统的工业化应用等方面有待完善，该研究成果对实现 MSWI 过程的多个工序间的协同优化控制具有显著意义。

2. 多环芳烃

多环芳烃(polycyclic aromatic hydrocarbons,PAH)是排放烟气中具有较高浓度的非完全燃烧物质[279]，其与 DNX 密切相关且两者在产生数量方面的趋势相同[280-281]。文献[53]基于聚氯乙烯(PVC)在氮气流热解中形成的模拟烟气，给出了 PAH 与 DXN 前驱物的实时浓度曲线并估算了 DXN 排放浓度范围。文献[282]研制了能够实时在线跟踪分析 PAH 的质谱仪。

3. 氯酚

文献[283]构建了气相氯酚(chlorophenols,CP)和颗粒相 DXN 的 PLS 模型。

文献[271]针对4种不同类型的工业固废，研究流化床焚烧炉和回转窑-炉排炉中CP和DXN的相关性。文献[284]和文献[285]提出了构建基于CBz和CP的DXN在线监测系统。研究表明，CP作为指示物在DXN浓度预测性能上稍弱于CBz[51,286]。文献[287]综述了CP在MSWI过程中的生成过程、与CBz的关系和其作为前驱物生成DXN的机制，并指出不同MSWI过程的自身特性会导致指示物/关联物与DXN间的相关性存在差异。

4. 其他指示物

文献[238]指出，低挥发性有机卤素化合物(low-volatile organohalogen compounds，LVOH)与DXN存在记忆效应。文献[288]通过分析松针表面的DXN浓度对MSWI过程的污染排放进行了监测。

文献[60]基于自动采样和分析设备以1h的间隔检测烟气中的低挥发性有机氯(low-volatile organic chlorine，LVOCl)，使操作人员能够估计DXN排放浓度，结果表明启炉阶段的LVOCI是MSWI过程运行50h后的95倍，该在线测量系统如图1.9所示。

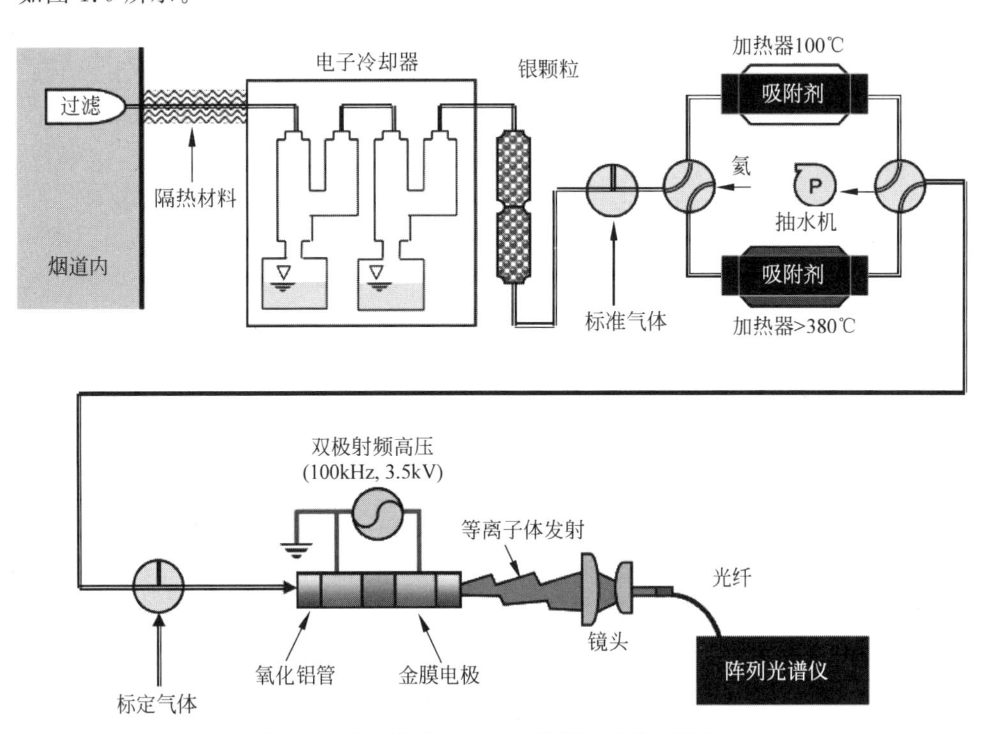

图1.9 低挥发性有机氯在线测量系统示意图

图1.9表明了该测量系统的复杂性和难以维护性。基于该系统得到的LVOCl指示物与DXN间的映射关系为$DXN=0.00153LVOCl^{1.34}$。

综上可知，基于指示物的检测方法虽然在众多实验系统上得到了较好的验证，但在工业MWSI过程中的应用效果仍然需要深入研究。文献[287]指出，不同

MSWI过程的特征导致指示物和DXN间的相关性差异较大，烟气和飞灰中的CP和其他前驱物的浓度能否维持DXN的产生是个未知问题。此外，指示物/关联物检测系统的高复杂性和难维护性也是该类方法工程化应用中需要考虑的问题。因此，该类检测方法存在较大的结果不确定性、工程难实施性和时间滞后性。

1.4.3 软测量检测法

按照不同的建模算法，此处将软测量法分为回归分析、神经网络、遗传编程和支持向量机4类。

1. 回归分析法

Hasberg等给出了排放烟气温度与DXN间的映射关系[289]：

$$\mathrm{DXN}=A_1\mathrm{e}^{(-T_\mathrm{p}/B_1)} \tag{1.16}$$

其中，T_p是排放烟气的最高温度，$A_1=5.2\times10^7$，$B_1=40.6$。

Hasberg等也给出了PCDD与CO间的映射关系：

$$\mathrm{PCDD}=\left(\frac{\mathrm{CO}}{k_\mathrm{CO}}\right)^2 \tag{1.17}$$

其中，k_CO为常数。当O_2的含量不在7%～9%时，CO和DXN的含量均增加。

文献[271]的研究表明，硫化焚烧炉稳定运行时所排放的CO和DXN具有相关性。文献[290]基于工业MSWI过程的实验表明，采样时刻的CO排放浓度和飞灰中的DXN含量不具备明显相关性，但却与采样时刻前3～4h相关，该研究验证了DXN记忆效应的存在，同时也增加了DXN的检测难度。

Tillman等研究了焚烧炉中的过量空气（excess air，EA）对生成DXN和呋喃的影响。基于17座焚烧炉的100个DXN测试样本，在EA超过80%的工况下，DXN排放可用如下公式计算[291]：

$$\mathrm{DXN}=0.0376\mathrm{EA}-3.305 \tag{1.18}$$

文献[292]对Modular和Waterwall焚烧炉烟气处理设备前的烟气采用多元线性回归分析，在O_2含量为7%时，DXN的排放模型如下所示：

$$\begin{cases}\mathrm{DXN}=2670.2-1.37\mathrm{TEMP}+100.06\mathrm{CO}\\ \mathrm{DXN}=4754.6-5.14\mathrm{TEMP}+103.41\mathrm{CO}\end{cases} \tag{1.19}$$

其中，TEMP表示Modular炉的第二燃烧室温度和Waterwall炉的内部温度。

针对O_2含量为7%工况下的Modular、Waterwall和RDF 3种类型的焚烧炉，在余热锅炉出口和末端处置装置出口处进行检测，文献[20]构建了如下所示的DXN排放模型：

$$\begin{cases}\mathrm{DXN}=-423.6119+0.0288\mathrm{FLOW}+2.6141\mathrm{CO}+\\ \qquad 505.6183\mathrm{ESP}-68.1576\mathrm{DRY}\\ \mathrm{DXN}=148.9954+2.2666\mathrm{CO}-0.1565\mathrm{HCl}+445.3134\mathrm{ESP}\\ \mathrm{DXN}=-1.2271+0.0101\mathrm{TEMPC}+0.0014\mathrm{CO}\end{cases} \tag{1.20}$$

其中,FLOW 表示烟囱中的烟气流动速率,其与烟气滞留时间和过量空气系数相关; ESP 和 DRY 是二进制变量,若 MSWI 过程中采用静电除尘器和干式织物过滤器作为烟气末端处置装置,则其取值为 1,否则为 0; TEMPC 表示上层燃烧室的温度。

文献[20]指出,DXN 排放浓度可通过对 MSWI 过程操作参数的在线调整实现反馈控制,并给出如下模型:

$$\begin{cases} \mathrm{DXN}=346.4892-12.9031\mathrm{STEAM}+0.2369\mathrm{TEMPC} \\ \mathrm{DXN}=1245.5399-84.8730\mathrm{FEED}-1.1067\mathrm{HCl} \\ \mathrm{DXN}=0.1305+0.0016\mathrm{TEMPC}+0.0076\mathrm{HCl} \end{cases} \tag{1.21}$$

其中,FEED 表示 Modular 炉的每小时进料速率,STEAM 表示 Waterwall 炉的每小时蒸汽产生率。

由上述面向不同炉型的 DXN 排放模型可知,回归分析法难以描述 DXN 产生与排放机理所蕴含的非线性和不确定性等特性。

2. 神经网络

基于文献[20]整理的 Modular、Waterwall 和 RDF 3 种炉型的 DXN 排放数据,文献[21]构建了基于单隐层、双隐层和双隐层神经网络的 DXN 排放软测量模型,文献[293]提出了基于进化算法优化 DXN 排放模型的参数; 文献[65]提出了采用遗传算法优化 DXN 排放神经网络模型的结构参数。在上述方法中,神经网络所固有的随机特性导致基于小样本数据的 DXN 排放模型难以获得稳定的预测性能。对此,文献[66]提出了通过对建模数据进行重新抽样和噪声注入的策略增加样本数量,构建了基于最大熵神经网络的 DXN 排放模型。此方法的缺点是,除建模样本数量有限外,未对 MSWI 过程进行有效的机理分析和变量选择。文献[48]对某 MSWI 厂 4 年的 DXN 排放离线检测数据进行了预处理,获得了 63 个建模样本,采用相关性分析和主成分分析从 23 个易检测过程变量(采样点见图 1.10)中确定 13 个作为输入构建 DXN 排放浓度(y)的神经网络模型,包括活性炭注入量(x_3)、活性炭注入频率(x_2)、最终烟气排放温度(x_{23})、烟囱排放气体 HCl 浓度(x_4)、硫化物排放浓度(x_7)、第 1 燃烧室温度(x_{14})、排放烟气中的水含量(x_9)、烟囱入口温度(x_{22})、烟气中 CO 浓度(x_5)、排放烟气中的氧含量(x_{10})、混合室温度(x_{20})、旋转窑出口温度(x_{19})、锅炉对流区域温度(x_{21}),并通过灵敏度分析给出了与 DXN 排放最相关的 3 个因素,即活性炭注入频率(x_2)、烟囱排放气体 HCl 浓度(x_4)和混合室温度(x_{20})。该方法未对全部 MSWI 过程变量进行有效的特征选择、所采用的建模方法不适合小样本数据、未结合运行控制需求进行基于实验设计的 DXN 排放检测且未对大量无标记样本蕴含信息进行挖掘。

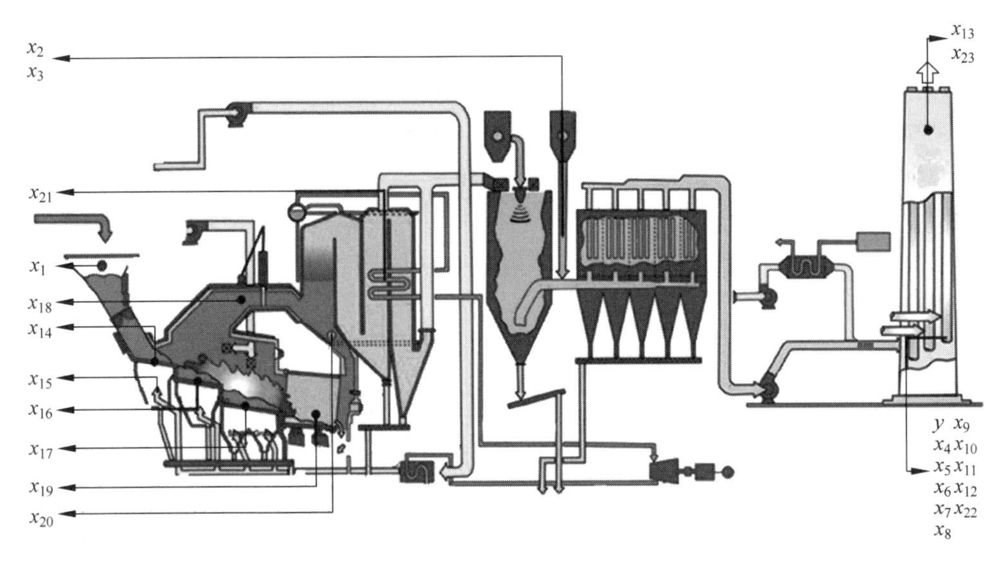

图 1.10 文献[48]用于构建 DXN 排放模型的输入输出采样点示意图

上述方法均采用单神经网络构建软测量模型,难以解决神经网络建模算法固有的过拟合、易陷入局部最小、面对小样本数据时预测性能稳定性差等问题。

3. 遗传编程

基于文献[20]整理的 Modular、Waterwall 和 RDF 3 种炉型的 DXN 数据,文献[21]采用遗传编程(genetic programing,GP)策略构建 DXN 排放的非线性软测量模型:

$$\begin{cases} \text{DXN} = \text{CO} \times \text{Log}[(\text{CO} - 59.775/\text{HCl}) \times \\ \qquad \text{Log}(4.013 \times \text{Temp2})] + 276.157 \times \text{CO} \times \text{ESP} \\ \text{DXN} = (\text{Temp1} \times \text{CO} \times \text{HCl})/(1.5868 \times \text{PM} \times \text{Temp2}) \\ \text{DXN} = \{[(\text{CO} \times \text{HCl})/(210.4297 - \text{Temp1})] \times \text{Log}(\text{CO})\}/ \\ \qquad 1000 + 0.09456 \end{cases} \tag{1.22}$$

其中,Temp2 表示燃烧室上方的烟气温度;ESP 为二进制变量,当采用静电除尘器装置时其值为 1,否则为 0;Temp1 表示烟囱出口处的烟气温度;PM 表示烟囱出口处的烟尘颗粒物浓度。

研究表明,该方法在预测性能上强于多元线性回归和神经网络建模方法,但其泛化性能有待提高。

4. 支持向量机

文献[294]指出,利用能够可靠在线连续监测的常规污染物实现 DXN 排放的实时监测更具实用性;针对我国华南地区某 MSWI 厂,通过在脱酸塔后、活性炭喷射装置、布袋除尘器前与后进行采样，以炉膛温度、锅炉出口烟温、烟气流量、SO_2浓度、HCl浓度和颗粒物浓度为输入变量，构建了基于支持向量机的DXN排放浓度与毒性当量预测模型，但其存在样本数量偏少、输入特征未有效筛选等问题。基于文献[20]收集的小样本数据，文献[295]建立了基于自适应SEN最小二乘-支持向量机的DXN排放浓度软测量模型，具有较好的泛化性能，但其在实际MSWI过程的应用性有待提高。

综上可知，DXN排放软测量方法在输入特征选择、建模样本完备性和建模算法泛化性等方面的研究有待深入。

1.5 DXN检测存在的问题

虽然文献[296]建立了基于热力学与反应动力学的DXN排放模型，但其需要结合焚烧炉的飞灰属性和完整的温度-时间曲线才能实现污染排放预测，并且不同MSWI过程的差异性和DXN生成机理的综合复杂性导致该模型难以应用。后文将针对目前DXN检测所采用的3类主要方法存在的问题进行梳理。

1.5.1 检测技术的发展阶段与关联性

表1.3给出了3类不同检测方法的简短描述、优缺点、侧重点和文献发表年代。

表1.3 DXN检测方法统计

类别	名称	方法简述	优点与缺点	侧重点	年代与文献编号
离线直接检测法	色谱法	首先对样本进行采集、提取与净化、同位素标记、色谱柱分离，然后与检测器联用进行定性与定量分析	优点：可分离DXN类物质的组分和准确度量；缺点：周期长、费用高、对操作人员与设备要求高	DXN类物质的超痕量分析	1993[297]
				DXN类物质萃取方法	1994[298]
				MSWI过程DXN排放浓度检测	1992[299]
				空气中DXN浓度的检测	1989[300] 1996[301]
				论述DXN的提取方法	1996[302] 1995[303]
				检测土壤中的DXN	1994[304]

续表

类别	名称	方法简述	优点与缺点	侧重点	年代与文献编号
离线直接检测法	激光质谱法	基于激光波长选择性电离，再采用飞行时间质谱仪进行质量选择	优点：快速、灵敏度高； 缺点：前期准备过程复杂	指出DXN同类物具有独特光谱结构和较窄带宽	2010[244]
				简述激光质谱法原理	1998[245]
				激光质谱法在环境监测中的应用	2001[246]
				可移动式激光质谱仪对MSWI过程中产生的DXN排放浓度进行检测	1996[274]
	生物法	酶活力诱导生物法：通过特殊受体芳香烃测量DXN毒性	优点：周期短、成本低、可以同时测定大量样品； 缺点：仅能测定总体的毒性当量	简述酶活力诱导生物法	1985[305] 1989[306]
				简述酶活力诱导生物法在国内DXN检测中的应用	1996[247]
		酶免疫分析法：单克隆或复合克隆抗体与DXN同类物高度结合的特性，建立竞争抑制酶免疫方法	优点：分析简便、易操作、测定周期较短； 缺点：不能测出DXN同类物的具体量值、需测定标准曲线、样品量大时误差较大	简述酶免疫分析法	1987[307] 1997[248] 1999[249]
				简述酶免疫法在国内DXN检测方面的应用	1997[308]
				提出酶免疫法与光谱法联合使用	2006[250]
				与酶活力免疫法进行比较，其准确性较高	2001[251]
		荧光素酶法：利用基因工程，重组染色体配体复合物，进一步合成荧光素	优点：灵敏度高、检测时间短； 缺点：无法测定DXN同类物的具体量值	简述荧光素酶法	1984[252]
				荧光素酶法与其他生物法的比较	2001[253] 2001[254]
				对MSWI过程DXN的排放进行检测，并与色谱法比较	2011[255]
	免疫法	基于DXN类抗体获得样本毒性当量，计算DXN含量	优点：操作简便，检测仪器要求低； 缺点：抗体制作复杂，DXN同类物检测种类有限	采用单克隆抗体对DXN进行检测	1980[309]
				采用单克隆与血清蛋白结合，缩短检测时间	1986[310]

续表

类别	名称	方法简述	优点与缺点	侧重点	年代与文献编号
指示物/关联物在线间接检测法	基于氯苯与DXN的映射关系进行检测	研究多种类型氯苯与DXN的映射关系	优点：检测周期短； 缺点：不够稳定，映射模型本身存在误差，存在时间滞后性	六氯苯与DXN的映射关系	1985[268]
				五氯苯与DXN的映射关系	2006[269]
				多氯联苯与DXN的映射关系	1994[270]
				其他氯苯与DXN的映射关系	1996[272] 1996[274] 1999[275] 2001[276] 2002[271] 2005[51] 2005[273] 2010[277] 2012[54] 2016[278] 2018[42]
	基于多环芳烃与DXN的映射关系进行检测	研究多环芳烃与DXN的映射关系		多环芳烃与DXN的映射关系	2003[279] 2006[280] 2007[53] 2009[281]
				实时在线跟踪多环芳烃的质谱仪	1999[282]
	基于氯酚与DXN的映射关系进行检测	研究氯酚与DXN的映射关系		氯酚与DXN的映射关系	2002[271] 1999[283]
				氯苯、氯酚与DXN的映射关系	2000[285] 2001[284] 2016[287]
				氯苯、氯酚与DXN的映射关系的精度对比	1987[286] 2005[51]
	其他指示物与DXN的映射关系进行检测	研究其他指示物与DXN的映射关系		有机卤素化合物与DXN的映射关系	2010[238]
				松针表面的DXN浓度检测	2018[288]
				低挥发性有机氯与DXN的映射关系	2011[60]

续表

类别	名称	方法简述	优点与缺点	侧重点	年代与文献编号
软测量检测法	回归分析法	构建线性映射关系模型	优点：周期短，成本低；缺点：无法描述非线性映射关系	温度与DXN的回归模型	1989[289]
				焚烧尾气CO含量与DXN的回归模型	2002[290] 2002[271]
				过量空气与DXN的回归模型	2012[291]
				烟气处理设备前的烟气与DXN的回归模型	1992[292]
	神经网络	构建非线性单模型	优点：周期短，成本低；缺点：基于小样本的神经网络模型稳定性差，泛化能力差	欧美研究机构收集的焚烧炉数据，单神经网络模型	1995[20] 2018[293]
				我国实验规模的焚烧炉，单神经网络与集成神经网络模型	2008[65] 2012[66]
				我国台湾地区的焚烧炉，单神经网络模型	2013[48]
	遗传编程	构建非线性模型	优点：周期短，检测成本低；缺点：泛化能力差，计算复杂度高	欧美研究机构收集的3种类型焚烧炉数据，基于遗传编程构建非线性模型	2000[21]
	支持向量机	构建非线性模型	优点：周期短，成本低；缺点：泛化能力差，样本有限未进行特征选择	我国华南地区某焚烧炉，单模型	2018[16]
				欧美研究机构收集的焚烧炉数据，选择性集成模型	2018[295]

由表1.3可知，

(1) 针对离线直接检测法：色谱法的研究主要在1989—1996年，是成熟和准确的DXN类物质组分度量方法；激光质谱法的研究主要在1996—2010年，是成熟、快速和高灵敏度的度量方法，并具有可移动性；生物法包括酶活力诱导、酶免疫分析和荧光素酶3种方法，时间跨度从1984—2006年，操作简便，但无法测出DXN类物质的组分，在2011年其被用于MSWI过程的DXN排放检测并与色谱法进行比较。总体上，离线直接检测法在2010年左右已经比较成熟。

(2) 针对指示物/关联物在线间接检测法：氯苯作为指示物的研究从1985年一直持续到现在，涉及六氯苯、五氯苯、多氯联苯和其他氯苯等多种指示物，表明了该类指示物针对不同特性的MSWI过程具有差异性，是目前研究中最为活跃、最具有工业应用前景的方法；多环芳烃作为指示物的研究多集中在1999—2003年，虽然1999年研制出了可实时在线跟踪多环芳烃的质谱仪，但其工业应用却鲜有报道；氯酚作为指示物/关联物的研究多集中于1987—2001年，2016年的研究表明，

MSWI过程的不同特性导致指示物与DXN的映射关系具有差异性；有机卤素化合物、低挥发性有机氯等其他指示物的研究在2010年后才见报道，说明该类方法的研究还在探索之中。总体上，指示物/关联物在线间接检测法集中在氯苯类指示物的研究上，有望实现工业化产品并进行推广，但也面临着检测复杂、设备昂贵、映射模型可靠性待验证等诸多问题。

(3) 针对软测量检测法：回归分析多基于单变量进行建模，研究从1989年持续到2012年，选用的过程变量包括焚烧炉温度、焚烧尾气CO含量、过量空气含量和烟气处理设备前的烟气等；神经网络方法从1995年持续至今，建模数据包括欧美研究机构的工业焚烧炉、我国实验规模和工业规模的焚烧数据，但受限于建模样本数量、建模方法等原因，其预测性能有待提升；基于遗传编程构建的非线性模型也多采用欧美研究机构收集的3种不同类型焚烧炉数据进行验证，其测量稳定性难以保证；SVM基于我国华南地区某MSWI厂的数据，构建了以炉膛温度、锅炉出口烟温、烟气流量、SO_2浓度、HCl浓度和颗粒物浓度为输入变量的DXN排放模型。总体上，软测量法在实际工业过程上的应用研究已逐渐引起科研机构的关注。

从上述分析可知，离线直接检测法在2010年已经成熟；指示物/关联物在线间接检测法和软测量法从20世纪90年代开始一直持续到现在，其研究多集中在研究院所的环境、化学、能源等学科；随着国内焚烧炉数量的逐渐递增和环保要求的日益严格，基于工业过程数据开展软测量检测方法的研究将具有广阔前景。

1.5.2 不同DXN检测法的优势与互补性

离线直接检测法的优势在于其技术成熟，能够获得准确的DXN类物质组分浓度；指示物/关联物在线间接检测法的优势在于其能够基于指示物/关联物的准确检测实现DXN排放浓度的较为准确的在线间接检测，有望在工业过程中成功应用；软测量检测方法的优势在于其不需要复杂的离线化验过程和在线指示物/关联物检测设备，能够进行实时的在线测量。这3类方法的关系如图1.11所示。

由图1.11可知：

(1) 离线直接检测法分为在线采集烟气和离线实验室化验2个步骤，需要专业实验室和相应的化验分析设备，滞后尺度为月/周；

(2) 指示物/关联物在线间接检测法分为在线采集烟气、在线检测指示物/关联物浓度和在线基于映射模型间接计算DXN排放浓度3个步骤，需要昂贵的在线化验分析设备，滞后尺度为小时；

(3) 软测量检测法分为DCS系统在线采集过程变量、辅助变量选择和模型构建3个步骤，不需要化验分析设备，滞后尺度为分钟或秒；

(4) 三者的关系是：离线直接检测法为后两种方法提供模型校正的真值，离线直接检测法为软测量检测法提供模型长期校正的真值，指示物/关联物在线间接检测法为软测量检测法提供模型短期校正的真值，三者之间存在互补；

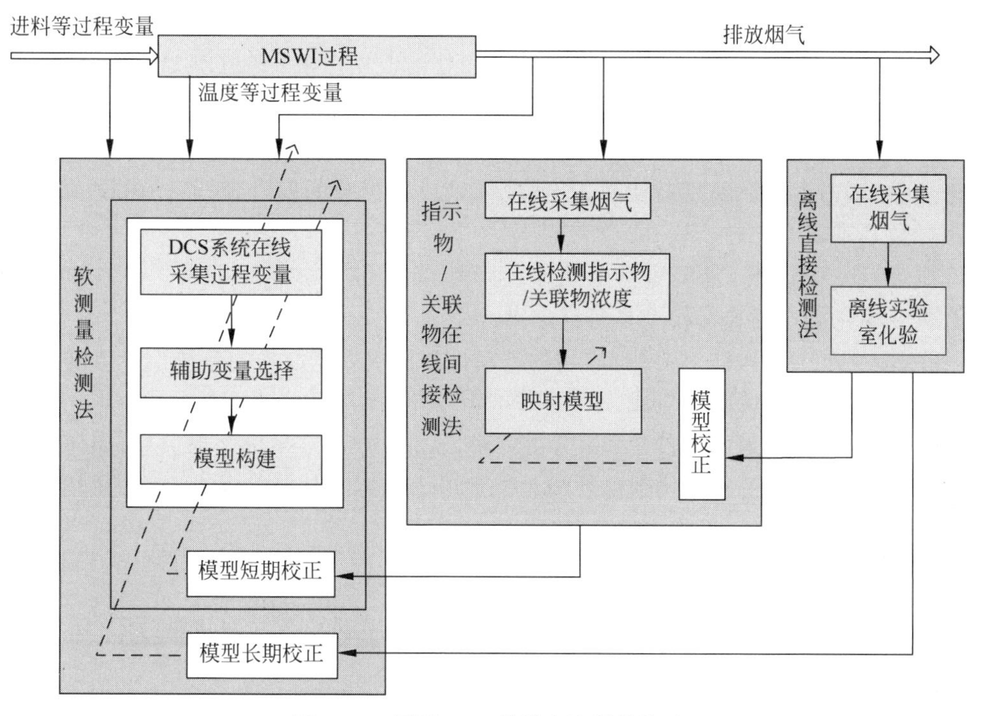

图 1.11 不同 DXN 检测方法间的关系

(5) 三者的区别在于输入：软测量检测方法的输入是 MSWI 过程的有价值过程变量，其他两种方法的输入是 MSWI 过程的排放烟气。

1.5.3 不同 DXN 检测法的局限性

后文针对目前 DXN 检测所采用的三类主要方法存在的问题进行了梳理。

1. 离线直接检测法存在的问题

从 DXN 同类物检测和细化分析的视角，直接检测法的局限性体现在色谱法能够有效分离 DXN 同类物和准确测量痕量毒物，但样品处理复杂、测试周期长、检测费用高，并且需要精密仪器、实验环境和标准样品等条件支撑；激光质谱法在具有高选择性、高灵敏度的同时能够检测多种 DXN 同类物，但需预先获悉每种同类物的光谱结构；生物法能够有效缩短检测周期、降低检测成本和增加平行测定样品数量，但只能够测量 DXN 的总毒性当量，不能用于分析每种 DXN 同类物。

面向降低 DXN 排放的要求，需对 MSWI 过程的运行参数进行优化调整。该方法的最大问题是长周期实验室离线化验所带来的滞后性，但可为其他检测手段提供准确的校正值。

2. 指示物/关联物在线间接检测法存在的问题

该类方法由指示物/关联物检测系统和其与 DXN 间的映射模型两部分组成，其突出问题表现在：

(1) 指示物/关联物检测涉及烟气样品采集设备和用于烟气处理与分析的物理化学设备，存在设备复杂度高、工业现场难以维护等问题，同时高昂的设备成本也导致其难以推广；

(2) 映射模型的精度和稳定性难以保障，如何获得多工况下大量有效的观测数据并构建可靠的映射模型是研究难点；

(3) 不同 MSWI 过程原料属性的波动性和尾气处置装备的差异性导致难以维持稳定的指示物/关联物生成。

目前，多数映射模型仅是建立单指示物/关联物与 DXN 的映射关系，如何从多种指示物/关联物的视角构建融合模型以适应不同工况是值得深入研究的问题，该方法的可实现性和可维护性有待加强。

3. DXN 软测量检测法存在的问题

MSWI 过程包含多个相对独立又相互关联工序的复杂物理化学过程，不同工序的过程变量和排放烟气中的易检测气体均与 DXN 的排放浓度相关。这些过程变量以秒为单位，由 DCS 系统采集和存储，数据量大并且相互之间冗余度高。针对具有不同特性的 MSWI 过程，难以自适应选择对 DXN 排放贡献度最大的特征变量。目前，已有方法多基于先验知识确定软测量模型所采用的输入变量，或是采用相关性分析进行特征选择，这些方法均未考虑如何结合 MSWI 过程的多工序特性和变量间的共线性进行自适应的维数约简，也未考虑如何结合 SEN 机制提高软测量模型的泛化性和可解释性。

此外，实际工业现场以月/季为周期采用离线直接检测法获得 DXN 排放浓度，导致有标记建模样本的数量极其稀缺。面向实际工业的 MSWI 过程，如何结合机理知识和 VSG 技术完善建模样本的研究还是鲜有报道。因此，DXN 排放智能检测问题可归结为一类面向小样本高维稀疏标记数据的智能建模难题。

1.6 主要内容

本书针对 MSWI 过程智能优化控制研究存在的问题，以基于炉排炉的主流 MSWI 过程为研究对象，开展在线智能检测 DXN 排放浓度的方法和应用研究。

第 1 章　描述进行 MSWI 过程 DXN 排放浓度检测研究的背景和意义，综述工业过程高维数据软测量和稀疏数据完备技术的研究现状，以及目前 DXN 排放检测的现状。

第 2 章　描述面向 DXN 排放检测的基于炉排炉的 MSWI 过程问题，包括工艺描述、DXN 生成机理与排放控制、DXN 排放的影响因素分析和对其进行软测量存在的难点等。

第 3 章 针对 MSWI 过程的多阶段、多温度区间的物理化学特性导致 DXN 排放浓度的机理模型难以构建、工业实际数据难以获取的问题，提出了基于选择性集成核学习算法的 DXN 排放软测量方法。首先，基于先验知识给出候选核参数集和候选惩罚参数集，采用核学习算法构建基于这些超参数的候选子子模型；然后，耦合优化和加权算法，对相同核参数的候选子子模型进行选择与合并，进而得到基于不同核参数的候选 SEN 子模型集合；最后，再次采用优化和加权算法获得模型结构与超参数自适应的多层 SEN 软测量模型。采用基准数据和文献 DXN 数据验证了所提方法的有效性。

第 4 章 针对 DXN 生成机理的复杂性导致其与 MSWI 过程的输入输出变量的映射关系难以表征等问题，提出了一种基于特征选择和选择性集成策略的 DXN 排放浓度软测量方法。首先，对焚烧流程的过程变量和易检测排放气体的浓度数据进行预处理，获得 DXN 排放浓度的建模样本；接着，基于线性潜结构映射算法的变量投影重要性和根据经验设定的输入特征选择比率，确定软测量模型的输入特征；最后，基于操纵训练样本集成构造策略，构建自适应确定核参数的 SEN 核潜结构映射软测量模型。采用文献中的 DXN 数据和北京某 MSWI 厂的 DXN 数据仿真验证了所提方法的有效性。

第 5 章 针对 DXN 排放浓度与 MSWI 过程的多个子系统的相关性存在差异、面向不同的子系统难以选择输入特征等问题，提出了基于潜在特征 SEN 建模的 DXN 排放软测量方法。首先，采用 PCA 分别提取根据工艺流程划分的阶段子系统和 MSWI 全流程系统过程变量的潜在特征，并根据预设主元贡献率的阈值进行潜在特征初选；接着，采用互信息度量初选潜在特征与 DXN 的相关性，并自适应确定多源潜在特征再选的上下限和阈值；最后，采用具有超参数自适应选择机制的 LS-SVM 算法建立多源再选潜在特征的候选子模型，基于分支定界优化和预测误差信息熵加权算法进行集成子模型的优化选择和加权组合，进而得到 DXN 排放浓度软测量模型。基于北京某 MSWI 厂的 DXN 数据验证了所提方法的有效性。

第 6 章 针对由 MSWI 过程的多个子系统提取的潜在特征不具有物理含义、小样本数据的特征选择存在随机性等问题，提出基于多层特征选择的 MSWI 过程 DXN 排放浓度软测量方法。首先，从单特征与 DXN 的相关性的视角，结合相关系数和互信息构建综合评价值指标，实现 MSWI 多个子系统过程变量的第 1 层特征选择；接着，从多特征冗余性和特征选择鲁棒性视角，多次运行基于遗传算法-偏最小二乘法的特征选择算法，实现第 2 层特征选择；最后，结合上层选择特征的统计频次、模型预测性能和机理知识进行第 3 层特征选择，构建 DXN 排放浓度软测量模型。基于北京某 MSWI 厂的 DXN 数据验证了所提方法的有效性。

第7章 复杂工业过程中难以检测的质量或环境污染指标数据的获取时间很长、经济成本很高，导致有标记建模样本稀缺，针对该问题提出了基于改进大趋势扩散和隐含层插值的VSG。首先，采用基于子区域欧氏距离的改进MTD对真实样本的输入/输出空间进行扩展；接着，采用等间隔插值方式生成虚拟样本输入，再结合映射模型和删减机制获得虚拟样本输出；然后，采用基于正则化改进的随机权神经网络隐含层插值依次得到虚拟样本的输出和输入，再结合扩展空间对虚拟样本进行删减；最后，将上述具有互补性的虚拟样本与原始真实样本混合，实现建模数据容量的扩充。通过基准数据集和北京某MSWI厂的DXN数据验证了所提方法的有效性和合理性。

第8章 针对MSWI过程构建DXN排放浓度建模样本数量极为稀缺、基于虚拟样本产生技术获得的虚拟样本间存在冗余性等问题，提出了基于虚拟样本优化选择的MSWI过程DXN排放浓度建模方法。首先，在对原始小样本数据进行离群点剔除、输入/输出匹配等预处理的基础上，结合过程特性和机理知识进行特征选择以获得约简小样本；接着，基于领域专家的知识积累和整体趋势扩散技术对约简小样本的输入/输出域进行扩展；然后，基于机理知识和插值算法生成虚拟样本输入，再基于约简小样本构建的映射模型获得虚拟样本输出，并结合扩展的输入/输出域对其进行删减以获得候选虚拟样本；再接着，基于PSO对候选虚拟样本进行优选；最后，采用优选虚拟样本与约简小样本组成的混合样本构建预测模型。结合基准数据和北京某MSWI厂的DXN数据验证了所提方法的有效性。

第9章 针对DXN建模样本数量稀缺、传统VSG难以在样本数量和建模精度间取得均衡等问题，提出了基于多种插值策略与MOPSO的VSG方法。首先，基于领域专家的知识积累和整体趋势扩散技术对原始小样本的输入/输出域进行扩展；然后，基于机理知识和插值算法生成虚拟样本输入，再基于由原始小样本构建的映射模型获得虚拟样本输出，并结合扩展输入/输出域对其进行删减以清除异常样本；再接着，基于MOPSO对删减后的虚拟样本进行优选；最后，采用优选虚拟样本与原始小样本组成的混合样本构建预测模型。结合基准数据和北京某MSWI厂的DXN数据验证了所提方法的有效性。

第10章 针对难测参数建模样本固有的数量少、分布稀疏与不平衡等特性严重制约数据驱动模型泛化性能的问题，提出了基于MOPSO混合优化的VSG方法。首先，设计综合学习PSO的种群表征机制，使其能够同时编码用于映射模型超参数优化的连续变量和虚拟样本选择的离散变量；然后，定义具有多阶段多目标特性的综合学习PSO适应度函数，使其能够在确保模型泛化性能的同时最小化虚拟样本数量；最后，面向VSG多目标混合优化任务对综合学习PSO进行改进，使其能够适应虚拟样本优选过程的变维特性并提高优化过程的收敛速度。同时，首次借鉴度量学习的指标，提出用于评价虚拟样本质量的综合评价指标和分布相似指标。本书采用混凝土抗压强度和超导临界温度基准数据集验证了所提算法的合理性和有效性，基于北京某 MSWI 厂数据集构建了 DXN 排放浓度软测量模型，进一步验证了所提方法。

第 11 章 针对由难测参数建模数据固有的样本小、分布稀疏等特性导致的期望建模样本分布难以获悉的问题，提出了基于特征约简概率密度分布的 VSG 方法。首先，采用 PCA 对小样本数据进行特征降维，对获得的独立主成分分别进行核密度估计，根据上述概率密度分布估计生成候选虚拟主成分，再对通过正交采样获得的虚拟主成分进行重构以生成虚拟样本的输入；接着，为均衡映射模型的精度与随机性，采用随机森林与随机权神经网络构建集成映射模型，获得虚拟样本的输出；最后，对影响虚拟样本“优劣”的主成分贡献率、核密度估计平滑指数、候选虚拟主成分和虚拟样本数量、映射模型学习参数的模型集成权重等参数，采用综合学习 PSO 进行优化以获得最优虚拟样本。采用混凝土抗压强度数据验证所提 VSG 的合理性和有效性，并将其应用于构建基于北京某 MSWI 厂数据的 DXN 排放浓度软测量模型。

第 12 章 进行基于 VSG 的 MSWI 过程 DXN 排放浓度软测量系统的设计和开发。

参考文献

[1] 全国人民代表大会常务委员会，中华人民共和国固体废物环境污染防治法[Z]. 2016-11-07.

[2] KORAI M S, MAHAR R B, UQAILI M A. The feasibility of municipal solid waste for energy generation and its existing management practices in Pakistan[J]. Renewable and Sustainable Energy Reviews, 2017, 72: 338-353.

[3] KAZA S, YAO L C, BHADATATA P, et al. What a waste 2.0[J]. World Bank Publications, 2018.

[4] SHAH A V, SRIVASTAVA V K, MOHANTY S S, et al. Municipal solid waste as a sustainable resource for energy production: State-of-the-art review[J]. Journal of Environmental Chemical Engineering, 2021, 9(4): 105717.

[5] ARAFAT H A, JIJAKLI K, AHSAN A. Environmental performance and energy recovery potential of five processes for municipal solid waste treatment[J]. Journal of Cleaner Production, 2015, 105: 233-240.

[6] BAJIĆ B Ž, DODIĆ S N, VUČUROVIĆ D G, et al. Waste-to-energy status in Serbia[J]. Renewable and Sustainable Energy Reviews, 2015, 50: 1437-1444.

[7] KALYANI K A, PANDEY K K. Waste to energy status in India: A short review[J]. Renewable and Sustainable Energy Reviews, 2014, 31: 113-120.

[8] LIU Y, SUN W, LIU J. Greenhouse gas emissions from different municipal solid waste management scenarios in China: Based on carbon and energy flow analysis[J]. Waste Management, 2017, 68: 653-661.

[9] KUMAR A, SAMADDER S R. A review on technological options of waste to energy for

effective management of municipal solid waste[J],Waste Management,2017,69: 407-422.

[10] LIU Y,XING P,LIU J. Environmental performance evaluation of different municipal solid waste management scenarios in China[J]. Resources,Conservation and Recycling,2017,125: 98-106.

[11] 生活垃圾焚烧发电厂自动监测数据公开平台[EB/OL]. [2022-09-27]. https://ljgk.envsc.cn/.

[12] 张弛,柴晓利,赵爱华,等. 固体废物焚烧技术[M]. 2 版. 北京: 化学工业出版社,2016: 135-149.

[13] 解强. 城市固体废弃物能源化利用技术[M]. 2 版. 北京: 化学工业出版社,2018: 129-140.

[14] 2020 年全国大、中城市固体废物污染环境防治年报,中华人民共和国生态环境部. [EB/OL]. [2022-09-27]. https://www.mee.gov.cn/hjzl/sthjzk/gtfwwrfz/.

[15] KOLEKAR K A,HAZRA T,CHAKRABARTY S N. A review on prediction of municipal solid waste generation models[J]. Procedia Environmental Sciences,2016,35: 238-244.

[16] KHANDELWAL H,DHAR H,THALLA A K,et al. Application of life cycle assessment in municipal solid waste management: A worldwide critical review[J]. Journal of Cleaner Production,2019,209: 630-654.

[17] LOMBARDI L,CARNEVALE E A. Evaluation of the environmental sustainability of different waste-to-energy plant configurations[J]. Waste Management,2018,73: 232-246.

[18] MAVROTAS G, GAKIS N, SKOULAXINOU N, et al. Municipal solid waste management and energy production: Consideration of external cost through multi-objective optimization and its effect on waste-to-energy solutions[J]. Renewable and Sustainable Energy Reviews,2015,51: 1205-1222.

[19] ZHANG D Q,TAN S K,GERSBERG R M. Municipal solid waste management in China: Status,problems and challenges[J]. Journal of Environmental Management,2010,91(8): 1623-1633.

[20] YUANAN H,HEFA C,SHU T. The growing importance of waste-to-energy (WTE) incineration in China's anthropogenic mercury emissions: Emission inventories and reduction strategies[J]. Renewable and Sustainable Energy Reviews,2018,97: 119-137.

[21] HUANG T,ZHOU L,LIU L,et al. Ultrasound-enhanced electrokinetic remediation for removal of Zn,Pb,Cu and Cd in municipal solid waste incineration fly ashes[J]. Waste Management,2018,75: 226-235.

[22] DONG J,TANG Y,NZIHOU A,et al. Comparison of waste-to-energy technologies of gasification and incineration using life cycle assessment: Case studies in Finland,France and China[J]. Journal of Cleaner Production,2018,203: 287-300.

[23] ZHENG L,SONG J,LI C,et al. Preferential policies promote municipal solid waste (MSW) to energy in China: Current status and prospects[J]. Renewable & Sustainable Energy Reviews,2014,36(C): 135-148.

[24] 柴天佑. 自动化科学与技术发展方向[J]. 自动化学报,2018,44(11): 1923-1930.

[25] 柴天佑. 复杂工业过程运行优化与反馈控制[J]. 自动化学报,2013,39(11): 1744-1757.

[26] HOYOS A,COBO M,ARISTIZÃ B,et al. Total suspended particulate (TSP), polychlorinated dibenzodioxin (PCDD) and polychlorinated dibenzofuran (PCDF)

emissions from medical waste incinerators in Antioquia,Colombia[J]. Chemosphere,2008,73(1):137-42.

[27] 罗建松. 二噁英指示物的反应特性及其在线检测研究[D]. 杭州:浙江大学,2007.

[28] 解艳,薛科社. 二噁英分析检测方法研究进展及展望[J]. 环境科学与管理,2011,36(3):84-86.

[29] BAI J,SUN X,ZHANG C,et al. Mechanism and kinetics study on the ozonolysis reaction of 2,3,7,8-TCDD in the atmosphere[J]. Journal of Environmental Sciences,2014,26(1):181-188.

[30] 罗阿群,刘少光,林文松,等. 二噁英生成机理及减排方法研究进展[J]. 化工进展,2016,35(3):910-916.

[31] SOFIAN KANAN, FATIN S. Dioxins and furans: A review from chemical and environmental perspectives[J]. Trends in Enviromental analytical Chemistry, 2018, 17: 1-13.

[32] LI X,ZHANG C,LI Y,ZHI Q. The status of municipal solid waste incineration (MSWI) in China and its clean development[J]. Energy Procedia,2016,104: 498-503.

[33] PHILLIPS K,LONGHURST P J,WAGLAND S T. Assessing the perception and reality of arguments against thermal waste treatment plants in terms of property prices[J]. Waste Manag,2014,34(1):219-225.

[34] MCKAY G. Dioxin characterisation, formation and minimisation during municipal solid waste (MSW) incineration: Review [J]. Chemical Engineering Journal, 2002, 86 (3): 343-368.

[35] NI Y,ZHANG H,FAN S, et al. Emissions of PCDD/Fs from municipal solid waste incinerators in China[J]. Chemosphere,2009,75(9):1150-1158.

[36] 生活垃圾焚烧污染控制标准[EB/OL]. [2022-08-12]. http://kjs. mee. gov. cn/hjbhbz/bzwb/gthw/gtfwwrkzbz/200201/t20020101_63051. shtml.

[37] 唐娜,李馥琪,罗伟铿,等. 废物焚烧及工业金属冶炼烟气中二噁英的排放水平及同系物分布[J]. 安全与环境学报,2018,18(4):1496-1502.

[38] 俞明锋,付建英,詹明秀. 生活废弃物焚烧处置烟气中二噁英排放特性研究[J]. 环境科学学报,2018,38(5):1983-1988.

[39] 严建华,陈彤,谷月玲,等. 垃圾焚烧炉飞灰中二噁英的低温热处理试验研究[J]. 中国电机工程学报,2005,25(23):95-99.

[40] 赵英孜,蒋友胜,张建清,等. 深圳市废弃物焚烧炉飞灰中二噁英含量水平和特征分析[J]. 环境科学学报,2015,35(9):2739-2744.

[41] 钱莲英,潘淑萍,徐哲明,等. 生活垃圾焚烧炉烟气中二噁英排放水平及控制措施[J]. 环境监测管理与技术,2017,29(3):57-60.

[42] 林斌斌,李晓东,王天娇,等. 生活垃圾焚烧炉中二噁英、氯苯排放特性及关联[J]. 环境化学,2018,37(3):428-436.

[43] 张益. 我国生活垃圾焚烧处理技术回顾与展望[J]. 环境保护,2016,44(13):20-26.

[44] 李大中,唐影. 垃圾焚烧发电污染物排放过程建模与优化[J]. 可再生能源,2015,33(1):118-123.

[45] 林海鹏,于云江,李琴. 二噁英的毒性及其对人体健康影响的研究进展[J]. 环境科学与技术,2009,32(9):93-97.

[46] 李海英，张书廷，赵新华. 城市生活垃圾焚烧产物中二噁英检测方法[J]. 燃料化学学报，2005，33(3)：379-384.

[47] 张诺，孙韶华，王明泉. 荧光素酶表达基因法(CALUX)用于二噁英检测的研究进展[J]. 生态毒理学报，2014，9(3)：391-397.

[48] BUNSAN S，CHEN W Y，CHEN H W，et al. Modeling the dioxin emission of a municipal solid waste incinerator using neural networks[J]. Chemosphere，2013，92：258-264.

[49] URANO K，KATO M，NAGAYANAGI Y，et al. Convenient dioxin measuring method using an efficient sampling train，an efficient HPLC system and a highly sensitive HRGC/LRMS with a PTV injector[J]. Chemosphere，2001，43(4)：425-431.

[50] HUNG P C，CHANG S H，BUEKENS A，et al. Continuous sampling of MSWI dioxins [J]. Chemosphere，2016，145：119-124.

[51] LAVRIC E D，KONNOV A A，RUYCK J D. Surrogate compounds for dioxins in incineration. A review[J]. Waste Management，2005，25(7)：755-765.

[52] LAVRIC E D，KONNOV A A，RUYCK J D. Implementation of a detailed reaction mechanism for the modeling of dioxins precursors formation [J]. Organohalogen Compounds，2002，56：201-204.

[53] 尹雪峰，李晓东，陆胜勇. 模拟烟气中痕量有机污染物生成的在线实时监测[J]. 中国电机工程学报，2007，27(17)：29-33.

[54] GULLETT B K，OUDEJANS L，TABOR D，et al. Near-real-time combustion monitoring for PCDD/PCDF indicators by GC-REMPI-TOFMS [J]. Environmental Science & Technology，2012，46(2)：923-928.

[55] 郭颖，陈彤，杨杰. 基于关联模型的二噁英在线检测研究[J]. 环境工程学报，2014，8(8)：3524-3529.

[56] 李阿丹，洪伟，王晶. 激光解吸/激光电离-质谱法二噁英及其关联物的在线检测[J]. 燕山大学学报，2015，39(6)：511-515.

[57] 曹轩，尚凡杰，潘登皋. 用于二噁英在线检测的气相色谱质谱间传输线系统：CN206378474U[P]. 2017-08-04.

[58] YAN M，LI X，CHEN T. Effect of temperature and oxygen on the formation of chlorobenzene as the indicator of PCDD/Fs[J]. Journal of Environmental Sciences，2010，22(10)：1637-1642.

[59] EVERAERT K，BAEYENS J. The formation and emission of dioxins in large scale thermal processes[J]. Chemosphere 2002，46 (3)：439-448.

[60] NAKUI H，KOYAMA H，TAKAKURA A，et al. Online measurements of low-volatile organic chlorine for dioxin monitoring at municipal waste incinerators[J]. Chemosphere，2011，85(2)：151-155.

[61] 汤健，田福庆，贾美英. 基于频谱数据驱动的旋转机械设备负荷软测量[M]. 北京：国防工业出版社，2015.

[62] CHANG N B，HUANG S H. Statistical modelling for the prediction and control of PCDDs and PCDFs emissions from municipal solid waste incinerators[J]. Waste Management & Research，1995，13：379-400.

[63] CHANG N B，CHEN W C. Prediction of PCDDs/PCDFs emissions from municipal incinerators by genetic programming and neural network modeling[J]. Waste Management

& Research,2000,18: 41-351.

[64] 胡文金.面向无害化垃圾焚烧发电的二噁英软测量精简化建模研究: 61174015[R].[S.l.: S.n],2016.

[65] 王海瑞,张勇,王华.基于GA和BP神经网络的二噁英软测量模型研究[J].微计算机信息,2008,24(21): 222-224.

[66] 胡文金,苏盈盈,汤毅,等.基于小样本数据的垃圾焚烧二噁英软测量建模[C]//过程控制会议,2012.

[67] 张刚.城市固体废物焚烧过程二噁英与重金属排放特征及控制技术研究[D].广州: 华南理工大学,2013.

[68] 王天娇.生活垃圾焚烧过程中二噁英及其关联物氯苯的特性研究[D].杭州: 浙江大学,2018.

[69] POGGIO T,VETTER T. Recognition and structure from one 2D model view: Observations onprototypes,object classes and symmetries[J]. Laboratory Massachusetts Institute of Technology,1992,1347: 1-25.

[70] LI D C,LIN L S,CHEN C C,et al. Using virtual samples to improve learning performance for small datasets with multimodal distributions[J]. Soft Computing, 2019, 23(22): 11883-11900.

[71] LI D C,HSU H C,TSAI T I,et al. A new method to help diagnose cancers for small sample size[J]. Expert Systems with Applications,2007,33(2): 420-424.

[72] ZHU Y,YAO J. A novel reliability assessment method based on virtual sample generation and failure physical model [C]//The 12th International Conference on Reliability, Maintainability,and Safety (ICRMS). Piscataway: IEEE Press,2018: 99-102.

[73] 汤健,乔俊飞,柴天佑,等.基于虚拟样本生成技术的多组分机械信号建模[J].自动化学报,2018,44(9): 1569-1589.

[74] SCHLKOPF B,SIMARD P,SMOLA A J,et al. Prior knowledge in support vector kernels [C]//Neural Information Processing Systems 10. Cambridge: MIT Press,1997.

[75] CAI W D,MA B,ZHANG L,et al. A pointer meter recognition method based on virtual sample generation technology[J]. Measurement,2020,163: 107962.

[76] GANG H,YUAN X,WEI Z,et al. An effective method for face recognition by creating virtual training samples based on pixel processing[C]//The 10th International Conference on Intelligent Human-Machine Systems and Cybernetics (IHMSC). Piscataway: IEEE Press,2018: 177-180.

[77] LUO J,TJAHJADI T. Multi-set canonical correlation analysis for 3D abnormal gait behaviour recognition based on virtual sample generation[J]. IEEE Access, 2020, 8: 32485-32501.

[78] 李海清,黄志尧.软测量技术原理及应用[M].北京: 化学工业出版社,2000.

[79] PETR K,BOGDAN G,SIBYLLE S. Data-driven soft sensors in the process industry[J]. Computers and Chemical Engineering,2009,33(4): 795-814.

[80] 李修亮.软测量建模方法研究与应用[D].杭州: 浙江大学,2009.

[81] 俞金寿.工业过程先进控制[M].北京: 中国石化出版社,2002.

[82] JIMÉNEZ-RODRÍGUEZ L O, ARZUAGA-CRUZ E, VÉLEZ-REYES M. Unsupervised linear feature-extraction methods and their effects in the classification of high-dimensional

data[J]. IEEE Transaction on Geoscience and Remote Sensing,2007,45(2):469-483.

[83] WANG L. Feature selection with kernel class separability[J]. IEEE Transactions on Pattern Analysis and Machine Intelligence,2008,30(9):1534-1546.

[84] JOLLIFFE I T. Principal component analysis[M]. Berlin:Springer Press,2002.

[85] WOLD S,SJSTRM M,ERIKSSON L. PLS-regression:A basic tool of chemometrics[J]. Chemometrics and Intelligent Laboratory Systems,2001,58(2):109-130.

[86] GUYON I,ELISSEEFF A. An introduction to variable and feature selection[J]. Journal of Machine Learning Research,2003,3(7-8):1157-1182.

[87] 俞金寿. 软测量技术及其应用[J]. 自动化仪表,2008,29(1):1-7.

[88] 骆晨钟,邵惠鹤. 软仪表技术及其工业应用[J]. 仪表技术与传感器. 1999,1:32-39.

[89] 俞金寿,刘爱伦. 软测量技术及其应用[J]. 世界仪表和自动化. 1997,1(2):18-20.

[90] 徐敏,俞金寿. 软测量技术[J]. 石油化工自动化,1998,19(2):1-3.

[91] 俞金寿,刘爱伦. 软测量技术及其在石油化工中的应用[M]. 北京:化学工业出版社,2000.

[92] HAM M T,MORRIS A J,MONTAGUE G A. Soft-sensors for process estimation and inferential control[J]. Journal of Process Control,1991,1(1):3-14.

[93] QUINTEROM E,LUYBENW L,GEORGAKIS C. Application of an extended Luenberger observer to the control of multicomponent batch distillation[J]. Industrial & Engineering Chemistry Research,1991,3:1870-1880.

[94] 孙欣,王金春,何声亮. 过程软测量[J]. 自动化仪表. 1995,16(8):1-5.

[95] BRAMBILLA A,TRIVELLA F. Estimate product quality with ANNs[J]. Hydrocarbon Processing,1996,75(9):61-66.

[96] SPIEKER A,NAJIM K,CHTOUROUA M. Neural networks synthesis for thermal process[J]. Journal of Process Control. 1993,3(4):233-239.

[97] 王旭东,邵惠鹤. RBF 神经元网络在非线性系统建模中的应用[J]. 控制理论与应用,1997,14(1):59-64.

[98] ZADEH L A. The roles of soft computing and fuzzy logic in the conception,design and deployment of information intelligent systems[J]. Software Agents and Soft Computing Towards Enhancing Machine Intelligence,Lecture Notes in Computer Science,1997:181-190.

[99] YAN S,MASAHARU M. A new approach of neuro-fuzzy learning algorithm for tuning fuzzy rules[J]. Fuzzy Sets and Systems,2000,112(1):99-116.

[100] MAURICIO F,FERNANDO G. Design of fuzzy system using neuro-fuzzy networks[J]. IEEE Transaction on Neural Networks,1999,10(4):815-827.

[101] MARCELINO L,IGNACIO S. Support vector regression for the simultaneous learning of a multivariate function and its derivatives[J]. Neurocomputing,2005,69(1-3):42-61.

[102] 王华忠,俞金寿. 基于混合核函数 PCR 方法的工业过程软测量建模[J]. 化工自动化及仪表,2005,32(2):23-25.

[103] 王华忠,俞金寿. 基于核函数主元分析的软测量建模方法及应用[J]. 华东理工大学学报,2004,30(5):567-570.

[104] 吕志军,杨建国,项前. 基于支持向量机的纺纱质量预测模型研究[J]. 控制与决策,2007,23(6):561-565.

[105] DONG F,JIANG Z X,QIAO X T. Application of electrical resistance tomography to two-phase pipe flow parameters measurement[J]. Flow Measurement and Instrumentation,2003,14(1):183-192.

[106] XU Y B,WANG H X,CUI Z Q,et al. Application of electrical resistance tomography for slug flow measurement in gas/liquid flow of horizontal pipe[J]. IEEE International Workshop on Imaging Systems and Techniques,2009:319-323.

[107] YANG L,STEVEN D B. Wavelet multiscale regression from the perspective of data fusion: New conceptual approaches[J]. Analytical and Bioanalytical Chemistry,2004,380:445-452.

[108] ENGIN A,IBRAHIM T,MUSTAFA P. Intelligent target recognition based on wavelet adaptive network based fuzzy inference system[J]. Pattern Recognition and Image Analysis,Lecture Notes in Computer Science,2005,3522:447-470.

[109] SEONGGOO K,SANGJUN L,SUKHO L. A novel wavelet transform based on polar coordinates for data mining applications[J]. Lecture Notes in Computer Science,2005,3614:1150-1153.

[110] LOU X S,LOPARO K A. Bearing fault diagnosis based on wavelettran storm and fuzzy inference[J]. Mechanical Systems and Signal Processing,2004,18(5):1077-1095.

[111] CONG Q M,CHAI T Y. Cascade process modeling with mechanism-based hierarchical neural networks[J]. International Journal of Neural Systems,2010,20(1):1-11.

[112] WANG W,YU W,ZHAO L J,et al. PCA and neural networks-based soft sensing strategy with application in sodium aluminate solution[J]. Journal of Experimental & Theoretical Artificial Intelligence,2011,23(1):127-136.

[113] WANG W,CHAI T,YU W. Modeling component concentrations of sodium aluminate solution via hammerstein recurrent neural networks[J]. IEEE Transactions on Control Systems Technology,2012,20(4):971-982.

[114] 荣冈,金晓民,王树青.软测量技术及其应用[J].化工自动化及仪表,1999,26(4):70-72.

[115] KARMY M,WARWICK K. System identification using partial least squares[J]. IEE Proceedings-Control Theory and Applications,1995,142(3):233-239.

[116] HANSEN LK,SALAMON P. Neural network ensembles[J]. IEEE Transactions on Pattern Analysis and Machine Intelligence,1990,12(10):993-1001.

[117] NIU D P,WANG F L,ZHANG L L,et al. Neural network ensemble modeling for nosiheptide fermentation process based on partial least squares regression[J]. Chemometrics and Intelligent Laboratory Systems,2011,105(1):125-130.

[118] BREUER L,HUISMAN J A,WILLEMS P. Assessing the impact of land use change on hydrology by ensemble modeling (LUCHEM). I: Model intercomparison with current land use[J]. Advances in Water Resources,2009,32 (2):129-146.

[119] 罗荣富.丙烯精馏塔的非线性推断控制系统[J].化工自动化及仪表,1992,9(5):5-9.

[120] ZHOU L. Modeling and control time-delay system via pattem recognition approach[C]// Preprints IFAC Workshop on Artificial Intelligence in Real Time Control,1989:7-12.

[121] WOLD S. Exponentially weighted moving principal component analysis and project to latent structures[J]. Chemometrics & Intelligent Laboratory Systems,1994,23(1):149-161.

[122] LI W H,YUE H H,VALLE-CERVANTES S,et al. Recursive PCA for adaptive process monitoring[J]. Journal of Process Control,2000,10(5):471-486.

[123] ELSHENAWY L M,YIN S,NAIK A S,et al. Efficient recursive principal component analysis algorithms for process monitoring[J]. Industrial & Engineering Chemistry Research,2010,49(1):252-259.

[124] QIN S J. Recursive PLS algorithms for adaptive data modeling[J]. Computers & Chemical Engineering,1998,22(4/5):503-514.

[125] WANG X,KRUGER U,IRWIN G W. Process monitoring approach using fast moving window PCA[J]. Industrial & Engineering Chemistry Research, 2005, 44(15): 5691-5702.

[126] PAN T,SHAN Y,WU Z T,et al. MWPLS method applied to the waveband selection of NIR spectroscopy analysis for brix degree of sugarcane clarified juice[C]//2011 3rd International Conference on Measuring Technology and Mechatronics Automation,2011:671-674.

[127] JAIN A K,DUIN R P W,MAO J C. Statistical pattern recognition: A review[J]. IEEE Transaction on Pattern Analysis and Machine Intelligence,2000,22(1):4-38.

[128] WATANABE S. Pattern recognition: Human and Mechanical[M]. New York: John Wiley & Sons Inc.,1985.

[129] YOU W J, YANG Z J, JI G L. PLS-based recursive feature elimination for high-dimensional small sample[J]. Knowledge-Based Systems,2014,55(55):15-28.

[130] ZHANG M J,ZHANG S Z,IQBAL J B. Key wavelengths selection from near infrared spectra using Monte Carlo sampling-recursive partial least squares[J]. Chemometrics and Intelligent Laboratory Systems,2013,128:17-24.

[131] YUE H H,QIN S J,MARKLE R J,et al. Fault detection of plasma ethchers using optical emission spectra[J]. IEEE Transaction on Semiconductor Manufacturing, 2000, 11: 374-385.

[132] TANG J,ZHAO L J,LI Y M,et al. Feature selection of frequency spectrum for modeling difficulty to measure process parameters[J]. Lecture Notes in Computer Science,2012, 7368:82-91.

[133] HINTON G E. A fast learning algorithm for deep belief nets[J]. Neural Computation, 2006,18:1527-1554.

[134] SCHMIDHUBER J. Deep earning in neural networks: An overview[J]. Neural Networks the Official Journal of the International Neural Network Society,2014,61:85-117.

[135] 尹宝才,王文通,王立春.深度学习研究综述[J].北京工业大学学报,2015,1:48-59.

[136] DAHL G E,YU D,DENG L. Context-dependent pre-trained deep neural networks for large vocabulary speech recognition[J]. IEEE Transactions on Audio Speech & Language Processing,2012,20(1):30-42.

[137] SHANG C,YANG F,HUANG D. Data-driven soft sensor development based on deep learning technique[J]. Journal of Process Control,2014,24(3):223-233.

[138] 雷亚国,贾峰,周昕.基于深度学习理论的机械装备大数据健康监测方法[J].机械工程学报.2015,51(21):49-56.

[139] CHEN C L P,ZHANG C Y,CHEN L,et al. Fuzzy restricted boltzmann machine for the

enhancement of deep learning[J]. IEEE Transaction on Fuzzy System, 2015, 23(6): 2163-2173.

[140] 段艳杰，吕宜生，张杰，等. 深度学习在控制领域的研究现状与展望[J]. 自动化学报，2016,42(5): 643-654.

[141] 康岩，卢慕超，阎高伟. 基于 DBN-ELM 的球磨机料位软测量方法研究[J]. 仪表技术与传感器，2015,(4): 73-75.

[142] LÄNGKVIST M, KARLSSON L, LOUTFI A. A review of unsupervised feature learning and deep learning for time-series modeling[J]. Pattern Recognition Letters, 2014, 42(1): 11-24.

[143] 刘天羽. 基于特征选择技术的集成学习方法及其应用研究[D]. 上海：上海大学，2006.

[144] PERRONE M P, COOPER L N. When networks disagree: Ensemble methods for hybrid neural networks[R]. Providence: Brown University, Institute for Brain and Neural Systems, 1993.

[145] SOLLICH P, KROGH A. Learning with ensembles: How over-fitting call be useful[J]. In Advances in Neural Information Processing Systems, 1996, 9: 190-196.

[146] DIETTERIEG T. Machine-learning research: Four current directions[J]. The AI Magazine, 1998, 18: 97-136.

[147] GRANITTO P M, VERDES P F, CECCATTO H A. Neural networks ensembles: Evaluation of aggregation algorithms[J]. Artificial Intelligence, 2005, 163(2): 139-162.

[148] WINDEATT T. Diversity measures for multiple classifier system analysis and design[J]. Information Fusion, 2005, 6(1): 21-36.

[149] KUNCHEVA L I. Combining pattern classifiers, methods and algorithms[M]. New York: John Wiley & Sons Inc., 2004.

[150] YAO X, LIU Y. Making use of population information in evolutionary artificial neural networks[J]. IEEE transactions on Systems, Man and Cybernetics-Part B: Cybernetics, 1998, 28(3): 417-425.

[151] HO T K. The random subspace method for constructing decision forest[J]. IEEE Transactions on Pattern Analysis and Machine Intelligence, 1998, 20(8): 832-844.

[152] RODRIGUEZ J J, KUNCHEVA L I, ALONSO C J. Rotation forest: A new classifier ensemble method[J]. IEEE Transactions on Pattern Analysis and Machine Intelligence, 2006, 28(10): 1619-1630.

[153] YU E Z, CHO S Z. Ensemble based on GA wrapper feature selection[J]. Computers & Industrial Engineering, 2006, 51(1): 111-116.

[154] SU Z Q, TONG W D, SHI L M, et al. A partial least squares-based consensus regression method for the analysis of near-infrared complex spectral data of plant samples[J]. Analytical Letters, 2006, 39(9): 2073-2083.

[155] CHEN D, CAI W S, SHAO X G. Removing uncertain variables based on ensemble partial least squares[J]. Analytical Chimica Acta, 2007, 598(1): 19-26.

[156] MOHAMED S. Estimating market shares in each market segment using the information entropy concept[J]. Applied Mathematics and Computation, 2007, 190(2): 1735-1739.

[157] 王春生，吴敏，曹卫华，等. 铅锌烧结配料过程的智能集成建模与综合优化方法[J]. 自动化学报，2009,35(5): 605-612.

[158] XU L J,ZHANG J Q,YAN Y A wavelet-based multisensor data fusion algorithm[J]. IEEE Tranctions on Instrumentation and Measurement,2004,53(6):1539-1544.

[159] TANG J,CHAI T Y,ZHAO L J,et al. Soft sensor for parameters of mill load based on multi-spectral segments PLS models and on-line additive weighted fusion algorithm[J]. Neurocomputing,2012,78(1):38-47.

[160] PERRONE M P,COOPLER L N. When networks disagree:Ensemble method for hybrid neural networks[C]//In Artificial Neural Networks for Speech and Vision,1993:126-142.

[161] OPITZ D,SHAVLIK J. Actively searching for an effective neural network ensemble[J]. Connection Science,1996,8(3-4):337-353.

[162] ZHOU Z H,WU J,TANG W. Ensembling neural networks:Many could be better than all[J]. Artificial Intelligence,2002,137(1-2):239-263.

[163] CHANDRA A,CHEN H H,YAO X. Trade-off between diversity and accuracy in ensemble generation[J]. Studies in Computational Intelligence,2006,16:429-464.

[164] LIU Y,YAO X. Ensemble learning via negative correlation[J]. Neural Networks,1999,12:1399-1404.

[165] 张健沛,程丽丽,杨静,等.基于人工鱼群优化算法的支持向量机集成模型[J].计算机研究与发展,2008,45(10s):208-212.

[166] ZHU Q X,ZHAO N W,XU Y. A new selective neural network ensemble method based on error vectorization and its application in high-density polyethylene (HDPE) cascade reaction process[J]. Chinese Journal of Chemical Engineering,2012,20(6):1142-1147.

[167] 桂卫华,阳春华,陈晓方,等.有色冶金过程建模与优化的若干问题及挑战[J].自动化学报,2013,11(3):197-206.

[168] SYMONE S,CARLOS H A,RUI A. Comparison of a genetic algorithm and simulated annealing for automatic neural network ensemble development[J]. Neurocomputing,2013,121:498-511.

[169] BI Y,PENG S,TANG L,et al. Dual stacked partial least squares for analysis of near-infrared spectra[J]. Analytica Chimica Acta,2013,792:19-27.

[170] 姚旭,王晓丹,张玉玺,等.基于正则化互信息和差异度的集成特征选择[J].计算机科学,2013,40(6):225-228.

[171] 张春霞,张讲社.选择性集成学习综述[J].计算机学报,2011,34(8):1399-1410.

[172] TUSHAR G,RAPHAEL T H,WEI S,et al. Ensemble of surrogates[J]. Struct Multidisc Optim,2007,33(3):199-216.

[173] SANCHEZ E,PINTOS S,QUEIPO N V. Toward an optimal ensemble of kernel-based approximations with engineering applications[J]. Struct Multidisc Optim,2008,36(3):247-261.

[174] CANUTO A M,ABREU M C C,OLIVEIRA L M J,et al. Investigating the influence of the choice of the ensemble members in accuracy and diversity of selection-based and fusion-based methods for ensembles[J]. Pattern Recognition Letters,2007,28(4):472-486.

[175] TANG J,CHAI T Y,YU W,et al. Modeling load parameters of ball mill in grinding process based on selective ensemble multisensor information[J]. IEEE Transactions on

Automation Science & Engineering,2013,10(3):726-740.
[176] 韩敏,吕飞.基于互信息的选择性集成核极端学习机[J].控制与决策,2015,30(11):2089-2092.
[177] YU Z,WANG D, YOU J. Progressive subspace ensemble learning [J]. Pattern Recognition,2016,60:692-705.
[178] BAI Y,CHEN Z,XIE J. Daily reservoir inflow forecasting using multiscale deep feature learning with hybrid models[J]. Journal of Hydrology,2016,532:193-206.
[179] 汤健,柴天佑,丛秋梅,等.选择性融合多尺度筒体振动频谱的磨机负荷参数建模[J].控制理论与应用,2015,32(12):1582-1591.
[180] TANG J,CHAI T Y,YU W,et al. A Comparative study that measures ball mill load parameters through different single-scale and multi-scale frequency spectra-based approaches[J]. IEEE Transactions on Industrial Informatics,2016,12(6):2008-2019.
[181] TANG J,QIAO J F, WU Z W,et al. Vibration and acoustic frequency spectra for industrial process modeling using selective fusion multi-condition samples and multi-source features[J]. Mechanical Systems and Signal Processing,2018,99:142-168.
[182] HUANG Q,MAO J,LIU Y. An improved grid search algorithm of SVR parameters optimization[C]//The 14th International Conference on Communication Technology. IEEE,2012:1022-1026.
[183] BERGSTRA J,BENGIO Y. Random search for hyper-parameter optimization[J]. Journal of Machine Learning Research,2012,13(2):281-305.
[184] WANG J,XU J,WANG X. Combination of hyperband and bayesian optimization for hyperparam eter optimization in deep learning[J]. ArXiv,2018,abs/1801.01596.
[185] BAKER B,GUPTA O,NAIK N,et al. Designing neural network architectures using reinforcement learning[J]. International conference on learning representations,2017.
[186] YAN F,LIN Z,WANG X,et al. Evaluation and prediction of bond strength of GFRP-bar reinforcedconcrete using artificial neural network optimized with genetic algorithm[J]. Composite Structures,2017,161:441-452.
[187] DI F C,DUM M, FEDERICI M, et al. Genetic algorithms for hyperparameter optimization in predictive business process monitoring[J]. Information Systems,2018,74(5):67-83.
[188] 白燕燕.基于粒子群算法优化卷积神经网络结构[D].呼和浩特:内蒙古大学,2019.
[189] 李玉娟.基于改进粒子群算法的深度学习超参数优化方法[J].信息通信,2020(1):52-53.
[190] LI D C,LIU C W. Extending attribute information for small data set classification[J]. IEEE Transactions on Knowledge and Data Engineering,2010,24(3):452-464.
[191] 李紫蕊,范书瑞,花中秋,等.基于随机森林和粒子群优化的SVR的混合气体分析方法研究[J].传感技术学报,2019,32(11):1613-1617.
[192] LI D C,LIU C W. Extending attribute information for small data set classification[J]. IEEE Transactions on Knowledge and Data Engineering,2010,24(3):452-464.
[193] SHAWE-TAYLOR J,ANTHONY M,BIGGS N L. Bounding sample size with the Vapnik-Chervonenkis dimension[J]. Discrete Applied Mathematics,1993,42(1):65-73.
[194] MUTO Y,HAMAMOTO Y. Improvement of the Parzen classifier in small training

sample size[J]. Intelligent Data Analysis,2001,5(6): 477-490.

[195] RAUDYS S J,JAIN A K. Small sample size effects in statistical pattern recognition: Recommendations for practitioners [J]. IEEE Transactions on Pattern Analysis & Machine Intelligence,1991,13(3): 252-264.

[196] DUIN R P W. Small sample size generalization[C]//Proceedings of 9th Scandinavian Conference on Image Analysis[S. l. :s. n.],1995: 1-6.

[197] 朱宝. 虚拟样本生成技术及建模应用研究[D]. 北京: 北京化工大学,2017.

[198] NIYOGI P,GIROSI F,POGGIO T. Incorporating prior information in machine learning by creating virtual examples[J]. Proceedings of the IEEE,1998,86(11): 2196-2209.

[199] 王晓东,郭雷,方俊. 本体驱动的文本虚拟样本构造方法研究[J]. 计算机科学,2008(3): 142-145.

[200] 徐荣武,何琳,章林柯,等. 基于虚拟样本的双层圆柱壳体结构噪声源识别研究[J]. 振动与冲击,2008,5: 32-35.

[201] HO K,LEUNG C,SUM J. Convergence and objective functions of some fault noise-injection-based online learning algorithms for RBF networks[J]. IEEE Transactions on Neural Networks,2010,21(6): 938-947.

[202] WANG W,YANG J. Quadratic discriminant analysis method based on virtual training samples[J]. Acta Automatica Sinica,2008,34(4): 400-407.

[203] HE Y L,WANG P J,ZHANG M Q,et al. A novel and effective nonlinear interpolation virtual sample generation method for enhancing energy prediction and analysis on small data problem: A case study of ethylene industry[J]. Energy,2018,147: 418-427.

[204] BISHOP C. Training with noise is equivalent to Tikhonov regularization[J]. Neural Computation,1995,7(1): 108-116.

[205] AN G. The effect of adding noise during back propagation training on a generalization performance[J]. Neural Computation,1996,(8): 643-671.

[206] ZHU Q,GONG H,XU Y,et al. A bootstrap based virtual sample generation method for improving the accuracy of modeling complex chemical processes using small datasets [C]//The 6th Data Driven Control and Learning Systems (DDCLS),2017,84-88.

[207] BLASZCZYNSKI J, STEFANOWSKI J. Neighborhood sampling in bagging for imbalanced data[J]. Neurocomputing,2015,150: 529-542.

[208] TSAI T I,LI D C. Utilize bootstrap in small data set learning for pilot run modeling of manufacturing systems[J]. Expert Systems with Applications,2008,35(3): 1293-1300.

[209] KANG G,WU L, GUAN Y, et al. A virtual sample generation method based on differential evolution algorithm for overall trend of small sample data: Used for lithiumion battery capacity egradation data[J]. IEEE Access,2019,99: 1-11.

[210] LI D C,LIN Y S. Using virtual sample generation to build up management knowledge in the early manufacturing stages[J]. European Journal of Operational Research,2006,175(1): 413-434.

[211] LI D C,LIN L S. A new approach to assess product lifetime performance for small data sets[J]. European Journal of Operational Research,2013,230(2): 290-298.

[212] LIN L S,LI D C,YU W H,et al. Generating multi-modality virtual samples with soft DBSCAN for small data set learning[C]//the 3rd International Conference on Applied

Computing and InformationTechnology. Piscataway: IEEE Press, 2015: 363-368.
[213] CHAWLA N V, BOWYER K W, HALL L O, et al. SMOTE: Synthetic minority over-sampling technique[J]. Journal of Artificial Intelligence Research, 2002, 16(1): 321-357.
[214] 朱宝,乔俊飞. 基于AANN特征缩放的虚拟样本生成方法及其过程建模应用[J]. 计算机与应用化学,2019,36(4): 304-307.
[215] CHEN Z S, ZHU B, HE Y L, et al. A PSO based virtual sample generationmethod for small sample sets: Applications to regression datasets[J]. Engneering Applications of Artificial Intelligence, 2017, 59: 236-243.
[216] LI D C, WEN I. A genetic algorithm-based virtual sample generation technique to improve small data set learning[J]. Neurocomputing, 2014, 143(2): 222-230.
[217] POGGIO T, VETTER T. Recognition and structure from one 2D model view: Observations on prototypes, object classes and symmetries[R]. Technical Report A. I. Memo 1347, Cambridge: MIT, 1992.
[218] LI L, PENG Y, QIU G, et al. A survey of virtual sample generation technology for face recognition[J]. Artificial Intelligence Review, 2017, 1: 1-20.
[219] DU Y, WANG Y. Generating virtual training samples for sparse representation of face images and face recognition[J]. Journal of Modern Optics. 2016, 63(6): 536-544.
[220] YANG J, YU X, XIE Z Q, et al. A novel virtual sample generation method based on Gaussian distribution[J]. Knowledge-Based Systems, 2011, 24(6): 740-748.
[221] LI D C, CHEN C C, CHANG C J, et al. A tree-based-trend-diffusion prediction procedure for small sample sets in the early stages of manufacturing systems[J]. Expert Systems with Applications, 2012, 39(1): 1575-1581.
[222] ZHU B, CHEN Z S, YU L A. A novel small sample mage-trend-diffusion technology[J]. Journal of Chemical Industry and Technology, 2016, 67(3): 820-826.
[223] TANG J, JIA M Y, LIU Z, et al. Modeling high dimensional frequency spectral data based on virtual sample generation technique [C]//IEEE International Conference on Information and Automation. Piscataway: IEEE Press, 2015: 1090-1095.
[224] 乔俊飞,郭子豪,汤健. 基于改进大趋势扩散和隐含层插值的虚拟样本生成方法及应用[J]. 化工学报,2020,71(12): 5681-5695.
[225] ZHU Q, CHEN Z, ZHANG X. et al. Dealing with small sample size problems in process industry using virtual sample generation: A Kriging-based approach[J]. Soft Computing, 2020, 24: 6889-6902.
[226] ZHANG X H, XU Y, HE Y L, et al. Novel manifold learning based virtual sample generation for optimizing soft sensor with small data[J]. ISA Transactions, 2021, 109: 229-241.
[227] GUO Z H, TANG J, QIAO J F. An improved virtual sample generation technology based on mega trend diffusion[C]//2019 Chinese Automation Congress (CAC), Hangzhou, China.
[228] CHEN Z S, ZHU Q X, XU Y, et al. Integrating virtual sample generation with input-training neural network for solving small sample size problems: Application to purified terephthalic acid solvent system[J]. Soft Computing, 2021, 25(9): 1-16.
[229] CHO S, JANG M, CHANG S. Virtual sample generation using a population of networks

[J]. Neural Processing Letters,1997,5(2): 21-27.

[230] LI D C,CHEN L S,LIN Y S. Using functional virtual population as assistance to learn scheduling knowledge in dynamic manufacturing environments[J]. International Journal of Production Research,2003,41(17): 4011-4024.

[231] HUANG C F,MORAGA C. A diffusion-neuralnetwork for learning from small samples [J]. International Journal of Approximate Reasoning,2004,35(2): 137-161.

[232] LI D C,WU C S, TSAI T I. Using mega-trend-diffusion and artificial samples in small data set learning for early flexible manufacturing system scheduling knowledge[J]. Computers and Operations Research,2007,34(4): 966-982.

[233] LI D C,WU C S,TSAI T I,et al. Using mega-fuzzification and data trend estimation in small data set learning for early FMS scheduling knowledge[J]. Computers & Operations Research,2006,33(6): 1857-1869.

[234] LI D C,FANG Y H,LAI Y Y,et al. Utilization of virtual samples to facilitate cancer identification for DNA microarray data in the early stages of an investigation[J]. Information Sciences An International Journal,2009,179(16): 2740-2753.

[235] LIN Y S,LI D C. The Generalized-Trend-Diffusion modeling algorithm for small data sets in the early stages of manufacturing systems[J]. European Journal of Operational Research,2010,207(1): 121-130.

[236] LI D C,WEN I H. A genetic algorithm-based virtual sample generation technique to improve small data set learning[J]. Neurocomputing,2014,143(16): 222-230.

[237] 林越,刘廷章,王哲河.具有两类上限条件的虚拟样本生成数量优化[J].广西师范大学学报(自然科学版),2019,37(1): 142-148.

[238] WATANABE N,KAWAMOTO K,ASADA S,et al. Surrogate study for dioxins from municipal waste incinerator in startup condition: Applicability as a dioxin control indicator and an organohalogen emission warning[J]. Journal of Material Cycles & Waste Management,2010,12(3): 254-263.

[239] DONGHOON S,WON Y,JINWHAN C,et al. The effect of operating conditions on PCDD/F emission in MSWIs: Stack gas measurement and evaluation of operating conditions[J]. Organohalogen Compounds,1998,36: 143-146.

[240] GULYURTLU I,CRUJEIRA A T,ABELHA P,et al. Measurements of dioxin emissions during co-firing in a fluidised bed[J]. Fuel,2007,86(14): 2090-2100.

[241] YAN J H,CHEN T, LI X D,et al. Evaluation of PCDD/Fs emission from fluidized bed incinerators co-firing MSW with coal in China[J]. Journal of Hazardous Materials,2006,135(1): 47-51.

[242] 张晓翔.飞行时间质谱仪在线检测二噁英指示物的试验研究[J].杭州:浙江大学,2010.

[243] 赵毅,张秉建,贺鹏.二噁英类化合物检测方法的研究现状及展望[J].电力科技与环保,2008,24(6): 44-47.

[244] WEICKHARDT C,ZIMMERMANN R,BOESL U,et al. Laser mass spectrometry of dibenzodioxin,dibenzofuran and two isomers of dichlorodibenzodioxins: Selective ionization[J]. Rapid Communications in Mass Spectrometry,2010,7(3): 183-185.

[245] ALLEN M G. Diode laser absorption sensors for gas dynamic and combustion flows[J]. Measurement Science and Technology,1998,9(4): 545-549.

[246] 李子尧,魏杰.激光质谱法:原理及其在环境监测中的应用[J].量子电子学报,2001,18(1):1-8.

[247] WU W Z,SCHWIRZER S M G,SCHRAMM K W,et al. Rapid bioassay as indicator of potentially harmful effects for dioxin-like compounds in sample of Ya-Er Lake,China: requirements for clean-up and comparison to chemical analysis [J]. Fresenius Environmental Bulletin,1996,5(7-8):374-379.

[248] HARRISON R O,CARLSON R E. An immunoassay for TEQ screening of dioxin/furan samples: Current status of assay and applications development[J]. Chemosphere,1997,34(5-7):915-925.

[249] HARRISON R O,EDULJEE G H. Immunochemical analysis for dioxins--progress and prospects[J]. Science of the Total Environment,1999,239(1-3):1-18.

[250] 王承智,胡筱敏,石荣,等.二噁英类物质的生物检测方法[J].中国安全科学学报,2006,16(5):135-142.

[251] 黎雯,徐盈,吴文忠,等.利用离体大白鼠肝癌细胞的EROD诱导指示二噁英的复合毒性效应[J].动物学报,2001,47(1):64-70.

[252] RAPPE C,BERGQVIST P A,BUSER H R,et al. Analysis of polychlorinated dibenzo-P-dioxins and dibenzofurans[M]//Environmental Specimen Banking and Monitoring as Related to Banking. Boston: Martinus Nijhoff Publishers,1984:323-330.

[253] 张志仁,徐顺清,周宜开.虫荧光素酶报告基因用于二噁英类化学物质的检测[J].分析化学,2001,29(7):825-827.

[254] OVERMEIRE I V,CLARK G C,BROWN D J,et al. Trace contamination with dioxin-like chemicals: Evaluation of bioassay-based TEQ determination for hazard assessment and regulatory responses[J]. Environmental Science & Policy,2001,4(6):345-357.

[255] 周志广,任玥,许鹏军,等.荧光素酶报告基因法测定废气中二噁英类物质[J].环境科学研究,2011,24(12):1416-1421.

[256] EPA 1613.[EB/OL].[2022-07-26]. http://www.doc88.com/p-7965944251829.html.

[257] EPA 23.[EB/OL].[2022-07-26]. https://wenku.baidu.com/view/1a69a3225901020207409cae.html#opennewwindow.

[258] EPA 8280.[EB/OL].[2022-07-26]. https://www.docin.com/p-290079595.html.

[259] EPA 1668A.[EB/OL].[2022-07-26]. https://www.docin.com/p-487281707.html.

[260] JIS K0311.[EB/OL].[2022-07-26]. https://www.docin.com/p-1933915892.html.

[261] EN1948-1.[EB/OL].[2022-07-26]. https://max.book118.com/html/2018/1007/8130120112001125.shtm.

[262] HJ/T77—2001.[EB/OL].[2022-07-26]. http://www.doc88.com/p-193105874672.html.

[263] HJ 77.3—2008.[EB/OL].[2022-07-26]. http://kjs.mee.gov.cn/hjbhbz/bzwb/jcffbz/200901/t20090107_133397.shtml.

[264] HJ/T 365—2007.[EB/OL].[2022-07-26]. http://kjs.mee.gov.cn/hjbhbz/bzwb/jcffbz/200711/t20071107_112667.shtml.

[265] 生活垃圾焚烧污染控制标准[EB/OL].[2022-07-26]. http://kjs.mee.gov.cn/hjbhbz/bzwb/gthw/gtfwwrkzbz/200201/t20020101_63051.shtml.

[266] 生活垃圾焚烧污染控制标准[EB/OL].[2022-07-26]. http://kjs.mee.gov.cn/hjbhbz/

bzwb/gthw/gtfwwrkzbz/201405/t20140530_276307.shtml.

[267] 尚凡杰.二噁英关联模型及其在线监测初步研究[D].杭州：浙江大学，2015.

[268] ÖBERG T, BERGSTRÖM J. Hexachlorobenzene as an indicator of dioxin production from combustion[J]. Chemosphere, 1985, 14(8): 1081-1086.

[269] PANDELOVA M, LENOIR D, SCHRAMM K W. Correlation between PCDD/F, PCB and PCBz in coal/waste combustion influence of various inhibitors[J]. Chemosphere, 2006, 62(7): 1196-1205.

[270] KAUNE A, LENOIR D, NIKOLAI U, et al. Estimating concentrations of polychlorinated dibenzo-p-dioxins and dibenzofurans in the stack gas of a hazardous waste incinerator from concentrations of chlorinated benzenes and biphenyls[J]. Chemosphere, 1994, 29(9-11): 2083-2096.

[271] YONEDA K, IKEGUCHI T, YAGI Y, et al. A research on dioxin generation from the industrial waste incineration[J]. Chemosphere 2002, 46(9-10): 1309-1319.

[272] MANNINEN H, PERKIO A, VARTIAINEN T, et al. Formation of PCDD/ PCDF-effect of fuel and fly ash composition on the formation of PCDD/PCDF in the cocombustion of refuse-derived and packaging-derived fuels multivariate analysis [J]. Environmental Science & Pollution Research International, 1996, 3(3): 129-134.

[273] KUZUHARA S, SATO H, TSUBOUCHI N, et al. Effect of nitrogencontaining compounds on polychlorinated dibenzo-p-dioxin/dibenzofuran formation through de novo synthesis[J]. Environmental Science & Pollution Research International. 2005, 39(3): 795-799.

[274] ZIMMERMANN R, LENOIR D, KETTRUP A, et al. On-line emission control of combustion processes by laser-induced resonance-enhanced multi-photon ionization/mass spectrometry[J]. Symposium on Combustion, 1996, 26(2): 2859-2868.

[275] ZIMMERMANN R, HEGER H J, BLUMENSTOCK M, et al. On-line measurement of chlorobenzene in waste incineration flue gas as a surrogate for the emission of polychlorinated dibenzo-p-dioxins/furans (I-TEQ) using mobile resonance laser ionization time-of-flight mass spectrometry [J]. Rapid Communications in Mass Spectrometry, 1999, 13(5): 307-314.

[276] BLUMENSTOCK M, ZIMMERMANN R, SCHRAMM K W, et al. Identification of surrogate compounds for the emission of PCDD/F (I-TEQ value) and evaluation of their on-line real-time detectability in flue gases of waste incineration plants by REMPI-TOFMS mass spectrometry[J]. Chemosphere, 2001, 42(5): 507-518.

[277] 严密，李晓东，陈彤，等.垃圾焚烧炉烟气中二噁英指示物研究[J].燃烧科学与技术，2010，16(3)：257-261.

[278] LIU W, JIANG J, HOU K, et al. Online monitoring of trace chlorinated benzenes in flue gas of municipal solid waste incinerator by windowless VUV lamp single photon ionization TOFMS coupled with automatic enrichment system[J]. Talanta, 2016, 161: 693-699.

[279] DYKE P H, FOAN C, FIEDLER H. PCB and PAH releases from power stations and waste incineration processes in the UK[J]. Chemosphere 2003, 50(4): 469-480.

[280] 李晓东，尹雪峰，陆胜勇，等.原生垃圾和煤混烧时多环芳烃和二噁英的生成关联[J].工

程热物理学报,2006,27(4):691-694.

[281] 田福林.受体模型应用于典型环境介质中多环芳烃、二噁英和多氯联苯的来源解析研究[D].大连:大连理工大学,2009.

[282] HEGER H J, ZIMMERMANN R, DORFNER R, et al. On-line emission analysis of polycyclic aromatic hydrocarbons down to pptv concentration levels in the flue gas of an incineration pilot plant with a mobile resonance-enhanced multiphoton ionization time-of-flight mass spectrometer[J]. Analytical Chemistry,1999,71(1):46-57.

[283] TUPPURAINEN K, AATAMILA M, RUOKOJARVI P, et al. Effect of liquid inhibitors on PCDD/F on of particle-phase PCDD/F concentrations using PLS modelling with gas-phase chloroformation [J]. Predictiphenol concentrations as independent variables. Chemosphere 1999,38(10):2205-2217.

[284] YAMADA M, HASHIMOTO Y, SUGA M, et al. Real-time monitoring of chlorobenzenes in flue gas[J]. Organohalogen Compounds,2001,54:380-383.

[285] YAMADA M, HASHIMOTO Y, SUGA M, et al. An online system for monitoring dioxin precursor in flue gas[J]. Organohalogen Compounds,2000,45:149-152.

[286] ÖBERG T, BERGSTRÖM J G. Emission and chlorination pattern of PCDD/PCDF predicted from indicator parameters[J]. Chemosphere,1987,16:1221-1230.

[287] PENG Y, CHEN J, LU S, et al. Chlorophenols in municipal solid waste incineration: A review[J]. Chemical Engineering Journal,2016,292:398-414.

[288] ASSAL H, SHADI M. Modeling of dioxin levels in pine needles exposed to solid waste open combustion emissions[J]. Waste Management,2018,79:510-515.

[289] HASBERG W, MAY H, DORN I. Description of the residence-time behaviour and burnout of PCDD, PCDF and other higher chlorinated aromatic hydrocarbons in industrial waste incineration plants[J]. Chemosphere,1989,19(1-6):565-571.

[290] WEBER R, SAKURAI T, UENO S, et al. Correlation of PCDD/PCDF and CO values in a MSW incinerator—indication of memory effects in the high temperature/cooling section [J]. Chemosphere 2002,49(2):127-134.

[291] TILLMAN D A. Incineration of municipal and hazardous solid wastes[M]. Amsterdam: Elsevier,2012.

[292] CHANG N B. The impacts of PCDD/PCDF emissions on the engineering design of municipal incinerators: A review for Taiwan incineration projects[C]//The 9th Annual Air Pollution Control Conference, Tainan: National Cheng Kung University,1992.

[293] TANG J, QIAO J F, LI W T. Simplified stochastic configuration network-based optimized soft measuring model by using evolutionary computing framework with its application to dioxin emission concentration estimation [J]. International Journal of System Control and Information Processing,2018,4(2):332-365.

[294] 肖晓东,卢加伟,海景,等.垃圾焚烧烟气中二噁英类浓度的支持向量回归预测[J].可再生能源,2017,35(8):1107-1114.

[295] 汤健,乔俊飞.基于选择性集成核学习算法的固废焚烧过程二噁英排放浓度软测量[J].化工学报,2019,70(2):696-706.

[296] STANMORE B R. Modeling the formation of PCDD/F in solid waste incinerators[J]. Chemosphere,2002,47(6):565-573.

[297] JONG A P J M D, LIEM A K D. Gas chromatography—mass spectrometry in ultra trace analysis of polychlorinated dioxins and related compounds[J]. TrAC Trends in Analytical

Chemistry,1993,12(3): 115-124.

[298] BARNABAS I J,DEAN J R,OWEN S P. Supercritical fluid extraction of analytes from environmental samples: A review[J]. Analyst,1994,119(11): 2381-2394.

[299] PIISPANEN W H, CZUCZWA J M, SOBEIH I M. Work area air monitoring for chlorinated dioxins and furans at a municipal waste power boiler facility [J]. Environmental Science & Technology,1992,26(9): 1841-1843.

[300] EDGERTON S A,CZUCZWA J M,RENCH J D,et al. Ambient air concentrations of polychlorinated dibenzo-p-dioxins and dibenzofurans in Ohio: Sources and health risk assessment[J]. Chemosphere,1989,18(9): 1713-1730.

[301] KJELLER L O,JONES K C,JOHNSTON A E,et al. Evidence for a decline in atmospheric emissions of PCDD/Fs in the U. K. [J]. Environmental Science & Technology,1996,30(4): 1398-1403.

[302] AND L P B,HITES R A. Global mass balance for polychlorinated dibenzo-p-dioxins and dibenzofurans[J]. Environmental Science & Technology,1996,30(30): 1797-1804.

[303] FELTZ K P,TILLITT D E,GALE R W,et al. Automated HPLC fractionation of PCDDs and PCDFs and planar and nonplanar PCBs on C18-dispersed PX-21 carbon [J]. Environmental Science & Technology,1995,29(3): 709-18.

[304] HILARIDES R J,GRAY K A,GUZZETTA J,et al. Radiolytic degradation of 2,3,7,8-TCDD in artificially contaminated soils[J]. Environmental Science & Technology,1994,28(13): 2249.

[305] SMITH P K,KROHN R I,HERMANSON G T,et al. Measurement of protein using bicinchoninic acid[J]. Analytical Biochemistry,1985,150(1): 76-85.

[306] DEML E,WIEBEL F J,OESTERLE D. Biological activity of 2,4,8-trichlorodibenzofuran: Promotion of rat liver foci and induction of cytochrome P-450-dependent monooxygenases[J]. Toxicology,1989,59(3): 229-238.

[307] STANKER L H,WATKINS B,ROGERS N,et al. Monoclonal antibodies for dioxin: Antibody characterization and assay development[J]. Toxicology,1987,45(3): 229-243.

[308] WU W Z,SCHRAMM K W,HENKELMANN B,et al. PCDD/F s,PCB s,HCH s,and HCB in sediments and soils of Ya-Er Lake area in China: Results on residual levels and correlation to the organic carbon and the particle size[J]. Chemosphere,1997,34(1): 191-202.

[309] RENNARD S I,BERG R,MARTIN G R,et al. Enzyme-linked immunoassay (ELISA) for connective tissue components[J]. Analytical Biochemistry,1980,104(1): 205-214.

[310] ALLEN R M,FLETCHER S R. [1,4] Benzodioxin and[1,4] benzoxazine derivatives [R]. [S. l. s. n.],1986.

第 2 章

面向二噁英排放检测的 MSWI过程特性分析

第 2 章图片

2.1 引言

城市固废焚烧(MSWI)技术在无害化、减量化和资源化等方面具有显著优势，是我国目前大力推行的方法。作为典型的复杂工业过程，运行不稳定的 MSWI 过程会产生二噁英(DXN)类有机污染物，对环境的持久性污染会对人类健康和生命产生巨大危害。炉排炉内 DXN 的产生、分解和再生成过程分为固相燃烧区、气相燃烧区、高温换热区和低温换热区等 4 个区域。面向 MSWI 过程的 DXN 形成机理与抑制技术一直是工业和学术界研究的热点问题。DXN 排放浓度的软测量模型能够进行有效的在线检测，可以为控制策略的验证提供及时准确的数据，对于 MSWI 过程的控制和优化也是必需的。

本章首先对基于炉排炉的 MSWI 过程进行工艺描述；接着定性分析了 MSWI 的 DXN 生成机理与排放控制，包括 DXN 的起源与结构、生成机理和排放控制措施描述；最后进行了 DXN 排放浓度软测量的难度分析。

2.2 基于炉排炉的 MSWI 过程工艺描述

在基于炉排炉的 MSWI 过程中，城市固废经由抓斗送入焚烧炉，在助燃空气的作用下通过高温热辐射和加温依次经过干燥、燃烧、燃烬 3 个阶段，使城市固废中的有机物在高温作用下汽化和热解并释放热量，同时在高温焚烧处理下杀灭病毒、细菌等病原性生物。整个过程主要包括固废储运、固废燃烧、余热交换、蒸汽发电、烟气处理与烟气排放 6 个子系统，相应的工艺如图 2.1 所示。

由图 2.1 可知，MSWI 过程的工艺流程如下。

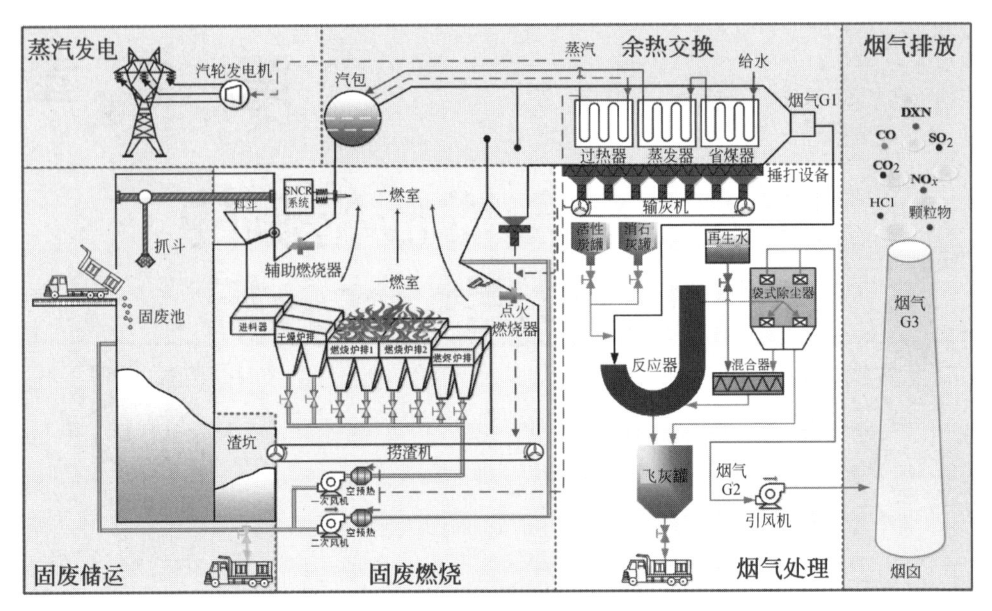

图 2.1　MSWI 过程工艺流程图

(1) 城市固废(MSW)由专用压缩收集车运输到 MSWI 厂,经过地磅称重后从卸料平台倾倒至固废池;

(2) 利用吊车抓斗对池内的 MSW 进行充分破碎、混合、堆放,使 MSW 中的微生物自行发酵、脱水,其剩余固体部分的热值将提高约 30%,堆酵过程通常历时 5～7 天;

(3) 抓斗抓起完成发酵的 MSW 并送入料斗;MSW 滑落至料槽,通过推料器推至焚烧炉内;

(4) MSW 受到炉壁的热辐射和预热后进行一次风的吹烘,经过干燥后直接进入燃烧阶段;

(5) 在燃烧过程中需要加入空气提供燃烧所需的氧气(特殊情况下还需要其他介质帮助燃烧),经过数小时的高温燃烧后,其内的可燃成分被完全燃烧并产生热量,不可燃的灰渣被燃烬炉推出炉膛;

(6) MSW 燃烧后产生的高温烟气依次通过锅炉各受热面被锅炉吸热降温,烟气中的有毒物质和重金属经过脱硝、脱硫、除尘、灰渣收集等处理成为符合环保标准的无毒无害气体,由引风机牵引经烟囱排入大气;

(7) 同时,余热交换过程中的去离子水吸收燃烧时产生的热量,并将其转化为高温蒸汽,气体膨胀产生动力驱动汽轮机运行,进而带动发电机组产生电力。

MSWI 过程以实现 MSW 无害化处理为主,发电或产热为辅。通常情况下,MSWI 厂的汽轮发电机的发电量仅跟随焚烧炉的状态,外网的电力调度不限制其发电机功率。因此,MSWI 过程的自动控制系统的首要目标是 MSW 的稳定燃烧,使锅炉蒸汽产生量实现稳定化,使炉渣热灼减率最小化,并尽可能地降低污染物的排放。

各系统的详细描述请见后文。

2.2.1　固废储运系统

MSWI 厂的固废储运系统的功能是对 MSW 进行接收和贮存[1-2]。一般情况下,MSW 由运输车运入,先经过称重系统称量并做记录,然后经卸料平台和卸料口倒入固废池。对于大件 MSW,需要在进入固废池前采用粉碎机进行粗碎。

MSW 在固废池内进行脱水和发酵,同时抓斗对 MSW 进行搅拌以使其组分均匀分布并脱掉部分泥砂。固废池的容积设计一般以能贮存 5～7 天的 MSW 燃烧量为宜,如图 2.2 所示。

图 2.2　固废池

固废储运系统由固废池、抓斗、破碎机、进料斗、故障排除和监视设备组成。固废池提供了固废贮存、混合和去除大型 MSW 的场所。一座大型 MSWI 厂通常设一座贮坑为 3～4 座焚烧炉供料,每座焚烧炉均有多个进料斗,贮坑上方通常由 1～2 座吊车和抓斗负责供料。操作人员监视屏幕或目视 MSW 由进料斗滑入炉体内的速度决定进料频率。若有大型物体卡住进料口,进料斗内的故障排除装置可将大型物体顶出,落回固废池。操作人员亦可操控抓斗抓取大型物品,吊送到贮坑上方的破碎机进行破碎。

2.2.2　固废燃烧系统

MSWI 厂的燃烧系统是整个流程最核心的装置[3],决定了整个焚烧厂的工艺流程和装配结构。燃烧系统一般由燃烧炉、给料机、助燃空气供给设备、辅助燃料供给及燃烧设备、添加试剂供给设备及炉渣排放与处理装置等组成。焚烧炉本体内的设备主要包括炉床和燃烧室，如图 2.3 所示。

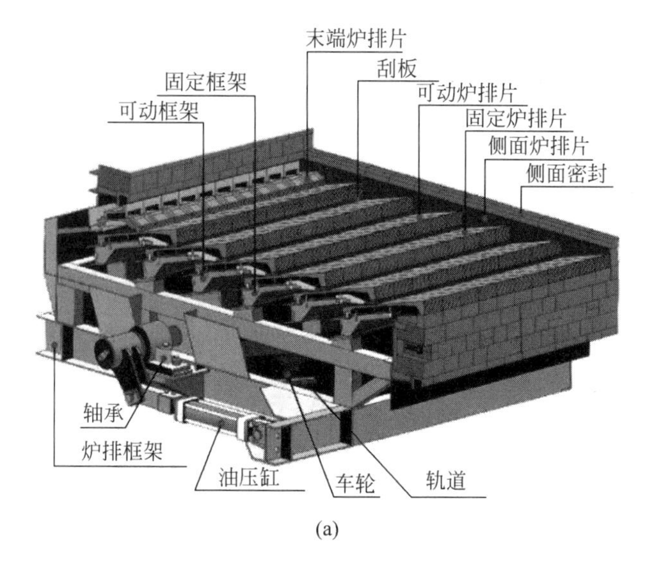

(a)

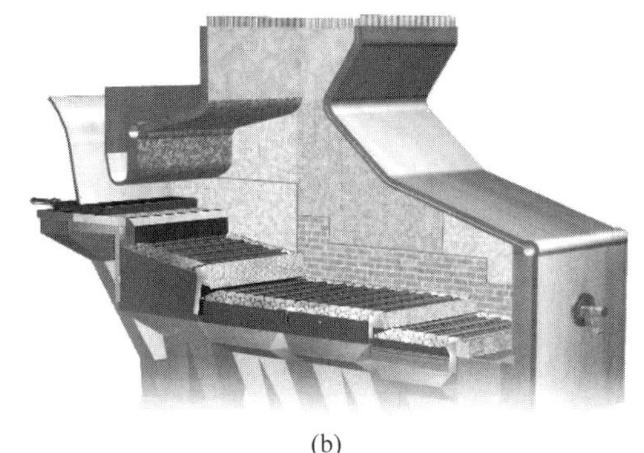

(b)

图 2.3 炉床与燃烧室结构

(a) 炉床结构；(b) 燃烧室结构

通常，炉床多为机械可移动式炉排，可供 MSW 在上面翻转和燃烧。燃烧室一般处在炉床的正上方，可为燃烧废气提供数秒的停留时间，炉床下方往上喷入的一次风可与炉床上的 MSW 层充分混合，炉床上方喷入的二次风可以提高燃烧气体的搅拌时间。

通常，MSW 的燃烧过程包括①固体表面的水分蒸发；②固体内部的水分蒸发；③固体中的挥发性成分着火燃烧；④固体碳素的表面燃烧；⑤完成燃烧。从另外一个视角，前两项为干燥过程，后三项为燃烧过程。此外，燃烧也可分为一次燃烧和二次燃烧，前者是燃烧的开始，后者是完成整个燃烧过程的重要阶段。MSW 的燃烧主要以分解燃烧为主，仅靠送入的一次风难以完成整个燃烧反应，其作用是在将挥发性成分中的易燃部分燃烧的同时完成高分子成分的分解。在一次燃烧过程中，产物 CO_2 有时会被还原，此时的燃烧反应受温度的影响较大。二次燃烧的燃物是一次燃烧过程所产生的可燃性气体和颗粒态碳素等物质，其为均相的气态燃烧。二次燃烧是否完全可以根据 CO 浓度进行判断。特别需要注意的是：二次燃烧对抑制二噁英的产生非常重要。因此，炉排炉的燃烧工艺必须根据上述燃烧机理和特点进行设计[4]。

MSWI 工艺的首要目标是 MSW 的减量化、无害化和资源化。因此，MSW 在焚烧炉内的具体工艺参数为①燃烧温度：850℃以上(900℃以上最佳)；②烟气滞留时间：2s 以上；③CO 浓度：$100mg/m^3$ 以下(1h 平均值)；④稳定燃烧：尽量避免产生 $100\times10^{-6}g/m^3$ 以上的 CO 瞬时浓度；⑤日常管理：设置温度计、CO 连续分析仪、O_2 连续分析仪等仪表对燃烧过程参数进行实时检测并监控。

根据 MSWI 过程的特点，焚烧炉内可划分为炉排上固相 MSW 的燃烧区、炉膛内气相组分的燃烧区、选择性非催化还原(selective non-catalytic reduction，SNCR)脱硝区、余热锅炉换热区和烟气冷却区。典型机械炉排炉的内部结构如图 2.4 所示。

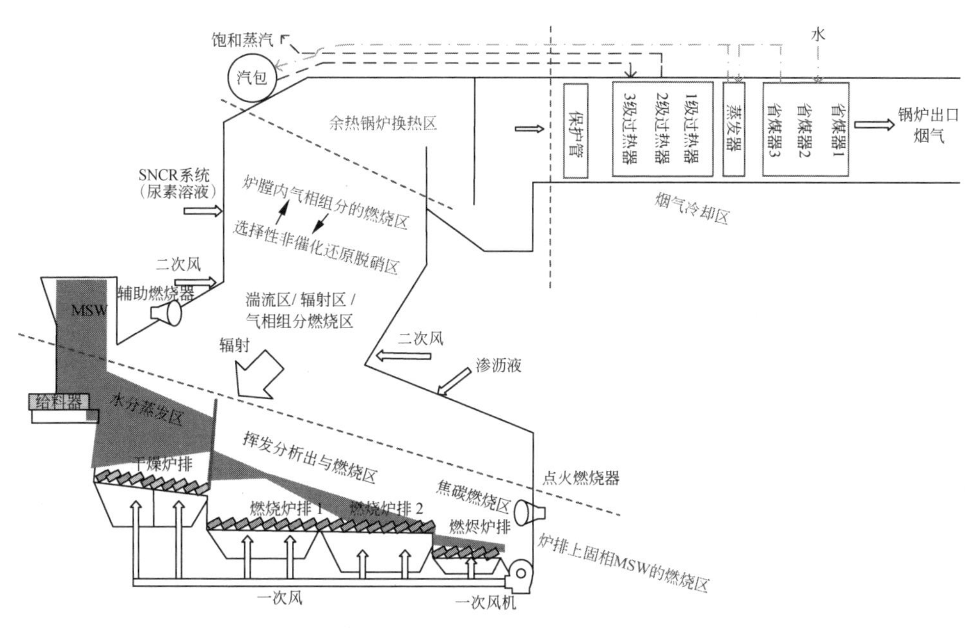

图 2.4　机械炉排炉的内部结构和分区示意图

由图 2.4 可知，机械炉排炉的输入是 MSW、一次风、二次风、尿素溶液、炉内温度低于 850℃时辅助燃烧器喷入的燃油、渗沥液；输出是锅炉出口烟气、汽包产生的饱和蒸汽。

(1) 炉排上固相 MSW 的燃烧区可分为水分蒸发区、挥发分析出与燃烧区和焦碳燃烧区。

1) 水分蒸发区：MSWI 在炉排上干燥，热源来自炉壁与高温火焰的辐射换热和一次风的对流传热，通过干燥将 MSW 中的水分蒸发并扩散到烟气中。

2）挥发分析出与燃烧区：MSW 中的有机物开始分解，高分子碳氢化合物在高温下发生裂解反应后析出分子量较小的物质。

3）焦碳燃烧区：此区域的碳来源于 MSW 中原有的焦碳和挥发分析出过程中产生的焦碳，与 O_2 发生氧化反应；若 O_2 量不足，则焦碳会与 CO_2 和水蒸气进行焦碳气化反应。

（2）炉膛内气相组分的燃烧区可分为湍流区、辐射区和气相组分燃烧区。在此区域内，床层析出的可燃性气体进入炉膛与二次风混合并进行充分燃烧。

1）湍流区：烟气在炉膛烟道内的流动方式为湍流运动，可采用相应的湍流模型进行描述。

2）辐射区：烟气在炉膛的燃烧过程中会出现燃料和炉膛壁面进行辐射换热的现象，可采用相应的辐射模型进行描述。

3）气相组分燃烧区：在炉膛内的燃烧可采用相应的气相燃烧反应模型进行描述。

（3）选择性非催化还原脱硝区：在不需要催化剂的条件下，在炉膛 850～1100℃的区域喷入尿素溶液，后者分解为 NH_3 后与烟气中的氮氧化物反应得到 N_2 和 H_2O，目的是降低氮氧化物的含量。

（4）余热锅炉换热区：燃烧释放的高温烟气经烟道输送至余热锅炉入口，再流经过热器，利用烟气释放的热量使水变成蒸汽，后者被用于推动蒸汽轮机发电。

（5）烟气冷却区：烟气经过过热器、蒸发器、省煤器进行对流换热，温度降至 190～220℃，之后进入烟气处理过程。

2.2.3 余热交换系统

从焚烧炉中排出的高温烟气经冷却处理后向外排放，处理方法包括余热回收利用和喷水冷却。余热回收利用高温烟气中热量的方式一般有 3 种，即利用余热生产蒸汽进行发电、热电联用和提供热水。MSWI 厂的余热锅炉按设计结构和布置情况，可分为烟道式和一体式余热锅炉，前者与通常的余热锅炉基本相同，MSW 在焚烧炉炉膛内已燃烧完毕，进入余热锅炉的烟气只进行热交换，降低烟气温度，产生蒸汽或热水；后者则是将余热锅炉与焚烧炉组合为一体，锅炉的水冷壁往往构筑成焚烧炉的燃烧室。

2.2.4 蒸汽发电系统

在利用余热锅炉进行发电时，进行能量转换的中间介质（水）吸收烟气热量后，成为具有一定压力和温度的过热蒸汽，驱动汽轮发电机组将热能转换为电能。实践表明，在热能转变为电能的过程中，热能损失较大，其取决于 MSW 热值、余热锅炉热效率和汽轮发电机组的热效率。汽轮发电机组如图 2.5 所示。

图 2.5 汽轮发电机组

如果采用热电联供方式利用余热锅炉回收高温烟气中的热量，则可以提高热利用率，原因在于蒸汽发电过程中的汽轮机、发电机的效率占较大的份额(62%～67%)。相对而言，直接供热的热利用效率较高。

2.2.5 烟气处理系统

焚烧炉烟气是 MSWI 过程的主要污染源，含有大量颗粒状和气态污染物质，需要采用烟气处理系统去除烟气中的颗粒状污染物和气态污染物，实现烟气的达标排放[5-6]。通常，烟气中的颗粒状污染物可通过重力沉降、离心分离、静电除尘、袋式过滤等手段去除，烟气中的气态污染物如 SO_2、NO_2、HCl 和有机气体物质等主要通过吸收、吸附、氧化还原等技术实现净化。烟气处理系统的主要设备和设施有沉降室、旋风除尘器、静电除尘器、洗涤塔、布袋过滤器等，整体如图 2.6 所示。

图 2.6 烟气处理设备

烟气处理工艺可分为以下几个阶段：

(1) 综合反应阶段：采用增湿灰循环脱硫(new integrated desulfurization，NID)① 技术进行烟气脱硫处理，向反应器内加入消石灰、SO_2 和 HCl 等，使其在反应器中与湿处理后的石灰粉末发生中和反应，同时在反应器入口处添加活性炭以吸附烟气中的 DXN。

(2) 烟气除尘阶段：烟气颗粒物、中和反应物、活性炭吸附物等在此处被除尘器捕集，干燥的循环灰被除尘器从烟气中分离出来，由输送设备输送到混合器，之后向混合器中加水，经过增湿和混合搅拌后进入反应器再次循环。

(3) 飞灰产生阶段：气流由袋外流向袋内，使粉尘从烟气中被分离并留在滤袋外，之后被运往灰仓。

2.2.6 烟气排放系统

经过除尘后的烟气在引风机的作用下，通过烟气排放连续监测系统(continuous emission monitoring system，CEMS)后，排放至大气中。

---

① 此技术源于 Alstom/ABB 的半干法脱硫技术。

CEMS是实现烟气排放连续监测的现代化仪器设备，可以检测烟气中典型污染物的排放浓度，包括粉尘量（颗粒物）、CO、SO_2、NO_x、CO_2、HCl、H_2O、O_2，还包括流量、温度、压力等参数，能够显示和打印各种参数和图表，并能通过传输系统将数据结果传输至MSWI过程的控制系统和国家环保局等管理部门[7]。典型CEMS系统的组成结构如图2.7所示。

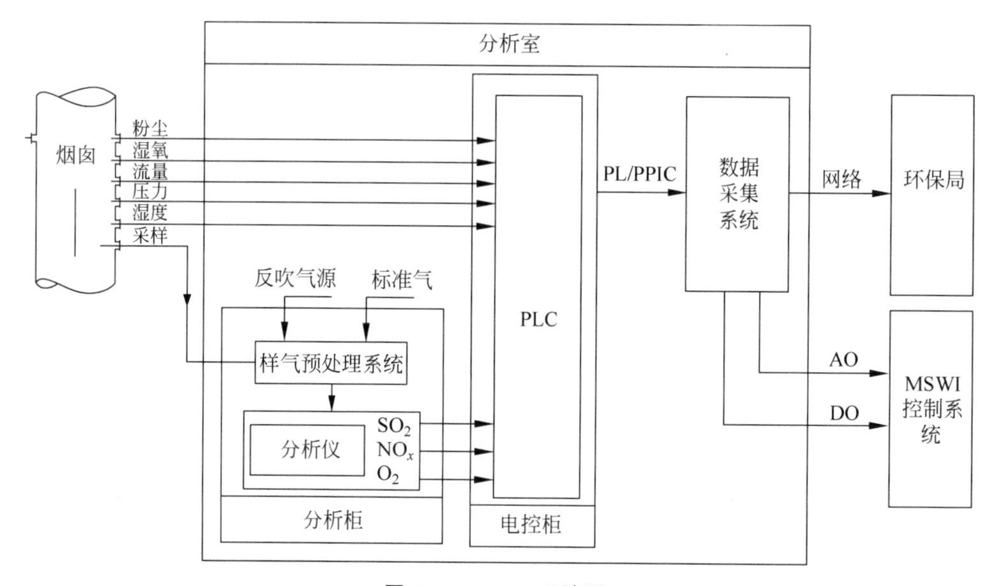

图 2.7 CEMS 系统图

由图2.7可知，通过安装在烟囱处的用于检测烟气粉尘、湿氧、流量、压力的仪表装置，相关浓度转为电信号后被传输至电控柜的PLC系统；同时，将采样后的样本与反吹气源、标准气同时注入分析柜的样气预处理系统，进一步输入分析仪以获得SO_2、NO_x、O_2等的浓度并传输至电控柜的PLC系统；经数据采集系统以网络和模拟量输出（analog output，AO）/数字量输出（digital output，DO）等方式分别提供给环保局和MSWI控制系统，达到连续监测的目的。目前，在MSWI厂中应用较多的气体污染物含量分析方法多采用抽取法，即将烟气通过取样管线抽取，通过预处理后再由分析仪进行分析。

2.3 MSWI过程的DXN生成机理与排放控制

2.3.1 DXN的起源与结构

MSWI过程排放DXN的现象在1977年首次引起科研人员的关注[8]。研究表明，DXN的210种同类物中包括5种PCDDs和135种PCDFs[9]，其中有剧毒的有30种。文献[10]指出，17种主要PCDDs/PCDFs同类物中仅有3种是线性独立的。图 2.8 为 DXN 的两种最常见结构。

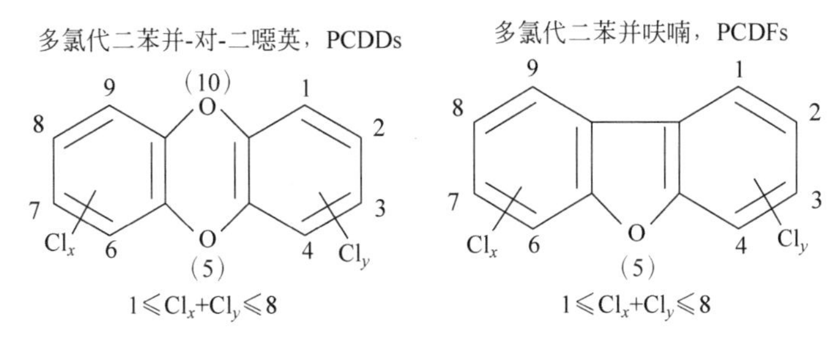

图 2.8 PCDDs 与 PCDFs 的分子结构图

在所有的同类物中，毒性最强的 2，3，7，8-四氯代二苯-对-二噁英(tertrachlorodibenzo-p-dioxin，TCDD)已被世界卫生组织列入首批 12 种持久性有机污染物名单[11]。2001 年，DXN 被列入以减少、消除和防范持久性有机污染物对人类健康和生态环境危害为宗旨的《斯德哥尔摩公约》[12]，其主要来源包括城市和工业固体废物燃烧过程、含氯化学品和农药生产过程、纸浆和造纸工业的氯气漂白过程等。文献[13]指出，因工业结构和 MSW 处理方式与西方的差异，我国的 DXN 来源有所不同。文献[14]指出，中国大陆地区 2004 年排放了 10.2kg 毒性当量(toxic equivalent quantity，TEQ)的 DXN，其中空气中为 5.0kg TEQ，水体中为 0.041kg TEQ，产品中为 0.17kg TEQ，通过残渣、飞灰等环境的排放为 5.0kg TEQ。统计表明，2010 年后我国 MSW 焚烧炉的数量急剧增长。因此，MSWI 过程排放的 DXN 占全部人为来源的比例在我国将逐渐增加。

2.3.2 DXN 的生成机理

因国情和区域差异，MSW 的组分具有复杂性、多样性和不均匀性等特点。文献[15]首先提出建立在氯酚反应基础上的 DXN 气相生成模型。文献[9]将 DXN 生成反应分为新规合成和基于氯酚等前驱物生成两类，前者表示由未燃尽的炭与多种碳氢化合物进行氧化生成杂环碳氢化合物再氯化后生成，后者表示前驱物经二聚化反应生成。文献[16]对炉内 DXN 的生成、飞灰表面催化反应、新规合成等模型进行了比较。虽然研究者提出的 DXN 生成模型存在差异性，但影响 DXN 的主要物质是不变的，包括氯、氧气、铜、硫、水、氨和尿素等[17]。文献[18]给出了如图 2.9 和图 2.10 所示的 MSW 燃烧中和燃烧后的 DXN 生成模式示意图。

在 MSWI 过程中，根据 DXN 的生成机理和反应条件，文献[19]将炉内燃烧过程分为如图 2.11 所示的 5 个不同区域。

近 30 年来研究人员对 DXN 生成机理的研究认为，MSWI 过程中与 DXN 有关的反应主要有 5 种，其对应于如图 2.11 所示的炉内的 5 个反应区。

2.3.2.1 预热区

预热区的温度在 20～500℃，这个区域的主要反应为释放 MSW 中原本含有的

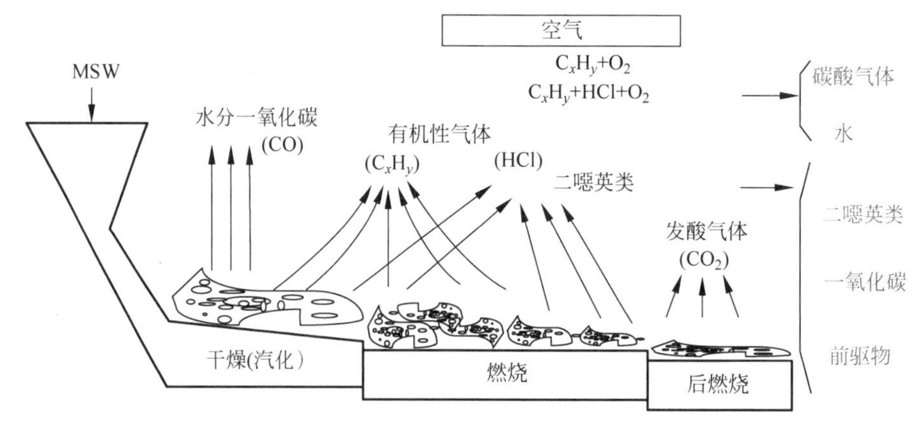

图 2.9　燃烧过程中 DXN 生成模式图

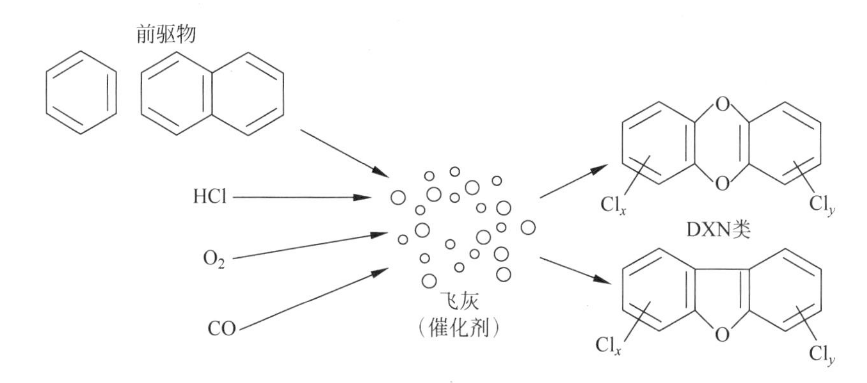

图 2.10　燃烧后的 DXN 生成模式图

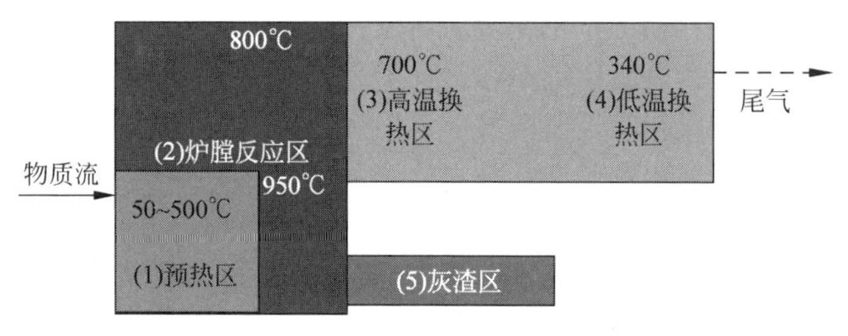

图 2.11　DXN 的生成机理和产生温度示意图

DXN 类物质，而 MSW 中原本含有的 DXN 前驱物则通过低温反应生成 DXN，在此区域内释放和生成的 DXN 将在炉内的高温内被分解。

2.3.2.2　炉膛反应区

炉膛反应区的温度在 800～1000℃，理论上在预热区释放和生成的 DXN 前驱物会被高温分解。与 DXN 相关的反应主要有氯酚聚合生成 DXN，DXN 和氯酚等有机物的高温分解和燃烧，其反应方程式为

$$P + nO_2 \longrightarrow mCO_2 + \beta HCl \tag{2.1}$$

$$P \longrightarrow DXN \tag{2.2}$$

其中，P为氯酚等DXN前驱物，n、m和β为反应系数。

此阶段分解状况的好坏将影响后续阶段DXN类物质的再生成。

2.3.2.3 高温换热区

高温换热区的温度在500～800℃，此区域DXN的生成以高温蒸汽为主，与区域(4)和区域(5)相比具有生成时间短、生成量少等特点，其以高温气相反应为主，反应方程式为

$$\left.\begin{matrix} P \longrightarrow P_g + H \\ P + OH \longrightarrow P_g + H_2O \end{matrix}\right\} \Rightarrow \begin{cases} P_g + R \longrightarrow P + R_g \\ P_g + OH \longrightarrow P_r \\ P_g + O_2 \longrightarrow P_r \\ P_g \longrightarrow P_r \\ P + P_g \longrightarrow PD + Cl \Rightarrow \begin{cases} PD \longrightarrow DXN + HCl \\ PD + OH \longrightarrow DXN + H_2O \end{cases} \end{cases} \tag{2.3}$$

$$\begin{cases} R \longrightarrow P_r \\ R + OH \longrightarrow R_g + H_2O \end{cases} \tag{2.4}$$

其中，P_g为氯酚基团，P_r为含酚基团化合物，R_g为一般有机物，R为一般有机物基团，PD为多氯二联苯醚。

上述反应满足一阶动力学反应模型，即若已知炉膛出口处的前驱物浓度就可以计算氯酚、氯酚基团和DXN等化合物的浓度。

2.3.2.4 低温换热区

低温换热区的温度在250～500℃，主要进行前驱物表面催化生成和新规合成，其中前者包括DXN的生成、解吸附、脱氯和分解，其反应方程式如下：

$$P_s + P_{gas} \longrightarrow DXNs \tag{2.5}$$

$$\begin{cases} DXN_s \longrightarrow DXN_g \\ DXN_s \longrightarrow P_{ro} \\ DXN_s \longrightarrow DXNP_{ro} \end{cases} \tag{2.6}$$

其中，P_s为单位质量飞灰吸附的前驱物浓度，P_{gas}为烟气中前驱物浓度，DXN_s为颗粒表面DXN，DXN_g为气态DXN，P_{ro}为DXN脱氯反应产物，$DXNP_{ro}$为DXN分解反应的产物。

新规合成受碳形态、催化剂、氧含量和反应区温度的影响，分为气态氧被金属化学吸收、碳被氧化、碳结构被分解、碳结构卤化与脱卤反应产生芳香烃、DXN及其分解转化等，反应方程式如下：

$$O_2 + 2Cu \longrightarrow 2CuO \tag{2.7}$$

$$C_{gl} + aO_2 \longrightarrow bCO_2 + cCO + dAr + eDXN \tag{2.8}$$

其中，a、b、c、d 和 e 为反应系数。

2.3.2.5 灰渣区

灰渣区主要以新规合成为主。

研究表明，烟气中的残碳含量和氧含量与新规合成的 DXN 量成正比。因此，控制飞灰中的残碳含量、烟气中的氧含量是控制新规合成 DXN 的主要途径 。

2.3.3 DXN 的排放控制措施

文献[20]指出，通过优化 MSWI 过程操作参数实现 DXN 排放浓度最小化是相关企业当前关注的焦点。

文献[21]综述了控制 DXN 排放的措施包括①良好的燃烧实践经验与末端处理(洗涤处理与布袋除尘)相结合，前者包含原料与进料控制、燃烧效率最大化与余热锅炉状态管理、MSWI 过程变量控制与监视、故障安全与应急系统等。其难点在于含有大量氯的原料使 DXN 排放浓度很难控制；MSWI 过程存在的难以解释的 DXN 记忆效应导致 DXN 排放浓度具有不确定性。②采用基于 NH_3-SCR 催化剂、NH_3 和尿素的选择性催化还原措施，将重新加热的烟气注入催化反应器以促使高温下的 DXN 进行氧化。其缺点是投资高、运行成本高和需要控制催化剂供给量。③注入循环使用的硫化合物，需要对原料进行粉碎等处理。其缺点是会毒化金属催化剂的表面层、增加 SO_2 排放浓度和电厂运行成本；未燃烧物质会使 DXN 生成量增加。④注入氮化合物。其优点是不会毒化金属催化剂表面层，但其他相关检测研究还鲜有报道。对比可知，措施①从工程技术角度较容易实现并且具有费用低和效率高的优点，注入氮或硫化合物的措施②或措施③可取得降低 DXN 排放的效果，采用选择性催化还原措施的措施③虽然有效但会导致成本增加，使燃烧过程效率降低。

文献[22]针对工业硫化炉，采用了以硫脲为抑制剂同时控制 DXN 和 NO_x 的实验。文献[23]建立了基于电子束辐照去除 DXN 的动力学模型。

文献[24]评估了垃圾衍生燃料(refuse derived fuel，RDF)-燃烧模式和 MSW-煤混烧方式，RDF 因具有更高的能量回收效率而更有利于控制污染排放。研究者认为，杭州市 MSWI 过程存在的问题在于其低效的 MSW 源头分离模式。

文献[25]给出了固废汽化燃烧过程中同时控制 DXN 和氮氧化物浓度的实验参数。

文献[26]指出，采用活性炭吸附处理烟气中的 DXN 仅是将其转移到飞灰中，采用抑制剂防止 DXN 生成才是当前的研究热点。

文献[38]给出了不同烟气净化方式对 DXN 排放的影响，表明有效的末端处置装置有利于 DXN 的减排。

文献[27]以常州市为例，对 3 种不同类型的烟气处理技术进行评价，指出应从 MSWI 过程全生命周期考虑选择哪种类型的末端处理装置。

由上述描述可知，目前的 DXN 减排措施主要是从机理和工艺流程的视角入手，均未与 MSWI 过程的控制参数直接优化相关，其原因在于 DXN 排放浓度难以实时测量。因此，构建数据驱动的 MSWI 过程的 DXN 排放浓度软测量模型是首先需要解决的问题。

2.4　影响 DXN 排放浓度的因素

2.4.1　DXN 的生成、吸附和排放过程

由图 2.12 可知，MSWI 包含 DXN 的生成、吸附和排放共 3 个子过程，其分别被包含在标记为 G1、G2 和 G3 的烟气中。不同阶段的烟气所包含的 DXN 浓度具有差异。研究表明，除了 MSW 中原本含有的 DXN，在焚烧炉和余热锅炉内的“加热-燃烧-冷却”过程也产生了 DXN。为保证有毒有机物的有效分解，燃烧烟气应达到至少 850℃并保持至少 2s。在到达该温度之前，DXN 在不同温度区域的产生机理具有差异性。

在燃烧阶段，DXN 的生成过程可表示为

$$f_{\mathrm{DXN}}^{\mathrm{generation}}(\cdot):\quad f_{\mathrm{DXN}}^{1_{\mathrm{tempreture}}}(\cdot)\Rightarrow\cdots\Rightarrow f_{\mathrm{DXN}}^{j_{\mathrm{tempreture}}}(\cdot)\Rightarrow\cdots\Rightarrow f_{\mathrm{DXN}}^{J_{\mathrm{tempreture}}} \tag{2.9}$$

其中，$f_{\mathrm{DXN}}^{j_{\mathrm{tempreture}}}(\cdot)$表示 DXN 产生的第 $j_{\mathrm{tempreture}}$ 个温度区域。

在烟气处理阶段，石灰和活性炭被喷入反应器以移除酸性气体、吸附 DXN 和某些重金属，经袋式过滤器过滤后通过引风机排入烟囱。此处将 DXN 的吸附处理过程标记为 $f_{\mathrm{DXN}}^{\mathrm{absorption}}(\cdot)$。需指出的是，此阶段存在的 DXN 记忆效应 $f_{\mathrm{DXN}}^{\mathrm{memory}}(\cdot)$也会导致排放浓度增加，但其机理尚不清楚。

通常，上述炉内燃烧和烟气处理阶段中与 DXN 产生和吸收相关的过程变量以秒为周期，由分布式控制系统（distributed control system，DCS）采集与存储。同时，排放烟气中的易检测气体（CO、HCl、SO_2 和 HF 等）的浓度通过在线检测仪表实时检测，这些易检测气体与 DXN 间的映射关系可表述为 $f_{\mathrm{DXN}}^{\mathrm{stackgas}}(\cdot)$。相关企业或环保部门通常以月/季为周期对 DXN 排放浓度采用离线直接检测法化验。综上，MSWI 过程中与 DXN 排放浓度相关的流程可以表示为

$$f_{\mathrm{DXN}}^{\mathrm{generation}}(\cdot)\Rightarrow f_{\mathrm{DXN}}^{\mathrm{absorption}}(\cdot)\Rightarrow f_{\mathrm{DXN}}^{\mathrm{stackgas}}(\cdot) \tag{2.10}$$

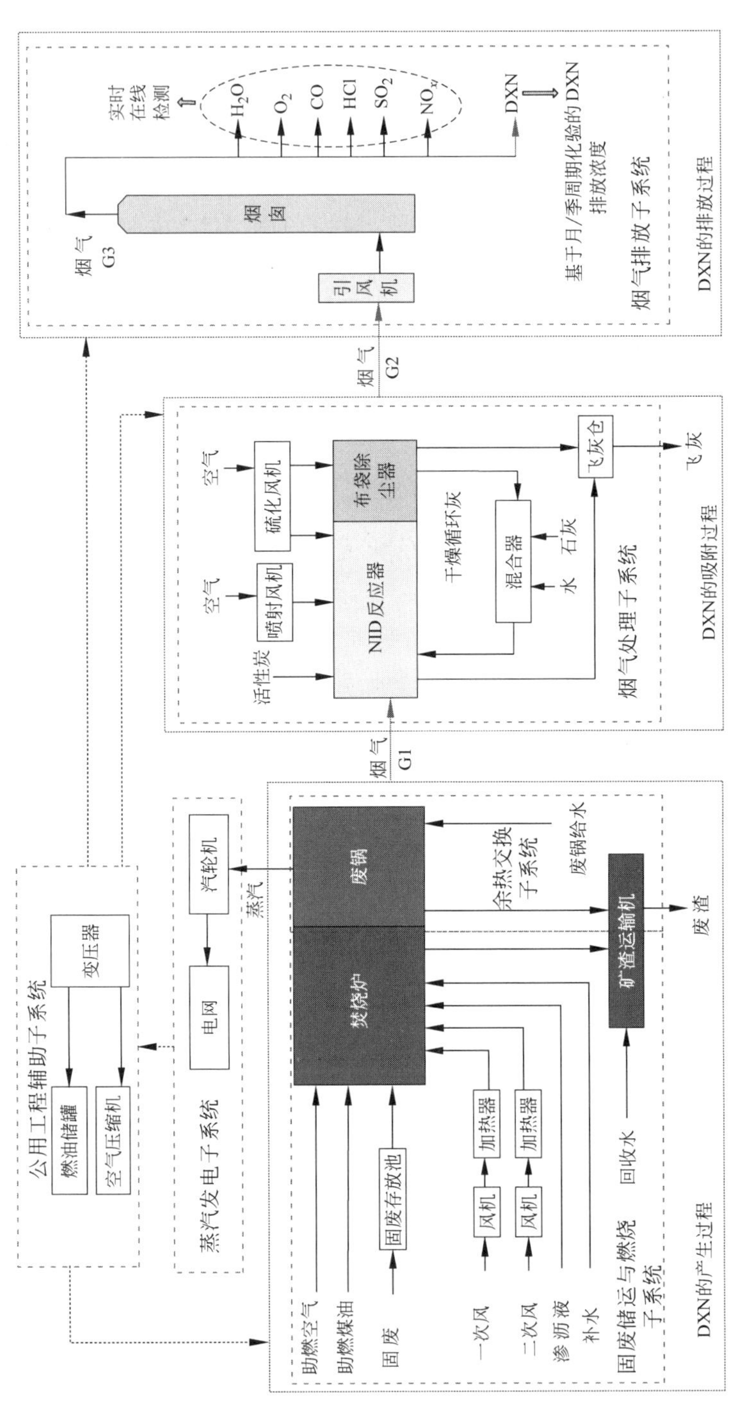

图 2.12 面向 DXN 排放的 MSWI 工艺流程

因此,MSWI 过程的 DXN 排放存在如下特点:

(1) DXN 生成和吸附阶段的机理复杂不清,难以构建精确的数学模型进行描述;

(2) DXN 排放与 MSWI 过程的众多变量相关,并且这些变量之间存在共线性关系,需要进行维数约简;

(3) 工业现场 DXN 排放浓度的检测周期长、成本高,导致可标记建模样本稀缺。

2.4.2 DXN 排放影响因素分析

1. MSW 的成分组成

若 MSW 中的含氯有机物(如多氯联苯、五氯苯酚、聚氯乙烯等)在 300～500℃的环境下进行不完全燃烧,则会通过重排、自由基缩合、脱氯或其他化学反应过程生成 DXN。此外,芳香族(如甲苯、苯)化合物或聚氯联苯在高温条件下也可通过化合或分解生成 DXN 类污染物。当燃烧不充分而在烟气中产生过多的未燃尽物质时,MSW 中存在的铜等催化物质在 300～500℃的环境下,会导致高温燃烧中已经分解的 DXN 重新生成。另外,MSWI 自身所含有的具有热稳定性的微量或痕量 DXN,在燃烧过程中会以炉渣或炉排下灰的形式排放。

2. 焚烧炉内的烟气温度和烟气停留时间

在优化的燃烧工况条件下,保持炉内燃烧温度达到 850℃以上,烟气停留时间大于 2s 时,可令烟气中的 DXN 分解率超过 99%。

3. 燃烧过量空气系数和烟气中的 CO 浓度

当燃烧过量空气系数过大,即氧浓度较大时能够实现 MSW 的完全燃烧,抑制 DXN 的生成;但是,随着氧浓度的增加,炉内温度降低,又会利于 DXN 的生成。经验表明,烟气的含氧量应控制在 6%～12%,即相应的过量空气系数应为 1.6～2.0;烟气中的 CO 浓度应低于 100mg/Nm^3,以使 MSW 能够充分燃烧。

4. 烟气处理阶段 DXN 吸附剂的投放量

工程研究与实践证明,活性炭可吸附并去除烟气中的 DXN。美国统计数据表明,若要 DXN 的排放浓度低于 0.1ng TEQ/Nm^3,则烟气处理阶段中的 DXN 去除率要高于 95%,活性炭的投放量要达到干烟气在 100mg/m^3 左右。从经济成本的视角,活性炭的成本占整个烟气处理阶段运行成本的 50%,其相当于脱酸吸收剂成本和系统电耗成本之和。因此,实际应用时增加数以倍计的活性炭投入量而获得较低的 DXN 排放,并不是经济的工业解决方案。此外,试验结果表明,氨、硫酸铵、有机胺和尿素等含氮化合物也具有抑制 DXN 生成的作用。

5. 余热交换和烟气处理阶段的烟气温度范围

研究表明,缩短余热交换阶段燃烧烟气温度处于 200～400℃的时间,以及控制袋式除尘器入口处的烟气温度低于220℃，均是避免炉外低温区DXN再生成的有效方法。

2.5 DXN排放浓度软测量的难点

(1) DXN建模数据的稀疏和高维特性导致单一模型难以描述其与众多过程变量间的映射关系，需要采用多模型集成机制予以解决。

MSWI过程排放的DXN至少包括3部分：①MSW自身含有且未能燃烧完全分解后被排放的DXN；②焚烧炉内燃烧时在某些温度区间由含氯前驱物生成的DXN；③烟气中的未燃尽物质经重金属等触媒在某些温度区间内生成的DXN。因此，DXN的生成过程与焚烧进料、炉内温度、烟气压力、风门开度、烟气温度、风流量、活性炭投放量等过程变量，以及排放尾气中的CO和HCl等其他能够实时易检测污染物的排放浓度均相关。现场的分布式控制系统可以对这些过程变量以秒为周期进行采集和存储，但可标记的DXN排放浓度检测值却只能以月或季为周期检测。这导致用于DXN建模的数据在表面上具有稀疏和高维特性，在其机理上具有难以解释的复杂性。显然，采用单一模型难以描述DXN排放与众多过程变量间的映射关系，需要采用基于SEN算法的多模型机制。

(2) DXN生成与吸附机理的复杂性导致难以对高维过程变量进行有效约简，需要有效的特征提取和选择机制以提高DXN软测量模型的泛化性能。

MSWI过程按工艺流程至少可分为固废储运、固废燃烧、余热交换、蒸汽发电、烟气处理、烟气排放共6个子系统。理论上，DXN排放浓度与MSWI过程不同阶段的易检测过程变量均具有相关性。但是，DXN生成和吸收阶段的机理复杂不清，不同阶段过程变量的特性也存在差异，这些因素导致难以进行基于机理知识的特征选择，有必要基于输入特征的贡献性进行维数约简。从另外的视角，DXN的排放浓度软测量存在的难点包括MSW的原始DXN含量未知、DXN生成与吸附的机理复杂不清、烟道中DXN存在的记忆效应导致检测结果存在不确定性等，这些问题均会导致MSWI过程的不同子系统对DXN排放的贡献性难以确定。因此，非常有必要将MSWI过程的不同子系统和全流程系统均视为多源信息，构建SEN模型以明确各自的贡献，也非常有必要进行结合机理知识的分区域的特征选择以提高软测量模型的可解释性。

(3) 基于所获取的DXN排放浓度稀疏样本难以构建鲁棒性强的软测量模型，需要采取合理机制扩充建模样本的数量。

虽然类似MSWI过程的复杂工业过程采集和存储的样本数量随着自动化和信息化程度的提高日渐增大，但类似DXN排放等环保指标软测量建模所需要的覆盖多种工况的样本仍然缺失。同时，这些难以检测的质量或环境污染指标的检测时间较长和经济成本极高，使得用于构建相应预测模型的建模数据为稀疏样本。

研究表明，如果数据分布呈现离散或松散结构，即在采样点之间存在较大间隙，或者并没有根据基础数据变化规律进行有效采集，也将导致建模数据的特征容量小、数据不连续、样本多样性差等，使所构建的模型难以有效地表征被建模对象的本质。针对DXN排放建模所面临的样本稀缺问题，如何采取合理机理生成具有不同特性的虚拟样本以扩充建模样本数量、如何选择最优的虚拟样本以获得最佳泛化性能、如何在虚拟样本数量和质量之间取得均衡、如何基于期望分布扩充建模样本等，都是有待解决的难点问题。

“没有免费午餐理论”(no free lunch theory)表明，针对不同的问题构建不同的模型十分必要。同时，研究面向特定应用对象的人工智能技术是当前研究的热点和难题。因此，为构建DXN智能软测量模型，必须将人脑认知理论、机器学习算法与MSWI领域的机理知识、工业经验相结合。

参考文献

[1] 吴王圣，石靖宇. 城市生活垃圾焚烧发电厂的前处理与后处理技术[J]. 环境影响评价，2017，39(3)：75-78.

[2] 孔昭健，戴瑞峰. 生活垃圾焚烧发电厂垃圾储存系统布置设计[J]. 环境卫生工程，2014，22(5)：79-80.

[3] 吴靖，刘洪鹏，兰婧. 城市生活垃圾资源化处理方法综述[J]. 中国科技信息，2011(5)：27-28.

[4] 别如山，宋兴飞，纪晓瑜，等. 国内外生活垃圾处理现状及政策[J]. 中国资源综合利用，2013，31(9)：31-35.

[5] 李勇，赵彦杰. 垃圾焚烧锅炉污染物的形成与防护[J]. 资源节约与环保，2016(2)：164+166.

[6] 李春雨. 我国生活垃圾处理及污染物排放控制现状[J]. 中国环保产业，2015(1)：39-42.

[7] 王桂芬. CEMS系统在垃圾焚烧发电厂中的应用[J]. 科学与财富，2016(3)：693-694.

[8] OLIE K，VERMEULEN P L，HUTZINGER O. Chlorodibenzo-p-dioxins and chlorodibenzofurans are trace components of fly ash and flue gas of some municipal incinerators in the Netherlands[J]. Chemosphere，1977，6(8)：103-108.

[9] 李海英，张书廷，赵新华. 城市生活垃圾焚烧产物中二噁英检测方法[J]. 燃料化学学报，2005，33(3)：379-384.

[10] PALMER D，POU J O，GONZALEZSABATÉ L，et al. Multiple linear regression based congener profile correlation to estimate the toxicity(TEQ) and dioxin concentr-ation in atmospheric emissions[J]. Science of the Total Environment，2017，622-623：510-516.

[11] GOUIN T，DALY T H L，WANIA F，et al. Variability of concentrations of polybrominated ddiphenyl ethers and polychlorinated biphenyls in air：Implications for monitoring，modeling and control[J]. Atmospheric Environment，2005，39(1)：151-166.

[12] 郑明辉，余立风，丁琼，等. 二噁英类生物检测技术[M]. 北京：中国环境出版社，2014.

[13] 金艳勤. 二噁英类化合物快速检测系统的初步构建[D]. 天津：天津大学，2010.

[14] 张诺，孙韶华，王明泉，等. 荧光素酶表达基因法用于二噁英检测的研究进展[J]. 生态毒理学报，2014，9(3)：391-397.

[15] SHUAB W M，TSANG W. Dioxin formation in incinerators[J]. Environmrnt science & technology，1983，17：721-730.

[16] HUANG H，BUSKENS A. Comparison of dioxin formation levels in laboratory gas-phase flow reactors with those calculated using the Shaub-Tsang mechanism[J]. Chemosphere，1999，38(7)：1595-1602.

[17] ZHOU H，MENG A，LONG Y，et al. A review of dioxin-related substances during municipal solid waste incineration[J]. Waste Management，2015，36：106-118.

[18] 姜欣. 日本对二噁英的研究现状[J]. 皮革与化工，2006，23(4)：39-42.

[19] 钱原吉，吴占松. 生活垃圾焚烧炉中二噁英的生成和计算方法[J]. 动力工程，2007，27(4)：616-619.

[20] ZHANG H J，NI Y W，CHEN J P，et al. Influence of variation in the operating conditions on PCDD/F distribution in a full-scale MSW incinerator[J]. Chemosphere，2008，70(4)：721-730.

[21] MUKHERJEE A，DEBNATH B，GHOSH S K. A review on technologies of removal of dioxins and furans from incinerator flue gas[J]. Procedia Environmental Sciences，2016，35：528-540.

[22] LIN X，YAN M，DAI A，et al. Simultaneous suppression of PCDD/F and NO_x during municipal solid waste incineration[J]. Chemosphere，2015，126：60-66.

[23] GERASIMOV G. Modeling study of polychlorinated dibenzo-p-dioxins and diben-zofurans behavior in flue gases under electron beam irradiation[J]. Chemosphere，2016，158：100-106.

[24] HAVUKAINEN J，ZHAN M X，DONG J，et al. Environmental impact assessment of municipal solid waste management incorporating mechanical treatment of waste and incineration in Hangzhou，China[J]. Journal of Cleaner Production，2017，141：453-461.

[25] ZHANG R Z，LUO Y H，YIN R H. Experimental study on dioxin formation in an MSW gasification-combustion process：An attempt for the simultaneous control of dioxins and nitrogen oxides[J]. Waste Management，2018，82：292-301.

[26] CHEN Z L，LIN X Q，LU S Y，et al. Suppressing formation pathway of PCDD/Fs by S-N-containing compound in full-scale municipal solid waste incinerators[J]. Chemical Engineering Journal，2019，359：1391-1399.

[27] WEN Z G，DI J H，LIU S T，et al. Evaluation of flue-gas treatment technologies for municipal waste incineration：A case study in Changzhou，China[J]. Journal of Cleaner Production，2018，184：912-920.

第 3 章

基于SEN核学习算法的MSWI过程二噁英排放软测量

第 3 章图片

3.1 引言

机理驱动或数据驱动的软测量技术能够对需要离线化验的关键工艺参数或需要专家基于经验认知的质量变量进行在线检测[1-2]。软测量模型以其较好的推理估计能力已在多个不同的工业过程得到成功应用[3]。显然，本章所面对的 DXN 排放浓度实时在线检测问题可采用软测量技术予以实现，但 MSWI 过程能够标记的 DXN 建模样本数量非常少。常用的数据驱动软测量模型构建方法是基于经验误差的人工神经网络和基于核学习的支持向量机(SVM)等算法，其中后者适用于小样本数据建模。核学习算法的超参数，如核参数和惩罚参数，通常与建模数据自身有关，在建模样本数量较为有限时，更加难以合理有效地选择。研究表明，不同背景的建模数据往往需要不同的超参数[4]。虽然采用优化算法可以实现超参数的选择[5]，但其运行过程耗时较长并且只能得到次优解。上述这些方法大多只能构建单一核参数的学习模型，其预测性能有待提升。

通常，选择性集成(SEN)建模方法从候选子模型中选择多个集成子模型，采用线性或非线性方法对其进行合并，进而获得比单一模型更好的预测性能。SEN 建模的首要问题是集成构造，即如何基于原始训练数据集构造具有差异性的候选子模型的建模数据集。采用由训练样本重采样集成构造的遗传选择性集成(genetic algorithm based selective ensemble，GASEN)模型，验证了集成部分优选的候选子模型可获得比集成全部候选子模型更好的泛化性能[6]，但模型参数的选择问题在该方法中未解决。面对小样本高维谱数据，文献[7]～文献[9]采用由操纵输入特征集成构造的 SEN 算法有效地对多源、多尺度高维频谱数据建模，其采用耦合分支定界(branch and bound，BB)和自适应加权融合(adaptive weighting fusion，AWF)的 SEN(branch and bound based selective ensemble，BBSEN)方法，从信息融合的视角进行特征的选择与合并；文献[10]提出了同时融合多源特征和多工况样本的机械频谱数据建模策略，但仍未解决模型结构与参数的自适应选择问题；文献[11]基于进化算法选择 SEN 模型参数，但存在寻优耗时、难以全局优化选择等问题。

本章主要关注基于核学习算法、面向 DXN 排放浓度的 SEN 软测量方法，其建模数据具有样本小、数据特性难以描述等特性。文献[12]提出了基于模糊 C 均值的 SEN 核学习模型，但其并不适用于小样本数据；基于进化规划的多层核学习模型可优化选择输入特征、子模型及其权重[13]，但其存在启发式算法的固有缺点；可见，上述 SEN 核学习方法均未解决模型参数的自适应选择问题。考虑到多个不同的核参数能够从不同视角对建模数据的固有特性进行描述，可采用基于多个候选核参数的集成构造策略建立 SEN 模型。此外，当基于小样本数据构建核学习模型时，惩罚参数也具有依赖于建模数据的特性。

综上，本章提出了一种面向小样本建模数据的 SEN 核学习建模方法。首先，基于先验知识获得候选核参数集和惩罚参数集(后文统一称为“超参数集”)；接着，基于这些候选参数集构建候选子子模型集；然后，采用 BBSEN 对具有相同核参数和不同惩罚参数的候选子子模型进行选择和合并，得到候选 SEN 子模型集；最后，对候选 SEN 子模型集再次运用 BBSEN 获得多层 SEN 模型。采用基准数据集和文献 DXN 数据集构建的软测量模型验证了所提方法的有效性。

3.2 建模策略

基于上述分析，本章提出了基于核学习算法的 DXN 排放多层 SEN 软测量策略，包括基于先验知识的预处理模块、候选子子模型构建模块、候选 SEN 子模型构建模块和 SEN 模型构建模块，如图 3.1 所示。

图 3.1 中，Know 表示用于预处理输入变量和确定候选超参数的先验知识；$\{\boldsymbol{x}_n^{\text{ori}}\}_{n=1}^{N}$ 表示工业现场能够采集的与 DXN 相关的原始数据；$\{\boldsymbol{x}_n\}_{n=1}^{N}$ 表示经预处理用于建立 DXN 排放浓度模型的输入数据，共包括 3 类：MSWI 过程的输入变量、过程变量和排放尾气成分中可以实时测量的输出变量；$\boldsymbol{y}=\{y_n\}_{n=1}^{N}$ 是建立模型的输出数据，即 DXN 排放浓度；$\{K_{\text{er}}^{k}\}_{k=1}^{K}$ 和 $\{R_{\text{eg}}^{r}\}_{r=1}^{R}$ 是数量为 K 和 R 的候选核参数集和惩罚参数集；$\{f_{\text{subsub}}^{j}(\cdot)\}_{j=1}^{J=KR}$ 是数量为 $K\times R$ 的候选子子模型集合；$\hat{\boldsymbol{y}}_{\text{subsub}}^{j}$ 是第 j 个候选子子模型 $f_{\text{subsub}}^{j}(\cdot)$的预测输出；$\{f_{\text{SENsub}}^{k}(\cdot)\}_{k=1}^{K}$ 是候选 SEN 子模型集；$\hat{\boldsymbol{y}}_{\text{SENsub}}^{k}$ 是第 k 个候选 SEN 子模型 $f_{\text{SENsub}}^{k}(\cdot)$的预测输出；$f_{\text{SEN}}(\cdot)$和 $\hat{\boldsymbol{y}}$ 是用于 DXN 排放浓度检测的 SEN 软测量模型及其测量输出。

不同模块的功能如下：

(1) 基于先验知识的预处理模块：利用先验知识 Know 对原始输入数据

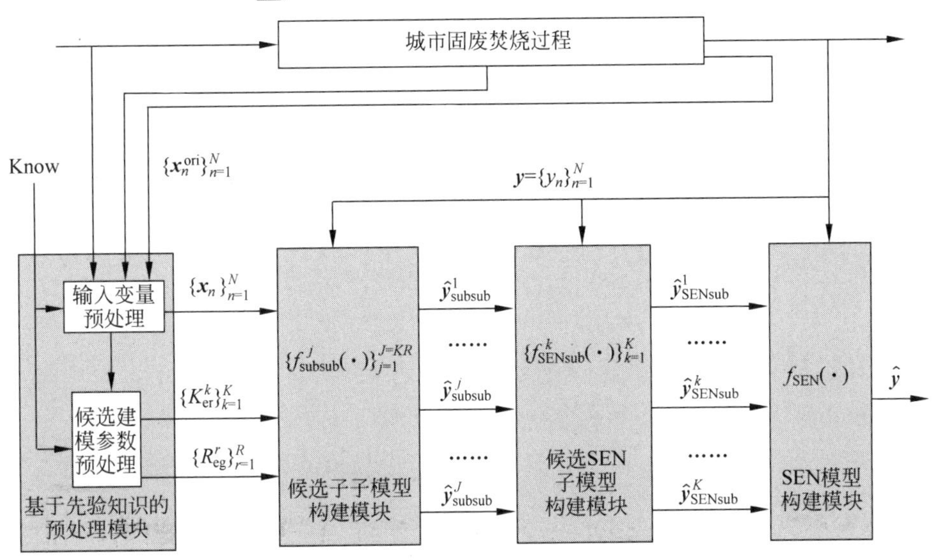

图 3.1　基于多层 SEN 核学习算法的软测量策略

$\{x_n^{ori}\}_{n=1}^N$ 进行预处理，获得约简后的输入数据$\{x_n\}_{n=1}^N$，结合先验知识获得候选核参数集和惩罚参数集$\{K_{er}^k\}_{k=1}^K$ 和$\{R_{eg}^r\}_{r=1}^R$；

(2) 候选子子模型构建模块：构建数量为 $K\times R$ 的候选子子模型集$\{f_{subsub}^j(\cdot)\}_{j=1}^{J=KR}$，其输入为$\{x_n\}_{n=1}^N$、$y$、$\{K_{er}^k\}_{k=1}^K$和$\{R_{eg}^r\}_{r=1}^R$，输出为$\{\hat{y}_{subsub}^j\}_{j=1}^J$；

(3) 候选 SEN 子模型构建模块：对具有相同核参数和不同惩罚参数的候选子子模型集采用 BBSEN 得到$\{f_{SENsub}^k(\cdot)\}_{k=1}^K$，其输入为$\{\hat{y}_{subsub}^j\}_{j=1}^J$ 和 y，输出为$\{\hat{y}_{SENsub}^k\}_{k=1}^K$。

(4) SEN 模型构建模块：对候选 SEN 子模型集再次采用 BBSEN 构建最终的 $f_{SEN}(\cdot)$，其输入为$\{\hat{y}_{SENsub}^k\}_{k=1}^K$ 和 y，输出为 $\hat{y}$。

3.3　算法实现

3.3.1　基于先验知识预处理

从 MSWI 过程采集的原始输入数据$\{x_n^{ori}\}_{n=1}^N$ 需要结合经验进行均值滤波、时序匹配和特征选择等预处理，得到输入数据$\{x_n\}_{n=1}^N$；同时，结合数据分布特点和专家经验确定候选核参数和惩罚参数集。该过程可表示为

$$\left.\begin{array}{l}\text{Know}\\ \{x_n^{ori}\}_{n=1}^N\end{array}\right\}\longrightarrow\left\{\begin{array}{l}\{x_n\}_{n=1}^N\\ \{K_{er}^k\}_{k=1}^K,\{R_{eg}^r\}_{r=1}^R\end{array}\right. \tag{3.1}$$

3.3.2　候选子子模型构建

后文以最小二乘支持向量机(least square support vector machine，LSSVM)

为例进行候选子子模型构建过程的描述。

用于模型构建的候选超参数可用如下矩阵表示：

$$\boldsymbol{M}_{\text{para}}=\begin{bmatrix}[K_{\text{er}}^{1},R_{\text{eg}}^{1}] & \cdots & [K_{\text{er}}^{1},R_{\text{eg}}^{r}] & \cdots & [K_{\text{er}}^{1},R_{\text{eg}}^{R}] \\ \vdots & & \vdots & & \vdots \\ [K_{\text{er}}^{k},R_{\text{eg}}^{1}] & \cdots & [K_{\text{er}}^{k},R_{\text{eg}}^{r}] & \cdots & [K_{\text{er}}^{k},R_{\text{eg}}^{R}] \\ \vdots & & \vdots & & \vdots \\ [K_{\text{er}}^{K},R_{\text{eg}}^{1}] & \cdots & [K_{\text{er}}^{K},R_{\text{eg}}^{r}] & \cdots & [K_{\text{er}}^{K},R_{\text{eg}}^{R}]\end{bmatrix}_{J} \tag{3.2}$$

其中，$[K_{\text{er}}^{k},R_{\text{eg}}^{r}]$表示超参数矩阵 $\boldsymbol{M}_{\text{para}}$ 的第 j 个元素，即 $\boldsymbol{M}_{\text{para}}^{j}=[K_{\text{er}}^{k},R_{\text{eg}}^{r}]$；$J=K\times R$ 是矩阵 $\boldsymbol{M}_{\text{para}}$ 包含的元素个数，同时也是候选子子模型的个数。

以第 j 个超参数$[K_{\text{er}}^{k},R_{\text{eg}}^{r}]$为例，对候选子子模型的构建过程进行描述。

采用非线性映射函数 $\varphi(\cdot)$将$\{\boldsymbol{x}_n\}_{n=1}^{N}$ 映射到高维特征空间后，需要求解如下优化问题：

$$\begin{aligned}&\min_{\boldsymbol{w},b}\quad O_{\text{LSSVM}}=\frac{1}{2}\boldsymbol{w}^{\text{T}}\boldsymbol{w}+\frac{1}{2}R_{\text{eg}}^{r}\sum_{n=1}^{N}\zeta_n^2\\ &\text{s.t:}\qquad y_n=\boldsymbol{w}^{\text{T}}\varphi(\boldsymbol{x}_n)+b+\zeta_n\end{aligned} \tag{3.3}$$

其中，$\boldsymbol{w}$ 是权重，b 是偏置，O_{LSSVM} 表示优化目标，ζ_n 是第 n 个样本的预测误差。

采用拉格朗日方法求解上述问题：

$$L(\boldsymbol{w},b,\boldsymbol{\zeta},\boldsymbol{\beta})=\frac{1}{2}\boldsymbol{w}^{\text{T}}\boldsymbol{w}+\frac{1}{2}\sum_{n=1}^{N}\zeta_n^2-\sum_{n=1}^{N}\beta_n[\boldsymbol{w}^{\text{T}}\varphi(\boldsymbol{x}_n)+b+\zeta_n-y_n] \tag{3.4}$$

其中，$\boldsymbol{\beta}=[\beta_1,\cdots,\beta_n,\cdots,\beta_N]$是拉格朗日算子向量，$\boldsymbol{\zeta}=[\zeta_1,\cdots,\zeta_n,\cdots,\zeta_N]$是预测误差向量。

对上式求偏导，

$$\frac{\partial L}{\partial \boldsymbol{w}}=0,\quad \frac{\partial L}{\partial b}=0,\quad \frac{\partial L}{\partial \xi}=0,\quad \frac{\partial L}{\partial \beta}=0 \tag{3.5}$$

采用核参数为 K_{er}^{k} 的核函数 $\Omega_{\text{ker}}^{k}(\cdot)$替代非线性映射 $\varphi(\cdot)$，即

$$\Omega_{\text{ker}}^{k}(\boldsymbol{x},\boldsymbol{x}_n)=\langle\varphi(\boldsymbol{x})\cdot\varphi(\boldsymbol{x}_n)\rangle \tag{3.6}$$

上述问题的求解可以改写为如下线性方程组：

$$\begin{bmatrix}0 & 1 & \cdots & 1\\ 1 & \Omega_{\text{ker}}^{k}(\boldsymbol{x}_1,\boldsymbol{x}_1)+\dfrac{1}{R_{\text{eg}}^{r}} & \cdots & \Omega_{\text{ker}}^{k}(\boldsymbol{x}_1,\boldsymbol{x}_N)\\ \vdots & \vdots & & \vdots\\ 1 & \Omega_{\text{ker}}^{k}(\boldsymbol{x}_N,\boldsymbol{x}_1) & \cdots & \Omega_{\text{ker}}^{k}(\boldsymbol{x}_N,\boldsymbol{x}_N)+\dfrac{1}{R_{\text{eg}}^{r}}\end{bmatrix}\cdot\begin{bmatrix}b\\ \beta_1\\ \vdots\\ \beta_N\end{bmatrix}=\begin{bmatrix}1\\ y_1\\ \vdots\\ y_N\end{bmatrix} \tag{3.7}$$

通过求解上述方程组得到$\boldsymbol{\beta}$ 和 b。

进一步,第 j 个候选子子模型可表示为

$$\hat{\boldsymbol{y}}_{\text{subsub}}^{j}=\sum_{n=1}^{N}\beta_{n}\cdot\Omega_{\text{ker}}^{k}(\boldsymbol{x},\boldsymbol{x}_{n})+b \tag{3.8}$$

简便起见,将上式重新改写为

$$\hat{\boldsymbol{y}}_{\text{subsub}}^{j}=f_{\text{subsub}}^{j}(\boldsymbol{x};\ M_{\text{para}}^{j})=f_{\text{subsub}}^{j}(\boldsymbol{x};\ [K_{\text{er}}^{k},R_{\text{eg}}^{r}])=f_{\text{subsub}}^{k,r}(\cdot) \tag{3.9}$$

进而,将全部候选子子模型集表示为 $\{f_{\text{subsub}}^{j}(\cdot)\}_{j=1}^{J}$,其相应的输出集为 $\{\hat{\boldsymbol{y}}_{\text{subsub}}^{j}\}_{j=1}^{J}$。

3.3.3 候选 SEN 子模型构建

全部候选子子模型的输出集合可改写为

$$\{\hat{\boldsymbol{y}}_{\text{subsub}}^{j}\}_{j=1}^{J}=\left\{\begin{matrix} y_{\text{subsub}}^{1,1},\cdots,y_{\text{subsub}}^{1,r},\cdots,y_{\text{subsub}}^{1,R}, \\ \vdots \\ y_{\text{subsub}}^{k,1},\cdots,y_{\text{subsub}}^{k,r},\cdots,y_{\text{subsub}}^{k,R}, \\ \vdots \\ y_{\text{subsub}}^{K,1},\cdots,y_{\text{subsub}}^{K,r},\cdots,y_{\text{subsub}}^{K,R} \end{matrix}\right\}$$

$$=\left\{\begin{matrix} f_{\text{subsub}}^{1,1}(\cdot),\cdots,f_{\text{subsub}}^{1,r}(\cdot),\cdots,f_{\text{subsub}}^{1,R}(\cdot), \\ \vdots \\ f_{\text{subsub}}^{k,1}(\cdot),\cdots,f_{\text{subsub}}^{k,r}(\cdot),\cdots,f_{\text{subsub}}^{k,R}(\cdot), \\ \vdots \\ f_{\text{subsub}}^{K,1}(\cdot),\cdots,f_{\text{subsub}}^{K,r}(\cdot),\cdots,f_{\text{subsub}}^{K,R}(\cdot) \end{matrix}\right\} \tag{3.10}$$

上式表明,候选子子模型与其输出间存在如下对应关系:

$$\begin{cases} \hat{\boldsymbol{y}}_{\text{subsub}}^{1}=f_{\text{subsub}}^{1,1}(\cdot) \\ \cdots \qquad \cdots \\ \hat{\boldsymbol{y}}_{\text{subsub}}^{j}=f_{\text{subsub}}^{k,r}(\cdot) \\ \cdots \qquad \cdots \\ \hat{\boldsymbol{y}}_{\text{subsub}}^{J}=f_{\text{subsub}}^{K,R}(\cdot) \end{cases} \tag{3.11}$$

式(3.10)表明,第 k 行的候选子子模型是基于相同核参数 K_{er}^{k} 和不同惩罚参数 $\{R_{\text{eg}}^{r}\}_{r=1}^{R}$ 构建的。因此,$\{\hat{\boldsymbol{y}}_{\text{subsub}}^{j}\}_{j=1}^{J}$ 可进一步改写为

$$\{\hat{\boldsymbol{y}}_{\text{subsub}}^{j}\}_{j=1}^{J}=\left\{\begin{matrix} \{f_{\text{subsub}}^{1,r}(\cdot)\}_{r=1}^{R} \\ \vdots \\ \{f_{\text{subsub}}^{k,r}(\cdot)\}_{r=1}^{R} \\ \vdots \\ \{f_{\text{subsub}}^{K,r}(\cdot)\}_{r=1}^{R} \end{matrix}\right\} \tag{3.12}$$

通过选择性的集成式(3.12)中每行的候选子子模型可以得到候选 SEN 子模型集。

以第 k 行$\{f_{\text{subsub}}^{k,r}(\cdot)\}_{r=1}^{R}$为例构建基于核参数 K_{er}^{k} 的候选 SEN 子模型。

采用 BBSEN 优化选择集成子子模型和计算加权系数,其过程如下式所示:

$$\left.\begin{array}{l}\{f_{\text{subsub}}^{k,r}(\cdot)\}_{r=1}^{R}\\ \{\boldsymbol{y}_n\}_{n=1}^{N}\end{array}\right\}\xrightarrow{\text{BBSEN}}\left\{\begin{array}{l}\{f_{\text{subsub}}^{k,r}(\cdot)\}_{r=1}^{R_k^{\text{sel}}}\\ \{w_{\text{subsub}}^{k,r}\}_{r=1}^{R_k^{\text{sel}}}\end{array}\right.\tag{3.13}$$

其中,$\{f_{\text{subsub}}^{k,r}(\cdot)\}_{k=1}^{K_k^{\text{sel}}}$ 和$\{w_{\text{subsub}}^{k,r}\}_{k=1}^{K_k^{\text{sel}}}$ 是选择的集成子子模型及其加权系数;R_k^{sel} 是所选择的集成子子模型的数量,即第 k 个候选 SEN 子模型的集成尺寸。

第 k 个 SEN 子模型的输出采用下式计算:

$$\hat{\boldsymbol{y}}_{\text{SENsub}}^{k}=f_{\text{SENsub}}^{k}(\cdot)=\sum_{r=1}^{R_k^{\text{sel}}}w_{\text{subsub}}^{k,r}\cdot f_{\text{subsub}}^{k,r}(\cdot)\tag{3.14}$$

通过重复上述过程 K 次,得到基于不同核参数的候选 SEN 子模型集,输出为$\{\hat{\boldsymbol{y}}_{\text{SENsub}}^{k}\}_{k=1}^{K}$。

3.3.4 SEN 模型构建

通过上述过程,可以得到基于相同核参数和不同惩罚参数的候选 SEN 子模型集合。

进一步,式(3.12)可以重新改写为

$$\{\hat{\boldsymbol{y}}_{\text{subsub}}^{j}\}_{j=1}^{J}=\{\{f_{\text{subsub}}^{k,r}(\cdot)\}_{r=1}^{R}\}_{k=1}^{K}=\{f_{\text{SENsub}}^{k}(\cdot)\}_{k=1}^{K}\tag{3.15}$$

由式(3.15)可知,通过对候选 SEN 子模型再次运用 BBSEN 可得到最终的 SEN 模型,该过程可表示为

$$\left.\begin{array}{l}\{f_{\text{SENsub}}^{k}(\cdot)\}_{k=1}^{K}\\ \{\boldsymbol{y}_n\}_{n=1}^{N}\end{array}\right\}\xrightarrow{\text{BBSEN}}\left\{\begin{array}{l}\{f_{\text{SENsub}}^{k}(\cdot)\}_{k=1}^{K_k^{\text{sel}}}\\ \{w_{\text{SENsub}}^{k}\}_{k=1}^{K_k^{\text{sel}}}\end{array}\right.\tag{3.16}$$

其中,$\{f_{\text{SENsub}}^{k}(\cdot)\}_{k=1}^{K_k^{\text{sel}}}$ 和$\{w_{\text{SENsub}}^{k}\}_{k=1}^{K_k^{\text{sel}}}$ 是所选择的集成 SEN 子模型及其加权系数;K_k^{sel} 是所选择的 SEN 集成子模型数量,即 SEN 模型的集成尺寸。

进而,基于 SEN 的软测量模型 $f^{\text{SEN}}(\cdot)$可表示为

$$\begin{aligned}\hat{\boldsymbol{y}}&=f_{\text{SEN}}(\cdot)=\sum_{k=1}^{K_k^{\text{sel}}}w_{\text{SENsub}}^{k}\cdot f_{\text{SENsub}}^{k}(\cdot)\\&=\sum_{k=1}^{K_k^{\text{sel}}}w_{\text{SENsub}}^{k}\cdot\left(\sum_{r=1}^{R_k^{\text{sel}}}w_{\text{subsub}}^{k,r}\cdot f_{\text{subsub}}^{k,r}(\cdot)\right)\end{aligned}\tag{3.17}$$

由上可知,最终的 SEN 软测量模型由内嵌的两层 SEN 组成。其中,内层实现基于惩罚参数的自适应选择;外层实现基于核参数的自适应选择,并同时完成了

多层 SEN 模型结构的选择。因此,该方法能够实现符合建模数据固有特性的超参数的自适应选择。

3.4　实验验证

本章中的核类型选择径向基函数(radius basis function,RBF),核参数和惩罚参数的候选集合根据经验选为{0.1,1,100,1000,2000,4000,6000,8000,10000,20000,40000,60000,80000,160000}和{0.1,1,6,12,25,50,100,200,400,800,1600,3200,6400,12800,25600,51200,102400}。

将所提方法与 PLS、KPLS、GASEN-BPNN(back propagation neural network)和 GASEN-LSSVM 方法进行了比较。其中,PLS 的潜在变量(latent variable,LV)个数采用交叉验证确定;KPLS 采用与 PLS 相同的潜在变量个数并采用交叉验证确定核参数;基于 GASEN 的模型将种群数量设为 20、选择阈值为 0.05;BPNN 隐层神经元的个数为输入特征的 2 倍加 1;LSSVM 的超参数与具有最佳预测性能的候选子子模型相同。

3.4.1　基准数据集

3.4.1.1　数据描述

采用加州大学尔湾校区(University of California Irvine,UCI)提供的混凝土抗压强度数据集[14-15]验证本章所提方法。该数据集中包含 1030 个样本,其中前 8 列为输入,分别是水泥、高炉矿渣粉、粉煤灰、水、减水剂、粗集料和细集料在每立方米混凝土中各配料的含量及混凝土的置放天数;第 9 列为输出,即混凝土的抗压强度。本章将前 500 样本等间隔分为 5 份,取第 1 份作为训练样本。测试样本由 200 个数据组成,包括前 500 个样本中的第 3 份和后 500 个样本中的前 100 个样本。

3.4.1.2　实验结果

基于候选超参数,首先构建 14×17=238 个候选子子模型,然后采用 BBSEN 构建 14 个候选 SEN 子模型,最后得到 SEN 模型。

候选 SEN 子模型的统计结果如表 3.1 所示。

表 3.1　水泥抗压强度候选 SEN 子模型的统计结果

编码序号	核参数	模型类型	RMSE	惩罚参数(编码序号)
1	0.1	EnAll-sub-sub	16.1059	全部
		SEN-sub	15.0883	15～17
		Best-sub-sub	15.0883	17

续表

编码序号	核参数	模型类型	RMSE	惩罚参数(编码序号)
2	1	EnAll-sub-sub	12.8921	全部
		SEN-sub	12.4234	2～17
		Best-sub-sub	11.8064	6
3	100	EnAll-sub-sub	9.8368	全部
		SEN-sub	7.3687	4～17
		Best-sub-sub	7.7284	10
4	1000	EnAll-sub-sub	15.9703	全部
		SEN-sub	8.1098	11～17
		Best-sub-sub	8.1362	13
5	2000	EnAll-sub-sub	16.4346	全部
		SEN-sub	8.1475	14～17
		Best-sub-sub	8.1459	15
6	4000	EnAll-sub-sub	16.6256	全部
		SEN-sub	8.1642	16～17
		Best-sub-sub	8.1511	17
7	6000	EnAll-sub-sub	16.6813	全部
		SEN-sub	8.3123	16～17
		Best-sub-sub	8.2182	17
8	8000	EnAll-sub-sub	16.7074	全部
		SEN-sub	8.5411	16～17
		Best-sub-sub	8.3811	17
9	10000	EnAll-sub-sub	16.7225	全部
		SEN-sub	8.7862	16～17
		Best-sub-sub	8.5831	17
10	20000	EnAll-sub-sub	16.7514	全部
		SEN-sub	9.7130	16～17
		Best-sub-sub	9.4900	17
11	40000	EnAll-sub-sub	16.7652	全部
		SEN-sub	10.4129	16～17
		Best-sub-sub	10.2943	17
12	60000	EnAll-sub-sub	16.7697	全部
		SEN-sub	10.6267	16～17
		Best-sub-sub	10.5610	17
13	80000	EnAll-sub-sub	16.7719	全部
		SEN-sub	10.7145	16～17
		Best-sub-sub	10.6731	17
14	16000	EnAll-sub-sub	16.7752	全部
		SEN-sub	10.8124	16～17
		Best-sub-sub	10.7968	17

由表 3.1 可知：

(1) 最佳 SEN 子模型(SEN-sub)选择的核参数为 100，惩罚参数集为{25，50，100，200，400，800，1600，3200，6400，12800，25600，51200，102400}，其 RMSE 和集成尺寸是 7.368 和 14；

(2) 最佳子子模型(Best-sub-sub)的核参数和正则化参数为 100 和 800，其测试 RMSE 为 7.7284；

(3) 集成全部子子模型(EnAll-sub-sub)选择的核参数为 100，其 RMSE 为 9.8368。

上述结果表明，不同惩罚参数的贡献率不同。候选核参数与 RMSE 间的关系如图 3.2 所示。图 3.2 表明，选择合适的超参数是必要的。

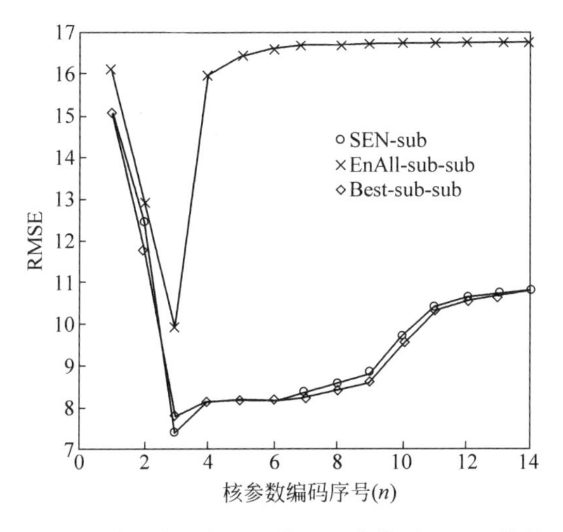

图 3.2 候选核参数与水泥抗压强度模型 RMSE 的关系

对上述过程构建的 14 个候选 SEN 子模型再次采用 BBSEN 得到具有不同集成尺寸的 SEN 模型，集成尺寸与 RMSE 的关系如图 3.3 所示。

图 3.3 表明，SEN 模型的预测性能随集成尺寸的增加而增加，在集成尺寸达到 8 后预测性能增加的幅度比较小。此外，具有较小集成尺寸的 SEN 模型的预测性能还弱于最佳 SEN 子模型。上述结果表明，集成多个不同核参数的 SEN 子模型间拥有较好的互补性。

不同集成尺寸 SEN 模型的统计结果如表 3.2 所示。

由表 3.2 可知，基于核参数集合{0.1，1，100，1000，2000，4000，6000，8000，10000}的 SEN 模型具有最佳预测性能，RMSE 为 8.2221，其性能稍弱于最佳 SEN 子模型(RMSE 为 7.3687)，强于集成全部 SEN 子模型(RMSE 为 8.8267)。

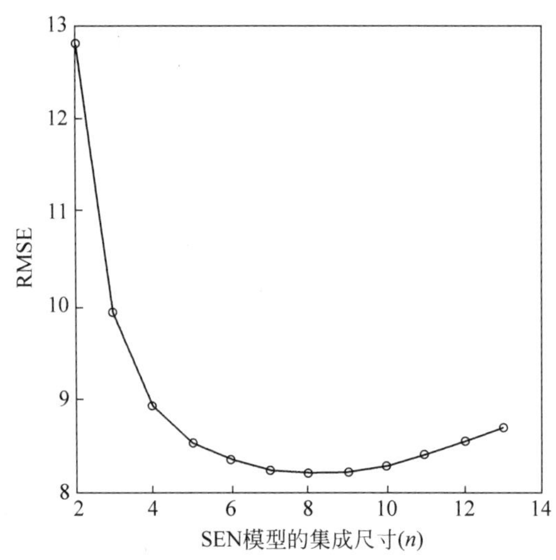

图 3.3 水泥抗压强度 SEN 模型的集成尺寸与 RMSE 的关系

表 3.2 不同集成尺寸水泥抗压强度 SEN 模型的统计结果

集成尺寸	集成子模型(核参数)的编码序号	RMSE
2	2,1	12.8102
3	3,2,1	9.9116
4	4,3,2,1	8.9488
5	5,4,3,2,1	8.5528
6	6,5,4,3,2,	8.3599
7	7,6,5,4,3,2,1	8.2641
8	8,7,6,5,4,3,2,1	8.2247
9	9,8,7,6,5,4,3,2,1	8.2221
10	10,9,8,7,6,5,4,3,2,1	8.2942
11	11,10,9,8,7,6,5,4,3,2,1	8.4228
12	12,11,10,9,8,7,6,5,4,3,2,1	8.5617
13	13,11,10,9,8,7,6,5,4,3,2,1	8.6963

3.4.1.3 方法比较

不同建模方法的统计结果如表 3.3 所示。

表 3.3 不同水泥抗压强度建模方法的统计结果

方　法	RMSE			备注（学习参数）
	最大值	平均值	最小值	
PLS	—	10.92	—	LV=7
KPLS	—	8.179	—	LV=8
GASEN-BPNN	14.8580	12.0756	10.3971	隐含节点=17
GASEN-LSSVM	10.1777	10.0149	9.7490	(100,800)
本章	—	7.163	—	—

表 3.3 表明，GASEN-BPNN 因其固有的随机性而具有最大的 RMSE 平均值和较大的波动范围；GASEN-LSSVM 在预测性能的稳定性上强于 GASEN-BPNN，其预测值误差的最小值小于 PLS/KPLS 模型；本章所提方法具有最佳预测性能。

3.4.2 国外文献的 DXN 数据集

3.4.2.1 数据描述

利用文献[16]中的燃烧数据构建 DXN 排放浓度软测量模型。其中，输入包括①蒸汽负荷(tone/h)；②烟气中的 H_2O 含量(%)；③烟道温度(℃)；④烟气流量(Nm^3/min)；⑤CO 浓度(0.0001%)；⑥HCl 浓度(0.0001%)；⑦PM 浓度(mg/Nm^3)；⑧燃烧室上方温度(℃)；输出是 DXN 浓度(ng/Nm^3)。此处，将 22 个样本数量等间隔地分为两部分，分别作为建模和测试数据。

3.4.2.2 实验结果

采用本章所提方法构建的 DXN 排放浓度候选 SEN 子模型的统计结果如表 3.4 所示。

表 3.4 DXN 排放浓度 SEN 子模型的统计结果

编码序号	核参数	模型类型	RMSE	惩罚参数(编码序号)
1	0.1	EnAll-sub-sub	128.8	全部
		SEN-sub	128.8	16,17
		Best-sub-sub	128.8	17
2	1	EnAll-sub-sub	125.3	全部
		SEN-sub	114.1	16,17
		Best-sub-sub	114.1	17
3	100	EnAll-sub-sub	123.5	全部
		SEN-sub	85.05	2～17
		Best-sub-sub	90.46	6
4	1000	EnAll-sub-sub	128.3	全部
		SEN-sub	85.02	5～17
		Best-sub-sub	82.99	10
5	2000	EnAll-sub-sub	128.6	全部
		SEN-sub	82.74	8～17
		Best-sub-sub	82.62	11
6	4000	EnAll-sub-sub	128.7	全部
		SEN-sub	82.74	8～17
		Best-sub-sub	82.62	12
7	6000	EnAll-sub-sub	128.7	全部
		SEN-sub	82.38	9～17
		Best-sub-sub	83.51	13

续表

编码序号	核参数	模型类型	RMSE	惩罚参数(编码序号)
8	8000	EnAll-sub-sub	128.8	全部
		SEN-sub	82.43	10～17
		Best-sub-sub	82.63	13
9	10000	EnAll-sub-sub	128.8	全部
		SEN-sub	82.21	10～17
		Best-sub-sub	82.87	13
10	20000	EnAll-sub-sub	128.85	全部
		SEN-sub	82.29	12～17
		Best-sub-sub	82.86	14
11	40000	EnAll-sub-sub	128.8	全部
		SEN-sub	82.55	14～17
		Best-sub-sub	82.85	15
12	60000	EnAll-sub-sub	128.8	全部
		SEN-sub	82.58	15～17
		Best-sub-sub	82.76	16
13	80000	EnAll-sub-sub	128.8	全部
		SEN-sub	82.82	15～17
		Best-sub-sub	82.85	16
14	16000	EnAll-sub-sub	128.8	全部
		SEN-sub	84.76	17
		Best-sub-sub	82.85	16-17

由表 3.4 可知：

(1) 最佳性能 Best-sub-sub 模型的超参数是(2000,1600)和(4000,3200),RSME 为 82.62；可见,无论是核参数还是惩罚参数,其取值都比较大,表明了小样本 DXN 数据具有较大的分散特性；

(2) EnAll-sub-sub 模型在采用核参数为 100 时具有最佳的 RMSE 123.5,在 3 种模型中的性能最差,表明了全部集成基于不同惩罚参数的候选子子模型是不合理的；

(3) SEN-sub 模型在核参数为 10000 时具有最小的 RMSE 82.21,其集成的候选子子模型的序号是 10～17,对应的惩罚参数集是{800,1600,3200,6400,12800,25600,51200,102400}。与最佳的 Best-sub-sub 模型相比,其 RMSE 仅从 82.62 减少到了 82.21,无显著提升,这表明了惩罚参数贡献率的有限性。

候选核参数与 DXN 排放浓度 RMSE 的关系如图 3.4 所示。

图 3.4 表明,从提高 DXN 软测量模型泛化性能的视角,构建基于不同核参数的 SEN 模型是必要的。

基于上述过程构建的 14 个候选 SEN 子模型,再次采用 BBSEN,得到面向

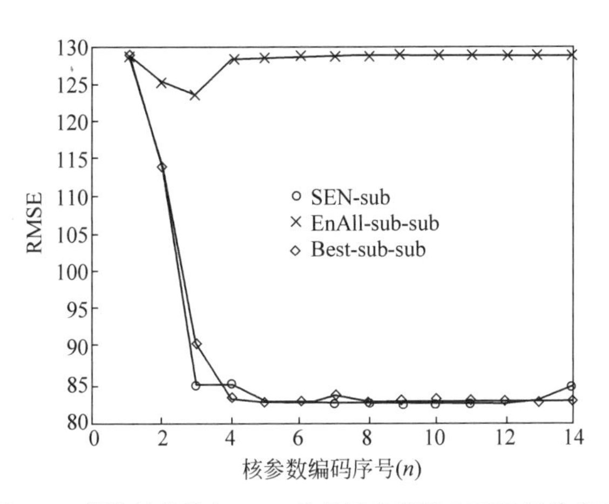

图 3.4　候选核参数与 DXN 排放浓度模型 RMSE 间的关系

DXN 的具有不同集成尺寸的 SEN 模型。不同集成尺寸的 SEN 模型的集成尺寸与其 RMSE 的关系如图 3.5 所示。

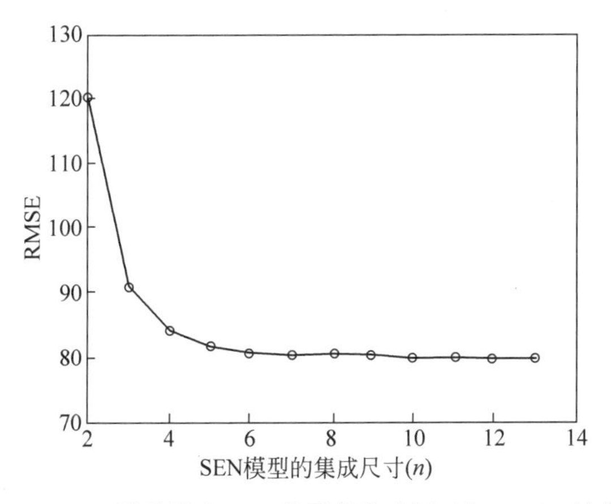

图 3.5　DXN 排放浓度 SEN 模型的集成尺寸与 RMSE 的关系

图 3.5 表明，SEN 模型的性能随集成尺寸的增加而增加，但是当集成尺寸达到 5 时，性能的增加幅度比较小，表明采用 5 个不同的核参数可较好地描述 DXN 的建模数据，也表明基于多核参数的 SEN 模型的合理性；具有较小集成尺寸的 SEN 模型的性能弱于最佳的 SEN 子模型，表明多个不同核参数 SEN 子模型间具有较好的互补性，这与建模数据的特性相关。

不同集成尺寸 SEN 模型的统计结果如表 3.5 所示。

表 3.5　不同集成尺寸 DXN 排放浓度 SEN 模型的统计结果

集成尺寸	集成子模型(核参数)的编码序号	RMSE
2	2,1	120.6
3	7,2,1	90.83

续表

集成尺寸	集成子模型(核参数)的编码序号	RMSE
4	8,7,2,1	84.00
5	9,8,7,2,1	81.65
6	4,9,8,7,2,1	80.51
7	10,4,9,8,7,2,1	80.14
8	3,10,4,9,8,7,2,1	80.63
9	3,5,10,4,9,8,7,2,1	80.25
10	3,6,5,10,4,9,8,7,2,1	80.01
11	3,11,6,5,10,4,9,8,7,2,1	79.88
12	13,3,11,6,5,10,4,9,8,7,2,1	79.84
13	12,13,3,11,6,5,10,4,9,8,7,2,1	79.80

表 3.5 表明,集成尺寸为 5 的 SEN 模型的核参数集为{10000,8000,6000,1,0.1},具有比核参数为 10000 的最佳 SEN 子模型更好的预测性能,其选择的核参数范围也比较大,通过融合基于不同核参数的 SEN 子模型,其 RMSE 虽然进一步降低,但幅度并不大;集成全部候选 SEN 子模型的集成模型的 RMSE 较小,为 79.80。通常,较大的集成尺寸意味着更加复杂的模型结构,需要根据实际需求在模型性能和模型结构间取得均衡。

不同软测量方法的测试曲线如图 3.6 所示,其中"SEN"表示最终的软测量模型,"Best-SEN-sub"表示预测性能最佳的 SEN 子模型,"EnAll-SEN-sub"表示集成全部候选 SEN 子模型的模型。

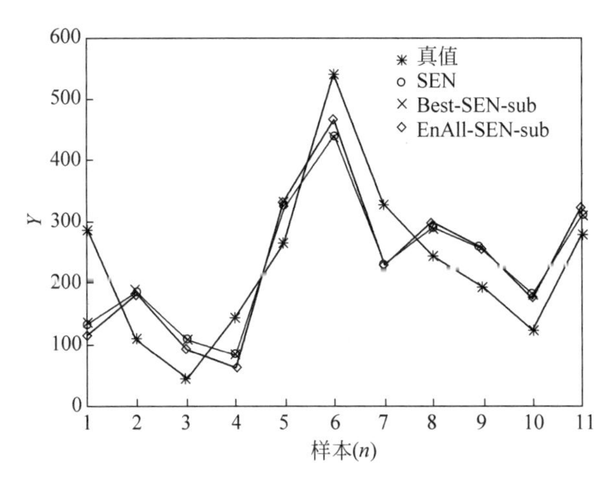

图 3.6 不同 DXN 排放浓度软测量模型的预测结果

3.4.2.3 方法比较

不同建模方法的统计结果如表 3.6 所示。

表 3.6 不同 DXN 排放浓度软测量模型的统计结果

方法	RMSE			备注（学习参数）
	最大值	平均值	最小值	
PLS	—	95.93	—	LV=3
KPLS	—	91.19	—	LV=3,K_{er}=1
GASEN-BPNN	381.2	225.0	143.6	隐含节点=17
GASEN-LSSVM	113.8	91.39	84.17	(4000,3200)
本章	—	79.80	—	

表 3.6 表明，GASEN-BPNN 具有最大的 RMSE 平均值和较大波动范围，难以对 DXN 排放浓度有效建模；GASEN-LSSVM 在 RMSE 的稳定性上强于 GASEN-BPNN，其 RMSE 的最小值小于 PLS/KPLS；本章方法具有最佳的预测性能。

综上，本章方法能够从候选超参数中自适应地选择建模参数，提高了基于小样本数据的 SEN 软测量模型的泛化性能。

参考文献

[1] WANG W，CHAI T Y，YU W. Modeling component concentrations of sodium aluminate solution via Hammerstein recurrent neural networks[J]. IEEE Transactions on Control Systems Technology，2012，20：971-982.

[2] TANG J，CHAI T Y，YU W，et al. Modeling load parameters of ball mill in grinding process based on selective ensemble multisensor information[J]. IEEE Transactions on Automation Science & Engineering，2013，10：726-740.

[3] KANO M，FUJWARA K. Virtual sensing technology in process industries：Trends & challenges revealed by recent industrial applications[J]. Journal of Chemical Engineering of Japan，2013，46：1-17.

[4] TANG J，LIU Z，ZHANG J，et al. Kernel latent feature adaptive extraction and selection method for multi-component non-stationary signal of industrial mechanical device[J]. Neurocomputing，2016，216(C)：296-309.

[5] TANG J，CHAI T Y. YU W，et al. Feature extraction and selection based on vibration spectrum with application to estimate the load parameters of ball mill in grinding process [J]. Control Engineering Practice，2012，20(10)：991-1004.

[6] ZHOU Z H，WU J，TANG W. Ensembling neural networks：Many could be better than all [J]. Artificial Intelligence，2002，137(1-2)：239-263.

[7] 汤健，柴天佑，丛秋梅，等. 选择性融合多尺度筒体振动频谱的磨机负荷参数建模[J]，控制理论与应用，2015，32(12)：1582-1591.

[8] 汤健，柴天佑，丛秋梅，等. 基于 EMD 和选择性集成学习算法的磨机负荷参数软测量[J]. 自动化学报，2014，40(9)：1853-1866.

[9] TANG J，YU W，CHAI T Y，et al. Selective ensemble modeling load parameters of ball mill

based on multi-scale frequency spectral features and sphere criterion[J]. Mechanical Systems & Signal Processing, 2016, 66-67: 485-504.

[10] TANG J, QIAO J F, WU Z W, et al. Vibration and acoustic frequency spectra for industrial process modeling using selective fusion multi-condition samples and multi-source features [J]. Mechanical Systems and Signal Processing, 2018, 99: 142-168.

[11] TANG J, ZHANG J, WU Z W, et al. Modeling collinear data using double-layer GA-based selective ensemble kernel partial least squares algorithm[J]. Neurocomputing, 2017, 219: 248-262.

[12] LV Y, LIU J, YANG T. A novel least squares support vector machine ensemble model for NO_x, emission prediction of a coal-fired boiler[J]. Energy, 2013, 55(1): 319-329.

[13] PADILHA C A D A, BARONE D A C, NETO A D D. A multi-level approach using genetic algorithms in an ensemble of least squares support vector machines [J]. Knowledge-Based Systems, 2016, 106(C): 85-95.

[14] YEH I C. Modeling of strength of high performance concrete using artificial neural networks[J]. Cement and Concrete Research, 1998, 28(12): 1797-1808.

[15] TANG J, YU W, CHAI T Y, et al. et al. On-line principal component analysis with application to process modeling[J]. Neurocomputing, 2012, 82(1): 167-178.

[16] CHANG N B, HUANG H. Statistical modelling for the prediction and control of PCDDs and PCDFs emissions from municipal solid waste incinerators[J]. Waste Management & Research, 1995, 13(4): 379-400.

第 4 章

基于特征约简与SEN的MSWI过程二噁英排放软测量

第 4 章图片

4.1 引言

数据驱动软测量技术常用于在线预测依靠离线化验或专家推断等方式才能获取测量值的产品质量指标、环境保护指标等难以检测的过程参数[1-2]。MSWI 过程的炉内温度、炉排速度、一/二次风量、烟气压力/温度、活性炭量等过程变量和 SO_2、HCl 等常规易检测污染气体的浓度,以秒为周期基于分布式控制系统和在线测量系统进行采集;但排放烟气中的 DXN 浓度却以月/季为周期或不确定周期基于实验室离线化验获得。显然,通过过程变量和 DXN 排放浓度的时序匹配等预处理仅能获得少量具有标记的建模样本。此外,MSWI 全流程的过程变量间存在较强共线性。因此,DXN 排放浓度的软测量需要解决特征约简和小样本数据非线性建模等问题。

面向 DXN 排放浓度预测问题,基于国外机构采集的关键过程变量,文献[3]针对不同类型的焚烧炉构建线性回归模型;文献[4]构建了基于遗传编程的非线性模型,结果表明其预测性能强于多元线性回归和 BPNN 模型;为了进一步提高模型泛化性能,文献[5]构建了基于 LSSVM 的预测模型。采用国内 MSWI 过程数据,文献[6]提出了采用遗传算法优化 BPNN 模型的软测量方法,但其固有的随机特性导致难以针对小样本数据获得稳定的预测性能;针对上述问题,文献[7]提出了对小样本数据进行重新抽样和注入噪声以增加样本数量,构建了基于最大熵神经网络的 DXN 排放浓度预测模型。上述方法存在高维特征难以处理、面对小样本数据时预测性能稳定性差等问题。

研究表明,潜结构映射(projection to latent structure,PLS)及其核版本能够有效提取线性/非线性潜在变量构建模型,具有能够消除高维输入特征共线性、降低对建模样本的数量要求等优点[8];但存在过多的输入特征会降低模型的泛化性能和可解释性、难以有效选择适合建模样本特性的核参数等问题[9]。针对高维近红外谱数据，文献[10]提出了组合特征选择与核潜结构映射算法的建模策略，有效提高了模型的预测性能；但其仅构建了泛化性能有待提升的单一模型，并不适用于小样本数据。研究表明，基于 SEN 的软测量模型具有较好的泛化性和鲁棒性[11]。基于“训练样本重采样”集成构造策略的 SEN 验证了集成部分可用候选子模型可获得比集成全部候选子模型更好的泛化性能[12]，但所采用的 BPNN 并不适用于小样本数据建模。面向小样本高维频谱数据，文献[13]提出了综合考虑多源、多尺度特征和多工况样本的双层 SEN 潜结构映射建模方法，但该方法所构建的软测量模型存在复杂度高、普适性弱等缺点，同时也未进行维数约简。因此，将集维数约简、核参数自适应选择、模型复杂度可裁剪等功能为一体的 SEN 方法应用于 DXN 排放浓度软测量的研究尚未见报道。

综上所述，针对 DXN 排放浓度建模数据所固有的高维、小样本、共线性和非线性等特性，本章提出了基于特征约简与 SEN 的软测量方法。对预处理后的建模数据采用将变量投影重要性(variable projection importance，VIP)和输入特征约简比率相结合的机制进行维数约简，基于预先给定的训练子集数量、候选子模型的结构参数和候选核参数，构建候选子模型并对其进行评价，并基于集成子模型选择阈值和加权算法进行集成子模型的选择与合并，对基于全部候选核参数的 SEN 核潜结构映射模型利用性能最佳准则获得最终 DXN 模型。采用文献 DXN 数据和国内某 MSWI 厂 DXN 数据验证了所提方法的有效性。

4.2 建模策略

本章提出的 DXN 排放浓度软测量方法主要包括数据采集与预处理、基于变量投影重要性的输入特征选择和基于训练样本构造策略的选择性集成软测量模型共 3 个模块，如图 4.1 所示。

在图 4.1 中，$\{\boldsymbol{x}_n\}_{n=1}^N$ 和 $\{(\boldsymbol{x}_{\text{sel}})_n\}_{n=1}^N$ 分别表示原始和经过特征选择的数量为 N 的输入样本数据；$\boldsymbol{y}=\{y_n\}_{n=1}^N$ 表示数量为 N 的输出样本数据，即 DXN 的排放浓度数据；$f_{\text{FeSel}}(\cdot)$是用于输入特征选择的线性潜结构映射模型；ρ_{FeSel} 是基于经验确定的用于输入特征选择的特征选择比率设定值；$f_{\text{SEN}}(\cdot)$是最终构建的 DXN 排放浓度软测量模型；J 是训练子集数量的设定值，也是候选子模型的数量；ρ_{KLV} 是候选子模型的结构参数，由于本章的候选子模型采用核潜结构映射算法构建，ρ_{KLV} 也是核潜在变量的数量；ρ_{SubSel} 是集成子模型选择阈值的设定值；m_{SubCom} 是用于确定集成子模型加权系数计算方法的变量；$\{k_{\text{er}}^{\ell}\}_{\ell}^{L}$ 是核潜结构映射模型的候选核参数的预设定集合，其中 L 为候选核参数的数量；最终的核参数根据多个选择性集成模型的泛化性能自适应选择；$\hat{\boldsymbol{y}}$ 为模型输出。由图 4.1 可知，本章所提方法的全部学习参数可表示为

$$M_{\text{para}}=\{\rho_{\text{FeSel}},J,\rho_{\text{KLV}},\{k_{\text{er}}^{\ell}\}_{\ell}^{L},\rho_{\text{SubSel}},m_{\text{SubCom}}\} \tag{4.1}$$

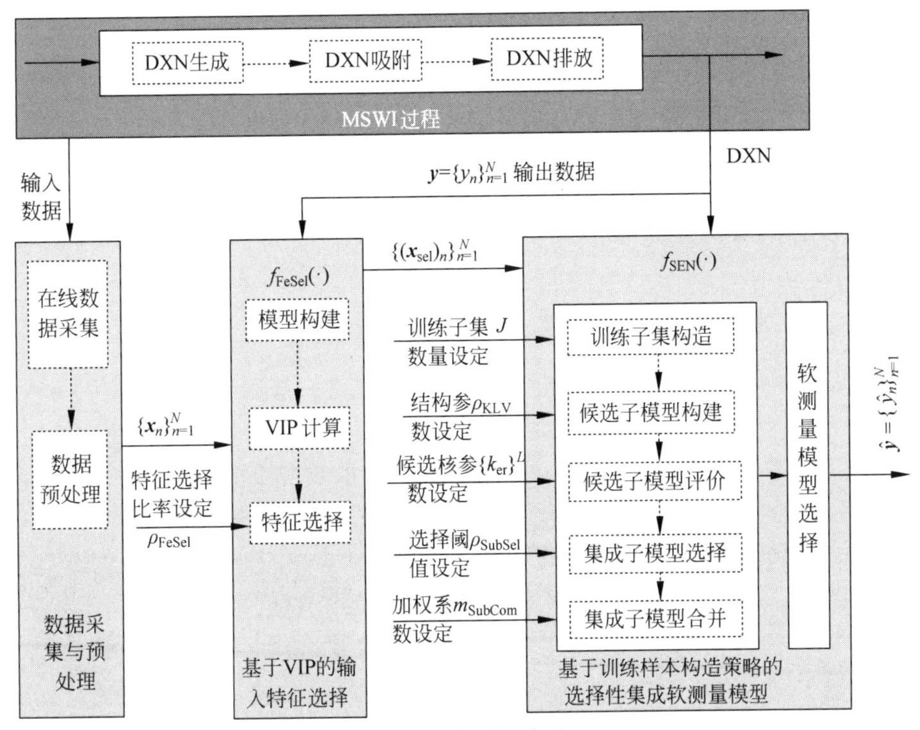

图 4.1　软测量策略

在图 4.1 中，不同模块的功能描述如下：

(1) 数据采集与预处理：采集 MSWI 全流程与 DXN 排放浓度相关的变量作为软测量模型的输入数据，并进行剔除离群点、处理缺失值和匹配 DXN 排放浓度离线化验值等处理。

(2) 基于 VIP 的输入特征选择：构建基于全部 DXN 输入特征的线性潜结构映射模型，计算这些输入特征的 VIP 并对其进行排序，基于根据经验设定的输入特征选择比率选择输入特征变量。

(3) 基于训练样本构造策略的选择性集成软测量模型：采用操纵训练样本策略产生训练样本子集，并基于给定的候选核参数和结构参数构建候选子模型，对候选子模型进行评价后基于选择阈值获得集成子模型，并对集成子模型进行加权合并以获得软测量模型的输出；对全部候选核参数重复上述过程，获得选择性集成模型的集合，在其中选择泛化性能最佳的作为最终软测量模型。

4.3　算法实现

4.3.1　数据采集与预处理

将 DXN 产生阶段、吸附阶段和排放阶段在线采集的与 DXN 排放浓度相关的易检测过程变量或易检测排放气体浓度确定为输入特征变量，结合 DXN 排放浓度的离线化验值确定建模样本，并进行离群点和缺失值的处理，其样本数量记为 N。

全部输入、输出样本集可表示为

$$\{\boldsymbol{X},y\}=\{\{\boldsymbol{x}_n\}_{n=1}^{N},\{y_n\}_{n=1}^{N}\}=\{(\boldsymbol{x},y)_n\}_{n=1}^{N} \tag{4.2}$$

其中，$\boldsymbol{X}\in\mathbf{R}^{N\times M}$ 和 $\boldsymbol{y}\in\mathbf{R}^{N\times 1}$ 分别表示构建 DXN 排放浓度模型的输入和输出数据。

4.3.2 基于变量投影重要性的输入特征选择

潜结构映射算法是一种多元线性回归方法，其目标是最大化输入数据与输出数据间的协方差，可将原始输入特征空间的信息投影到由少数潜在变量组成的信息空间，新的潜在变量空间包含了与原始输入和输出数据均相关的重要信息，在本质上是具有线性结构的多层回归模型。实际上，线性潜结构映射算法的层数即潜在变量的数量。线性潜结构映射算法如表 4.1 所示。

表 4.1 线性潜结构映射算法

给定输入矩阵 $\boldsymbol{X}$ 和输出矩阵 $\boldsymbol{Y}$
1. 标准化矩阵 $\boldsymbol{X}$ 和 $\boldsymbol{Y}$ 的均值为 0 方差为 1；
2. 令 $\boldsymbol{E}_0=\boldsymbol{X}, \boldsymbol{F}_0=\boldsymbol{Y}$ 和 $h=1$；
3. 对于每个潜在变量 h，令 $u_h=y_{j_q}$，y_{j_q} 取 $\boldsymbol{F}_{h-1}$ 中的某一个值；
4. 计算矩阵 $\boldsymbol{X}$ 的权重向量：$\boldsymbol{w}_h^{\mathrm{T}}=\boldsymbol{u}_h^{\mathrm{T}}\boldsymbol{E}_{h-1}/(u_h^{\mathrm{T}}u_h)$；标准化 $\boldsymbol{w}_h$：$\boldsymbol{w}_h=\boldsymbol{w}_h/\Vert\boldsymbol{w}_h\Vert$；
5. 计算矩阵 $\boldsymbol{X}$ 的得分向量：$\boldsymbol{t}_h=\boldsymbol{E}_{h-1}\boldsymbol{w}_h$；
6. 计算 $\boldsymbol{Y}$ 的载荷向量：$\boldsymbol{q}_h^{\mathrm{T}}=\boldsymbol{t}_h^{\mathrm{T}}\boldsymbol{F}_{h-1}/(\boldsymbol{t}_h^{\mathrm{T}}\boldsymbol{t}_h)$，标准化 $\boldsymbol{q}_h$：$\boldsymbol{q}_h=\boldsymbol{q}_h/\Vert\boldsymbol{q}_h\Vert$；
7. 计算矩阵 $\boldsymbol{Y}$ 的得分向量：$\boldsymbol{u}_h=\boldsymbol{F}_{h-1}\boldsymbol{q}_h$；
8. 重复步骤 3～步骤 6 直至收敛。比较步骤 5 中的 $\boldsymbol{t}_h$ 与上次循环中的值，如相等或误差在某一范围内，转至步骤 9，否则转至步骤 4；
9. 计算矩阵 $\boldsymbol{X}$ 的载荷矩阵：$\boldsymbol{p}_h^{\mathrm{T}}=\boldsymbol{t}_h^{\mathrm{T}}\boldsymbol{E}_{h-1}/(\boldsymbol{t}_h^{\mathrm{T}}\boldsymbol{t}_h)$，进行标准化：$\boldsymbol{p}_h=\boldsymbol{p}_h/\Vert\boldsymbol{p}_h\Vert$，$\boldsymbol{t}_h=\boldsymbol{t}_h\Vert\boldsymbol{p}_h\Vert$，$\boldsymbol{w}_h=\boldsymbol{w}_h\Vert\boldsymbol{p}_h\Vert$；
10. 计算回归系数：$\boldsymbol{b}_h^{\mathrm{T}}=\boldsymbol{u}_h^{\mathrm{T}}\boldsymbol{t}_{h-1}/(\boldsymbol{t}_h^{\mathrm{T}}\boldsymbol{t}_h)$；
11. 计算潜变量 h 的残差：$\boldsymbol{E}_h=\boldsymbol{E}_{h-1}-\boldsymbol{t}_h\boldsymbol{p}_h^{\mathrm{T}}$，$\boldsymbol{F}_h=\boldsymbol{F}_{h-1}-b_h\boldsymbol{t}_h\boldsymbol{q}_h^{\mathrm{T}}$；
12. 令 $h=h+1$，返回步骤 3 直至所有潜在变量计算完毕。

由表 4.1 可知，线性潜结构映射算法的外部模型用于提取与输入、输出空间均相关的潜在变量，内部模型通过这些潜在变量构建回归模型，最终的回归模型可用下式表示：

$$\begin{cases}\hat{\boldsymbol{Y}}=\boldsymbol{X}\boldsymbol{B}+\boldsymbol{G}\\ \boldsymbol{B}=\boldsymbol{X}^{\mathrm{T}}\boldsymbol{U}(\boldsymbol{T}^{\mathrm{T}}\boldsymbol{X}\boldsymbol{X}^{\mathrm{T}}\boldsymbol{U})^{-1}\boldsymbol{T}^{\mathrm{T}}\end{cases} \tag{4.3}$$

其中，$\boldsymbol{G}$ 是未建模动态。

进一步，将由用于 DXN 排放浓度建模的输入、输出数据 $\{\boldsymbol{X},\boldsymbol{y}\}$ 构建的线性潜结构映射模型表示为$\{\boldsymbol{T},\boldsymbol{W},\boldsymbol{P},\boldsymbol{B},\boldsymbol{Q}\}$：

$$\{\boldsymbol{X},\boldsymbol{y}\} \longrightarrow \{\boldsymbol{T},\boldsymbol{W},\boldsymbol{P},\boldsymbol{B},\boldsymbol{Q}\} \tag{4.4}$$

其中，$\boldsymbol{T}=[\boldsymbol{t}_1,\cdots,\boldsymbol{t}_h,\cdots,\boldsymbol{t}_H]$，$\boldsymbol{W}=[\boldsymbol{w}_1,\cdots,\boldsymbol{w}_h,\cdots,\boldsymbol{w}_H]$，$\boldsymbol{P}=[\boldsymbol{p}_1,\cdots,\boldsymbol{p}_h,\cdots,\boldsymbol{p}_H]$，$\boldsymbol{B}=\mathrm{diag}[\boldsymbol{b}_1,\cdots,\boldsymbol{b}_h,\cdots,\boldsymbol{b}_H]$，$\boldsymbol{Q}=[\boldsymbol{q}_1,\cdots,\boldsymbol{q}_h,\cdots,\boldsymbol{q}_H]$，$H$ 为全部潜在变量的数量。

VIP 指标可表征每个输入特征变量对潜结构映射模型的影响，其中第 m 个输入特征变量的 VIP_m 计算公式如下：

$$\mathrm{VIP}_m=\sqrt{\frac{\sum_{h=1}^{H} w_{mh}^2 \cdot (\boldsymbol{b}_h^2 \boldsymbol{t}_h^{\mathrm{T}} \boldsymbol{t}_h) \cdot M}{\boldsymbol{b}_h^2 \boldsymbol{T}^{\mathrm{T}} \boldsymbol{T} \cdot H}} \tag{4.5}$$

其中，M 为全部输入特征的数量，H 为全部潜在变量的数量，w_{mh} 是在第 h 个潜在变量中的第 m 个输入特征变量的权重，即存在

$$\boldsymbol{w}_h=[w_{1h},\cdots,w_{mh},\cdots,w_{Mh}] \tag{4.6}$$

根据 VIP 从大到小对所有输入特征变量排序，并将排序后的特征变量依次标记为$[x_1,\cdots,x_{p^*},\cdots,x_{P^*}]$，其中，$P^*$ 表示排序后的最后一个输入特征的编号，其值等于 P。

根据专家经验设定输入特征选择比率 ρ_{FeSel}，根据下式确定所选择的输入特征数量：

$$P_{\mathrm{sel}}=f_{\mathrm{int}}(P^* \cdot \rho_{\mathrm{FeSel}}) \tag{4.7}$$

其中，$0<\rho_{\mathrm{FeSel}}\leqslant 1$，$f_{\mathrm{int}}(\cdot)=\lfloor \cdot \rfloor$表示取整函数。

取排序后的输入特征变量$[x_1,\cdots,x_{p^*},\cdots,x_{P^*}]$的前 P_{sel} 个作为所选择的输入特征变量，并标记为

$$\boldsymbol{x}_{\mathrm{sel}}=[x_1,\cdots,x_{p^*},\cdots,x_{P_{\mathrm{sel}}}] \tag{4.8}$$

用于输入特征选择的模型最终可表示为 $f_{\mathrm{FeSel}}(\cdot)$，存在

$$\boldsymbol{X}_{\mathrm{sel}}=\{(\boldsymbol{x}_{\mathrm{sel}})_n\}_{n=1}^{N}=f_{\mathrm{FeSel}}(\{\boldsymbol{x}_n\}_{n=1}^{N},\mathrm{VIP},\rho_{\mathrm{FeSel}}) \tag{4.9}$$

其中，$\boldsymbol{X}_{\mathrm{sel}}\in \mathbf{R}^{N\times P_{\mathrm{sel}}}$。

此处，将经特征选择后的建模样本记为$\{\boldsymbol{X}_{\mathrm{sel}},y\}=\{(\boldsymbol{x}_{\mathrm{sel}},y)_n\}_{n=1}^{N}$。

4.3.3　基于训练样本构造策略的 SEN 软测量模型

(1) 训练子集构造

基于“训练样本采样”的方式从原始训练样本$\{(\boldsymbol{x}_{\mathrm{sel}},y)_n\}_{n=1}^{N}$ 中产生数量为预设定值 J 的训练样本子集，该过程可表示为

$$\begin{cases}\{(\boldsymbol{x}_{\mathrm{sel}},y)_n\}_{n=1}^{N}\\ J\end{cases}\Rightarrow\begin{cases}\{(\boldsymbol{x}_{\mathrm{sel}}^1,y^1)_n\}_{n=1}^{N}=\{\boldsymbol{X}_{\mathrm{sel}}^1,\boldsymbol{y}^1\}\\ \vdots\\ \{(\boldsymbol{x}_{\mathrm{sel}}^j,y^j)_n\}_{n=1}^{N}=\{\boldsymbol{X}_{\mathrm{sel}}^j,\boldsymbol{y}^j\}\\ \vdots\\ \{(\boldsymbol{x}_{\mathrm{sel}}^J,y^J)_n\}_{n=1}^{N}=\{\boldsymbol{X}_{\mathrm{sel}}^J,\boldsymbol{y}^J\}\end{cases} \tag{4.10}$$

其中,$\{\boldsymbol{X}_{\text{sel}}^{j},\boldsymbol{y}^{j}\}$表示第 j 个训练样本子集,$j=1,2,\cdots,J$;J 表示预设定的全部训练子集的数量,同时也是候选子模型的数量。

(2) 候选子模型构建

针对 DXN 的"生成-吸附-排放"过程所固有的非线性特性,此处采用核潜结构映射算法构建基于训练样本子集的 DXN 排放浓度候选子模型。

核潜结构映射算法首先将输入数据非线性映射到高维特征空间,然后在该特征空间上执行线性潜结构映射算法,最后获得原始输入特征变量的非线性模型。

由于核参数难以自适应选择,此处给定根据先验知识选择的 L 个候选核参数,并将其记为$\{k_{\text{er}}^{\ell}\}_{\ell}^{L}$。为控制软测量模型的复杂度,此处基于经验选择候选子模型的结构参数,即核潜在变量(KLV)的数量,并将其标记为 H_{KLV}。

此处以第 j 个训练样本子集$\{\boldsymbol{X}_{\text{sel}}^{j},\boldsymbol{y}^{j}\}$为例,描述子模型的构建过程。

首先,将输入数据 $\boldsymbol{X}_{\text{sel}}^{j}$ 基于第 ℓ 个核参数 k_{er}^{ℓ} 映射至高维空间,将得到的核矩阵标记为 $\boldsymbol{K}^{\ell j}$,并按照下式进行标定:

$$\widetilde{\boldsymbol{K}}^{\ell j}=\left(\boldsymbol{I}-\frac{1}{N}\boldsymbol{1}_{N}\boldsymbol{1}_{N}^{\mathrm{T}}\right)\boldsymbol{K}^{\ell j}\left(\boldsymbol{I}-\frac{1}{k}\boldsymbol{1}_{N}\boldsymbol{1}_{N}^{\mathrm{T}}\right) \tag{4.11}$$

其中,$\boldsymbol{I}$ 是 N 维的单位矩阵;$\boldsymbol{1}_{N}$ 是值为 1、长度为 N 的向量。

通过表 4.2 所示的核潜结构映射算法提取全部数量的核潜在变量。

表 4.2 基于 k_{er}^{ℓ}、H_{KLV} 和$\{\boldsymbol{X}_{\text{sel}}^{j},\boldsymbol{y}^{j}\}$构建的核潜结构映射算法候选子模型

记 H_{KLV} 为可获得的全部核潜在变量的数量

重复 $h_{\text{KLV}}=1$ 到 H_{KLV}

1. 令 $h_{\text{KLV}}=1$,$\widetilde{\boldsymbol{K}}_{h_{\text{KLV}}}^{\ell j}=\widetilde{\boldsymbol{K}}^{\ell j}$,$\boldsymbol{y}_{h_{\text{KLV}}}^{j}=\boldsymbol{y}^{j}$;
2. 随机初始化 $\boldsymbol{u}'_{h_{\text{KLV}}}$ 等于 $\boldsymbol{y}_{h_{\text{KLV}}}^{j}$ 中的任何一列;
3. 计算得分向量:$\boldsymbol{t}'_{h_{\text{KLV}}}=\widetilde{\boldsymbol{K}}_{h_{\text{KLV}}}^{\ell j}\boldsymbol{u}'_{h_{\text{KLV}}}$,$\boldsymbol{t}'_{h_{\text{KLV}}}\leftarrow\boldsymbol{t}'_{h_{\text{KLV}}}/\|\boldsymbol{t}'_{h_{\text{KLV}}}\|$;
4. 计算载荷向量:$\boldsymbol{c}'_{h_{\text{KLV}}}=(\boldsymbol{y}_{h_{\text{KLV}}}^{j})^{\mathrm{T}}\boldsymbol{t}'_{h_{\text{KLV}}}$;
5. 计算得分向量:$\boldsymbol{u}'_{h_{\text{KLV}}}=\boldsymbol{y}_{h_{\text{KLV}}}^{j}\boldsymbol{c}'_{h_{\text{KLV}}}$,$\boldsymbol{c}'_{h_{\text{KLV}}}\leftarrow\boldsymbol{c}'_{h_{\text{KLV}}}/\|\boldsymbol{c}'_{h_{\text{KLV}}}\|$;
6. 如果 $\boldsymbol{t}'_{h_{\text{KLV}}}$ 收敛,转到步骤 7;否则转到步骤 3;
7. 按下式计算残差:
   $\widetilde{\boldsymbol{K}}_{h_{\text{KLV}}}^{\ell j}\leftarrow(\boldsymbol{I}-\boldsymbol{t}'_{h_{\text{KLV}}}(\boldsymbol{t}'_{h_{\text{KLV}}})^{\mathrm{T}})\widetilde{\boldsymbol{K}}_{h_{\text{KLV}}}^{\ell j}(\boldsymbol{I}-\boldsymbol{t}'_{h_{\text{KLV}}}(\boldsymbol{t}'_{h_{\text{KLV}}})^{\mathrm{T}})$,$\boldsymbol{y}_{h_{\text{KLV}}}^{j}\leftarrow\boldsymbol{y}_{h_{\text{KLV}}}^{j}-\boldsymbol{t}'_{h_{\text{KLV}}}(\boldsymbol{t}'_{h_{\text{KLV}}})^{\mathrm{T}}\boldsymbol{y}_{h_{\text{KLV}}}^{j}$;
8. 令 $h_{\text{KLV}}=h_{\text{KLV}}+1$,当 $h_{\text{KLV}}\geqslant H_{\text{KLV}}$ 时终止;否则转到步骤 2。

采用上述建模算法,基于核参数 k_{er}^{ℓ} 构建候选子模型的过程可表示为

$$\begin{cases}\{\boldsymbol{X}_{\text{sel}}^{j},y^{j}\}_{j=1}^{J}\\ k_{\text{er}}^{\ell} & \Rightarrow\{f_{\text{can}}^{\ell j}(\cdot)\}_{j=1}^{J}=S_{\text{can}}^{\ell}\\ H_{\text{KLV}}\end{cases}\tag{4.12}$$

其中，$f_{\text{can}}^{\ell j}(\cdot)$表示基于核参数 k_{er}^{ℓ} 构建的第 j 个候选子模型，S_{can}^{ℓ} 表示基于核参数 k_{er}^{ℓ} 构建的 J 个候选子模型的集合。

原始训练样本基于候选子模型 $f_{\text{can}}^{\ell j}(\cdot)$的输出为

$$\hat{\boldsymbol{y}}^{j}=\widetilde{\boldsymbol{K}}^{\ell}\boldsymbol{U}'(\boldsymbol{T}'^{\text{T}}\widetilde{\boldsymbol{K}}^{\ell j}\boldsymbol{U}')^{-1}\boldsymbol{T}'^{\text{T}}\boldsymbol{y}^{j}\tag{4.13}$$

其中，$\boldsymbol{U}'=[\boldsymbol{u}_1',\cdots,\boldsymbol{u}_{h_{\text{KLV}}}',\cdots,\boldsymbol{u}_{H_{\text{KLV}}}']$，$\boldsymbol{T}'=[\boldsymbol{t}_1',\cdots,\boldsymbol{t}_{h_{\text{KLV}}}',\cdots,\boldsymbol{t}_{H_{\text{KLV}}}']$，有

$$\widetilde{\boldsymbol{K}}^{\ell}=\left(\boldsymbol{K}^{\ell}\boldsymbol{I}-\frac{1}{N}\boldsymbol{1}_N\boldsymbol{1}_N^{\text{T}}\widetilde{\boldsymbol{K}}^{\ell j}\right)\left(\boldsymbol{I}-\frac{1}{N}\boldsymbol{1}_N\boldsymbol{1}_N^{\text{T}}\right)\tag{4.14}$$

其中，$\widetilde{\boldsymbol{K}}^{\ell}$ 为采用核参数 k_{er}^{ℓ} 时的原始训练样本的核矩阵。

(3) 候选子模型评价

集成上述基于核参数 k_{er}^{ℓ} 的全部 J 个候选子模型获得集成模型，相应的第 n 个样本的输出可表示为

$$\bar{f}_{\text{EnAll}}^{\ell}(\boldsymbol{x}_{\text{sel}}^{n})=\sum_{j=1}^{J}w_j^{\ell}f_{\text{can}}^{\ell j}(\boldsymbol{x}_{\text{sel}}^{n})\tag{4.15}$$

其中，w_j^{ℓ} 是基于核参数 k_{er}^{ℓ} 的第 j 个集成子模型的理想权重。

候选子模型和集成模型的学习误差用下式计算：

$$E_j^{\ell}=\frac{1}{N}\sum_{n=1}^{N}(f_{\text{can}}^{\ell j}(\boldsymbol{x}_{\text{sel}}^{n})-y^{n})^2\tag{4.16}$$

$$E_{\text{En}}^{\ell}=\frac{1}{N}\sum_{n=1}^{N}(f_{\text{EnALL}}(\boldsymbol{x}_{\text{sel}}^{n})-y^{n})^2\tag{4.17}$$

定义候选子模型输出 $f_{\text{can}}^{\ell j}(x_{\text{sel}}^{n})$偏离真值的偏差为偏差函数，记 $m_{\text{can}}^{\ell j}(\boldsymbol{x}_{\text{sel}}^{n})\equiv y^{n}-f_{\text{can}}^{\ell j}(\boldsymbol{x}_{\text{sel}}^{n})$，均方误差(MSE)可写为 $\text{MSE}[f_{\text{can}}^{\ell j}]=E[(m_{\text{can}}^{\ell j})^2]$。

进一步，式(4.17)可改写为

$$\bar{f}_{\text{EnAll}}^{\ell}(\boldsymbol{x}_{\text{sel}}^{n})=\sum_{j=1}^{J}w_j^{\ell}f_{\text{can}}^{\ell j}(\boldsymbol{x}_{\text{sel}}^{n})=y^{n}+\sum_{j=1}^{J}w_j^{\ell}m_{\text{can}}^{\ell j}(\boldsymbol{x}_{\text{sel}}^{n})\tag{4.18}$$

定义集成子模型误差函数之间的对称相关系数矩阵 $\boldsymbol{C}_{js}^{\ell}=E[m_{\text{can}}^{\ell j}m_{\text{can}}^{\ell s}]$，其中 $s=1,2,\cdots,J$ 。

通过最小化目标函数 $\bar{f}_{\text{EnAll}}^{\ell}(\boldsymbol{x}_{\text{sel}}^{n})$可以求得优化权重向量，即

$$\boldsymbol{w}_{\text{opt}}^{\ell}=\operatorname{argmin}(\text{MSE}[\bar{f}_{\text{EnAll}}^{\ell}(\boldsymbol{x}_{\text{sel}}^{n})])=\operatorname{argmin}\left(\sum_{j,s}w_j^{\ell}w_s^{\ell}\boldsymbol{C}_{js}^{\ell}\right)\tag{4.19}$$

通过简化约束 $\sum_{j=1}^{J}w_j^{\ell}=1$，采用拉格朗日乘子法求解上式，并将求解得到的优化理想权重向量 $\boldsymbol{w}_{\text{opt}}^{\ell}=\{w_{\text{opt},j^*}^{\ell}\}_{j^*=1}^{J}$ 中的第 j^* 个优化理想权重记为 $w_{\text{opt},j^*}^{\ell}$。

上述解析方法的缺点是需要求解误差函数相关系数矩阵的逆。由于不同集成子模型之间存在相关性，为了避免求逆过程的不稳定，采用智能优化算法进行求解，相应的简单描述为，首先对每个候选子模型赋予随机权重向量，然后采用遗传算法对这些权重进行优化，目标是使集成模型的适应度(预测性能)最佳，进而获得每个候选子模型的优化权重向量$\{w^{\ell}_{\text{opt},j^*}\}^{J}_{j^*}=1$。

(4) 集成子模型选择

为简化模型结构，针对基于核参数k^{ℓ}_{er}的全部候选子模型，选择优化理想权重大于ρ_{subSel}的候选子模型作为集成子模型，其数量记为J^{ℓ}_{sel}，即集成模型尺寸为J^{ℓ}_{sel}。

第j^{ℓ}_{sel}个集成子模型的输出为

$$\hat{\boldsymbol{y}}^{j^{\ell}_{\text{sel}}}=f^{j^{\ell}_{\text{sel}}}_{\text{sel}}(\boldsymbol{X}^{\text{sel}}) \tag{4.20}$$

其中，$j^{\ell}_{\text{sel}}=1,2,\cdots,J^{\ell}_{\text{sel}}$。$J^{\ell}_{\text{sel}}$为采用核参数$k^{\ell}_{\text{er}}$时所选择的集成子模型数量，同时也是基于核参数$k^{\ell}_{\text{er}}$的选择性集成模型的集成尺寸。

进一步，全部集成子模型的输出可表示为

$$\hat{\boldsymbol{Y}}^{\ell}=[\hat{\boldsymbol{y}}^{1^{\ell}_{\text{sel}}},\cdots,\hat{\boldsymbol{y}}^{j^{\ell}_{\text{sel}}},\cdots,\hat{\boldsymbol{y}}^{J^{\ell}_{\text{sel}}}] \tag{4.21}$$

同时，将全部集成子模型$S^{J^{\ell}_{\text{sel}}}$表示为

$$S^{J^{\ell}_{\text{sel}}}_{\text{sel}}=\{f^{j^{\ell}_{\text{sel}}}_{\text{sel}}(\cdot)\}^{J^{\ell}_{\text{sel}}}_{j^{\ell}_{\text{sel}}=1} \tag{4.22}$$

由此可知，集成子模型和候选子模型间的关系可表示为$S^{J^{\ell}_{\text{sel}}}_{\text{sel}}\in S^{\ell}_{\text{can}}$。

(5) 集成子模型合并

基于核参数k^{ℓ}_{er}的选择性集成模型$f^{J^{\ell}_{\text{sel}}}_{\text{SEN}}(\cdot)$的输出可采用下式计算：

$$\hat{\boldsymbol{y}}^{\ell}=f^{J^{\ell}_{\text{sel}}}_{\text{SEN}}(\cdot)=\sum_{j^{\ell}_{\text{sel}}=1}^{J_{\text{sel}}}w^{j^{\ell}_{\text{sel}}}\hat{\boldsymbol{y}}^{j^{\ell}_{\text{sel}}} \tag{4.23}$$

其中，$w^{j^{\ell}_{\text{sel}}}$为采用核参数$k^{\ell}_{\text{er}}$时第$j^{\ell}_{\text{sel}}$个集成子模型的加权系数。

进一步，基于变量m_{SubCom}确定基于核参数k^{ℓ}_{er}的集成子模型$\{f^{j^{\ell}_{\text{sel}}}_{\text{sel}}(\cdot)\}^{J^{\ell}_{\text{sel}}}_{j^{\ell}_{\text{sel}}=1}$的加权方法，具体如下：

1) 当$m_{\text{SubCom}}=1$时，采用自适应加权融合方法。

权重采用

$$w^{j^{\ell}_{\text{sel}}}=\frac{1}{(\sigma^{j^{\ell}_{\text{sel}}})^2\sum\limits_{j^{\ell}_{\text{sel}}=1}^{J^{\ell}_{\text{sel}}}\frac{1}{(\sigma^{j^{\ell}_{\text{sel}}})^2}} \tag{4.24}$$

其中，$\sigma^{j^{\ell}_{\text{sel}}}$是基于核参数$k^{\ell}_{\text{er}}$的集成子模型$f^{j^{\ell}_{\text{sel}}}_{\text{sel}}(\cdot)$的输出$\hat{\boldsymbol{y}}^{j^{\ell}_{\text{sel}}}$的标准差。

2）当 $m_{\text{SubCom}}=2$ 时，采用误差信息熵加权方法。

权重采用

$$w^{j_{\text{sel}}^{\ell}}=\frac{1}{J_{\text{sel}}^{\ell}-1}\left(1-(1-E^{j_{\text{sel}}^{\ell}})\Big/\sum_{j_{\text{sel}}^{\ell}=1}^{J_{\text{sel}}^{\ell}}(1-E^{j_{\text{sel}}^{\ell}})\right) \tag{4.25}$$

其中，

$$E^{j_{\text{sel}}^{\ell}}=\frac{1}{\ln N}\sum_{n=1}^{N}\left((e^{j_{\text{sel}}^{\ell}})^{n}\Big/\sum_{n=1}^{N}(e^{j_{\text{sel}}^{\ell}})^{n}\right)\ln\left((e^{j_{\text{sel}}^{\ell}})^{n}\Big/\sum_{n=1}^{N}(e^{j_{\text{sel}}^{\ell}})^{n}\right) \tag{4.26}$$

$$(e^{j_{\text{sel}}^{\ell}})^{n}=\begin{cases}((\hat{y}^{j_{\text{sel}}^{\ell}})^{n}-y^{n})/y^{n}, & 0\leqslant|((\hat{y}^{j_{\text{sel}}^{\ell}})^{n}-y^{n})/y^{n}|<1\\ 1, & 1\leqslant|((\hat{y}^{j_{\text{sel}}^{\ell}})^{n}-y^{n})/y^{n}|\end{cases} \tag{4.27}$$

其中，$(\hat{y}^{j_{\text{sel}}^{\ell}})^{n}$ 表示基于第 j_{sel}^{ℓ} 个集成子模型对第 n 个样本的测量输出，$(e^{j_{\text{sel}}^{\ell}})^{n}$ 表示预处理后的第 n 个样本的相对测量误差，$E^{j_{\text{sel}}^{\ell}}$ 表示针对第 j_{sel}^{ℓ} 个集成子模型的测量误差信息熵。

3）当 $m_{\text{SubCom}}=3$ 时，采用各种线性、非线性回归方法。

权重可表示为

$$\boldsymbol{w}^{\ell}=\{w^{j_{\text{sel}}^{\ell}}\}_{j_{\text{sel}}^{\ell}=1}^{J_{\text{sel}}^{\ell}}=f_{\text{weight}}(\hat{\boldsymbol{Y}}^{\ell},\boldsymbol{y}) \tag{4.28}$$

其中，$f_{\text{weight}}(\cdot)$表示用于计算全部加权系数 $\boldsymbol{w}^{\ell}=\{w^{j_{\text{sel}}^{\ell}}\}_{j_{\text{sel}}^{\ell}=1}^{J_{\text{sel}}^{\ell}}$ 的函数，其在本章也同时表示基于核参数 k_{er}^{ℓ} 的集成子模型测量输出 $\hat{\boldsymbol{Y}}^{\ell}$ 与真值 $\boldsymbol{y}$ 之间的映射关系。

（6）软测量模型选择

重复上述过程，构建基于全部候选核参数$\{k_{\text{er}}^{\ell}\}_{\ell}^{L}$ 的全部选择性集成模型，并记作$\{f_{\text{SEN}}^{J_{\text{sel}}^{\ell}}(\cdot)\}_{\ell=1}^{L}$。自适应地选择具有最优泛化性能的选择性集成模型作为最终的软测量模型 $f_{\text{SEN}}(\cdot)$，即采用

$$\hat{\boldsymbol{y}}=f_{\text{SEN}}(\hat{\boldsymbol{y}}^{1},\cdots,\hat{\boldsymbol{y}}^{\ell},\cdots,\hat{\boldsymbol{y}}^{L})$$
$$\text{s. t.}\begin{cases}\min\{\{\text{RMSE}(\hat{\boldsymbol{y}}^{\ell})\}_{\ell=1}^{L}\}\\ \text{RMSE}(\hat{\boldsymbol{y}}^{\ell})=\sqrt{\dfrac{1}{N}\displaystyle\sum_{n=1}^{N}((\hat{y}^{\ell})^{n}-y^{n})^{2}}\\ \hat{\boldsymbol{y}}^{\ell}=\{(\hat{y}^{\ell})^{n}\}_{n=1}^{N}=f_{\text{SEN}}^{J_{\text{sel}}^{\ell}}(\boldsymbol{X}_{\text{sel}})\end{cases} \tag{4.29}$$

其中，$\text{RMSE}(\hat{\boldsymbol{y}}^{\ell})$表示基于核参数 k_{er}^{ℓ} 的选择性集成模型 $f_{\text{SEN}}^{J_{\text{sel}}^{\ell}}(\cdot)$测量输出的均方根误差，$(\hat{y}^{\ell})^{n}$ 表示基于核参数 k_{er}^{ℓ} 的选择性集成模型 $f_{\text{SEN}}^{J_{\text{sel}}^{\ell}}(\cdot)$对第 n 个样本的预测输出。

上述基于训练样本构造策略的 SEN 软测量模型构建过程如图 4.2 所示。

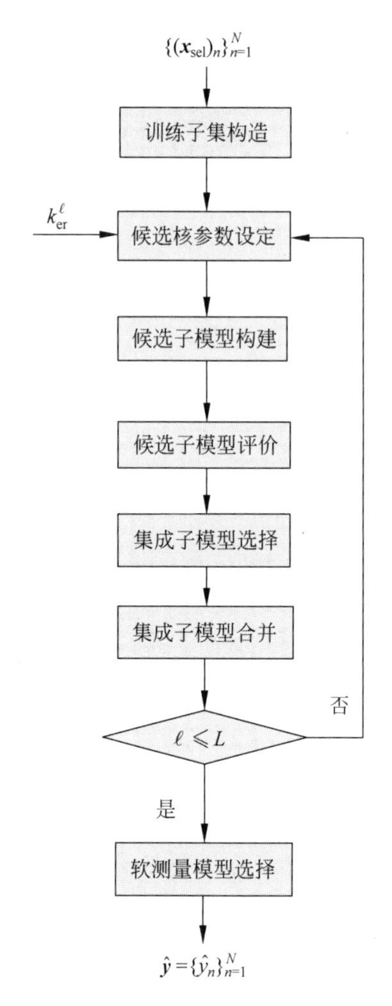

图 4.2　基于训练样本构造策略的 SEN 软测量模型构建过程

4.4　实验验证

4.4.1　国外文献 DXN 数据集

4.4.1.1　数据描述

利用文献[4]和文献[5]中的水冷壁焚化炉数据构建 DXN 排放浓度软测量模型。建模数据的输入包括①蒸汽负荷(tone/h)；②烟气中 H_2O 含量(%)；③烟道温度(℃)；④烟气流量(Nm^3/min)；⑤CO 浓度(0.0001%)；⑥HCl 浓度(0.0001%)；⑦PM 浓度(mg/Nm^3)；⑧燃烧室上方温度(℃)；其输出是 DXN 的浓度(ng/Nm^3)。

此处,将全部 28 个样本数量的 70%和 30%分别作为建模数据和测试数据。

4.4.1.2　实验结果

首先,基于训练数据构建 PLS 模型,全部 8 个潜在变量的方差贡献率如表 4.3 所示。

表 4.3　国外文献 DXN 数据集基于 PLS 模型的方差贡献率统计表

潜在变量编号	输入数据		输出数据	
	贡献率/%	累积贡献率/%	贡献率/%	累积贡献率/%
1	64.42	64.42	30.26	30.26
2	14.04	78.46	31.02	61.28
3	10.87	89.34	12.89	74.17
4	4.99	94.33	1.40	75.57
5	2.20	96.53	0.57	76.14
6	2.98	99.50	0.29	76.43
7	0.43	99.93	0.57	77.00
8	0.07	100.00	0.09	77.08

如表 4.3 所示,全部 8 个潜在变量所提取的输入和输出数据的累积贡献率分别为 100%和 77.08%,表明该文献中所选择的 DXN 输入特征是合理的。

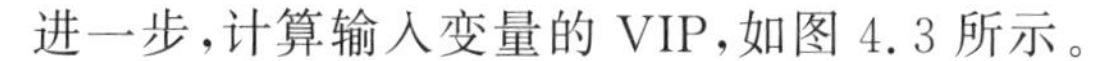

进一步,计算输入变量的 VIP,如图 4.3 所示。

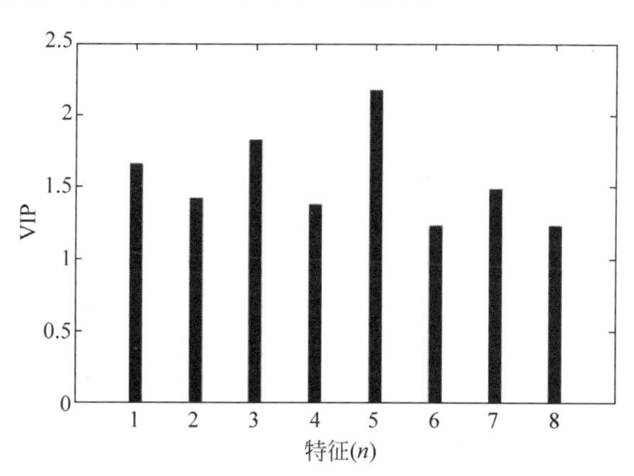

图 4.3　国外文献 DXN 数据集的输入变量 VIP

图 4.3 表明,全部 8 个变量的 VIP 都大于 1,其中第 5 个输入特征(CO 浓度)具有最大的 VIP,按 VIP 排序为 5(CO 浓度)、3(烟道温度)、1(蒸汽负荷)、7(PM 浓度)、2(烟气中 H_2O 含量)、4(烟气流量)、8(燃烧室上方温度)、6(燃烧室上方温度)。

此处,设定 $J=20$、$\rho_{\text{SubSel}}=0.05$、$m_{\text{SubCom}}=1$ 和 $\{k_{\text{er}}^{\ell}\}_{\ell}^{L}=[0.1,0.3,0.5,0.7,$

0.9,1,3,5,7,9,10,30,50,70,100,300,500,700,900,1000]。在候选子模型构建阶段,采用遗传算法工具箱确定不同候选子模型的优化理想权重。同时,考虑到遗传算法存在的随机性,基于每个候选参数的候选子模型均运行20次,进行最大值、最小值和平均值的统计。

因为 ρ_{FeSel} 和 ρ_{KLV} 是影响软测量模型的输入特征和候选子模型结构的关键参数,采用网格寻优法分析这两个参数与模型泛化性能的关系。结合图4.3可知,本章在 ρ_{FeSel} 的取值为1.0、0.8、0.6、0.4和0.2时所对应的输入特征分别为{5(CO浓度),3(烟道温度),1(蒸汽负荷),7(PM浓度),2(烟气中 H_2O 含量),4(烟气流量),8(燃烧室上方温度),6(燃烧室上方温度)}、{5(CO浓度),3(烟道温度),1(蒸汽负荷),7(PM浓度),2(烟气中 H_2O 含量),4(烟气流量)}、{5(CO浓度),3(烟道温度),1(蒸汽负荷)}、{5(CO浓度),3(烟道温度)}、{5(CO浓度)}。

设定 ρ_{KLV} 的取值范围为1~10,其值大于输入变量个数的原因是采用核技术后扩展了输入变量的维数。ρ_{FeSel} 和 ρ_{KLV} 两个参数与模型预测性能的关系如图4.4所示。

由图4.4可知,针对训练数据,采用全部8个输入特征($\rho_{FeSel}=1$)时的预测性能稍弱于采用6个输入特征($\rho_{FeSel}=0.8$)时;针对测试数据,采用全部输入特征且在核潜在变量为7时得到了最佳预测性能。可见,适当选择 ρ_{FeSel} 和 ρ_{KLV} 是非常必要的。

需要指出的是,当输入特征较少时,本章方法在测试数据上并未获得较好的预测性能,原因在于采用的建模数据的输入特征数量较少。

因此,本章方法需要结合国内实际MSWI过程的DXN数据进行进一步验证。

4.4.1.3 方法比较

将本章方法与文献[4]和文献[5]、未进行特征约简的PLS/KPLS($\rho_{FeSel}=1$)等方法进行比较,结果如表4.4所示。

表4.4 国外文献DXN数据集同方法的预测误差比较结果

方法		RMSE(训练数据)			RMSE(测试数据)			备注
		最大值	平均值	最小值	最大值	平均值	最小值	
文献[4]		—	110.6	—	—	182.6	—	GP
文献[5]		—	101.2	—	—	79.8	—	LS-SVM
PLS	$\rho_{FeSel}=1$	—	90.91	—	—	155.7	—	LV=3
	$\rho_{FeSel}=0.8$	—	94.85	—	—	161.4	—	LV=3
	$\rho_{FeSel}=0.6$	—	103.2	—	—	128.7	—	LV=3
本章	$\rho_{FeSel}=1$	30.49	23.79	14.57	88.19	78.30	70.98	KLV=7
	$\rho_{FeSel}=0.8$	69.02	61.06	51.62	128.3	110.2	94.96	KLV=4
	$\rho_{FeSel}=0.6$	107.8	98.50	95.27	146.4	109.2	66.43	KLV=5

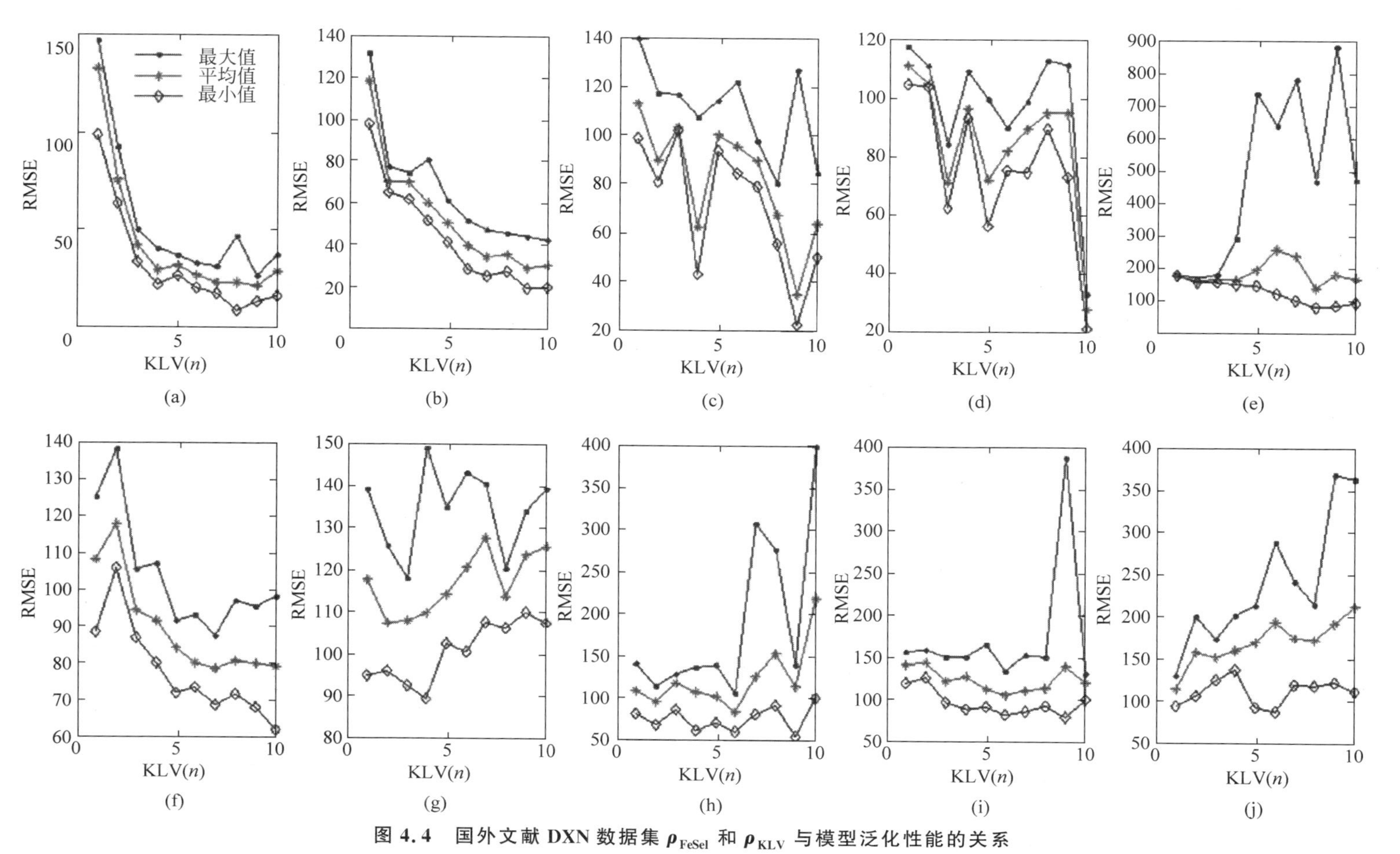

图 4.4　国外文献 DXN 数据集 ρ_{FeSel} 和 ρ_{KLV} 与模型泛化性能的关系

特征选择比为(a) 1.0,(b) 0.8,(c) 0.6,(d) 0.4,(e) 0.2 时的训练数据；特征选择比为(f) 1.0,(g) 0.8,(h) 0.6,(i) 0.4,(j) 0.2 时的测试数据

由表 4.4 可知，本章方法在 $\rho_{FeSel}=1$ 时具有最佳的预测性能，其训练数据和测试数据的 RMSE 平均值分别为 23.79 和 78.30，较文献[4]的 GP 方法和线性 PLS 方法提高了至少 1 倍，证明了 DXN 排放浓度软测量模型所固有的非线性特性。在 $\rho_{FeSel}=0.6$ 时，即当输入特征仅为 4 时，本章方法的预测性能也强于文献[5]的方法，基于测试数据的 RMSE 平均值也远小于 PLS 方法；此外，测试数据的预测范围波动比较大，其 RMSE 最小值为 66.43，表明选择适当的输入特征数量和适合的软测量模型参数非常关键。

上述研究表明，本章方法是有效的。

显然，基于我国 MSWI 厂的 DXN 排放数据构建软测量模型来验证本章方法更具有实际意义。

4.4.2 国内工业 DXN 数据集

4.4.2.1 数据描述

此处建模数据源于北京某基于炉排炉的 MSWI 厂，涵盖了 2012—2018 年所记录的有效 DXN 排放浓度检测样本 34 个，变量维数 287 维(包含 MSWI 过程的全部过程变量)。可见，当输入特征数量远远超过建模样本数量时，进行维数约简是必要的。

4.4.2.2 实验结果

首先，基于训练数据构建 PLS 模型，前 10 个潜在变量的方差贡献率如表 4.5 所示。

表 4.5 国内工业 DXN 数据集基于 PLS 模型的方差贡献率统计表

潜在变量编号	输入数据		输出数据	
	贡献率/%	累积贡献率/%	贡献率/%	累积贡献率/%
1	31.73	31.73	34.33	34.33
2	22.59	54.32	29.85	64.18
3	7.33	61.64	22.23	86.41
4	8.99	70.63	5.49	91.90
5	3.26	73.89	6.32	98.22
6	3.19	77.08	1.58	99.80
7	4.48	81.56	0.14	99.94
8	3.52	85.08	0.04	99.98
9	2.72	87.80	0.02	100.00
10	2.46	90.25	0.00	100.00

如表 4.5 所示，前 10 个潜在变量所提取的输入和输出数据的累积贡献率分别为 90.25%和 100%，表明少量潜在变量能够蕴含建模数据中的多数变化，但难以确定不同变量的贡献率。

进一步，计算全部输入变量的 VIP 如图 4.5 所示。

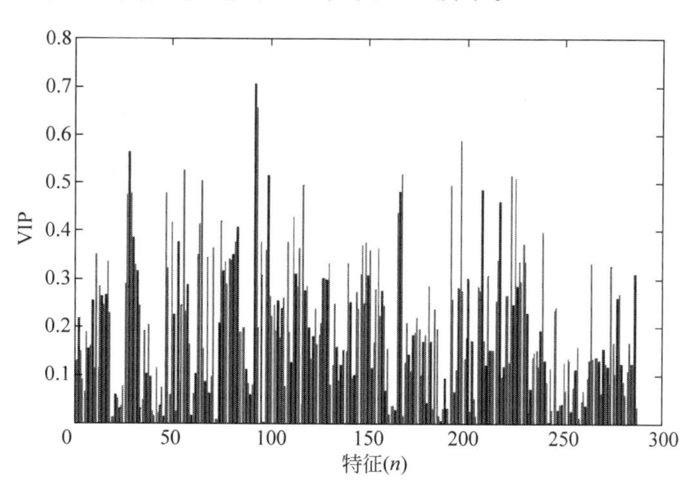

图 4.5　国内工业 DXN 数据集的输入变量 VIP

图 4.5 表明，全部 287 个变量的 VIP 最小值为 0.9230×10^{-4}，平均值为 0.1999，最大值为 0.7051，其 VIP 排在前 10 的过程变量(总过程变量数为 287)是燃烬炉排左侧速度、燃烬炉排右侧速度、汽包炉水电导率、燃烧炉排右空气流量、炉墙左侧外温度、发电机前轴承振动、给水泵出口流量、烟囱排放 CO 浓度、给水泵出口给水压力和二次燃烧室左侧温度，VIP 的范围为 0.7051～0.5034。其中，除汽包炉水电导率和发电机前轴承振动两个变量外，均和 DXN 的生成、吸附和排放过程直接相关，表明本章方法可以有效选择输入特征。

与采用国外文献 DXN 数据构建软测量模型的步骤相同，基于相同的 J、m_{SubCom}、$\{k_{\text{er}}^{\ell}\}_{\ell}^{L}$ 运行 20 次，进行最大值、最小值和平均值的统计，采用网格寻优法分析 ρ_{FeSel} 和 ρ_{KLV} 这两个参数与模型泛化性能间的关系。

结合图 4.5，本章方法在 ρ_{FeSel} 的取值为{0.01，0.03，0.05，0.08，0.1，0.2，0.4，0.6，0.8，1.0}，所对应的输入特征数量为{2，8，14，22，28，57，114，72，229，287}。同时，将 ρ_{KLV} 的取值范围设为 1～12。

ρ_{FeSel} 和 ρ_{KLV} 与模型泛化性能的关系如图 4.6 所示。

由图 4.6 可知，针对训练数据，采用前 28 个 VIP 较大的特征(前 10%的特征)，其在核潜在变量为 9 时具有最佳的 RMSE 平均值；针对测试数据的结果与训练数据类似，全部测试数据在核潜在变量为 1 时具有最佳的泛化性能，其 RMSE 的平均值分别为 0.02563、0.02024、0.02094、0.01891 和 0.01792。

当 $\rho_{\text{FeSel}}=0.1$ 和 $\rho_{\text{KLV}}=1$ 时，核参数与模型泛化性能的关系如图 4.7 所示。由图 4.7 和候选特征集合可知，核参数的合适取值为 300。因此，适当选择模型的输入特征和学习参数是非常必要的。

4.4.2.3　方法比较

将本章方法与基线 PLS/KPLS 方法进行比较，结果如表 4.6 所示。

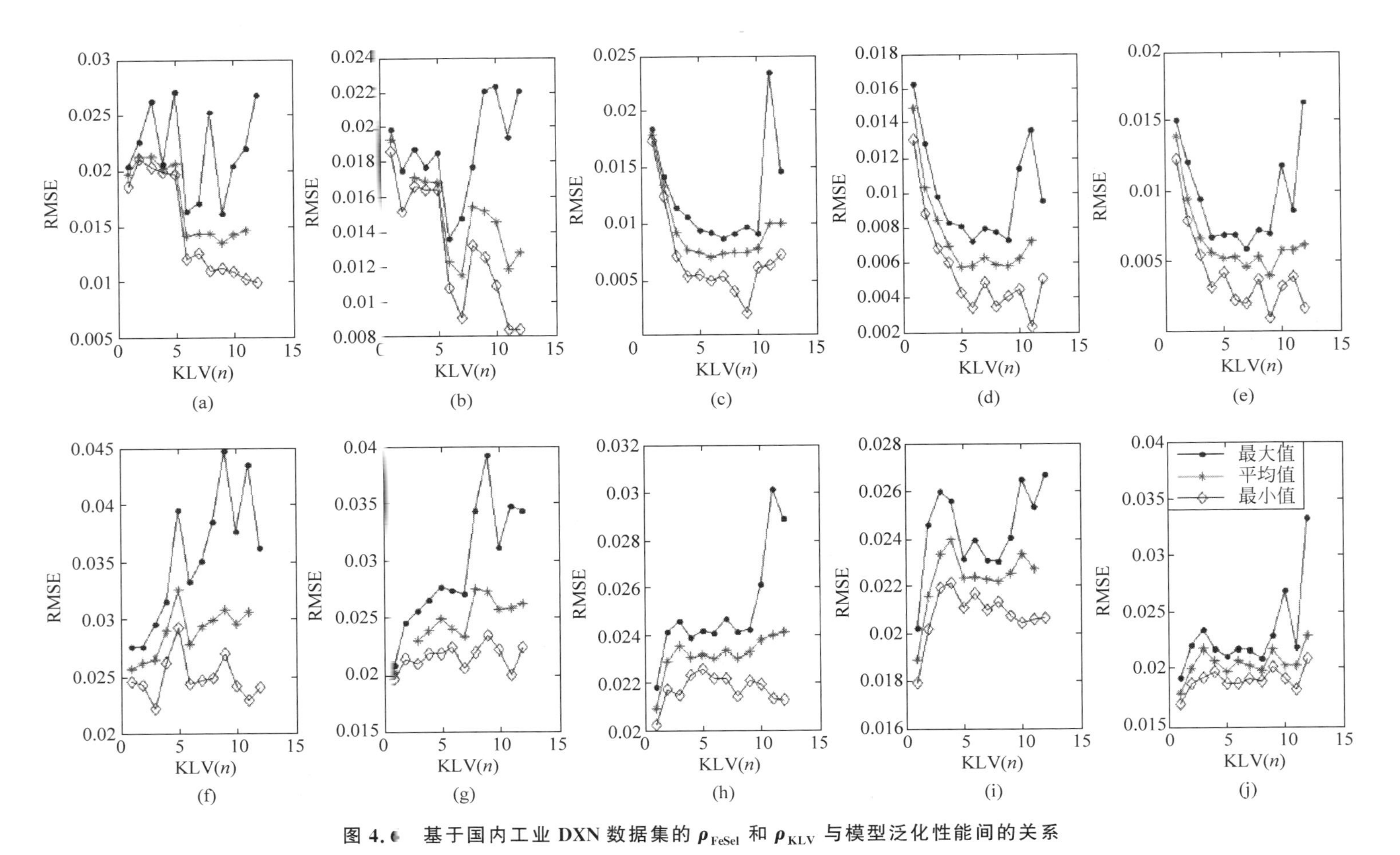

图 4.6　基于国内工业 DXN 数据集的 ρ_{FeSel} 和 ρ_{KLV} 与模型泛化性能间的关系

特征选择比为(a) 0.01,(b) 0.03,(c) 0 05,(d) 0.08,(e) 0.1 时的训练数据；特征选择比为(f) 0.01,(g) 0.03,(h) 0.05,(i) 0.08,(j) 0.1 时的测试数据

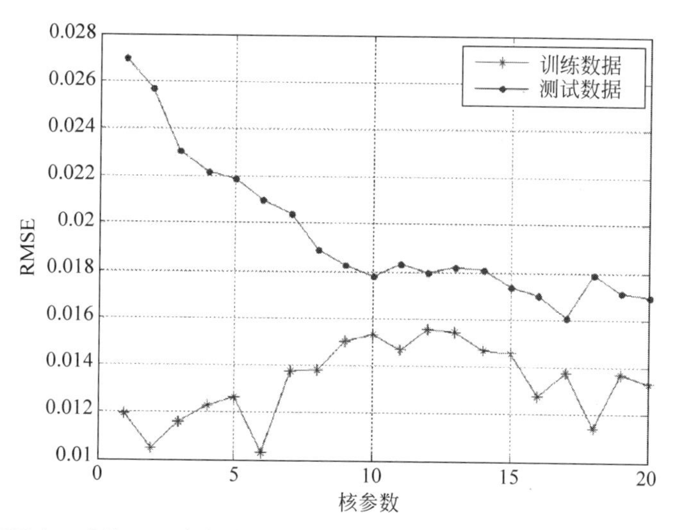

图 4.7 基于国内工业的 DXN 数据在 $\rho_{FeSel}=0.1$ 和 $\rho_{KLV}=1$ 时核参数与模型泛化性能的关系

表 4.6 不同方法的预测误差比较结果

方法		RMSE(训练数据)			RMSE(测试数据)			备注
		最大值	平均值	最小值	最大值	平均值	最小值	
PLS	$\rho_{FeSel}=1$	—	0.02330	—	—	0.02536	—	LV=1
PLS	$\rho_{FeSel}=0.1$	—	0.01619	—	—	0.01846	—	LV=1
KPLS	$\rho_{FeSel}=0.1$	—	0.01543	—	—	0.01862	—	$K_{er}=3$,KLV=1
本章	$\rho_{FeSel}=0.1$	0.01537	0.01384	0.01243	0.01994	0.01797	0.01643	$K_{er}=300$,KLV=1

由表 4.6 可知，在选择 28 维输入特征时，本章方法具有最佳预测性能，其 RMSE 最小值为 0.01643，其维数与原始输入特征相比降低了近 10 倍，有效降低了模型的复杂度，提升了模型的可解释性。

当采用 PLS 方法和 KPLS 方法建模时，基于不同潜在变量和核潜在变量数量的泛化性能曲线如图 4.8 和图 4.9 所示。

由图 4.8 和图 4.9 可知，模型在潜在变量和核潜在变量数量为 1 时具有最佳泛化性能。对于 KPLS 方法，第 1 个核潜在变量提取的输入和输出方差贡献率为 56.76%和 71.76%，相较 PLS 方法提高了 20%～30%，但仅是训练样本的泛化性能获得了较大提升，而测试样本的泛化性能相差不大，这与选择的输入特征是基于 PLS 模型的 VIP 和建模样本的数量较少有关。

由以上分析可知，本章方法在如何进行非线性特征选择、如何同时优化特征选择与 SEN 模型参数等方面有待深入研究。

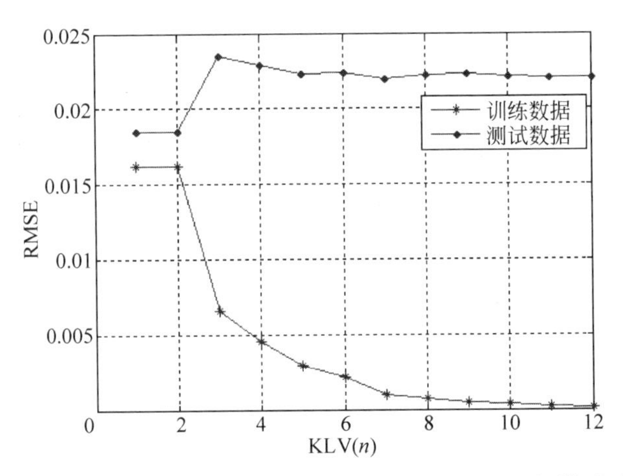

图 4.8 基于国内工业的 DXN 数据在 $\rho_{FeSel}=0.1$ 时潜在变量数量与模型泛化性能的关系

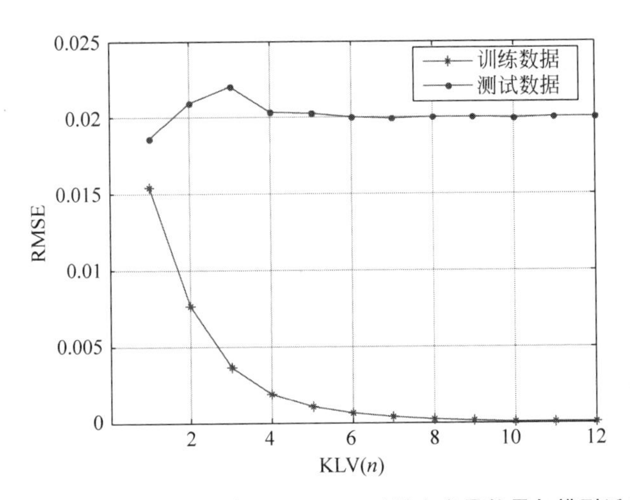

图 4.9 基于国内工业的 DXN 数据在 $\rho_{FeSel}=0.1$ 时潜在变量数量与模型泛化性能的关系

参考文献

[1] WANG W, CHAI T Y, YU W. Modeling component concentrations of sodium aluminate solution via Hammerstein recurrent neural networks[J]. IEEE Transactions on Control Systems Technology, 2012, 20: 971-982.

[2] TANG J, CHAI T Y, YU W, et al. Modeling load parameters of ball mill in grinding process based on selective ensemble multisensor information[J]. IEEE Transactions on Automation Science & Engineering, 2013, 10: 726-740.

[3] CHANG N B, HUANG S H. Statistical modelling for the prediction and control of PCDDs and PCDFs emissions from municipal solid waste incinerators[J]. Waste Management & Research, 1995, 13(4): 379-400.

[4] CHANG N B,CHEN W C. Prediction of PCDDs/PCDFs emissions from municipal incinerators by genetic programming and neural network modeling[J]. Waste Management & Research,2000,18(4): 41-351.
[5] 汤健,乔俊飞.基于选择性集成核学习算法的固废焚烧过程二噁英排放浓度软测量[J].化工学报,2019,70(2): 696-706.
[6] 王海瑞,张勇,王华.基于 GA 和 BP 神经网络的二噁英软测量模型研究[J].微计算机信息,2008,24(21): 222-224.
[7] 胡文金,苏盈盈,汤毅,等.基于小样本数据的垃圾焚烧二噁英软测量建模[C]//过程控制会议.[S. l. :s. n.],2012.
[8] 刘强,秦泗钊.过程工业大数据建模研究展望[J].自动化学报,2016,42(2): 161-171.
[9] TANG J,LIU Z,ZHANG J,et al. Kernel latent feature adaptive extraction and selection method for multi-component non-stationary signal of industrial mechanical device[J]. Neurocomputing,2016,216(C): 296-309.
[10] LEE J,CHANG K,JUN C H. Kernel-based calibration methods combined with multivariate feature selection to improve accuracy of near-infrared spectroscopic analysis[J]. Chemometrics & Intelligent Laboratory Systems,2015,147: 139-146.
[11] 汤健,田福庆,贾美英,等.基于频谱数据驱动的旋转机械设备负荷软测量[M].北京:国防工业出版社,2015.
[12] ZHOU Z H,WU J,TANG W. Ensembling neural networks: Many could be better than all[J]. Artificial Intelligence,2002,137(1-2): 239-263.
[13] TANG J,QIAO J F,WU Z W,et al. Vibration and acoustic frequency spectra for industrial process modeling using selective fusion multi-condition samples and multi-source features[J]. Mechanical Systems and Signal Processing,2018,99: 142-168.

第 5 章

基于潜在特征SEN建模的MSWI过程二噁英排放软测量

第 5 章图片

5.1 引言

数据驱动软测量技术可用于需要离线化验的难以检测参数(如本章中的DXN)的在线估计[1-2]。根据 MSWI 过程的特点,可将 DXN 排放浓度软测量归结为一类面向小样本高维数据的建模问题。文献[3]指出,模型输入维数和低价值训练样本的增加使得获取完备训练样本的难度增大。文献[4]定义了维数约简后的建模样本数量与约简特征数量之比,指出该比值应满足构建鲁棒学习模型的需求。因此,针对 MSWI 过程小样本高维特性的 DXN 排放建模数据进行维数约简是必要的。

目前较为常用的维数约简方法是基于机理或经验进行特征选择。以根据经验选择的部分过程变量为输入,文献[5]和文献[6]通过多年前欧美研究机构所收集的少量样本,基于线性回归、人工神经网络等算法构建了 DXN 排放浓度软测量模型。近年来,我国台湾地区针对实际焚烧过程,先初选部分过程变量再结合相关性分析和 PCA 进行特征选择,最后基于 BPNN 进行 DXN 排放浓度建模[7];但 BPNN 具有易陷入局部最小、易过拟合和面向小样本数据建模时泛化性能差等缺点。理论上,基于结构风险最小化准则的 SVM 能够对小样本数据有效建模[8-9],但需求解二次规划问题且超参数难以自适应选择。LSSVM 通过求解线性等式克服了二次规划问题,但通过优化算法得到超参数的策略[10-12]仍比较耗时且只是次优解[13]。上述方法均以部分过程变量为输入构建软测量模型,不但泛化性有待提高,而且难以表征 MSWI 过程不同工艺阶段对 DXN 模型的贡献率。此外,上述研究也缺少对 LSSVM 中超参数的自适应选择机制的关注。

针对工业过程的复杂性导致难以有效地进行特征选择、众多过程变量间具有强共线性的问题,能够提取高维数据蕴含变化的 PCA 逐步成为工业过程难测参数软测量中常用的潜在特征提取方法[14]，但采用贡献率较低的潜在特征建模时会降低模型预测的稳定性[15]。此外，基于上述非监督方法所提取的是蕴含原始过程变量主要变化的潜在特征，其与难测参数间的相关性可能较弱。因此，有必要对满足贡献率要求的潜在特征进行再次选择。

此外，针对 MSWI 过程的不同阶段子系统和全流程系统所提取的潜在特征可视为表征不同局部和全局特性的多源信息。理论和经验分析表明，面向多源信息采用 SEN 模型构建的软测量模型具有更好的稳定性和鲁棒性[15]。文献[16]综述了集成子模型多样性的构造策略，指出训练样本重采样包括划分训练样本（样本空间）、划分或变换特征变量（特征空间）等，其中基于特征空间的集成构造策略在模型泛化性能上较优。针对小样本多源高维谱数据，汤等提出基于选择性融合多源特征和多工况样本的 SEN 潜结构映射模型[17]。进一步，文献[17]和文献[18]提出了基于随机采样样本空间的 SEN 神经网络模型和潜结构映射模型；文献[19]提出了基于子空间的集成学习通用框架；文献[20]提出了在特征子空间内随机采样样本空间的面向多尺度机械信号的双层 SEN 潜结构映射模型；文献[21]提出了分别构建候选子模型和选择集成子模型及计算其权重的 SEN 神经网络模型；但上述方法均未进行模型参数自适应机制的研究。采用与文献[5]相同的建模数据，文献[22]提出了基于候选超参数的 SEN 建模方法，但该方法难以描述工业实际 MSWI 过程的真实特性，并且难以有效表征 DXN 生成、燃烧、吸附和排放过程的多阶段特性。

综上可知，根据 MSWI 过程的多阶段特性，对不同阶段子系统进行非监督潜在特征的提取与度量，构建具有自适应超参数选择和 SEN 模型的 DXN 排放浓度软测量模型的研究还未见报道。因此，本章提出的基于潜在特征 SEN 模型的 DXN 排放浓度软测量方法的创新点表现在：①采用 PCA 提取根据工艺流程划分的不同阶段子系统和 MSWI 全流程系统的潜在特征，并根据预设的主元贡献率阈值进行多源潜在特征初选，以保证性能稳定性和避免特征选择不当造成的信息损失；②采用互信息度量初选潜在特征并进行选择，以保证再选潜在特征与 DXN 的相关性，同时自适应确定多源潜在特征再选的上、下限和阈值；③采用具有超参数自适应选择机制的 LSSVM 和自适应确定集成子模型尺寸、集成子模型及其加权系数的 SEN 模型构建 DXN 排放浓度软测量模型，以确保具有互补特性的最佳子系统能够选择性融合。

5.2　建模策略

根据上述分析，本章提出一种基于潜在特征 SEN 建模的 DXN 排放浓度软测量方法，包括广义子系统划分模块、潜在特征提取与初选模块、潜在特征度量与再选模块、自适应选择性集成建模模块，如图 5.1 所示。

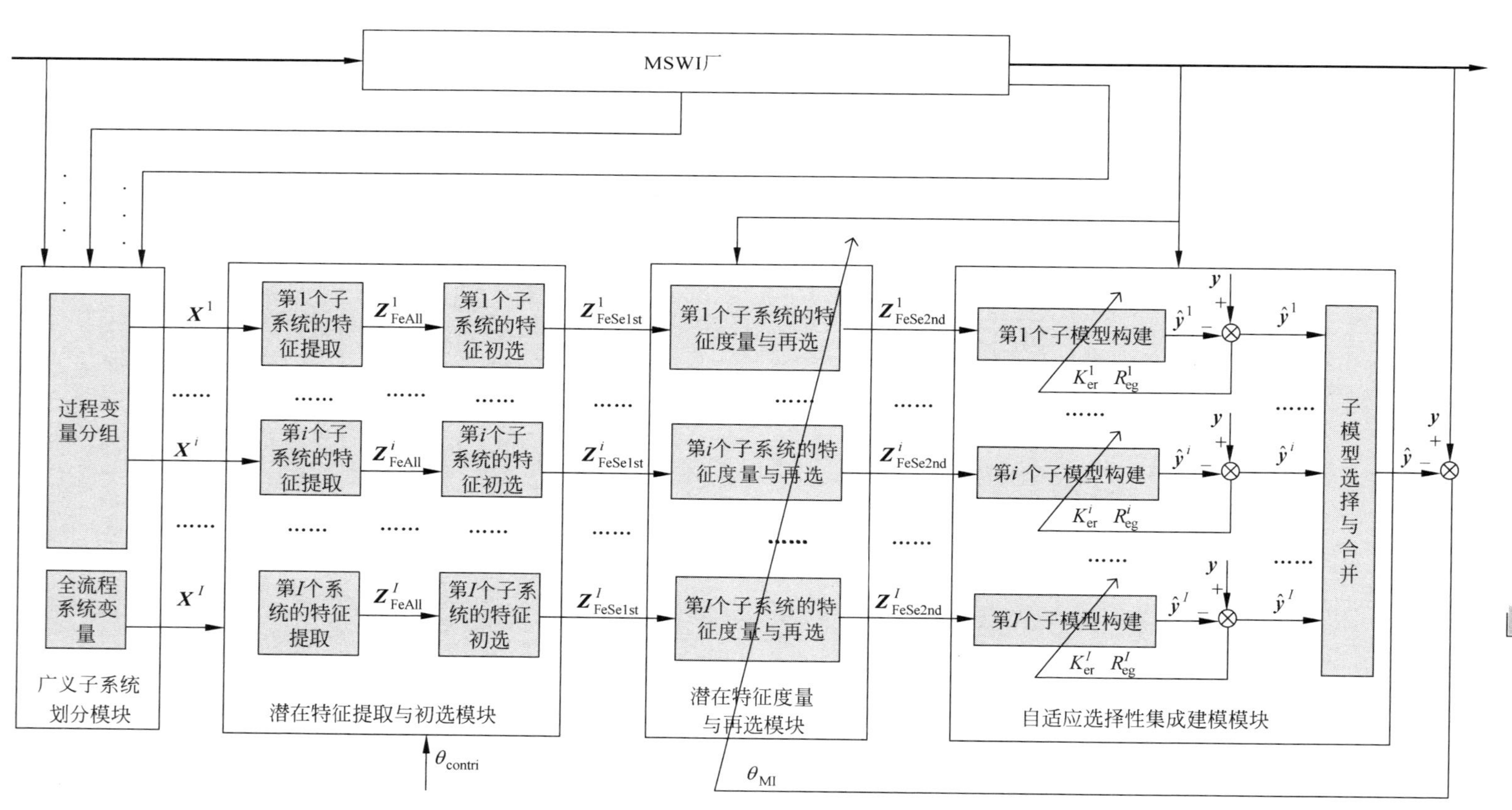

图 5.1 基于潜在特征 SEN 建模的 DXN 排放浓度软测量策略

在图5.1中，$\boldsymbol{X}^i \in \mathbf{R}^{N \times M^i}$ 表示从第 i 个子系统采集的全部过程变量；$\boldsymbol{Z}_{\text{FeAll}}^i \in \mathbf{R}^{N \times M_{\text{FeAll}}^i}$ 表示针对第 i 个子系统的全部过程变量，采用PCA提取的数量为 M_{FeAll}^i 的全部潜在特征；$\boldsymbol{Z}_{\text{FeSe1st}}^i \in \mathbf{R}^{N \times M_{\text{FeSe1st}}^i}$ 表示针对第 i 个子系统的全部潜在特征，根据设定阈值 θ_{contri} 选择的数量为 M_{FeSe1st}^i 的初选潜在特征；$\boldsymbol{Z}_{\text{FeSe2nd}}^i \in \mathbf{R}^{N \times M_{\text{FeSe2nd}}^i}$ 表示对第 i 个子系统的初选潜在特征与DXN的相关性采用互信息（mutual information，MI）度量后，基于阈值 θ_{MI} 选择的数量为 M_{FeSe2nd}^i 的再选潜在特征；K_{er}^i 和 R_{eg}^i 表示第 i 个子模型所选择的核参数和正则化参数，即超参数对，本章将其记为 $\{K_{\text{er}}^i, R_{\text{eg}}^i\}$；$\hat{\boldsymbol{y}}^i$ 表示第 i 个子模型的预测输出；$\boldsymbol{y}$ 和 $\hat{\boldsymbol{y}}$ 表示DXN排放浓度软测量模型的真值和测量输出。

上述模块的功能是：

(1) 广义子系统划分模块：基于工艺流程或经验知识将过程变量分组为蕴含不同局部信息的阶段子系统，并将全流程系统作为包含全局信息的广义子系统。

(2) 潜在特征提取与初选模块：采用PCA提取不同阶段子系统和MSWI全流程系统所包含过程变量的全部潜在特征，基于根据经验设定的潜在特征贡献率阈值获得多源初选潜在特征，目的是防止由于采用较小贡献率的潜在特征作为输入建模而造成模型的泛化性能不稳定。

(3) 潜在特征度量与再选模块：采用互信息度量初选潜在特征与DXN排放浓度间的关系，并结合软测量模型泛化性能自适应确定再选潜在特征，其目的是使所选的多源潜在特征与DXN具有较好的相关性。

(4) 自适应选择性集成建模模块：采用超参数自适应选择策略，构建基于不同广义子系统再选潜在特征的最佳泛化性能子模型，结合分支定界和预测误差信息熵加权算法自适应地选择子模型和计算其加权系数，其目的是选择具有较好冗余的子模型，并与具有互补特性的子模型融合，提高SEN软测量模型的泛化性能。

本章中采用的公式、符号及其含义如表5.1所示。

表5.1 本章中的公式符号及其含义

符号	含义
$\boldsymbol{y}$	DXN排放浓度软测量模型的真值
$\hat{\boldsymbol{y}}$	DXN排放浓度软测量模型的预测输出
N	建模样本的数量
M	输入过程变量的数量
$\boldsymbol{X}$	MSWI全流程系统的输入数据
$\boldsymbol{X}^i$	第 i 个子系统的输入数据
$I-1$	MSWI全流程系统划分子系统的数量
M^i	第 i 个子系统包含的过程变量的数量

续表

符　　号	含　　义
$\boldsymbol{Z}_{\mathrm{FeAll}}^{i}$	第 i 个子系统的过程变量采用 PCA 提取的全部潜在特征
M_{FeAll}^{i}	第 i 个子系统的过程变量采用 PCA 提取的全部潜在特征的数量
$\boldsymbol{Z}_{\mathrm{FeSel st}}^{i}$	第 i 个子系统的初选潜在特征
θ_{contri}	对全部潜在特征进行初选的设定阈值
$M_{\mathrm{FeSel st}}^{i}$	第 i 个子系统初选潜在特征的数量
M_{FeSe2nd}^{i}	第 i 个子系统再选潜在特征的数量
$\boldsymbol{Z}_{\mathrm{FeSe2nd}}^{i}$	第 i 个子系统的再选潜在特征
θ_{MI}	再选潜在特征的选择阈值
$(K_{\mathrm{er}}^{i},R_{\mathrm{eg}}^{i})$	第 i 个子模型的核参数和正则化参数，即超参数对
$\hat{\boldsymbol{y}}^{i}$	第 i 个子模型的测量输出
$\boldsymbol{t}_{m_{\mathrm{FeAll}}^{i}}^{i}$	第 i 个子系统的第 m_{FeAll}^{i} 个主元的得分向量
$\boldsymbol{p}_{m_{\mathrm{FeAll}}^{i}}^{i}$	第 i 个子系统的第 m_{FeAll}^{i} 个主元的载荷向量
$\boldsymbol{T}^{i}$	第 i 个子系统的得分矩阵
$\boldsymbol{P}^{i}$	第 i 个子系统的载荷矩阵
$\lambda_{m_{\mathrm{FeAll}}^{i}}^{i}$	第 i 个子系统的第 m_{FeAll}^{i} 个载荷向量 $\boldsymbol{p}_{m_{\mathrm{FeAll}}^{i}}^{i}$ 对应的特征值
$\theta_{m_{\mathrm{FeAll}}^{i}}^{i}$	第 i 个子系统的第 m_{FeAll}^{i} 个潜在特征的贡献率
$\xi_{m_{\mathrm{FeAll}}^{i}}^{i}$	第 i 个子系统的第 m_{FeAll}^{i} 个潜在特征是否被选中的标记值
$\xi_{\mathrm{MI}}^{m_{\mathrm{FeSel st}}^{i}}$	第 i 个子系统的初选潜在特征 $\boldsymbol{z}_{m_{\mathrm{FeSel st}}^{i}}^{i}$ 与 DXN 排放浓度间的互信息
$\theta_{\mathrm{contri}}^{\mathrm{uplimit}}$	潜在特征再选阈值的上限
$\theta_{\mathrm{contri}}^{\mathrm{downlimit}}$	潜在特征再选阈值的下限
$\theta_{\mathrm{contri}}^{\mathrm{step}}$	潜在特征再选阈值的固定步长
$\beta_{m_{\mathrm{FeSel st}}^{i}}^{i}$	第 i 个子系统的第 $m_{\mathrm{FeSel st}}^{i}$ 个初选潜在特征是否被选中的标记值
$\boldsymbol{w}^{i}$	第 i 个子模型的权重
b^{i}	第 i 个子模型的偏置
$\boldsymbol{\beta}^{i}$	第 i 个子模型的拉格朗日算子向量
$\boldsymbol{\zeta}^{i}$	第 i 个子模型的测量误差向量
$\boldsymbol{M}_{\mathrm{para}}$	候选超参数矩阵
$\{K_{\mathrm{er}}^{i},R_{\mathrm{eg}}^{i}\}$	第 i 个子模型在 $\boldsymbol{M}_{\mathrm{para}}$ 中自适应选择的超参数对
K	候选核参数的数量
R	候选惩罚参数的数量

续表

符 号	含 义
$\boldsymbol{J}=K\times R$	超参数矩阵中的超参数对的数量
$\{(K_{\text{er}}^{\text{initial}})^i,(R_{\text{er}}^{\text{initial}})^i\}$	第 i 个子模型采用网格搜索策略在矩阵 $\boldsymbol{M}_{\text{para}}$ 中初选的超参数对
$(\boldsymbol{K}_{\text{er}}^{\text{vector}})^i$	根据初选超参数对计算的新候选核参数向量
$(\boldsymbol{R}_{\text{eg}}^{\text{vector}})^i$	根据初选超参数对计算的新候选惩罚参数向量
N_{ker}	新候选核参数的数量
N_{reg}	新候选惩罚参数的数量
$k_{\text{supara}}^{\text{down}},k_{\text{supara}}^{\text{up}}$	确定超参数向量的收缩和扩放因子
$f^i(\cdot)$	第 i 个子模型
$f^{i_{\text{sel}}}(\cdot)$	第 i_{sel} 个集成子模型
$\boldsymbol{w}_{i_{\text{sel}}}$	第 i_{sel} 个集成子模型的加权系数
$\hat{y}_{i_{\text{sel}}}$	第 i_{sel} 个集成子模型的预测值
$K_{\text{er}}^{i_{\text{sel}}},R_{\text{eg}}^{i_{\text{sel}}}$	第 i_{sel} 个集成子模型的超参数
$(\hat{y}_{i_{\text{sel}}})_n$	第 n 个样本基于第 i_{sel} 个集成子模型的输出
$(e_{i_{\text{sel}}})_n$	第 n 个样本基于第 i_{sel} 个集成子模型的相对测量误差
$E_{i_{\text{sel}}}$	第 i_{sel} 个集成子模型的测量误差信息熵

5.3 算法实现

5.3.1 广义子系统划分

本章中,模型输入数据 $\boldsymbol{X}\in\mathbf{R}^{N\times M}$ 包括 N 个样本(行)和 M 个变量(列),其源于 MSWI 过程中数量为$(I-1)$的子系统。

为表征 MSWI 全流程系统所蕴含的全局信息,将其视为广义上的第 I 个子系统。

若将第 i 个子系统的建模数据表示为 $\boldsymbol{X}^i\in\mathbf{R}^{N\times M^i}$,则存在如下关系式:

$$\boldsymbol{X}=[\boldsymbol{X}^1,\cdots,\boldsymbol{X}^i,\cdots,\boldsymbol{X}^I]=\{\boldsymbol{X}^i\}_{i=1}^{I-1} \tag{5.1}$$

$$M=M^1+\cdots+M^i+\cdots+M^{I-1}=\sum_{i=1}^{I-1}M^i \tag{5.2}$$

其中,$(I-1)$表示子系统的数量,M^i 表示第 i 个子系统包含变量的数量。

相应地,输出数据 $\boldsymbol{y}=\{y_n\}_{n=1}^{N}$ 包括 N 个样本(行),其源于离线化验的 DXN 排放浓度检测数据。

显然，输入/输出数据在时间尺度上具有较大的差异性，即过程变量以秒为单位由分布式控制系统进行采集与存储，DXN 排放浓度以月/季为周期离线化验获得。显然，存在 $N \ll M$。

5.3.2 潜在特征提取与初选

以第 i 个子系统为例，首先采用 PCA 提取输入变量的潜在特征。

将输入数据 $\boldsymbol{X}^i$ 进行"均值为 0 方差为 1"的标准化处理后分解为

$$\boldsymbol{X}^i = \boldsymbol{t}^i_{1_{\text{FeAll}}}(\boldsymbol{p}^i_{1_{\text{FeAll}}})^{\text{T}} + \cdots + \boldsymbol{t}^i_{m^i_{\text{FeAll}}}(\boldsymbol{p}^i_{m^i_{\text{FeAll}}})^{\text{T}} + \cdots + \boldsymbol{t}^i_{M^i_{\text{FeAll}}}(\boldsymbol{p}^i_{M^i_{\text{FeAll}}})^{\text{T}} \tag{5.3}$$

其中，$\boldsymbol{t}^i_{m^i_{\text{FeAll}}}$ 和 $\boldsymbol{p}^i_{m^i_{\text{FeAll}}}$ 表示第 m^i_{FeAll} 个主元(principal component，PC)的得分和载荷向量；上标 T 表示转置；M^i_{FeAll} 表示对第 i 个子系统提取的潜在特征数量，其计算公式如下：

$$M^i_{\text{FeAll}} = \text{rank}(\boldsymbol{X}^i) \tag{5.4}$$

基于上述表达式，从数据 $\boldsymbol{X}^i$ 提取的全部潜在特征可以表示为

$$\boldsymbol{T}^i = [\boldsymbol{t}^i_{1_{\text{FeAll}}}, \cdots, \boldsymbol{t}^i_{m^i_{\text{FeAll}}}, \cdots, \boldsymbol{t}^i_{M^i_{\text{FeAll}}}] \tag{5.5}$$

其中，$\boldsymbol{T}^i \in \mathbf{R}^{N \times M^i_{\text{FeAll}}}$ 表示得分矩阵，是输入数据 $\boldsymbol{X}^i$ 在载荷矩阵 $\boldsymbol{P}^i$ 方向上的正交映射；$\boldsymbol{P}^i$ 采用如下公式表示：

$$\boldsymbol{P}^i = [\boldsymbol{p}^i_{1_{\text{FeAll}}}, \cdots, \boldsymbol{p}^i_{m^i_{\text{FeAll}}}, \cdots, \boldsymbol{p}^i_{M^i_{\text{FeAll}}}] \tag{5.6}$$

其中，$\boldsymbol{P}^i \in \mathbf{R}^{M \times M^i_{\text{FeAll}}}$。

进而，从数据 $\boldsymbol{X}^i$ 提取的潜在特征可以表示为

$$\begin{aligned}
\boldsymbol{Z}^i_{\text{FeAll}} &= \boldsymbol{T}^i = \boldsymbol{X}^i \boldsymbol{P}^i \\
&= [\boldsymbol{z}^i_{1_{\text{FeAll}}}, \cdots, \boldsymbol{z}^i_{m^i_{\text{FeAll}}}, \cdots, \boldsymbol{z}^i_{M^i_{\text{FeAll}}}] \\
&= [\{(z^i_{1_{\text{FeAll}}})_n\}_{n=1}^N, \cdots, \{(z^i_{m^i_{\text{FeAll}}})_n\}_{n=1}^N, \cdots, \{(z^i_{M^i_{\text{FeAll}}})_n\}_{n=1}^N] \\
&= \{(\boldsymbol{z}^i_{\text{FeAll}})_n\}_{n=1}^N
\end{aligned} \tag{5.7}$$

其中，$\boldsymbol{Z}^i_{\text{FeAll}} \in \mathbf{R}^{N \times M^i_{\text{FeAll}}}$。

进一步，全部潜在特征可以表示为

$$\boldsymbol{Z}_{\text{FeAll}} = [\boldsymbol{Z}_{\text{FeAll}}{}^1, \cdots, \boldsymbol{Z}^i_{\text{FeAll}}, \cdots, \boldsymbol{Z}^I_{\text{FeAll}}] = \{\boldsymbol{Z}^i_{\text{FeAll}}\}_{i=1}^I \tag{5.8}$$

研究表明，采用贡献率较小的潜在特征建模会导致模型泛化性能的不稳定。

此处，将与第 m^i_{FeAll} 个载荷向量 $\boldsymbol{p}^i_{m^i_{\text{FeAll}}}$ 对应的特征值记为 $\lambda^i_{m^i_{\text{FeAll}}}$，相应的第 m^i_{FeAll} 个潜在特征 $\boldsymbol{z}^i_{m^i_{\text{FeAll}}}$ 的贡献率 $\theta^i_{m^i_{\text{FeAll}}}$ 为

$$\theta^i_{m^i_{\text{FeAll}}} = \frac{\lambda^i_{m^i_{\text{FeAll}}}}{\sum\limits_{m^i_{\text{FeAll}}=1}^{M^i_{\text{FeAll}}} \lambda^i_{m^i_{\text{FeAll}}}} \times 100\% \tag{5.9}$$

将根据经验选择的阈值记为 θ_{contri}（其默认取值为 1），采用如下规则对全部潜在特征进行初次选择：

$$\xi_{m_{\mathrm{FeAll}}^{i}}^{i}=\begin{cases}1, & \theta_{m_{\mathrm{FeAll}}^{i}}^{i}\geqslant\theta_{\mathrm{contri}}\\0, & \theta_{m_{\mathrm{FeAll}}^{i}}^{i}<\theta_{\mathrm{contri}}\end{cases}\tag{5.10}$$

其中，$\xi_{m_{\mathrm{FeAll}}^{i}}^{i}$ 是第 m_{FeAll}^{i} 个潜在特征是否被选中的标记值，其值为 1 表示该潜在特征被初次选中。

进而，将针对第 i 个系统的初选潜在特征表示为

$$\begin{aligned}\boldsymbol{Z}_{\mathrm{FeSelst}}^{i}&=[\boldsymbol{z}_{1_{\mathrm{FeSelst}}}^{i},\cdots,\boldsymbol{z}_{m_{\mathrm{FeSelst}}^{i}}^{i},\cdots,\boldsymbol{z}_{M_{\mathrm{FeSelst}}^{i}}^{i}]\\&=[\{(z_{1_{\mathrm{FeSelst}}}^{i})_{n}\}_{n=1}^{N},\cdots,\{(z_{m_{\mathrm{FeSelst}}^{i}}^{i})_{n}\}_{n=1}^{N},\cdots,\{(z_{M_{\mathrm{FeSelst}}^{i}}^{i})_{n}\}_{n=1}^{N}]\\&=\{(\boldsymbol{z}_{\mathrm{FeSelst}}^{i})_{n}\}_{n=1}^{N}\end{aligned}\tag{5.11}$$

进一步，全部初选潜在特征 $\boldsymbol{Z}_{\mathrm{FeSelst}}$ 可以表示为

$$\boldsymbol{Z}_{\mathrm{FeSelst}}=[\boldsymbol{Z}_{\mathrm{FeSelst}}^{1},\cdots,\boldsymbol{Z}_{\mathrm{FeSelst}}^{i},\cdots,\boldsymbol{Z}_{\mathrm{FeSelst}}^{I}]=\{\boldsymbol{Z}_{\mathrm{FeSelst}}^{i}\}_{i=1}^{I}\tag{5.12}$$

5.3.3　潜在特征度量与再选

采用非监督方式提取的初选潜在特征相互独立，但未考虑其与 DXN 间的相关性。仍以第 i 个子系统为例，将初选潜在特征 $\boldsymbol{z}_{m_{\mathrm{FeSelst}}^{i}}^{i}$ 与 DXN 的互信息记为 $\xi_{\mathrm{MI}}^{m_{\mathrm{FeSelst}}^{i}}$，并采用下式计算：

$$\begin{aligned}\xi_{\mathrm{MI}}^{m_{\mathrm{FeSelst}}^{i}}&=\iint p_{\mathrm{prob}}(\boldsymbol{z}_{m_{\mathrm{FeSelst}}^{i}}^{i},\boldsymbol{y})\log\left(\frac{p_{\mathrm{prob}}(\boldsymbol{z}_{m_{\mathrm{FeSelst}}^{i}}^{i},\boldsymbol{y})}{p_{\mathrm{prob}}(\boldsymbol{z}_{m_{\mathrm{FeSelst}}^{i}}^{i})p_{\mathrm{prob}}(\boldsymbol{y})}\right)\mathrm{d}(\boldsymbol{z}_{m_{\mathrm{FeSelst}}^{i}}^{i})\mathrm{d}\boldsymbol{y}\\&=H(\boldsymbol{y})-H(\boldsymbol{y}\mid\boldsymbol{z}_{m_{\mathrm{FeSelst}}^{i}}^{i})\end{aligned}\tag{5.13}$$

其中，$p_{\mathrm{prob}}(\boldsymbol{z}_{m_{\mathrm{FeSelst}}^{i}}^{i})$和 $p_{\mathrm{prob}}(\boldsymbol{y})$表示 $\boldsymbol{z}_{m_{\mathrm{FeSelst}}^{i}}^{i}$ 和 $\boldsymbol{y}$ 的边际概率密度，$p_{\mathrm{prob}}(\boldsymbol{z}_{m_{\mathrm{FeSelst}}^{i}}^{i},\boldsymbol{y})$表示联合概率密度，$H(\boldsymbol{y}|\boldsymbol{z}_{m_{\mathrm{FeSelst}}^{i}}^{i})$表示条件熵，$H(\boldsymbol{y})$表示信息熵。

此处，将根据软测量模型的预测性能确定阈值。相应地，其上限 $\theta_{\mathrm{contri}}^{\mathrm{uplimit}}$、下限 $\theta_{\mathrm{contri}}^{\mathrm{downlimit}}$ 和固定步长 $\theta_{\mathrm{contri}}^{\mathrm{step}}$ 采用下式计算：

$$\theta_{\mathrm{contri}}^{\mathrm{uplimit}}=\min(\max(\xi_{\mathrm{MI}}^{m_{\mathrm{FeSelst}}^{1}}),\cdots,\max(\xi_{\mathrm{MI}}^{m_{\mathrm{FeSelst}}^{i}}),\cdots,\max(\xi_{\mathrm{MI}}^{m_{\mathrm{FeSelst}}^{I}}))\tag{5.14}$$

$$\theta_{\mathrm{contri}}^{\mathrm{downlimit}}=\max(\min(\xi_{\mathrm{MI}}^{m_{\mathrm{FeSelst}}^{1}}),\cdots,\min(\xi_{\mathrm{MI}}^{m_{\mathrm{FeSelst}}^{i}}),\cdots,\min(\xi_{\mathrm{MI}}^{m_{\mathrm{FeSelst}}^{I}}))\tag{5.15}$$

$$\theta_{\mathrm{contri}}^{\mathrm{step}}=\frac{\theta_{\mathrm{contri}}^{\mathrm{uplimit}}-\theta_{\mathrm{contri}}^{\mathrm{downlimit}}}{N_{\mathrm{contri}}^{\mathrm{step}}}\tag{5.16}$$

其中，函数 max(·)和 min(·)分别表示取最大值和最小值，$N_{\mathrm{contri}}^{\mathrm{step}}$ 表示根据经验确定的候选阈值数量（其默认值为 10）。

将选定阈值记为 θ_{contri}，其值在 $\theta_{\text{contri}}^{\text{uplimit}}$ 和 $\theta_{\text{contri}}^{\text{downlimit}}$ 之间根据预测性能进行自适应选择。采用以下规则对初选潜在特征进行再选：

$$\beta_{m_{\text{FeSe1st}}^i}^i=\begin{cases}1, & \xi_{\text{MI}}^{m_{\text{FeSe1st}}^i}\geqslant\theta_{\text{contri}}\\0, & \xi_{\text{MI}}^{m_{\text{FeSe1st}}^i}<\theta_{\text{contri}}\end{cases}\tag{5.17}$$

其中，$\beta_{m_{\text{FeSe1st}}^i}^i$ 是第 m_{FeSe1st}^i 个初选潜在特征是否被选中的标记值，其值为 1 表示该潜在特征被再次选中。

进一步，第 i 个系统的再选潜在特征表示为

$$\begin{aligned}\boldsymbol{Z}_{\text{FeSe2nd}}^i&=[\boldsymbol{z}_{1_{\text{FeSe2nd}}}^i,\cdots,\boldsymbol{z}_{m_{\text{FeSe2nd}}^i}^i,\cdots,\boldsymbol{z}_{M_{\text{FeSe2nd}}^i}^i]\\&=[\{(z_{1_{\text{FeSe2nd}}}^i)_n\}_{n=1}^N,\cdots,\{(z_{m_{\text{FeSe2nd}}^i}^i)_n\}_{n=1}^N,\cdots,\{(z_{M_{\text{FeSe2nd}}^i}^i)_n\}_{n=1}^N]\\&=\{(\boldsymbol{z}_{\text{FeSe2nd}}^i)_n\}_{n=1}^N\end{aligned}\tag{5.18}$$

因此，全部再选潜在特征 $\boldsymbol{Z}_{\text{FeSe2nd}}$ 可以表示为

$$\begin{aligned}\boldsymbol{Z}_{\text{FeSe2nd}}&=[\boldsymbol{Z}_{\text{FeSe2nd}}^1,\cdots,\boldsymbol{Z}_{\text{FeSe2nd}}^i,\cdots,\boldsymbol{Z}_{\text{FeSe2nd}}^I]\\&=\{\boldsymbol{Z}_{\text{FeSe2nd}}^i\}_{i=1}^I\end{aligned}\tag{5.19}$$

5.3.4 自适应 SEN 建模

以第 i 个子系统为例，描述基于再选潜在特征 $\boldsymbol{Z}_{\text{FeSe2nd}}^i$ 和超参数对 $\{K_{\text{er}}^i,R_{\text{eg}}^i\}$ 构建 DXN 子模型的过程。

首先，将 $\{(\boldsymbol{z}_{\text{FeSe2nd}}^i)_n\}_{n=1}^N$ 通过映射 $\varphi(\cdot)$ 变换到高维特征空间，求解如下优化问题，

$$\begin{cases}\min\limits_{\boldsymbol{w}^i,b^i} & O_{\text{LSSVM}}=\dfrac{1}{2}(\boldsymbol{w}^i)^{\text{T}}\boldsymbol{w}^i+\dfrac{1}{2}R_{\text{eg}}^i\sum\limits_{n=1}^N(\zeta_n^i)^2\\\text{s.t:} & \hat{y}_n^i=(\boldsymbol{w}^i)^{\text{T}}\varphi((\boldsymbol{z}_{\text{FeSe2nd}}^i)_n)+b^i+\zeta_n^i\end{cases}\tag{5.20}$$

其中，$\boldsymbol{w}^i$ 和 b^i 表示第 i 个子模型的权重和偏置，ζ_n^i 是第 i 个子模型第 n 个样本的预测误差。

采用拉格朗日方法可以得到

$$\begin{aligned}L^i(\boldsymbol{w}^i,b^i,\boldsymbol{\zeta}^i,\boldsymbol{\beta}^i)=&\frac{1}{2}(\boldsymbol{w}^i)^{\text{T}}\boldsymbol{w}^i+\frac{1}{2}\sum_{n=1}^N(\zeta_n^i)^2-\sum_{n=1}^N\beta_n^i[(\boldsymbol{w}^i)^{\text{T}}\varphi((\boldsymbol{z}_{\text{FeSe2nd}}^i)_n)+\\&b^i+\zeta_n^i-\hat{y}_n^i]\end{aligned}\tag{5.21}$$

其中，$\boldsymbol{\beta}^i=[\beta_1^i,\cdots,\beta_n^i,\cdots,\beta_N^i]$表示第 i 个子模型的拉格朗日算子向量，$\boldsymbol{\zeta}^i=[\zeta_1^i,\cdots,\zeta_n^i,\cdots,\zeta_N^i]$表示第 i 个子模型的预测误差向量。

对上述公式求偏导：

$$\begin{cases}\dfrac{\partial L^i}{\partial \boldsymbol{w}^i}=0\\ \dfrac{\partial L^i}{\partial b^i}=0\\ \dfrac{\partial L^i}{\partial \boldsymbol{\xi}^i}=0\\ \dfrac{\partial L^i}{\partial \boldsymbol{\beta}^i}=0\end{cases} \tag{5.22}$$

所采用的核函数为

$$\Omega_{\text{ker}}^i(\boldsymbol{z}_{\text{FeSe2nd}}^i,(\boldsymbol{z}_{\text{FeSe2nd}}^i)_n)=\langle\varphi(\boldsymbol{z}_{\text{FeSe2nd}}^i)\cdot\varphi((\boldsymbol{z}_{\text{FeSe2nd}}^i)_n)\rangle \tag{5.23}$$

进一步，将 LSSVM 问题转换为求解以下线性等式系统：

$$\begin{bmatrix}0 & 1 & \cdots & 1\\ 1 & \Omega_{\text{ker}}^i((\boldsymbol{z}_{\text{FeSe2nd}}^i)_1,(\boldsymbol{z}_{\text{FeSe2nd}}^i)_1)+\dfrac{1}{R_{\text{eg}}^i} & \cdots & \Omega_{\text{ker}}^i((\boldsymbol{z}_{\text{FeSe2nd}}^i)_1,(\boldsymbol{z}_{\text{FeSe2nd}}^i)_N)\\ \vdots & \vdots & & \vdots\\ 1 & \Omega_{\text{ker}}^i((\boldsymbol{z}_{\text{FeSe2nd}}^i)_N,(\boldsymbol{z}_{\text{FeSe2nd}}^i)_1) & \cdots & \Omega_{\text{ker}}^i((\boldsymbol{z}_{\text{FeSe2nd}}^i)_N,(\boldsymbol{z}_{\text{FeSe2nd}}^i)_N)+\dfrac{1}{R_{\text{eg}}^i}\end{bmatrix}\cdot$$

$$\begin{bmatrix}b^i\\ \beta_1^i\\ \vdots\\ \beta_N^i\end{bmatrix}=\begin{bmatrix}1\\ y_1^i\\ \vdots\\ y_N^i\end{bmatrix} \tag{5.24}$$

通过求解上述公式，得到$\boldsymbol{\beta}^i$ 和 b^i。

进而，基于 LSSVM 所构建的子模型可表示为

$$\hat{\boldsymbol{y}}^i=\sum_{n=1}^{N}\beta_n^i\cdot\Omega_{\text{ker}}^i(\boldsymbol{z}_{\text{FeSe2nd}}^i,(\boldsymbol{z}_{\text{FeSe2nd}}^i)_n)+b^i \tag{5.25}$$

上述排放浓度子模型的超参数自适应选择机制采用下述两步法实现：

第 1 步，采用网格搜索策略以子模型的泛化性能为目标函数，在候选超参数矩阵 $\boldsymbol{M}_{\text{para}}$ 中自适应选择初始超参数对$\{(K_{\text{er}}^{\text{initial}})^i,(R_{\text{eg}}^{\text{initial}})^i\}$。

候选超参数矩阵 $\boldsymbol{M}_{\text{para}}$ 如下式所示：

$$\boldsymbol{M}_{\text{para}}=\begin{bmatrix}[K_{\text{er}}^1,R_{\text{eg}}^1] & \cdots & [K_{\text{er}}^1,R_{\text{eg}}^r] & \cdots & [K_{\text{er}}^1,R_{\text{eg}}^R]\\ \vdots & & \vdots & & \vdots\\ [K_{\text{er}}^k,R_{\text{eg}}^1] & \cdots & [K_{\text{er}}^k,R_{\text{eg}}^r] & \cdots & [K_{\text{er}}^k,R_{\text{eg}}^R]\\ \vdots & & \vdots & & \vdots\\ [K_{\text{er}}^K,R_{\text{eg}}^1] & \cdots & [K_{\text{er}}^K,R_{\text{eg}}^r] & \cdots & [K_{\text{er}}^K,R_{\text{eg}}^R]\end{bmatrix}_{K\times R} \tag{5.26}$$

其中，$k=1,2,\cdots,K$，K 表示候选核参数的数量；$r=1,2,\cdots,R$，R 表示候选惩罚

参数的数量；$[K_{er}^{k},R_{eg}^{r}]$表示由第 k 个核参数和第 r 个惩罚参数组成的超参数对，为 $\boldsymbol{M}_{para}$ 中的第 j 个元素，即存在的对应关系为 $M_{para}^{j}=[K_{er}^{k},R_{eg}^{r}]$；$j=1,2,\cdots,J$，$J=K\times R$ 表示候选超参数对的数量。

可见，初次采用网格搜索策略为第 i 个子模型所选择的超参数对$\{(K_{er}^{initial})^{i},(R_{eg}^{initial})^{i}\}$是 $\boldsymbol{M}_{para}$ 中一个元素，即存在$\{(K_{er}^{initial})^{i},(R_{eg}^{initial})^{i}\}\in\boldsymbol{M}_{para}$。

第 2 步，基于$\{(K_{er}^{initial})^{i},(R_{eg}^{initial})^{i}\}$，采用如下公式获得新的候选核参数向量$(\boldsymbol{K}_{er}^{vector})^{i}$ 和惩罚参数向量$(\boldsymbol{R}_{eg}^{vector})^{i}$，

$$(\boldsymbol{K}_{er}^{vector})^{i}=(K_{er}^{initial})^{i}/k_{supara}^{down}:\frac{k_{supara}^{up}\times(K_{er}^{initial})^{i}-(K_{er}^{initial})^{i}/k_{supara}^{down}}{N_{ker}}:k_{supara}^{up}\times(K_{er}^{initial})^{i} \tag{5.27}$$

$$(\boldsymbol{R}_{er}^{vector})^{i}=(R_{eg}^{initial})^{i}/k_{supara}^{down}:\frac{k_{supara}^{up}\times(R_{eg}^{initial})^{i}-(R_{eg}^{initial})^{i}/k_{supara}^{down}}{N_{ker}}:k_{supara}^{up}\times(R_{eg}^{initial})^{i} \tag{5.28}$$

其中，N_{ker} 和 N_{reg} 表示设定的新的候选核参数和惩罚参数的数量；k_{supara}^{down} 和 k_{supara}^{up} 为设定的超参数收缩和扩放因子(默认值均为 10)。

再次采用网格搜索策略，获得第 i 个子模型的超参数对$\{K_{er}^{i},R_{eg}^{i}\}$。

对全部子系统和 MSWI 全流程系统执行上述过程，将所构建的候选子模型预测输出的集合表示为

$$\begin{aligned}\hat{Y}&=[\hat{y}^{1},\cdots,\hat{y}^{i},\cdots,\hat{y}^{I}]=\{\hat{y}^{i}\}_{i=1}^{I}\\&=[f^{1}(K_{er}^{1},R_{eg}^{1},\boldsymbol{Z}_{FeSe2nd}^{1}),\cdots,f^{i}(K_{er}^{i},R_{eg}^{i},\boldsymbol{Z}_{FeSe2nd}^{i}),\cdots,f^{I}(K_{er}^{I},R_{eg}^{I},\boldsymbol{Z}_{FeSe2nd}^{I})]\\&=\{f^{i}(K_{er}^{i},R_{eg}^{i},\boldsymbol{Z}_{FeSe2nd}^{i})\}_{i=1}^{I}\end{aligned} \tag{5.29}$$

其中，$f^{i}(\cdot)$表示第 i 个子模型。

结合基于分支定界的最优化选择算法和基于预测误差的信息熵加权算法，对上述候选子模型进行自适应的选择和加权。其核心思想是在给定候选子模型和加权算法后，集成子模型的选择与最优组合特征选择类似[15]；对于数量有限的候选子模型，通常采用的策略为通过多次耦合运行优化与加权算法构建集成尺寸为 2～$(I-1)$的多个 SEN 模型，基于泛化性能排序得到优选的 SEN 模型。

假设本章最终构建的软测量模型的集成尺寸为 I_{sel}，则其输出 $\hat{y}$ 为

$$\hat{y}=\sum_{i_{sel}=1}^{I_{sel}}w_{i_{sel}}\hat{y}_{i_{sel}}=\sum_{i_{sel}=1}^{I_{sel}}w_{i_{sel}}\cdot f^{i_{sel}}(K_{er}^{i_{sel}},R_{eg}^{i_{sel}},\boldsymbol{Z}_{FeSe2nd}^{i_{sel}}) \tag{5.30}$$

其中，$f^{i_{sel}}(\cdot)$表示第 i_{sel} 个集成子模型，$w_{i_{sel}}$ 和 $\hat{y}_{i_{sel}}$ 表示其相应的加权系数和预测值，$K_{er}^{i_{sel}}$，$R_{eg}^{i_{sel}}$ 和 $\boldsymbol{Z}_{FeSe2nd}^{i_{sel}}$ 表示其超参数对和再选潜在特征。

对比式(5.29)可知，存在如下关系：

$$\begin{cases} \{\hat{y}^{i_{\text{sel}}}\}_{i_{\text{sel}}=1}^{I_{\text{sel}}} \in \{\hat{y}^{i}\}_{i=1}^{I} \\ \{f^{i_{\text{sel}}}(K_{\text{er}}^{i_{\text{sel}}}, R_{\text{eg}}^{i_{\text{sel}}}, \boldsymbol{Z}_{\text{FeSe2nd}}^{i_{\text{sel}}})\}_{i_{\text{sel}}=1}^{I_{\text{sel}}} \in \{f^{i}(K_{\text{er}}^{i}, R_{\text{eg}}^{i}, \boldsymbol{Z}_{\text{FeSe2nd}}^{i})\}_{i=1}^{I} \end{cases} \tag{5.31}$$

利用集成子模型的预测值和真值，基于预测误差信息熵的加权算法得到 $w_{i_{\text{sel}}}$：

$$w_{i_{\text{sel}}} = \frac{1}{I_{\text{sel}} - 1}\left(1 - (1 - E_{i_{\text{sel}}}) \Big/ \sum_{i_{\text{sel}}=1}^{I_{\text{sel}}} (1 - E_{i_{\text{sel}}})\right) \tag{5.32}$$

其中，

$$E_{i_{\text{sel}}} = \frac{1}{\ln N}\sum_{n=1}^{N}\left((e_{i_{\text{sel}}})_n \Big/ \left(\sum_{n=1}^{N}(e_{i_{\text{sel}}})_n\right)\right)\ln\left((e_{i_{\text{sel}}})_n \Big/ \left(\sum_{n=1}^{N}(e_{i_{\text{sel}}})_n\right)\right) \tag{5.33}$$

$$(e_{i_{\text{sel}}})_n = \begin{cases} (\hat{y}_{i_{\text{sel}}})_n - y_n / y_n, & 0 \leqslant \|(\hat{y}_{i_{\text{sel}}})_n - y_n / y_n\| < 1 \\ 1, & |(\hat{y}_{i_{\text{sel}}})_n - y_n / y_n| \geqslant 1 \end{cases} \tag{5.34}$$

其中，$(\hat{y}_{i_{\text{sel}}})_n$ 和 $(e_{i_{\text{sel}}})_n$ 表示第 n 个样本基于第 i_{sel} 个集成子模型 $f^{i_{\text{sel}}}(\cdot)$ 的输出和相对测量误差，$E_{i_{\text{sel}}}$ 表示第 i_{sel} 个集成子模型的测量误差信息熵。

5.4 应用研究

5.4.1 基准数据集

5.4.1.1 数据描述

此处采用的基准数据集为橙汁近红外(near infrared，NIR)光谱数据，其用于估计橙汁的蔗糖水平。用于训练和测试的数据大小分别为 150×700 和 68×700。由图 5.2 可见，输入特征的数量是训练样本的 4 倍多，并且输入特征的不同区域具有不同的曲线形状。

5.4.1.2 建模结果

1. 广义子系统划分、潜在特征提取与初选的结果

将训练数据根据领域知识划分为 6 个子组，其波长范围为 1～120nm、121～240nm、241～380nm、381～470nm、471～560nm 和 561～700nm，如图 5.2 所示。显然，可以将这些子组视为不同的多源信息。因此，考虑到表征全局信息的所有原始输入特征，此处共有 7 个广义的子组，将其编号为 Ⅰ～Ⅶ。

PCA 用于提取 7 个子组的潜在特征，前 6 个潜在特征的累积贡献率如图 5.3 所示。

由图 5.3 可知，前 6 个子组 PC 的累积贡献率接近 100%，表明输入特征之间存在强共线性；从第 1 个潜在特征贡献率的角度进行合理的特征提取，表示全局信息的特殊子组仅为86.87%。此外,代表局部信息的所有其他子组均在97.08%以上。因此,应该从不同的局部子组中提取特征。

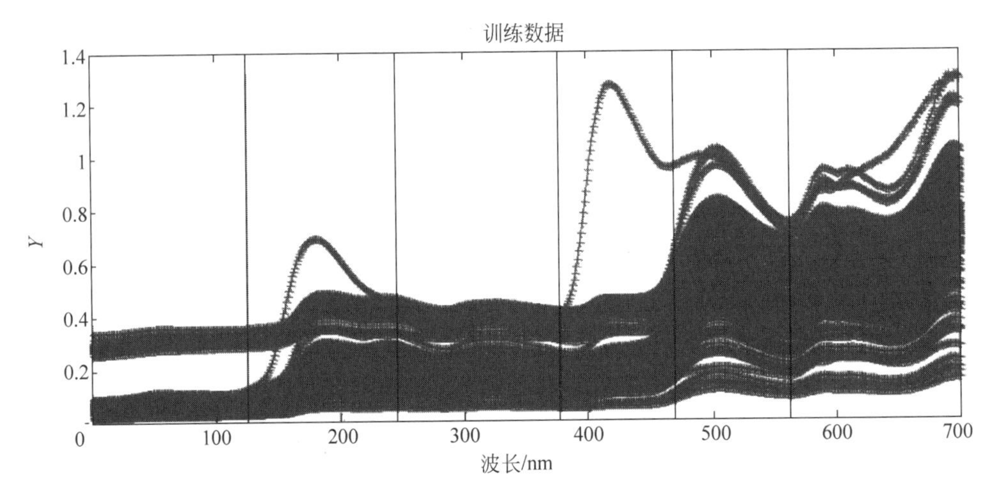

图5.2 NIR训练数据和根据特征划分的子组

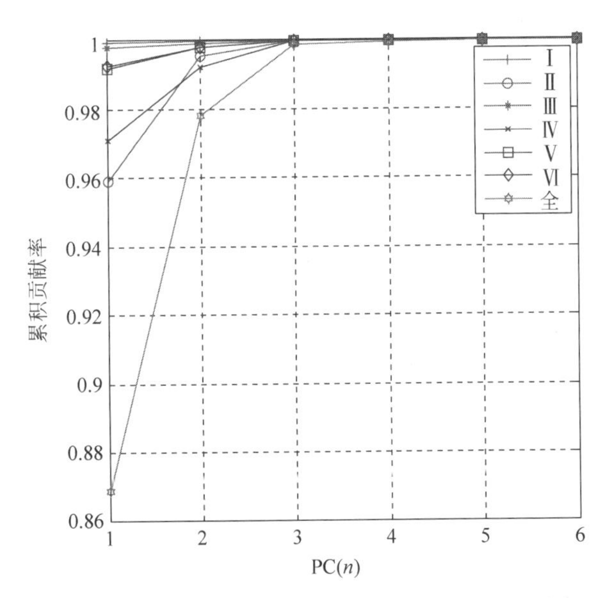

图5.3 NIR数据不同子组的前6个PC的累积贡献率

通常,采用低贡献率的潜在特征建模会导致预测性能不稳定。因此,结合NIR数据的特征,此处将潜在特征贡献率 θ_{contri} 初选为0.1。所有选定的潜在特征如表5.2所示,其中第1部分是每个子组的初选潜在特征的贡献率;第2部分和第3部分是每个子组的初选潜在特征和原始过程变量的数量。

表 5.2　NIR 数据初选潜在特征的数量及其贡献率

子组代号		Ⅰ	Ⅱ	Ⅲ	Ⅳ	Ⅴ	Ⅵ	Ⅶ
初选潜在特征贡献率/%	1	99.9449	95.8956	99.8128	97.0875	99.1876	99.2504	86.8760
	2	0.04710	3.6373	0.1147	2.1347	0.6083	0.5451	10.9342
	3	0.004621	0.4604	0.04780	0.7679	0.1997	0.1687	2.0642
	4	0.002898	0.002527	0.02280	0.006529	0.002657	0.02260	0.08289
	5	—	0.002016	—	0.002280	—	0.003983	0.01573
	6	—	—	—	—	—	0.003699	0.01064
	7	—	—	—	—	—	0.001465	0.007979
	8	—	—	—	—	—	—	0.002121
	9	—	—	—	—	—	—	0.01543
初选潜在特征数量		4	5	4	5	4	7	9
原始过程变量数量		120	120	140	110	90	140	700

由表 5.2 可知，不同子组的初选潜在特征数为 4、5、4、5、4、7 和 9，表明子组表征的局部信息之间存在差异；在所有子组中，第Ⅶ子组具有最多的初选潜在特征，从全局信息的角度来看，这种情况是合理的。

2. 潜在特征度量与再选结果

此处采用互信息(MI)度量上述初选潜在特征与蔗糖水平的相关性，如图 5.4 所示。

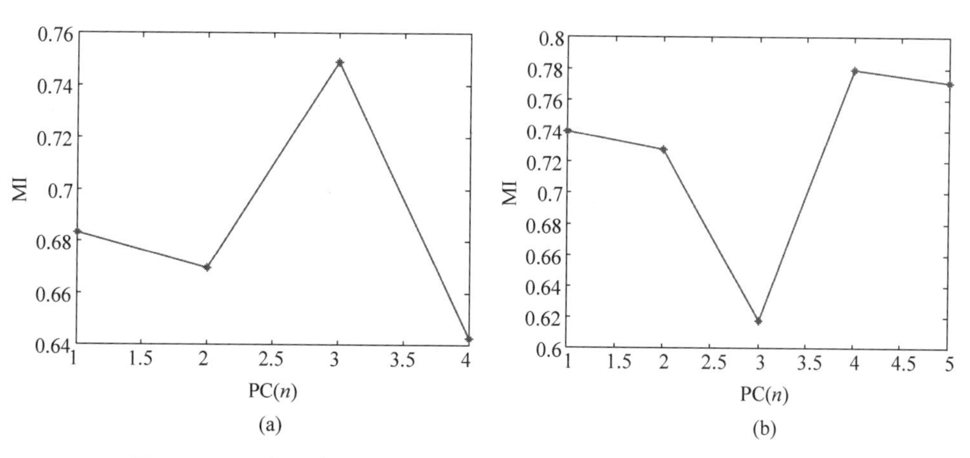

图 5.4　NIR 数据全部子组的初选潜在特征与蔗糖水平的互信息(MI)

(a) 第Ⅰ子组；(b) 第Ⅱ子组；(c) 第Ⅲ子组；(d) 第Ⅳ子组；
(e) 第Ⅴ子组；(f) 第Ⅵ子组；(g) 第Ⅶ子组

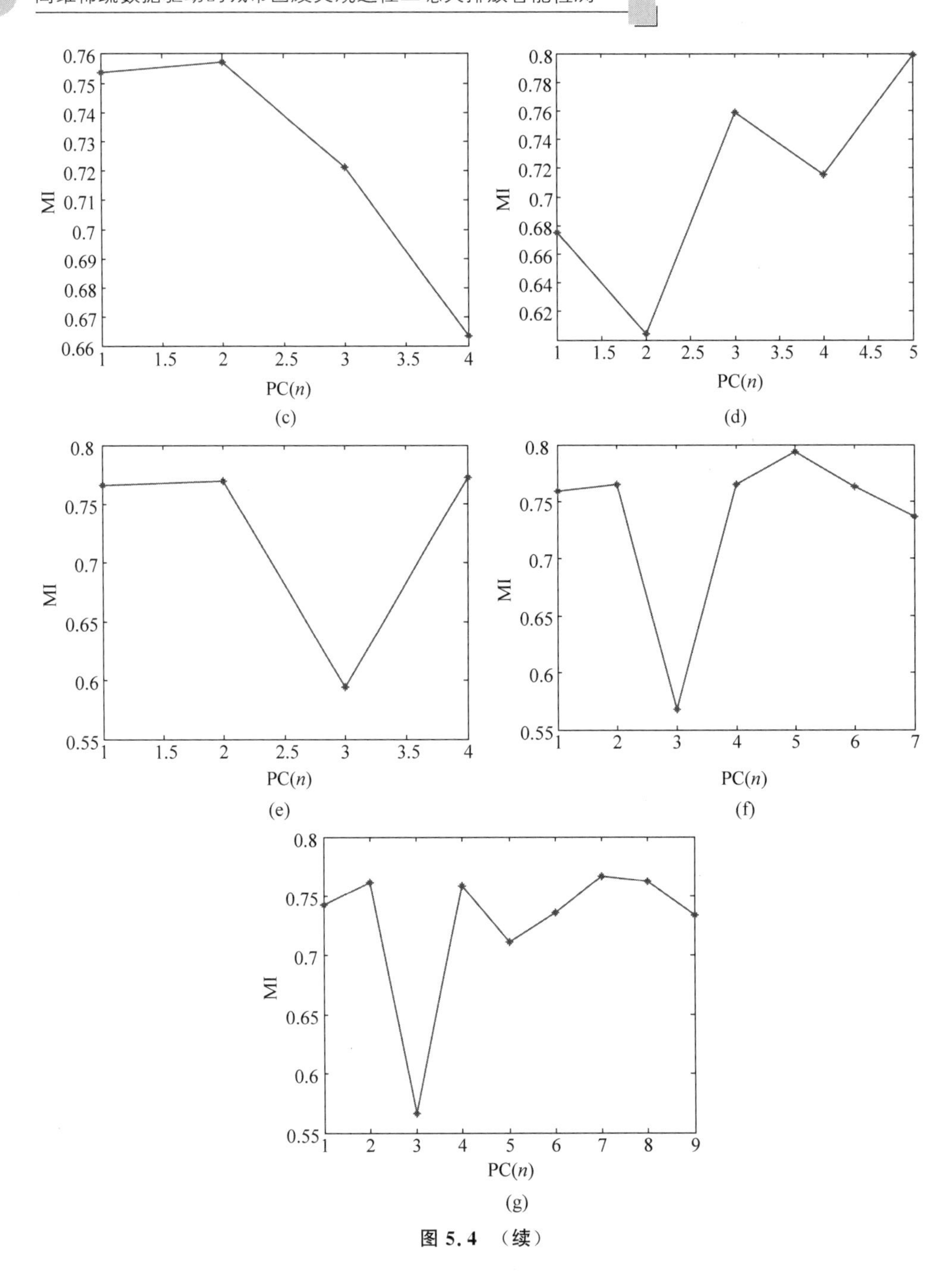

图 5.4 (续)

图 5.4 表明,从所有子组的第 1 个初选潜在特征的 MI 来看,虽然它们可以代表原始输入特征的最大变化,但其与蔗糖水平的相关性并不是最大的;除了第 1 个初选潜在特征外,其他初选潜在特征在输入特征的贡献率方面都在逐渐降低,但它们在 MI 方面没有表现出任何规律性。因此,应根据这些 MI 重新度量和选择初选潜在特征。

初选潜在特征 MI 的极值统计如表 5.3 所示。

表 5.3　NIR 数据全部子组初选潜在特征 MI 的极值统计表

	最大值集合			最小值集合			备注
	MI	贡献率/%	PC 编号	MI	贡献率/%	PC 编号	
Ⅰ	0.7489	0.004621	3	0.6426	0.002898	4	
Ⅱ	0.7790	0.002527	4	0.6175	0.4604	3	
Ⅲ	0.7571	0.1147	2	0.6636	0.02280	4	
Ⅳ	0.7993	0.002280	5	0.6041	2.1347	2	
Ⅴ	0.7722	0.002657	4	0.5945	0.1997	3	
Ⅵ	0.7936	0.003983	5	0.5681	0.1687	3	
Ⅶ	0.7667	0.007979	7	0.5666	2.0642	3	

表 5.3 表明：

(1) 初选潜在特征与蔗糖水平的关系与提取顺序、贡献率无关。例如，对于第Ⅳ子组，其潜在特征的最大 MI 为 0.7993，来自第 5 个 PC，贡献率仅为 0.002280%。对于其他 4 个子组，对应的 PC 分别为 3、4、2、4、5 和 7，贡献率分别为 0.004621%、0.002527%、0.1147%、0.002657%、0.003983%和 2.0642%；

(2) 对于 MI 的最大值集合，最大值(0.7993)来自第Ⅳ子组，最小值(0.7489)来自第Ⅰ子组。显然，必须结合橙汁蔗糖领域的知识来解释这种现象；

(3) 对于 MI 的最小值集合，最小值(0.5666)来自第Ⅶ子组的第 3 个 PC，最大值(0.66362)来自第Ⅲ子组的第 4 个 PC。这些结果表明，不同的局部特征和全局特征之间存在差异。

结合 5.2 节所述算法和表 5.3 的度量结果，MI 的上限和下限自适应地确定为 0.7489 和 0.6636。此处使用的默认值为 10。因此，步长为 0.008526。基于 3 种不同的集成子模型组合方法和分支定界优化算法，解决了 4.3 节的优化问题。最终 MI 的阈值确定为 0.6807，组合方法选择为 PLS。重新选择潜在特征数量及其 MI 的统计结果如表 5.4 所示。

表 5.4　NIR 数据再选潜在特征的数量和 MI 统计表

	数量	MI								
		1	2	3	4	5	6	7	8	9
Ⅰ	2	0.6833	—	0.7489	—	—	—	—	—	—
Ⅱ	4	0.7392	0.7276	—	0.7790	0.7711	—	—		—
Ⅲ	3	0.7536	0.7571	0.7211	—	—	—	—	—	—
Ⅳ	3	—	—	0.7589	0.7155	0.7993	—	—	—	—
Ⅴ	3	0.7657	0.7699	—	0.7722	—	—	—	—	—
Ⅵ	6	0.7597	0.7649	—	0.7655	0.7936	0.7630	0.7368	—	—
Ⅶ	8	0.7428	0.7615	—	0.7584	0.7109	0.7361	0.7667	0.7624	0.7340

比较表 5.2 和表 5.4 可知，不同子组的初选和再选潜在特征数量为 4、5、4、5、4、7、9 和 2、4、3、3、3、6、8。此外，这些特征不会根据特征提取顺序进行排序。例

如,未选择子组Ⅲ的前两个特征。这些结果表明,这些子组的潜在特征分布是不同的。此外,这种差异可以通过候选子模型的预测性能来衡量。

3. 自适应选择集成建模结果

以重新选择的潜在特征为输入,将候选正则化参数与核参数的集合分别预先选择为{0.0001,0.001,0.01,0.1,1,10,100,1000,2000,4000,6000,8000,10000,20000,40000,60000,80000,160000}和{0.0001,0.001,0.01,0.1,1,10,100,1000,1600,3200,6400,12800,25600,51200,102400},采用网格搜索方法进行 LSSVM 超参数自适应寻优,相应的第 1 次和第 2 次的参数寻优曲线如图 5.4 所示。

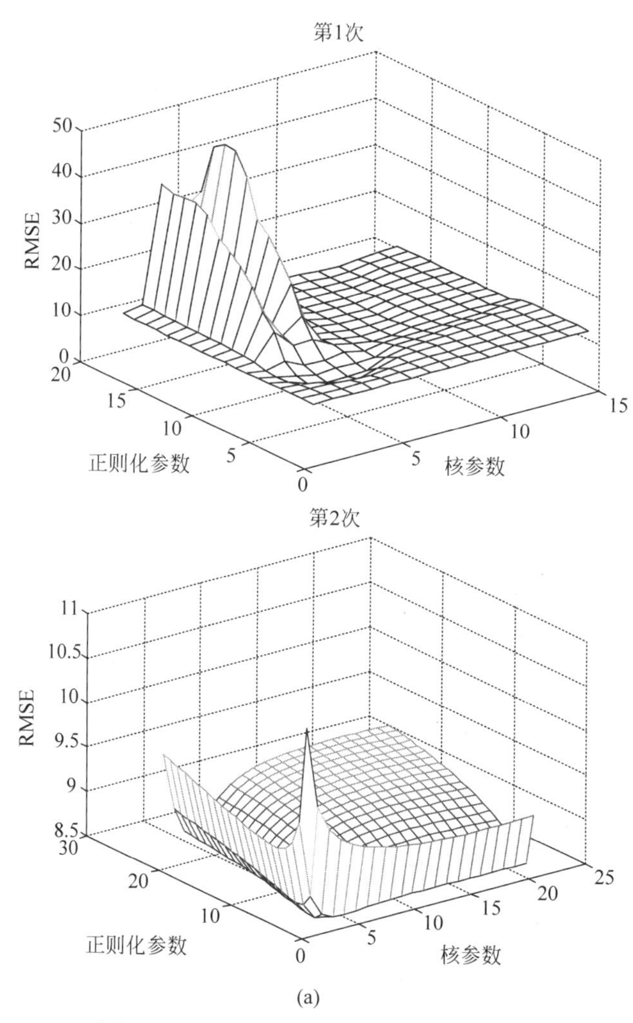

(a)

图 5.5 NIR 数据不同子模型超参数自适应寻优的第 1 次和第 2 次曲线

(a) NIR 数据第Ⅰ子组子模型超参数自适应寻优的第 1 次和第 2 次曲线;(b) NIR 数据第Ⅱ子组子模型超参数自适应寻优的第 1 次和第 2 次曲线;(c) NIR 数据第Ⅲ子组子模型超参数自适应寻优的第 1 次和第 2 次曲线;(d) NIR 数据第Ⅳ子组子模型超参数自适应寻优的第 1 次和第 2 次曲线;(e) NIR 数据第Ⅴ子组子模型超参数自适应寻优的第 1 次和第 2 次曲线;(f) NIR 数据第Ⅵ子组子模型超参数自适应寻优的第 1 次和第 2 次曲线;(g) NIR 数据第Ⅶ子组子模型超参数自适应寻优的第 1 次和第 2 次曲线

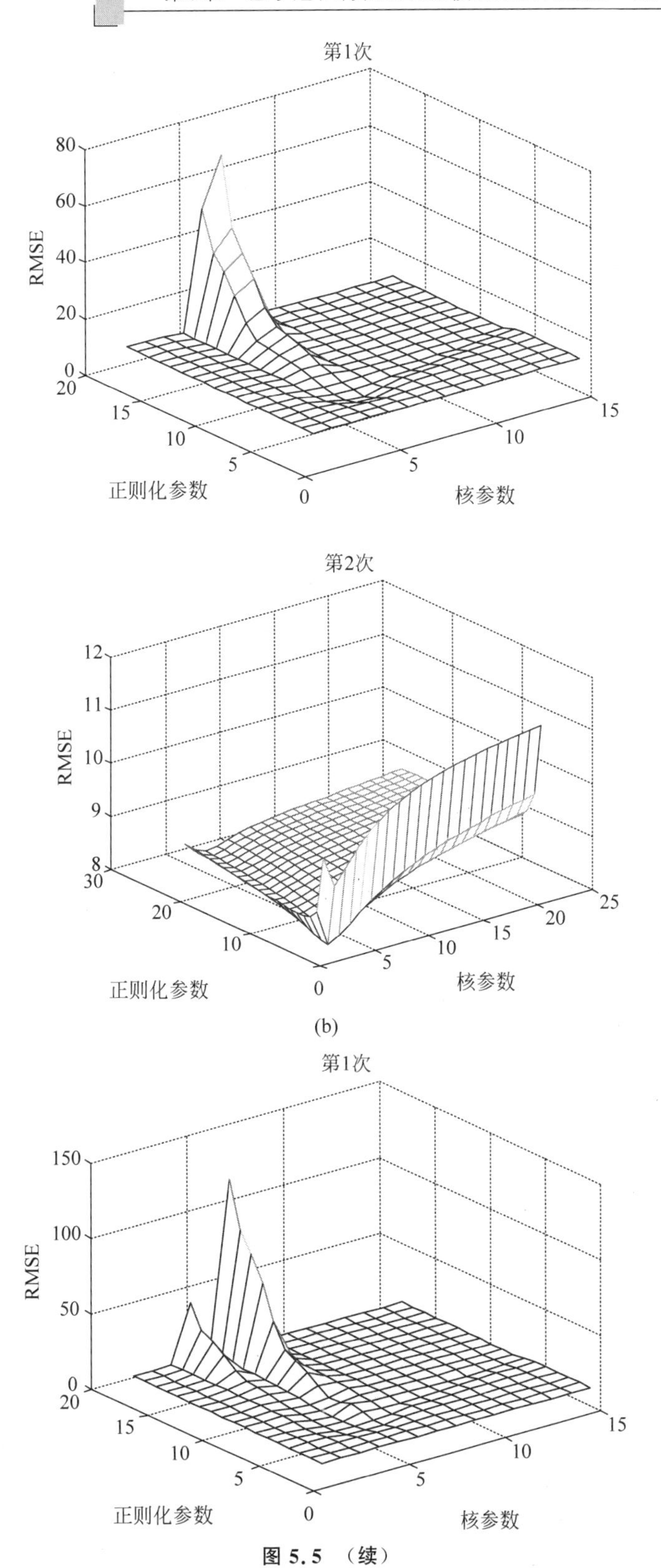
第1次
RMSE
80
60
40
20
0
20
15
10
5
0
正则化参数
5
10
15
核参数
第2次
RMSE
12
11
10
9
8
30
20
10
0
正则化参数
5
10
15
20
25
核参数
第1次
RMSE
150
100
50
0
20
15
10
5
0
正则化参数
5
10
15
核参数

(b)

图 5.5 （续）

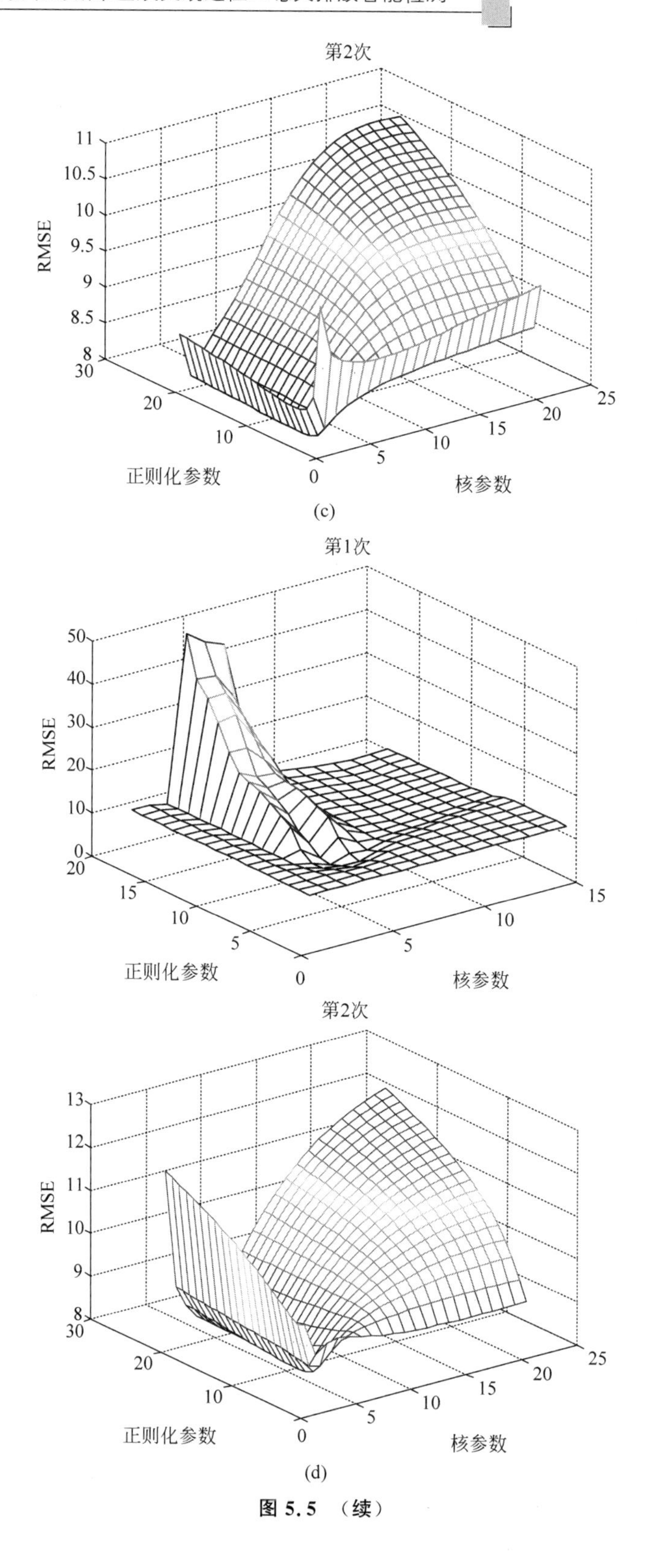
第2次
RMSE
11
10.5
10
9.5
9
8.5
8
30
20
10
0
正则化参数
5
10
15
20
25
核参数
(c)
第1次
RMSE
50
40
30
20
10
0
20
15
10
5
0
正则化参数
5
10
15
核参数
第2次
RMSE
13
12
11
10
9
8
30
20
10
0
正则化参数
5
10
15
20
25
核参数
(d)

图 5.5 （续）

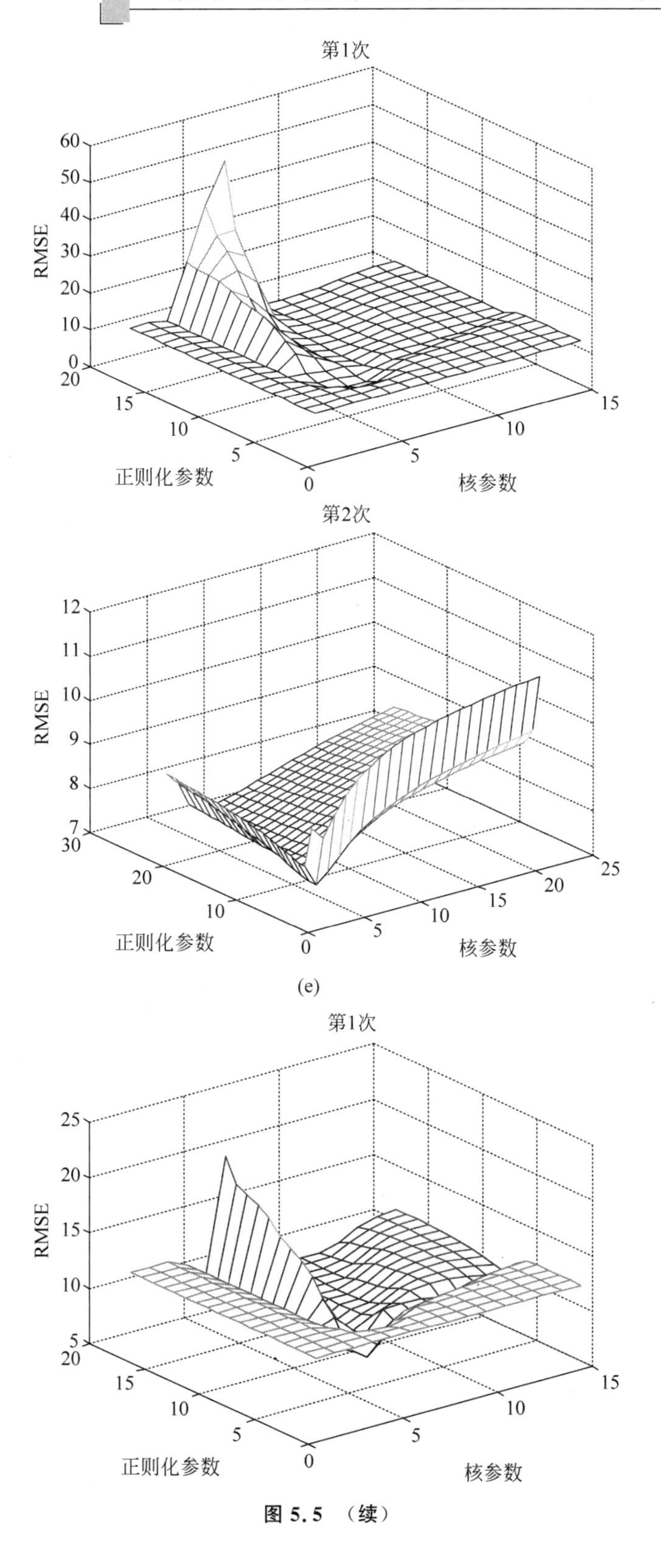
第1次
RMSE
60
50
40
30
20
10
0
20
15
10
5
正则化参数
0
5
10
15
核参数
第2次
RMSE
12
11
10
9
8
7
30
20
10
正则化参数
0
5
10
15
20
25
核参数
(e)
第1次
RMSE
25
20
15
10
5
20
15
10
5
正则化参数
0
5
10
15
核参数

图 5.5　(续)

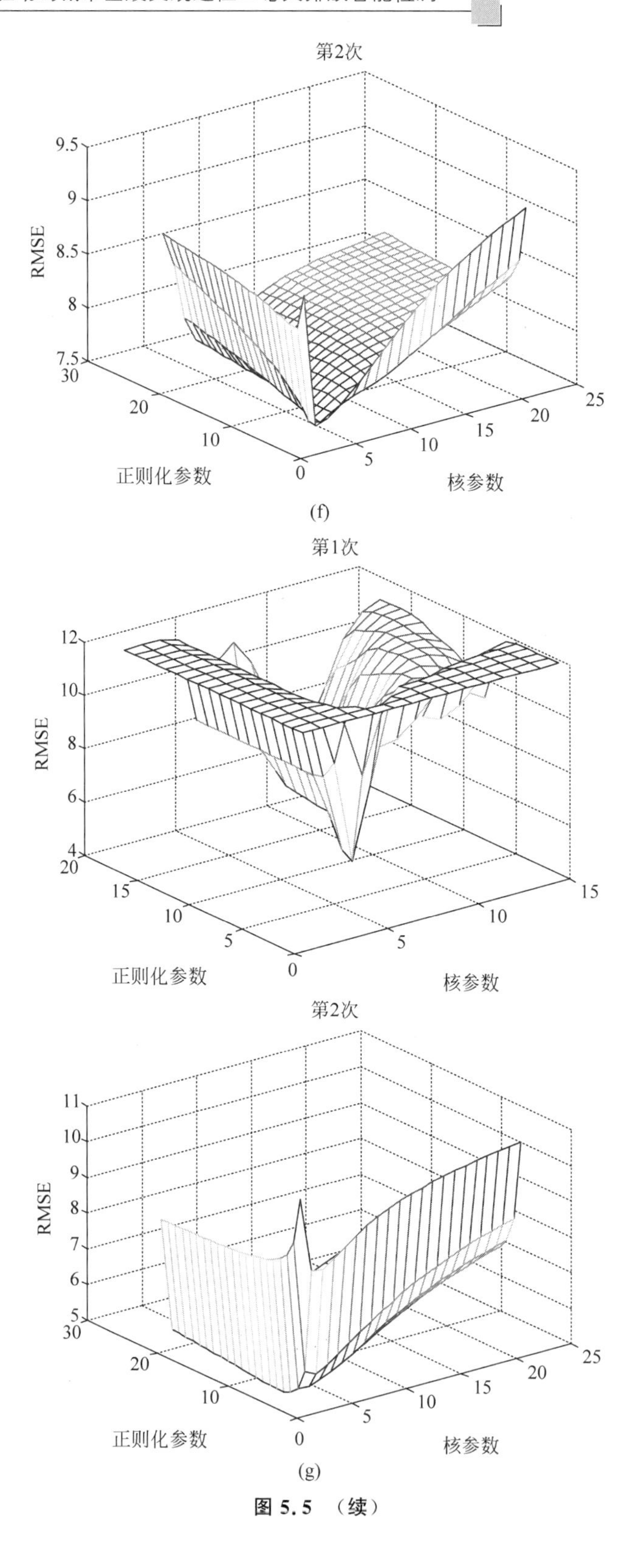
第2次
RMSE
9.5
9
8.5
8
7.5
30
20
10
0
正则化参数
5
10
15
20
25
核参数
第1次
RMSE
12
10
8
6
4
20
15
10
5
0
正则化参数
5
10
15
核参数
第2次
RMSE
11
10
9
8
7
6
5
30
20
10
0
正则化参数
5
10
15
20
25
核参数

(f)

(g)

图 5.5 （续）

基于上述结果，候选子模型的超参数对分别为{0.1585，1.0900}、{5.950，0.5950}、{0.5950，2.5750}、{1.5850，65.3499}、{5.950，1.0900}、{10.9000，5.9500}和{5.9500，2.5750}，其测试 RMSE 分别为 8.5045、8.1577、8.0421、8.4622、7.8064、7.6934 和 5.1155，而其训练 RMSE 分别为 8.0685、8.1628、7.1451、5.7691、8.9197、5.5617 和 4.1109。因此，基于Ⅶ子组的子模型具有最小的泛化误差(5.1155)。所以，对于近红外数据，使用所有输入特征可能是最佳选择。

对于上述候选子模型，采用基于分支和边界的耦合策略获得了集合大小为 2～6 的 SEN 模型，其测试误差分别为 5.3377、5.4457、5.1113、5.0849 和 5.1074。因此，当集合大小为 5 时，它比最佳候选子模型具有更好的泛化性能，所选子组包括Ⅲ、Ⅳ、Ⅴ、Ⅵ和Ⅶ。因此，构建了基于五输入的 PLS 模型。其中，第 1 个潜在变量捕获了 5 个子组子模型预测输出的 91.99%和 86.76%的变化。最佳的 SEN 模型并不是选择具有最佳预测性能排序的候选子模型，而是将具有互补性的子模型进行融合，对于此的其他解释必须与领域知识相结合。

5.4.1.3　方法比较

将该方法与基线方法(PLS 和 RWNN)、基于差分进化的集成建模方法[23]进行了比较。RWNN 是一种单隐层前馈网络，其输入权重和偏差是随机产生的，输出权重是通过摩尔-彭若斯广义逆(Moore-Penrose pseudoinverse)方法解析计算的。因此，它对小样本建模数据的预测性能不稳定，采用基于 RWNN 的集成算法可以克服这种偏差，其学习参数由 GA 选择。不同建模方法的统计结果如表 5.5 所示。在“参数”列中，“(LV/PC)”表示 PLS/KPLS 或 PCA 的潜在变量或主数，“($\{K_{er}, R_{eg}\}$)”表示超参数 LSSVM，“(数字)”表示 RWNN 的隐藏节点数。“(—)”表示未使用相关参数。

表 5.5　NIR 数据不同建模方法统计结果

	过程变量数量	加权方法	RMSE	参数 (LV/PC)($\{K_{er}, R_{eg}\}$)(数字)	备注
PLS	700	—	7.154	(11)(—)(—)	单模型
KPLS	700	—	6.040	(11)(—)(—)	单模型
RWNN	700	—	12.41±3.328	(—)(—)(1401)	单模型
文献[23]	314	—	6.015±0.6696	(—)(—)(25)	集成模型
PCA-MI-LSSVM	700	—	5.1115	(8)({5.9500,2.5750})(—)	单模型
选择性集成建模(SEN)(本章)	700	PLS	5.0849	(3，3，3，6，8)({0.5950，2.5750}，{1.5850，65.3499}，{5.950，1.0900}，{10.9000，5.9500}，{5.9500，2.5750})(—)	SEN 模型

由表 5.5 可知：

(1) 对于单一模型，线性 PLS 模型和非线性 RWNN 模型的预测性能最差。RWNN 未优化选择输入特征和隐层节点，预测稳定性较差。PLS 使用 11 个潜在变量建立学习模型，表明从原始输入波长和蔗糖水平分别提取了 100%和 90.34%的变化。通过采用 KPLS 方法，RMSE 从 7.154 降到 6.040。然而，这些提取的潜在变量并不相互独立。因此，基于所有输入特征的 PCA-MI-LSSVM 方法使泛化性能进一步升至 5.1115。

(2) 对于集成(EN)模型，采用基于差分进化的优化方法，联合选择 RWNN 子模型的输入特征和学习参数，获得 RMSE 最小值(4.801)。但该方法存在优化时间长、预测稳定性差等缺点，对小样本数据是致命的。

(3) 本章提出的 SEN 方法在 RMSE 平均值方面获得的结果最好，能够对不同的局部信息和全局信息进行选择性融合，包括 5 个子模型，其输入潜在特征数为 3、3、3、6 和 8。因此，本书提出的方法适用于高维数据的小样本建模。

本章方法还需要结合实际工业数据进一步验证。

5.4.2 工业数据集

5.4.2.1 数据描述

此处采用的工业数据集源于北京某 MSWI 厂的 39 个 DXN 排放浓度检测样本，输入变量的维数为 287 维(删除部分数据缺失的变量)。可见，输入特征维数远远超过建模样本数量，进行维数约简非常必要。将建模数据等分为训练和测试两部分。

本节的研究目的包括算法有效性验证和工业过程数据可用性验证两个方面。

5.4.2.2 建模结果

1. 广义子系统划分、潜在特征提取与初选的结果

此处将根据工艺流程划分的阶段子系统：焚烧、锅炉、烟气处理、蒸汽发电、烟气排放和公用工程视为包含差异化局部信息的子系统。为表示 MSWI 过程变量的整体变化特性，将包含全部变量的 MSWI 全流程系统视为表征全局信息的广义子系统。因此，广义上讲，共包含 7 子系统。

采用 PCA 提取的前 6 个潜在特征的累积贡献率如图 5.6 所示。

图 5.6 表明：

(1) 不同子系统前 6 个 PC 的累积贡献率均达到了 80%以上，其中烟气排放和焚烧子系统分别具有最高和最低的累积贡献率，两者相差接近 20%，表明了不同阶段子系统蕴含局部信息的差异性；

(2) MSWI 全流程系统具有低于 80%的累积贡献率，表明将 MSWI 过程按工艺流程划分为不同的阶段子系统并进行特征提取是合理的；

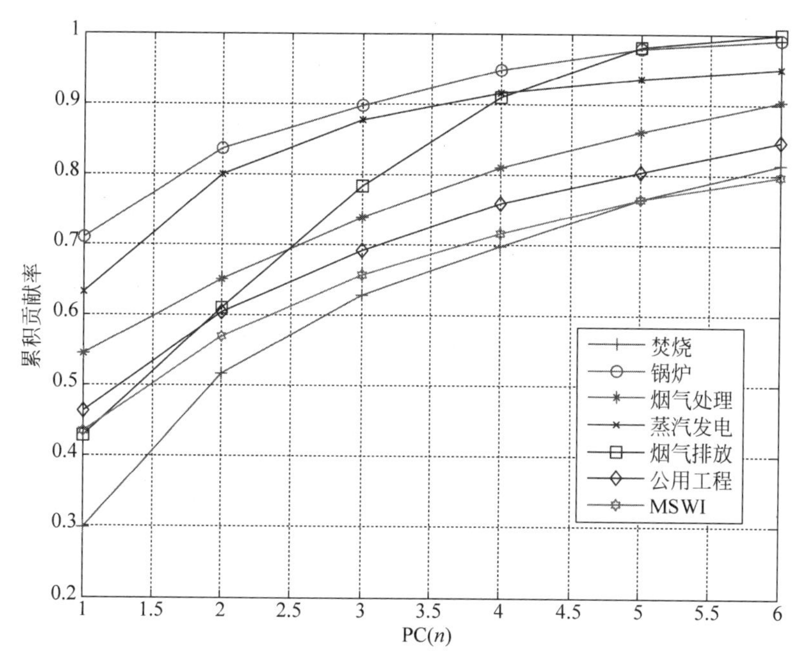

图 5.6 DXN 数据不同阶段子系统的前 6 个 PC 的累积贡献率

(3) 从第 1 个潜在变量贡献率的视角,焚烧子系统为 29.90%,锅炉子系统为 70.99%,这与子系统所包含的过程变量类型与数量相关,也进一步表明了对不同阶段子系统进行潜在特征提取的合理性。

考虑到采用贡献率较低的潜在变量建模会导致模型泛化性能的不稳定,此处将 θ_{contri} 取值为 1 进行潜在特征的初选。

初选潜在特征及其贡献率如表 5.6 所示。

由表 5.2 可知:

(1) 不同阶段子系统的初选潜在特征数量依次为 13、6、9、8、6 和 12,其中焚烧子系统和蒸汽发电子系统选择的数量为最多的 13 个和最少的 5 个,为各自原始过程变量数量的 1/6 和 1/10,表明了输入变量间较强的共线性和不同阶段子系统间的差异性;

(2) 烟气排放子系统包含的过程变量和提取的潜在变量数量均为 6 个,表明排放烟气包含的 HCl 和 SO_2 等组分之间具有差异性;

(3) MSWI 全流程系统所初选的潜在特征数量为 15 个,多于其他阶段子系统,从蕴含全局信息的视角来看这是合理的。

2. 潜在特征度量与再选结果

此处采用 MI 方法度量上述初选潜在特征与 DXN 的相关性,如图 5.7 所示。

表 5.6　DXN 数据初选潜在特征的数量及其贡献率

子系统代号		焚烧	锅炉	烟气处理	蒸汽发电	烟气排放	公用工程	MSWI
初选潜在特征贡献率/%	1	29.90	70.99	54.57	63.34	42.91	46.33	43.58
	2	21.75	12.66	10.42	16.56	18.06	14.10	13.40
	3	11.14	6.058	8.901	7.691	17.30	8.653	8.761
	4	6.952	5.014	7.146	3.906	12.65	6.798	5.921
	5	6.635	3.036	5.041	2.030	7.211	4.483	4.822
	6	5.075	1.356	4.269	1.533	1.854	4.221	3.246
	7	3.792	—	3.237	1.184	—	3.501	3.071
	8	3.208	—	2.584	1.007	—	2.842	2.919
	9	2.784	—	1.190	—	—	2.116	2.444
	10	1.846	—	—	—	—	1.494	2.138
	11	1.514	—	—	—	—	1.256	1.911
	12	1.283	—	—	—	—	1.164	1.731
	13	1.129	—	—	—	—	—	1.481
	14	—	—	—	—	—	—	1.344
	15	—	—	—	—	—	—	1.068
初选潜在特征数量		13	6	9	5	6	12	15
原始过程变量数量		79	14	19	53	6	115	286

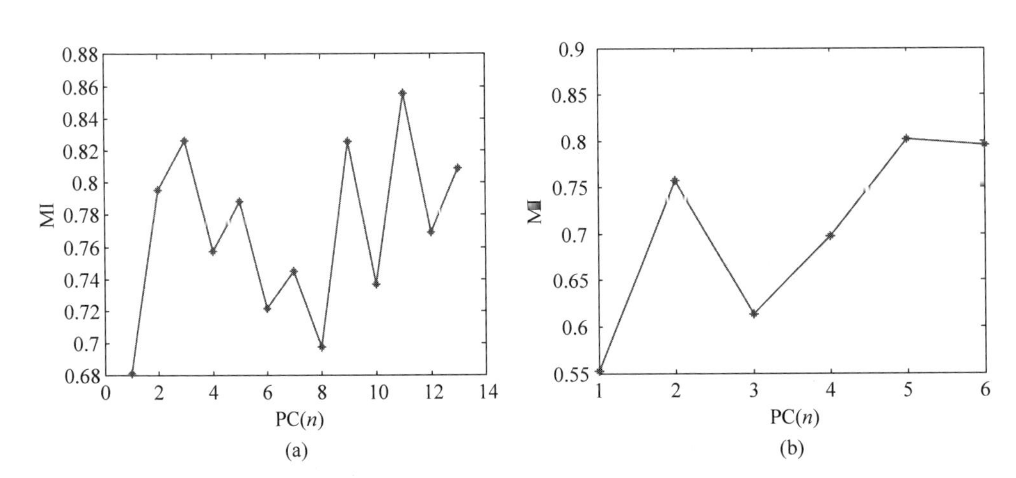

图 5.7　DXN 数据全部子系统和 MSWI 全流程系统的初选潜在特征与 DXN 的 MI

(a) 焚烧；(b) 锅炉；(c) 烟气处理；(d) 蒸汽发电；(e) 烟气排放；(f) 公用工程；(g) MSWI

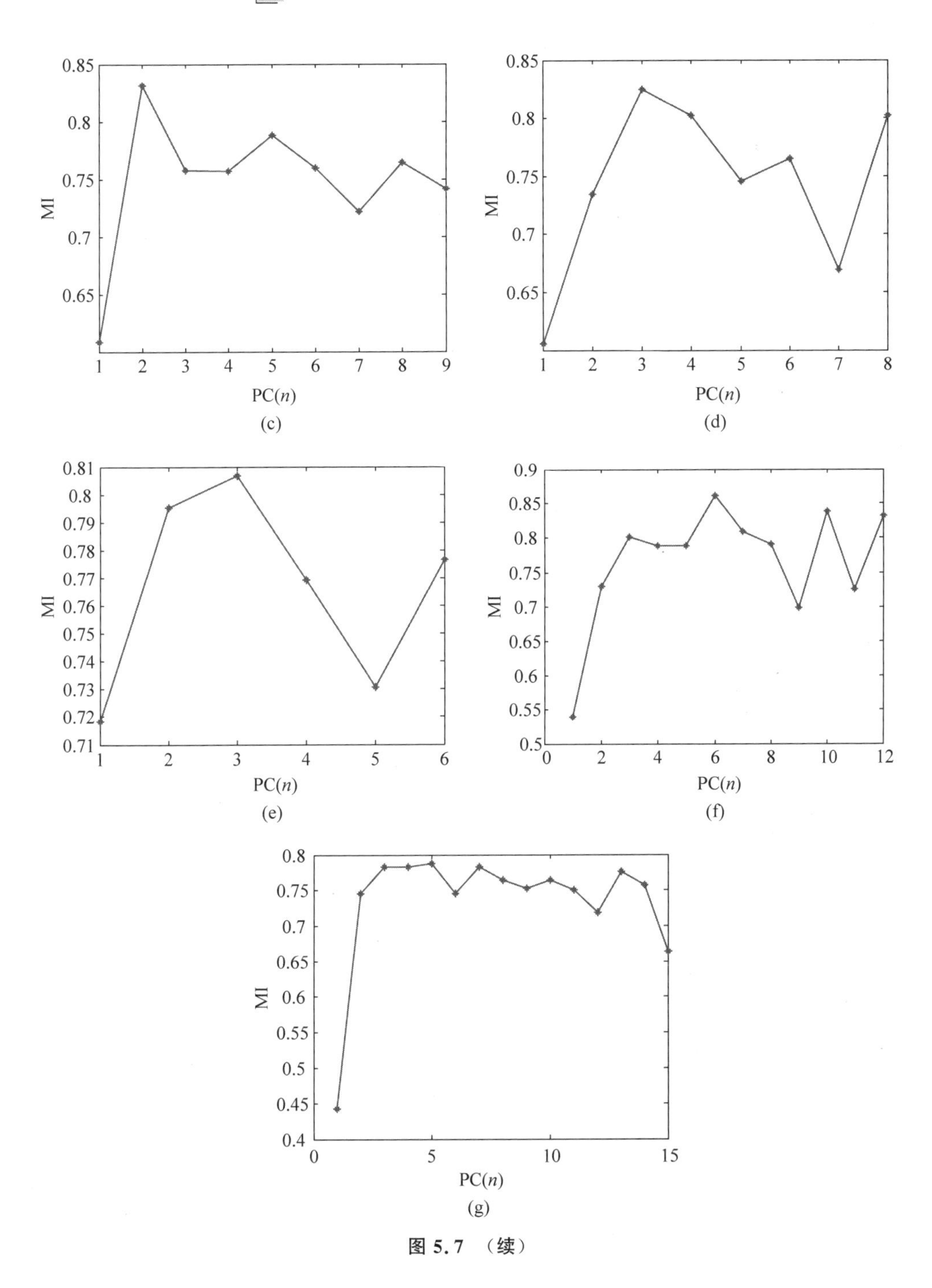

图 5.7 （续）

图 5.7 表明：

(1) 从不同阶段子系统和全流程系统初选潜在特征的第 1 个特征的 MI 可知，虽然其能够表征原始过程变量中的最大部分变化，但其与 DXN 的相关性却是最小的，这表明进行潜在特征的再选是必要且合理的；

(2) 第1个潜在特征的 MI 最小值(0.4429)源于 MSWI 全流程系统，最大值(0.7182)源于烟气排放子系统，且后者是前者的1.6倍，表明按照工艺流程划分为不同阶段子系统并进行特征提取是非常合理的；

(3) 除第1个潜在特征外，其他潜在特征虽然在表征过程变量的贡献率上逐渐下降，但在表征 MI 上却未呈现任何规律性，表明以与 DXN 的相关性强弱为准则进行潜在特征度量和再选择是必要且合理的。

初选潜在特征 MI 的极值统计如表5.7所示。

表5.7 DXN 数据全部子系统和 MSWI 全流程系统初选潜在特征 MI 的极值统计表

DXN 数据全部子系统和 MSWI 全流程	最大值集合			最小值集合			备注
	MI	贡献率/%	PC 编号	MI	贡献率/%	PC 编号	
焚烧	0.8559	1.514	11	0.6814	29.90	1	
锅炉	0.8019	3.036	5	0.5527	70.99	1	
烟气处理	0.8316	10.42	2	0.6084	54.57	1	
蒸汽发电	0.8249	7.691	3	0.6059	63.34	1	
烟气排放	0.8067	17.30	3	0.7182	42.91	1	
公用工程	0.8613	4.221	6	0.5400	46.33	1	
MSWI	0.7882	4.822	5	0.4429	43.58	1	

表5.7表明：

(1) 潜在特征与 DXN 相关性的强弱与其被提取的顺序和贡献率无关。如针对焚烧子系统，其潜在特征的 MI 最大值(0.8559)源自贡献率仅为1.514%的第11个 PC；对于其他5个子系统，对应的 PC 编号依次为5、2、3、3和6，贡献率分别为3.036%、10.42%、7.691%、17.30%和4.221%；

(2) 针对 MI 最大值集合：最大值(0.8613)源于理论上与 DXN 排放并无直接关系的公用工程子系统，该现象除需要从子系统相关性的角度分析外，还需要结合模型泛化性能进行验证，此外也是对所采集数据可用性的验证；第2个最大值(0.8559)源于焚烧子系统，其在理论上与 DXN 的生成与燃烧机理相关，较为合理；对于 MSWI 全流程系统而言，其最大值却比每个阶段的子系统都要小，此结果进一步验证了按照工艺流程将 MSWI 过程划分为不同阶段子系统分别进行特征提取的有效性和合理性；

(3) 针对 MI 最小值集合：所有潜在特征均为第1个 PC 的 MI 最小，其最小贡献率仅为29.9%，但也远高于 MI 最大值集合中的潜在特征对应的 PC 贡献率；最大值(0.7182)源于排放 DXN 的烟气排放子系统，最小值(0.4429)源于 MSWI 全流程系统；这些结果表明局部信息与全局信息是存在差异的。

结合5.2节所述算法和表5.3的度量结果，MI 阈值的上限和下限可自适应地确定为0.7882和0.7182，将$N_{\text{contri}}^{\text{step}}$取为默认值10，可知步长为0.006999。结合软测量模型性能，最终确定阈值为0.7882。

再选潜在特征的数量和MI的统计结果如表5.8所示。

表5.8　DXN数据再选潜在特征数量和MI统计表

DXN数据全部子系统和MSWI全流程	数量	MI					
		1	2	3	4	5	6
焚烧	5	0.7952	0.8267	0.8258	—	—	—
锅炉	2	0.8019	0.7952	—	—	—	—
烟气处理	1	0.8316	—	—	—	—	—
蒸汽发电	3	0.8249	0.8022	0.8019	—	—	—
烟气排放	2	0.7952	0.8067	—	—	—	—
公用工程	6	0.8019	0.8613	0.8088	0.7904	0.8383	0.8316
MSWI	1	0.7882	—	—	—	—	—

由表5.8可知，最终为不同阶段子系统和全流程系统选择的再选潜在特征数量分别为5、2、1、3、2、6和1，表明与DXN具有较高相关性的潜在变量的分布与数量是存在差异的。因此，针对不同阶段子系统构建不同的预测子模型更能体现其在建模贡献率上的差异性和互补性。

3. 自适应选择集成建模结果

将候选正则化参数与核参数的集合分别预先选择为{0.0001,0.001,0.01,0.1,1,10,100,1000,2000,4000,6000,8000,10000,20000,40000,60000,80000,160000}和{0.0001,0.001,0.01,0.1,1,10,100,1000,1600,3200,6400,12800,25600,51200,102400}。以5.4.2.2节第2点所确定的再选潜在特征为输入，采用网格搜索方法进行LSSVM超参数自适应寻优，相应的第1次和第2次的参数寻优曲线如图5.8所示。

基于上述结果，上述子模型自适应选择的超参数对分别为{109,109}、{10000,25.75}、{5.950,0.0595}、{30.70,2.080}、{5.950,0.5950}、{1520800,22816}和{1362400,158.5}，对应的RMSE分别为0.01676、0.02302、0.01348、0.01943、0.01475、0.02261和0.02375。可见，采用MSWI全流程系统的再选潜在特征构建的子模型预测误差最大(0.02375)，其对应的超参数对具有较大范围{1362400,158.5}，表明蕴含全局信息的潜在特征的数据分布范围较宽。相对而言，根据工艺流程划分的焚烧、烟气处理和烟气排放子系统所对应的子模型预测误差分别为0.01676、0.01348和0.01475，其相应的超参数分别为{109,109}、{5.950,0.0595}和{5.950,0.5950}。从机制上讲，上述3个子系统与DXN的生成与燃烧、吸附、排放等工艺密切相关，该结果进一步表明了本章方法的合理性。此外，具有最大潜在特征 MI 的公用工程子系统所构建的子模型的测量误差仅为 0.02261，这也与 DXN 机理和该子系统的相关性很小的事实相符。

针对基于上述各个阶段子系统和 MSWI 全流程潜在特征的候选子模型，采用基于分支定界和预测误差信息熵加权算法的 SEN 策略，可以得到集成尺寸为 2～6 时的 SEN 模型，其测试误差分别为 0.01345、0.01332、0.01401、0.01460 和 0.01560。可见，在集成尺寸为 2 和 3 时，该 SEN 模型具有强于最佳候选子模型的预测性能。

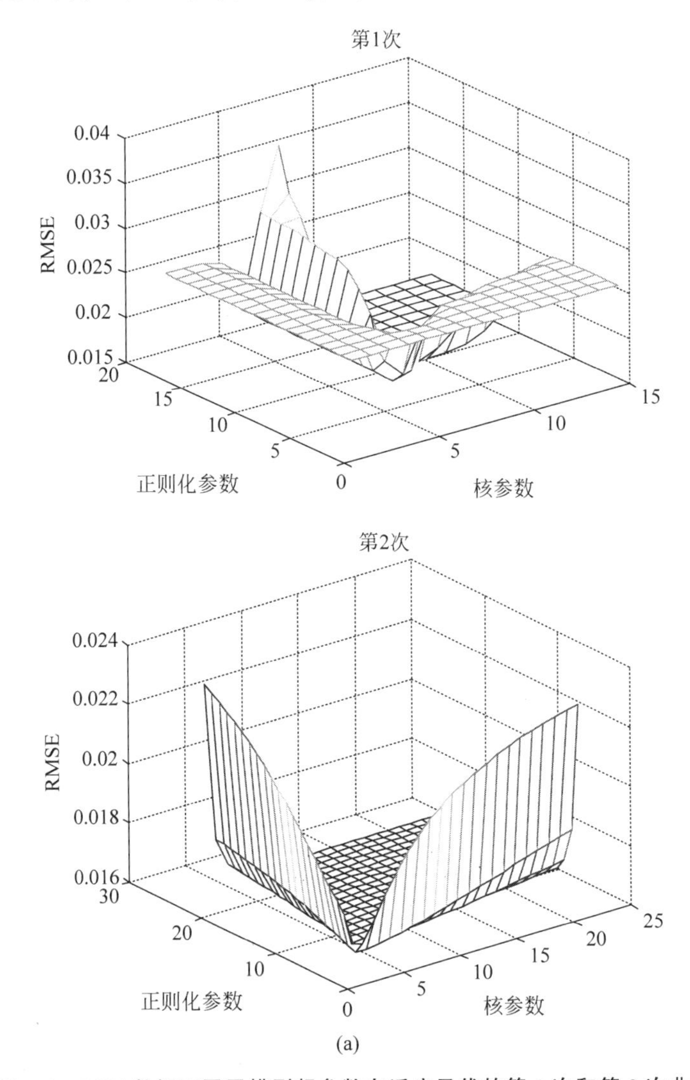

图 5.8　DXN 数据不同子模型超参数自适应寻优的第 1 次和第 2 次曲线

(a) 焚烧阶段子系统超参数自适应寻优的第 1 次和第 2 次曲线；(b) 锅炉阶段子系统超参数自适应寻优的第 1 次和第 2 次曲线；(c) 烟气处理阶段子系统超参数自适应寻优的第 1 次和第 2 次曲线；(d) 蒸汽发电阶段子系统超参数自适应寻优的第 1 次和第 2 次曲线；(e) 烟气排放阶段子系统超参数自适应寻优的第 1 次和第 2 次曲线；(f) 公用工程子系统超参数自适应寻优的第 1 次和第 2 次曲线；(g) MSWI 全流程子系统超参数自适应寻优的第 1 次和第 2 次曲线

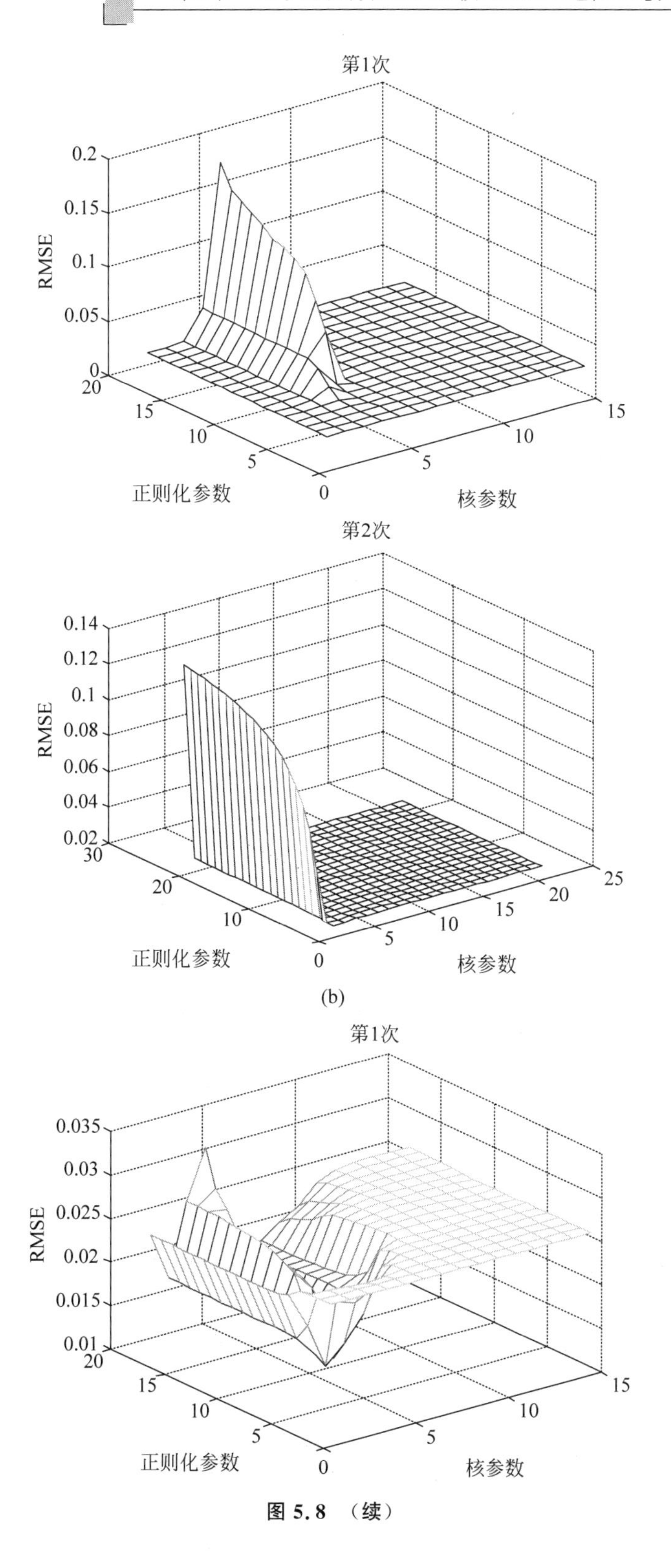
第1次
RMSE
0.2
0.15
0.1
0.05
0
20
15
10
5
0
正则化参数
5
10
15
核参数
第2次
RMSE
0.14
0.12
0.1
0.08
0.06
0.04
0.02
30
20
10
0
正则化参数
5
10
15
20
25
核参数
(b)
第1次
RMSE
0.035
0.03
0.025
0.02
0.015
0.01
20
15
10
5
0
正则化参数
5
10
15
核参数

图 5.8 （续）

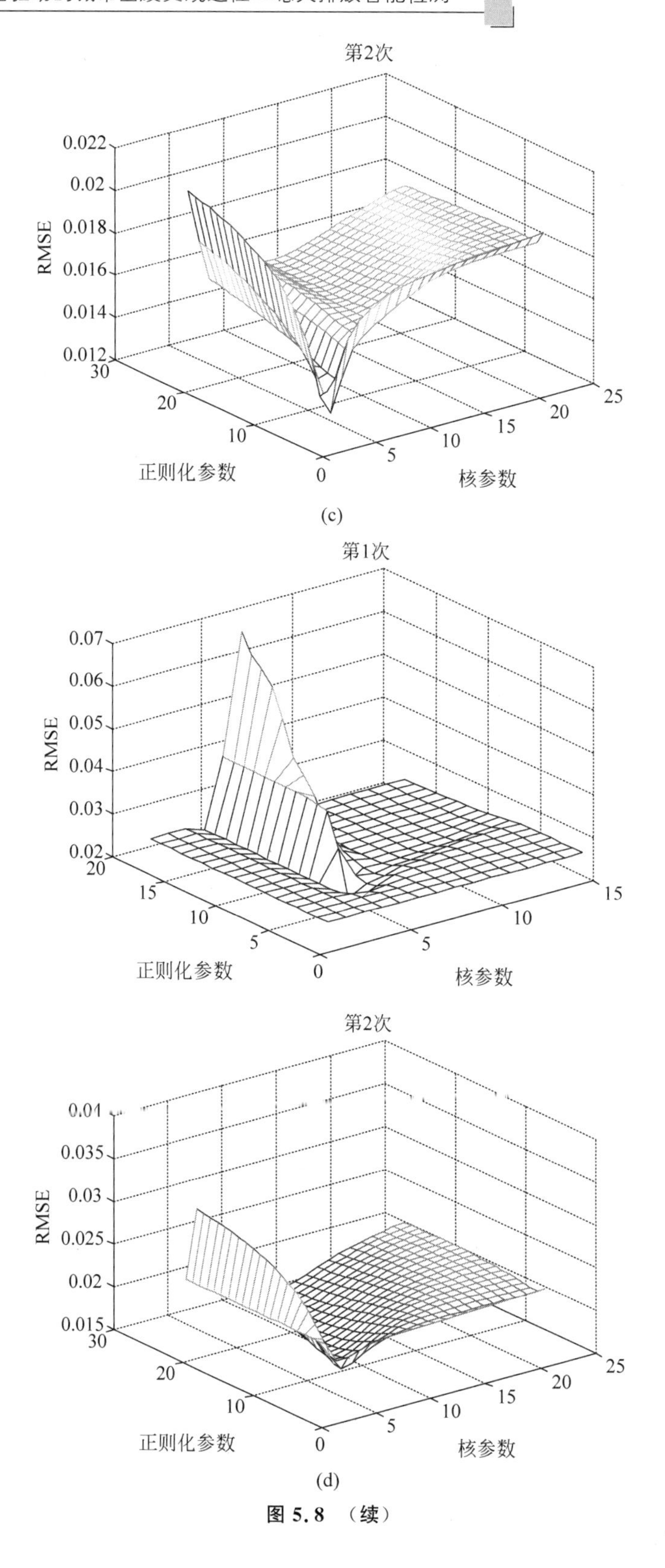
第2次
0.022
0.02
0.018
0.016
0.014
0.012
RMSE
30
20
10
0
正则化参数
5
10
15
20
25
核参数
(c)
第1次
0.07
0.06
0.05
0.04
0.03
0.02
RMSE
20
15
10
5
0
正则化参数
5
10
15
核参数
第2次
0.04
0.035
0.03
0.025
0.02
0.015
RMSE
30
20
10
0
正则化参数
5
10
15
20
25
核参数
(d)

图 5.8 （续）

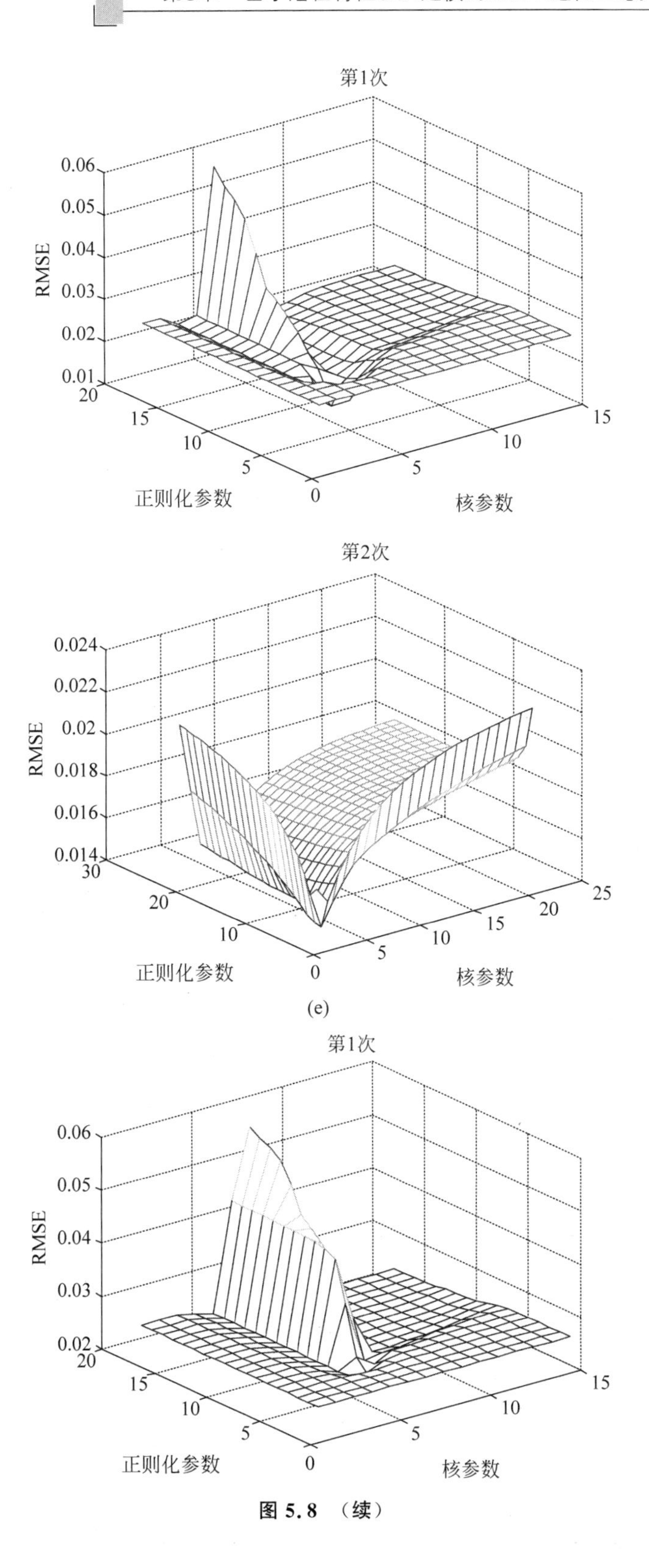
第1次
0.06
0.05
0.04
0.03
0.02
0.01
RMSE
20
15
10
5
0
正则化参数
5
10
15
核参数
第2次
0.024
0.022
0.02
0.018
0.016
0.014
RMSE
30
20
10
0
正则化参数
5
10
15
20
25
核参数
(e)
第1次
0.06
0.05
0.04
0.03
0.02
RMSE
20
15
10
5
0
正则化参数
5
10
15
核参数

图 5.8　（续）

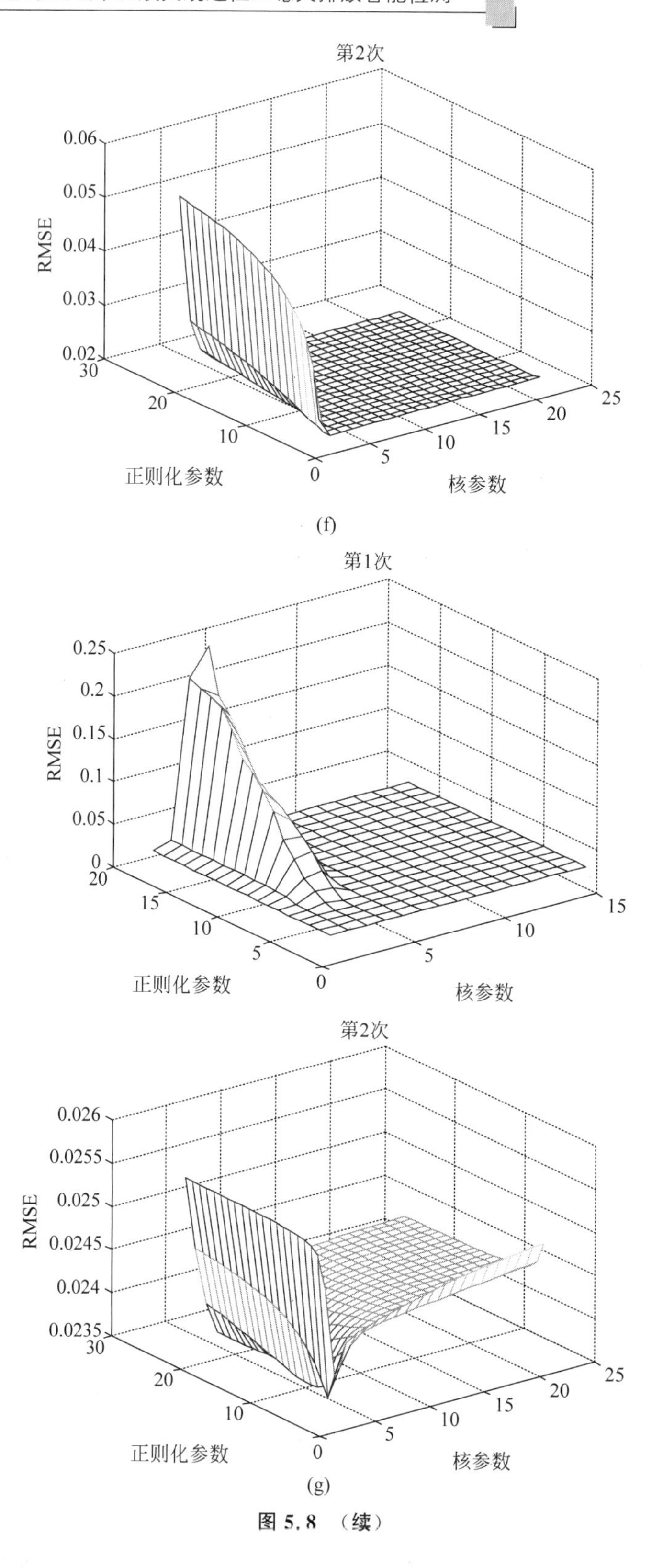
第2次
RMSE
0.06
0.05
0.04
0.03
0.02
30
20
10
0
正则化参数
5
10
15
20
25
核参数
(f)
第1次
RMSE
0.25
0.2
0.15
0.1
0.05
0
20
15
10
5
0
正则化参数
5
10
15
核参数
第2次
RMSE
0.026
0.0255
0.025
0.0245
0.024
0.0235
30
20
10
0
正则化参数
5
10
15
20
25
核参数
(g)

图 5.8 （续）

最终构建得到的 DXN 软测量模型的集成尺寸为 3，其集成子模型所对应的子系统为烟气处理、烟气排放和焚烧。由前文可知，此 3 个阶段子系统所对应的工艺流程与 DXN 的吸附、排放、生成与燃烧过程相关。目前，MSWI 厂为降低 DXN 排放浓度，除在烟气处理阶段均采用较为先进的末端处理装置外，对能够吸附 DXN 的活性炭供应量往往设为上限值，甚至不计成本；但需要提出的是，该方法只是改变了 DXN 的存在方式，并未从根本上予以消除。因此，在未来工作中，有必要对烟气处理装置之前的 DXN 含量进行测量，为优化控制 DXN 的生成、燃烧和吸附提供支撑。

由上述仿真结果可知，从国内实际 MSWI 过程获取的 DXN 检测数据具有一定程度的可用性，本章方法也是有效的，但更具实用性的研究还需要结合更多定制化、高成本的实验数据。

5.4.2.3　方法比较

由前文可知，此处所提方法与文献[7]、文献[9]、文献[22]相比的优点在于，一是采用全部 MSWI 过程变量建模，之前的方法是根据机理或经验选择的部分与 DXN 相关的过程变量建模，丢弃的过程变量会造成信息损失。二是根据工艺流程划分为不同的阶段子系统，分别提取和选择各自潜在特征构建候选子模型，并将蕴含全局信息的 MSWI 全流程系统也作为一个广义概念下的子系统，最终构建 DXN 排放浓度 SEN 软测量模型，可以实现具有互补特性候选子模型的自适应选择性融合；而之前的方法多为单模型，即便是 SEN 模型也未进行多源信息的融合。

因此，为与已有方法进行比较，基于本章所用的国内实际工业过程数据，选择与文献[7]、文献[9]、文献[22]相同或类似的过程变量和方法进行比较：借鉴文献[7]，选择炉膛温度、二次燃烧室出口温度左、二次燃烧室出口温度右、一级过热器出口蒸汽温度、二级过热器出口蒸汽温度、三级过热器出口蒸汽温度、活性炭储仓给料量、FGD 出口烟气温度 A、FGD 出口烟气温度 B，以及烟气中 SO_2、HCl 和 O_2 的浓度共 12 个变量；借鉴文献[9]，选择炉膛温度、一级过热器出口蒸汽温度、二级过热器出口蒸汽温度、三级过热器出口蒸汽温度、烟道入口烟气流量、以及烟气中 SO_2、HCl、灰尘的浓度共 8 个变量；借鉴文献[22]，选择炉膛温度、锅炉出口主蒸汽流量、烟道入口烟气温度、烟道入口烟气流量、HCl 浓度、PM 浓度共 6 个变量。此外，本章也与采用 PLS 和 AWF 作为加权融合策略的集成建模方法进行了比较。

不同建模方法的统计结果如表 5.9 所示。由表 5.9 可知：

(1) 从用于构建软测量模型的过程变量数量的视角，文献[7]、文献[9]和文献[22]采用的输入特征是从 287 个变量中选择的 12、8 和 6 个基于机理或经验的输入特征，采用经验风险神经网络模型、结构最小化风险 SVM 模型和基于多核参数的 SEN 模型构建的 DXN 模型，在泛化性能上均弱于以全部 287 个变量为输入的

表 5.9 不同建模方法的统计结果

	过程变量数量	加权方法	RMSE	参数(LV/PC)({K_{er},R_{eg}})	备注
文献[7]	12	—	0.08869±0.3000	(—)(—)	单模型,RWNN
文献[9]	8	—	0.02695	(—)({21,21})	单模型,SVM
文献[22]	6	AWF	0.02306	(—)(0.1,1,400,6400,12800，25600，51200，102400)	SEN,基于多核参数
PLS	286	—	0.01790	(13)(—)	单模型,MSWI 系统
PCA-LSSVM	286	—	0.01563	(18)({36240,83904})	单模型,MSWI 系统
集成建模	286	PLS	0.01420	(5,2,1,3,2,6,1)({109,109}、{10000,25.75}、{5.950,0.0595}、{30.70,2.080}、{5.950,0.5950}、{1520800，22816}和{1362400,158.5})	PCA-MI-LSSVM 子模型，EN，全部子模型
		AWF	0.01851		
		Entropy	0.01625		
选择性集成建模(本章方法)	286 (104)*	BB-AWF	0.01348	(5,1,2)({109,109},{5.950,0.0595},{5.950,0.5950})	PCA-MI-LSSVM 子模型,SEN,焚烧、烟气处理、烟气排放共3个子模型
		BB-Entropy	0.01332		

注：* 表示最终构建的软测量模型采用了包括焚烧、烟气处理和烟气排放 3 个子系统所涉及的 104 个过程变量为输入。

三类模型(PLS 模型、PCA-LSSVM 模型、基于 PCA-MI-LSSVM 子模型的 EN 模型),以及实际上以 104 个过程变量为输入的基于 PCA-MI-LSSVM 子模型的 SEN 模型,表明前 3 种方法在丢弃大部分过程变量的过程中损失了有价值的信息,也表明采用适当数量的过程变量建模是必要的。

(2) 从建模方法的视角,文献[7]的结果表明神经网络在面向小样本数据建模时具有较大的随机性；文献[9]的结果表明 SVM 适合构建小样本数据模型,通过集成多个核参数的 SEN 策略[22]可以进一步提高泛化性能；PLS 通过提取与 287 个输入变量和输出 DXN 排放浓度均相关的潜在特征构建线性回归模型,也获得了比上述 3 种仅采用部分过程变量建模策略更好的性能；PCA-LSSVM 通过提取 MSWI 全流程系统的潜在特征,构建了误差进一步降低的软测量模型；基于 PCA-MI-LSSVM 子模型的 EN 和 SEN 策略也进一步提高了建模精度,证明了选择性融合局部与全局信息的合理性。总体上,结构风险最小化的建模方法性能较佳,SEN 建模策略更优。

(3) 从集成子模型融合策略的视角,基于 PLS 的 EN 建模策略具有仅次于本章方法的泛化性能，表明 PLS 能够对 7 个候选子模型进行较为有效的融合。此处，PLS 相当于构建了候选子模型的输出与最终 EN 模型的输出的映射关系[24]。本章仅构建了线性的融合模型，对于其他融合模型还需进行深入研究。

(4) 从 DXN 软测量模型的集成子模型自适应选择与合并的视角，本章方法无需对全部过程变量进行选择，只通过对包含局部信息的 6 个阶段子系统及包含全局信息的全流程系统的潜变量特征候选子模型进行优化选择与加权，即可构建面向多源信息的选择性融合模型，结果表明所选择的集成子模型是基于与 DXN 的生成、燃烧、吸附和排放机理相关的阶段子系统构建的，进一步验证了建模数据的可用性和算法的有效性。

综上可知，本章方法具有最佳预测性能，能够对表征局部信息和全局信息的阶段子系统和 MSWI 全流程系统所蕴含的潜在特征进行有效的选择性融合。同时，由于不同焚烧系统的差异性，在子系统划分粒度与方式、全流程系统融合效果等方面，本章方法还需要在更多实际工业数据上进一步验证。

5.4.3 分析与讨论

5.4.3.1 期望比率视角的小样本高维过程数据建模分析

具有完备的覆盖工业过程运行工况的足够数量的建模样本对于构建有效的难测参数软测量模型非常重要。然而，此类建模样本数据的定义具有很大的相关性和主观性[25]，相关研究提出了若干获得必要泛化性能所需的最小训练样本数的指标[26-27]。对于分类问题，文献[28]研究了分类错误、训练样本数、输入特征维数和分类算法复杂性之间的关系。在模式识别领域，训练样本数与输入特征的期望比率 $\alpha_{\text{ratio}}^{\text{ori}}$ 可采用下式表示：

$$\alpha_{\text{ratio}}^{\text{ori}} = N_{\text{sample}} / P_{\text{feature}}, \quad \alpha_{\text{ratio}}^{\text{ori}} = 2,5,10 \tag{5.35}$$

其中，N_{sample} 和 P_{feature} 分别表示训练样本数和输入特征。

针对高维频谱和光谱数据，以及复杂的工业过程，用于构建难测参数软测量模型的输入特征的维数可以达到数百或数千。此外，不同子区域的输入特征可能具有不同的物理意义[29]；在 MSWI 过程中，这些输入特征对应不同的流程子阶段。选择有价值的输入特征能够降低输入维数，但也可能丢失部分信息。相比之下，对全部输入特征采用特征提取方法会丢失不同子区域/流程的物理意义，并且不同子区域/流程的贡献也不清晰。因此，替代的方法是提取代表局部信息和全局信息的子区域/流程和全区域/全流程的潜在特征。

第 i 个子区域/流程的输入特征可表示为 $\boldsymbol{X}^i$，相应的特征提取过程为

$$\boldsymbol{X}^i \xrightarrow{\text{特征提取}} \boldsymbol{Z}^i \tag{5.36}$$

其中，$\boldsymbol{Z}^i$ 表示所提取的潜在特征，其维数记为 $P_{\text{feature-redu}}^i$。

因此，训练样本数与特征约简的新期望比率为

$$\alpha_{\text{ratio}}^{\text{redu}} = N_{\text{sample}} / P_{\text{feature-redu}}^{i}, \quad \alpha_{\text{ratio}}^{\text{redu}} = 2, 5, 10 \tag{5.37}$$

显然,式(5.37)比式(5.35)更易于实现。

假设已知子区域/流程的数量为$(I-1)$,其所表征的为局部信息。此处,将全部输入特征作为第I个特殊的子区域/流程,即其表征的是全局信息。因此,提取特征后的子集可表示为$\{\boldsymbol{Z}^i\}_{i=1}^{I}$。为了提高预测性能,首先通过进一步选择潜在特征得到新的潜在特征集$\{\boldsymbol{Z}_{\text{sub}}^i\}_{i=1}^{I}$。然后,基于潜在特征子集建立候选子模型$f^i(\cdot)$,其预测输出可表示为

$$\hat{\boldsymbol{y}}^i = f^i(\boldsymbol{Z}_{\text{sub}}^i, M_{\text{para}}^i) \tag{5.38}$$

其中,M_{para}^i表示候选子模型的超参数。

为了有效地集成这些候选子模型,I应符合下式的要求,

$$\frac{N_{\text{sample}}}{I} \geqslant \alpha_{\text{ratio}}^{\text{ori}}, \quad \alpha_{\text{ratio}}^{\text{ori}} = 2, 5, 10 \tag{5.39}$$

进而,集成模型的输出可表示为

$$\hat{\boldsymbol{y}}_{\text{EN}} = f_{\text{EN}}(\{\hat{\boldsymbol{y}}^i\}_{i=1}^{I}) = f_{\text{EN}}(\{f^i(\boldsymbol{Z}_{\text{sub}}^i, M_{\text{para}}^i)\}_{i=1}^{I}) \tag{5.40}$$

然而,上述方法不能选择性地融合具有互补特征的子区域/流程所构建的候选子模型。因此,SEN机制是较好的解决上述问题的算法,其输出表示为

$$\hat{\boldsymbol{y}}_{\text{SEN}} = f_{\text{SEN}}(\{\hat{\boldsymbol{y}}^{i_{\text{sel}}}\}_{i_{\text{sel}}=1}^{I_{\text{sel}}}) = f_{\text{SEN}}(\{f^{i_{\text{sel}}}(\boldsymbol{Z}_{\text{sub}}^{i_{\text{sel}}}, M_{\text{para}}^{i_{\text{sel}}})\}_{i_{\text{sel}}=1}^{I_{\text{sel}}}) \tag{5.41}$$

综上可知,要实现基于小样本高维数据的有效建模,需要解决以下问题:

(1) 如何有效地划分子区域/流程;

(2) 如何指导提取潜在特征;

(3) 如何选择基于子区域/流程所构建候选子模型的超参数;

(4) 如何选择和组合集成子模型。

显然,针对5.3.2节所提的潜在特征的数量$M_{\text{FeAllSel_1st}}^i$,考虑到特征约简率的要求,其计算公式为

$$M_{\text{FeAllSel\_1st}}^i = N / \alpha_{\text{ratio}}^{\text{redu}} \tag{5.42}$$

5.4.3.2 满足期望比率视角的理论分析

综合考虑上述分析,本章方法的建模流程如图5.9所示。

图5.9表明,本章方法需要在候选子模型构建阶段和集成子模型组合阶段满足式(5.37)和式(5.35)的准则。后文将分别对其进行详细的分析和证明。

1. 候选子模型构建阶段满足期望比率的证明

按前文所述,将全部输入特征被划分为$(I-1)$个子区域/流程,全部输入特征记为第I个子区域/流程。通常,广义子区域/流程的数量I满足式(5.39),即其远远小于全部输入特征的数量,$I \ll M$。

提取特征的数量$P_{\text{feature-extra}}^{I}$可以表示为

$$P_{\text{feature-extra}}^{I} = f_{\text{extr}}(\boldsymbol{X}^I), \quad P_{\text{feature-extra}}^{I} \leqslant M \tag{5.43}$$

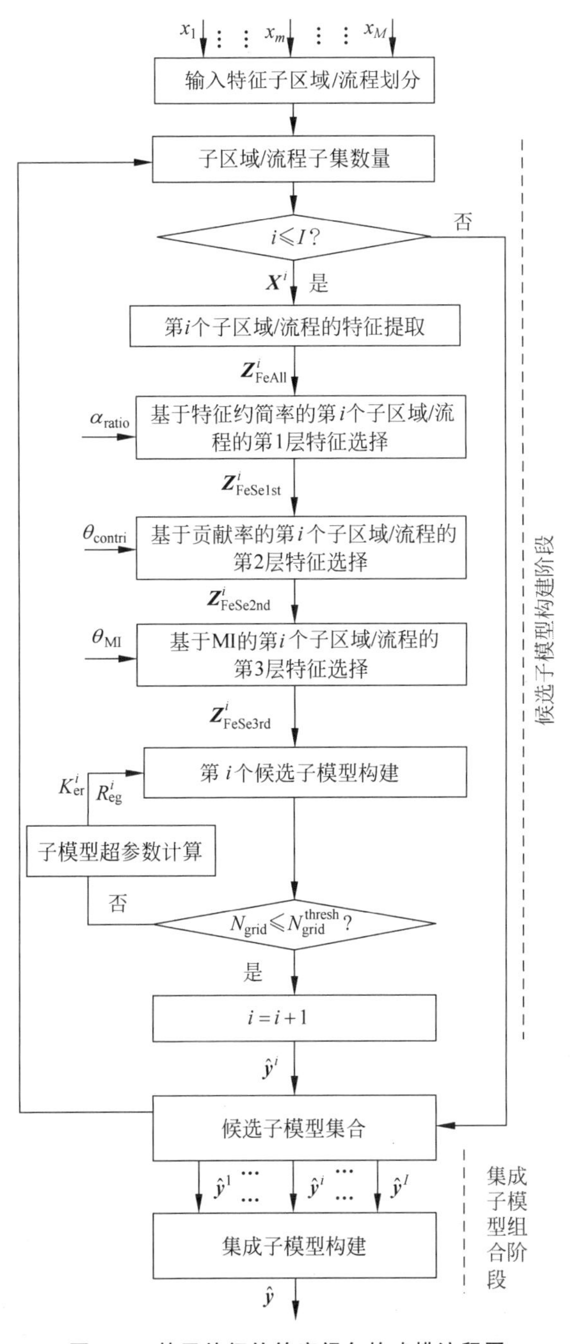

图 5.9　基于特征约简率视角的建模流程图

根据预设的预期特征缩减率 $\alpha^{\text{redu}}_{\text{ratio}}$，第 1 层中特征选择策略后的特征数量可描述为

$$P^I_{\text{feature-1stSel}} = P^I_{\text{feature-extra}} / \alpha^{\text{redu}}_{\text{ratio}}, \quad \alpha^{\text{redu}}_{\text{ratio}} \geqslant 2 \tag{5.44}$$

类似地，基于预设的贡献率 θ_{contri}，第 2 层中特征选择策略后的特征数量可描述为

$$P^{I}_{\text{feature-2ndSel}} = f_{\text{2ndSel}}(P^{I}_{\text{feature-1stSel}}, \theta_{\text{contri}}) \tag{5.45}$$

其中，$P^{I}_{\text{feature-2ndSel}} \leqslant P^{I}_{\text{feature-1stSel}}$。

进一步，基于预设的 MI 阈值步长次数 n_{MI}，第 3 层中特征选择策略后的特征数量可描述为

$$P^{I}_{\text{feature-3rdSel}} = f_{\text{3rdSel}}(P^{I}_{\text{feature-2ndSel}}, n_{\text{MI}}), \quad 1 \leqslant n_{\text{MI}} \leqslant N^{\text{step}}_{\text{MI}} \tag{5.46}$$

其中，$P^{I}_{\text{feature-3rdSel}} \leqslant P^{I}_{\text{feature-2ndSel}}$。

因此，实际的特征约简率满足以下结果：

$$\begin{aligned}
\alpha^{I*}_{\text{ratio}} &= \frac{N_{\text{sample}}}{P^{I}_{\text{feature-3rdSel}}} = \frac{N_{\text{sample}}}{f_{\text{3rdSel}}(P^{I}_{\text{feature-2ndSel}}, n_{\text{MI}})} \\
&\geqslant \frac{N_{\text{sample}}}{P^{I}_{\text{feature-2nd}}} = \frac{N_{\text{sample}}}{f_{\text{2ndSel}}(P^{I}_{\text{feature-1stSel}}, \theta_{\text{contri}})} \\
&\geqslant \frac{N_{\text{sample}}}{P^{I}_{\text{feature-1stSel}}} = \frac{N_{\text{sample}}}{P^{I}_{\text{feature-extra}}/\alpha^{\text{redu}}_{\text{ratio}}} = \frac{N_{\text{sample}}}{P^{I}_{\text{feature-extra}}}\alpha^{\text{redu}}_{\text{ratio}} \\
&\geqslant \frac{N_{\text{sample}}}{M}\alpha^{\text{redu}}_{\text{ratio}}
\end{aligned} \tag{5.47}$$

针对小样本建模数据，存在 $M \gg N_{\text{sample}}$，因此，$\alpha^{I*}_{\text{ratio}} > \alpha^{\text{redu}}_{\text{ratio}}$ 是合理的。

由于其他子区域/流程的输入特征数量少于第 I 个子区域/流程，上述关系更容易得到满足。因此，该模型可以满足式(5.37)所表征的训练样本数量与输入特征的比率要求。

2. 集成子模型组合阶段满足期望比率的证明

本章方法通过采用组合或映射模型的方式将集成子模型输出进行合并，进而得到最终的 SEN 模型，从而满足式(5.35)的要求。此处，训练样本数与输入特征(集成子模型的预测输出)的比率可表示为

$$\alpha^{\text{combine}}_{\text{ratio}} = \frac{N}{I_{\text{sel}}}, \quad 2 \leqslant I_{\text{sel}} \leqslant I \tag{5.48}$$

根据式(5.39)，$\frac{N_{\text{sample}}}{I} \geqslant \alpha^{\text{ori}}_{\text{ratio}}$ 可改为 $I \leqslant \frac{N_{\text{sample}}}{\alpha^{\text{ori}}_{\text{ratio}}}$，进而下式成立：

$$\begin{aligned}
\alpha^{\text{combine}}_{\text{ratio}} &= \frac{N_{\text{sample}}}{I_{\text{sel}}} \\
&\geqslant \frac{N_{\text{sample}}}{I} \geqslant \frac{N_{\text{sample}}}{\dfrac{N_{\text{sample}}}{\alpha^{\text{ori}}_{\text{ratio}}}} = \alpha^{\text{ori}}_{\text{ratio}}
\end{aligned} \tag{5.49}$$

上述推导表明，本章方法的不同阶段均能够满足式(5.37)和式(5.35)。显然，从子区域/流程输入特征约简和集成子模型合并的角度出发，本章提出的 SEN 建模策略可以很好地解决小样本、高维过程数据的建模问题。

5.4.3.3 满足期望比率视角的模型超参数讨论

此处，对特征约简率、贡献率、互信息阈值步长和网格搜索次数等模型超参数

进行分析和讨论。相应地，这些超参数的候选集分别配置为 2～7、{0.00001，0.00005，0.00010，0.00050，0.00100，0.00500，0.01000}，1～10 和 2～7，其默认值分别设置为 2、0.001、5 和 3。在仿真过程中，每次测试仅改变单个学习参数。这些学习参数与模型 RMSE 的关系如图 5.10 和图 5.11 所示。此外，为了清晰地显示特征贡献率，图中采用了以 10 为底的对数进行预处理。

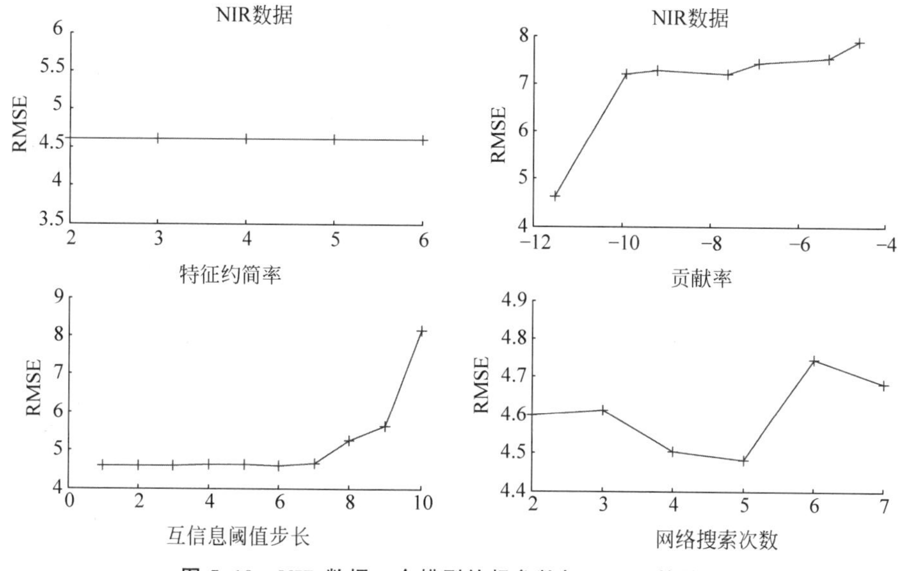

图 5.10　NIR 数据 4 个模型的超参数与 RMSE 的关系

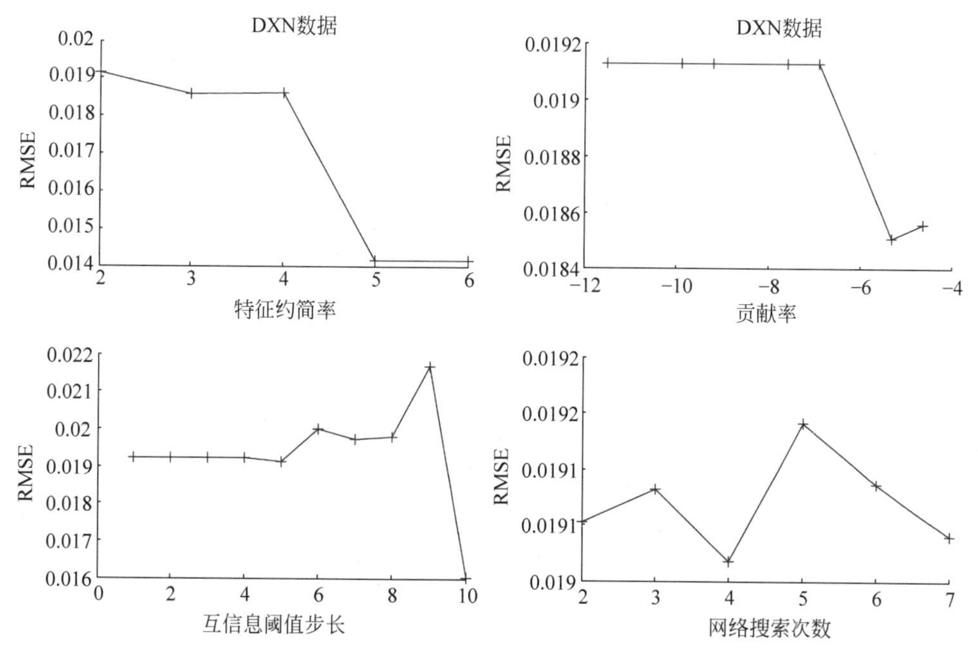

图 5.11　DXN 数据 4 个模型的超参数与 RMSE 的关系

图5.10表明，除了特征约简比率之外，其他3个模型的超参数均存在最小值。究其原因，不仅是NIR数据集的训练样本数量较多，而且波长间也存在较高的共线率。例如，如果特征约简比率为6，则预期的潜在特征数将为150/6=25。然而，NIR数据的前6个潜在特征所提取的贡献率几乎达到100%。因此，采用不同特征约简比率时的RMSE是相同的，这也证明了本章所提方法的有效性。

图5.11表明，4个模型的超参数均具有最小极值，可见选择适当的参数取值是必要的。对于DXN数据集，其训练样本的数量非常少。

因此，这些模型参数都具有数据依赖性。此外，由于前一个学习参数会直接影响后一个学习参数，应该采用同时优化策略解决参数间相互影响的问题。

参考文献

[1] WANG W, CHAI T Y, YU W. Modeling component concentrations of sodium aluminate solution via hammerstein recurrent neural networks[J]. IEEE Transactions on Control Systems Technology, 2012, 20: 971-982.

[2] TANG J, CHAI T Y, YU W, et al. Modeling load parameters of ball mill in grinding process based on selective ensemble multisensor information[J]. IEEE Transactions on Automation Science & Engineering, 2013, 10 (3): 726-740.

[3] LI D C, LIU C W. Extending attribute information for small data set classication[J]. IEEE Transactions on Knowledge and Data Engineering, 2010, 24(3): 452-464.

[4] 汤健，乔俊飞，柴天佑，等. 基于虚拟样本生成技术的多组分机械信号建模[J]. 自动化学报，2018，44(9)：1569-1589.

[5] CHANG N B, HUANG S H. Statistical modelling for the prediction and control of PCDDs and PCDFs emissions from municipal solid waste incinerators[J]. Waste Management & Research, 1995, 13: 379-400.

[6] CHANG N B, CHEN W C. Prediction of PCDDs/PCDFs emissions from municipal incinerators by genetic programming and neural network modeling[J]. Waste Management & Research, 2000, 18(4): 41-351.

[7] BUNSAN S, CHEN W Y, CHEN H W, et al. Modeling the dioxin emission of a municipal solid waste incinerator using neural networks[J]. Chemosphere, 2013, 92: 258-264.

[8] GOMES T A F, PRUDêNCIO R B C, SOARES C, et al. Combining meta-learning and search techniques to select parameters for support vector machines[J]. Neurocomputing, 2012, 75(1): 3-13.

[9] 肖晓东，卢加伟，海景，等. 垃圾焚烧烟气中二噁英类浓度的支持向量回归预测[J]. 可再生能源，2017，35(8)：1107-1114.

[10] TANG J, CHAI T Y, YU W, et al. Feature extraction and selection based on vibration spectrum with application to estimate the load parameters of ball mill in grinding process [J]. Control Engineering Practice, 2012, 20(10): 991-1004.

[11] SOARES C. A hybrid meta-learning architecture for multi-objective optimization of SVM parameters[J]. Neurocomputing, 2014, 143(143): 27-43.

[12] YU G, CHAI T Y, LUO X C. Multiobjective production planning optimization using

hybrid evolutionary algorithms for mineral processing [J]. IEEE Transaction on Evolutionary Compution,2011,15(4): 487-514.

[13] YIN S,YIN J. Tuning kernel parameters for SVM based on expected square distance ratio [J]. Information Sciences,2016,370-371: 92-102.

[14] TANG J,LIU Z,ZHANG J,et al. Kernel latent feature adaptive extraction and selection method for multi-component non-stationary signal of industrial mechanical device[J]. Neurocomputing,2016,216(C): 296-309.

[15] 汤健,田福庆,贾美英,等. 基于频谱数据驱动的旋转机械设备负荷软测量[M]. 北京: 国防工业出版社,2015.

[16] BROWN G,WYATT J,HARRIS R,et al. Diversity creation methods: A survey and categorization[J]. Information Fusion,2005,6: 5-20.

[17] TANG J,CHAI T Y,YU W,et al. A comparative study that measures ball mill load parameters through different single-scale and multi-scale frequency spectra-based approaches[J]. IEEE Transactions on Industrial Informatics,2016,12(6): 2008-2019.

[18] ZHOU Z H,WU J,TANG W. Ensembling neural networks: Many could be better than all[J]. Artificial Intelligence,2002,137(1-2): 239-263.

[19] MA G,WANG Y,WU L. Subspace ensemble learning via totally-corrective boosting for gait recognition[J]. Neurocomputing,2017,224: 119-127.

[20] TANG J,QIAO J,WU Z W,et al. Vibration and acoustic frequency spectra for industrial process modeling using selective fusion multi-condition samples and multi-source features [J]. Mechanical Systems and Signal Processing,2018,99: 142-168.

[21] SOARES S,ANTUNES C H,RUI ARAÚ J O. Comparison of a genetic algorithm and simulated annealing for automatic neural network ensemble development[J]. Neurocomputing,2013,121(18): 498-511.

[22] 汤健,乔俊飞. 基于选择性集成核学习算法的固废焚烧过程二噁英排放浓度软测量[J]. 化工学报,2019,70(2): 696-706.

[23] TANG J,QIAO J F,ZHANG J,et al. Combinatorial optimization of input features and learning parameters for decorrelated neural network ensemble-based soft measuring model [J]. Neurocomputing,2018,275: 1426-1440.

[24] TANG J,CHAI T,LIU Z,et al. Selective ensemble modeling based on nonlinear frequency spectral feature extraction for predicting load parameter in ball mills[J]. Chinese Journal of Chemical Engineering,2015,23(12): 2020-2028.

[25] LI D C,LIU C W. Extending attribute information for small data set class-cation[J]. IEEE Transactions on Knowledge and Data Engineering,2010,24(3): 452-464.

[26] SHAWE-TAYLOR J,ANTHONY M,BIGGS NL. Bounding sample size with the Vapnik-Chervonenkis dimension[J]. Discrete Applied Mathematics,1993,2(1): 65-73.

[27] MUTO Y,HAMAMOTO Y. Improvement of the Parzen classier in small training sample size[J]. Intelligent Data Analysis,2001,5(6): 477-490.

[28] RAUDYS S J,JAIN A K. Small sample size effects in statistical pattern recognition: Recommendations for practitioners [J]. IEEE Transactions on Pattern Analysis and Machine Intelligence,1991,13(3): 252-264.

[29] TANG J,QIAO J F,LIU Z,et al. Mechanism characteristic analysis and soft measuring method review for ball mill load based on mechanical vibration and acoustic signals in the grinding process[J]. Minerals Engineering,2018,128: 294-311.

第6章

基于多层特征选择的MSWI过程二噁英排放软测量

第6章图片

6.1 引言

DXN排放浓度软测量的已有研究包括根据机理和经验选择的输入特征，文献[1]～文献[3]采用数十年前欧美研究机构针对不同类型焚烧炉采集的小样本数据，基于线性回归、人工神经网络(ANN)、选择性集成(SEN)等方法构建软测量模型。文献[4]选用中国台湾地区某MSWI厂4年多的实际过程数据，综合相关性分析、PCA和ANN等算法，从23个易检测过程变量中选择13个作为输入，构建DXN软测量模型，其中贡献率较大的输入特征为活性炭注入频率、烟囱排放气体HCl浓度和混合燃烧室温度。文献[5]以炉膛温度、锅炉出口烟温、烟气流量、SO_2浓度、HCl浓度和颗粒物浓度为输入变量，构建了基于SVM的DXN排放浓度与毒性当量预测模型。实际MSWI过程的变量有数百维，这些变量在不同程度上均与DXN的生成、燃烧、吸附、排放相关[6]。上述模型均未结合MSWI过程的多工序特性和变量间的共线性进行特征选择。此外，鉴于DXN软测量的标记样本难以获得，建模中应考虑小样本高维数据的特征选择问题。

特征选择的本质是去除原始数据中的“无关特征”与“冗余特征”，保留重要特征。从消除“无关特征”的视角，应考虑MSWI过程中的单个特征(自变量)和DXN排放浓度(因变量)间的相关程度。文献[7]利用相关系数对高维数据进行维数约简，缩短运算时间和降低建模复杂度。文献[8]提出基于相关系数的多目标半监督特征选择方法。但研究表明，基于相关系数的线性方法难以描述自变量与因变量间的复杂任意映射关系[9]。文献[10]指出，互信息对特征间的相关性具有良好的表征能力。文献[11]提出了基于个体最佳互信息的特征选择方法。文献[12]提出基于条件互信息的特征选择方法能够有效地对上一步所选择的特征进行评价。由此可知，相关系数与互信息均可表征自变量和因变量的相关性[13-14]。其中，前者的重点在线性关系，后者的重点在非线性关系[15-16]。针对实际的复杂工业过程，自变量和因变量的映射关系难以采用单一的线性或非线性度量标准进行统一表征。上述这些方法均未考虑如何进行特征的自适应选择。

在获得与DXN具有较好相关性的单个输入特征的基础上，从消除"冗余特征"的视角，主要考虑MSWI过程众多过程变量间的冗余性。文献[17]采用相关系数表示已选特征与当前特征的冗余性。文献[18]提出以PCA解决变量间的共线性问题，但所提取的潜在变量会破坏原始特征自身的物理含义。文献[19]提出将岭回归的回归系数方法改进为有偏估计量，从而处理多重共线性问题。文献[20]验证了PLS对输入特征间的多重共线性问题有良好的解释与处理能力。文献[21]提出了结合遗传算法(genetic algorithms，GA)全局优化搜索能力和PLS多重共线性处理能力的特征选择方法，即GA-PLS。汤等的研究表明，GA-PLS对高维谱数据有良好的选择性[22]，但在面对小样本高维数据时，GA的随机性导致其每次特征选择的结果存在差异性，有必要对多次选择的特征进行统计，以提高鲁棒性和可解释性。

本章进行特征选择的目标是提高软测量模型的泛化性能和可解释性。此外，上述特征的选择过程主要从数据驱动视角出发，在样本数量有限时可能存在偏差。根据已有的研究成果和先验知识，需要扩充机理含义明确的重要特征，使软测量模型更具可解释性并且符合MSWI过程的DXN排放特性，进而为后续的优化控制研究提供支撑。

综上所述，本章提出基于多层特征选择的MSWI过程DXN排放浓度软测量方法。首先，从单特征与DXN相关性的视角，结合相关系数和互信息构建新的综合评价值指标，实现MSWI多个阶段子系统过程变量的第1层特征选择；接着，从多特征冗余性和特征选择鲁棒性视角，多次运行基于GA-PLS的特征选择算法，实现第2层特征选择；最后，结合上层选择特征的统计频次、模型泛化性能和机理知识进行第3层特征选择，最终构建得到DXN排放浓度软测量模型。结合某MSWI厂多年的DXN检测数据，仿真验证了所提方法的有效性。

6.2 建模策略

DXN排放浓度软测量存在的难点包括MSW中的原始DXN含量未知、DXN生成和吸附阶段的机理复杂不清、烟气处理阶段DXN存在的记忆效应导致检测结果可能存在不确定性等。因此，非常有必要对MSWI过程的输入特征进行分区域的特征选择。

本章结合焚烧工艺将 MSWI 过程分为 6 个子系统，即焚烧、锅炉、烟气处理、蒸汽发电、烟气排放和公用工程。

本章中，软测量模型的输入数据 $\boldsymbol{X}\in\mathbf{R}^{N\times P}$ 包括 N 个样本(行)和 P 个变量(列)，其源于 MSWI 流程的不同子系统。此处，将来自第 i 个子系统的输入数据表示为 $\boldsymbol{X}_i\in\mathbf{R}^{N\times P_i}$，即存在如下关系：

$$\boldsymbol{X}=[\boldsymbol{X}_1,\cdots,\boldsymbol{X}_i,\cdots,\boldsymbol{X}_I]=\{\boldsymbol{X}_i\}_{i=1}^{I} \tag{6.1}$$

$$P=P_1+\cdots+P_i+\cdots+P_I=\sum_{i=1}^{I}P_i \tag{6.2}$$

其中，I 表示子系统个数，P_i 表示第 i 个子系统包含的输入特征个数。

相应地，输出数据 $\boldsymbol{y}=\{y_n\}_{n=1}^{N}\in\mathbf{R}^{N\times 1}$ 也包括 N 个样本(行)，其来源于采用离线直接检测法得到的 DXN 排放浓度检测真值。

显然，模型的输入/输出数据在时间尺度上具有较大的差异性：过程变量以秒为单位在 DCS 系统采集与存储，DXN 排放浓度以月/季为周期离线直接化验获得，故存在 $N\ll P$。

为便于后文描述和理解，此处将 $\boldsymbol{X}_i$ 改写为如下形式：

$$\begin{aligned}\boldsymbol{X}_i&=[\{(x_n^1)_i\}_{n=1}^{N},\cdots,\{(x_n^{p_i})_i\}_{n=1}^{N},\cdots,\{(x_n^{P_i})_i\}_{n=1}^{N}]\\&=[(\boldsymbol{x}^1)_i,\cdots,(\boldsymbol{x}^{p_i})_i,\cdots,(\boldsymbol{x}^{P_i})_i]\\&=\{(\boldsymbol{x}^{p_i})_i\}_{p_i=1}^{P_i}\end{aligned} \tag{6.3}$$

其中，$(\boldsymbol{x}^{p_i})_i$ 表示第 i 个子系统的第 p_i 个输入特征，$\boldsymbol{x}^{p_i}=\{\boldsymbol{x}_n^{p_i}\}_{n=1}^{N}$ 表示列向量。

本章提出的基于多层特征选择的 MSWI 过程 DXN 排放浓度软测量策略，如图 6.1 所示。在图 6.1 中，$(\boldsymbol{X}_{\text{corr}}^{\text{sel}})_i$ 和 $(\boldsymbol{X}_{\text{MI}}^{\text{sel}})_i$ 表示针对第 i 个子系统的输入特征采用相关系数度量和互信息度量所选择的候选特征集合，$(\boldsymbol{X}_1^{\text{sel}})_i$ 表示对 $(\boldsymbol{X}_{\text{corr}}^{\text{sel}})_i$ 和 $(\boldsymbol{X}_{\text{MI}}^{\text{sel}})_i$ 采用综合评价值度量得到的第 i 个子系统的第 1 层特征，$\boldsymbol{X}_1^{\text{sel}}$ 表示串行组合全部子系统的第 1 层特征得到的基于单特征相关性的第 1 层特征，$(\boldsymbol{X}_2^{\text{sel}})_j$ 表示运行第 j 次 GA-PLS 算法所选择的基于多特征冗余性的第 2 层特征，$f_{\text{num}}^{p_1^{\text{sel}}}$ 表示第 1 层特征中第 p_1^{sel} 个特征被选择的次数，$\boldsymbol{X}_3^{\text{sel}}$ 表示根据特征选择阈值 $\theta_{3\text{rd}}$ 和先验知识从 $\boldsymbol{X}_1^{\text{sel}}$ 中选择的第 3 层特征，M_{para} 表示软测量模型的参数，$\hat{\boldsymbol{y}}$ 表示测量值。

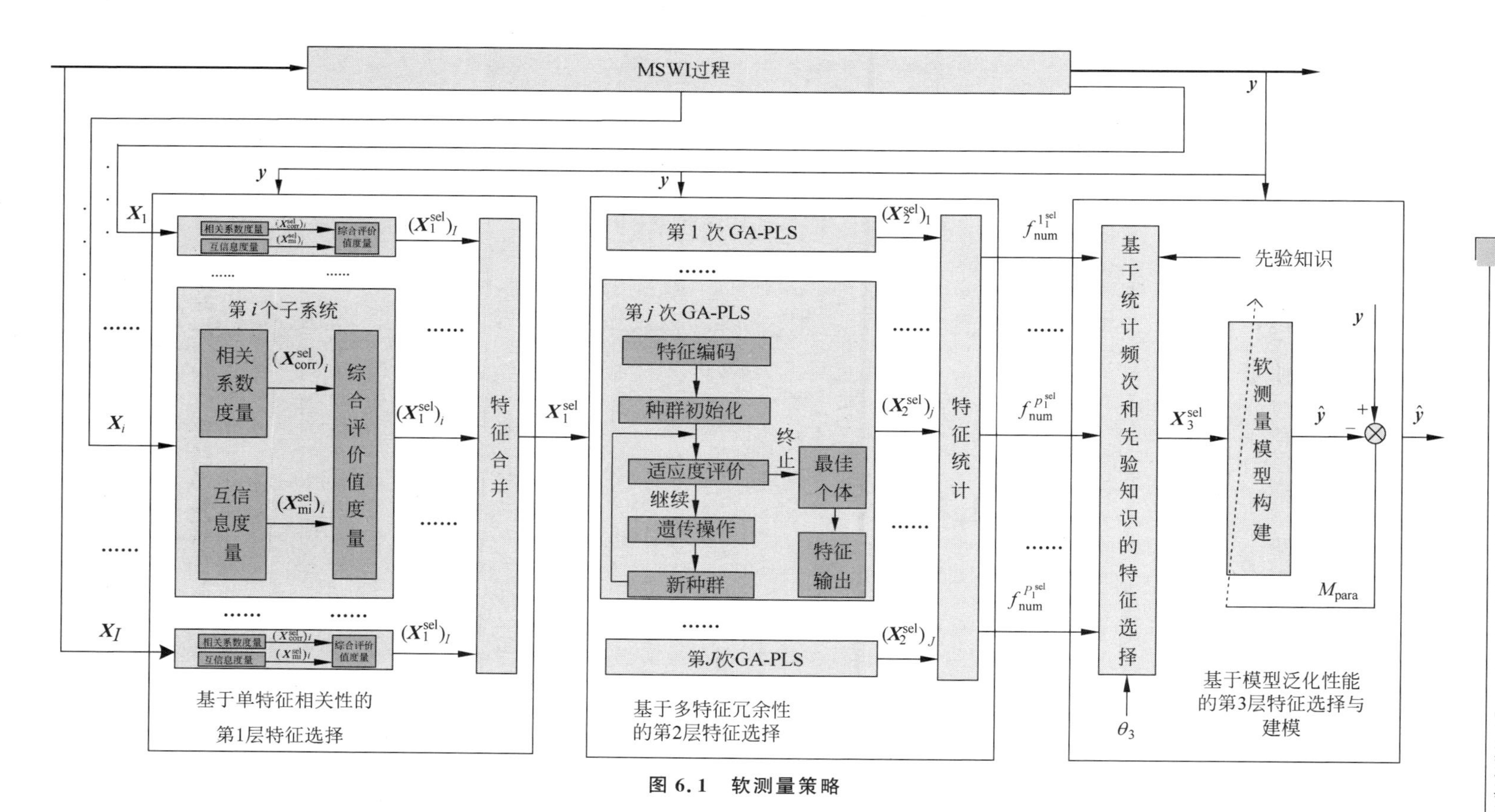
MSWI过程
y
y
y
X_1
X_i
X_I
相关系数度量
互信息度量
综合评价值度量
第 i 个子系统
相关系数度量
互信息度量
$(X_{corr}^{sel})_i$
$(X_{mi}^{sel})_i$
综合评价值度量
$(X_1^{sel})_1$
$(X_1^{sel})_i$
$(X_1^{sel})_I$
特征合并
基于单特征相关性的
第1层特征选择
X_1^{sel}
第 1 次 GA-PLS
第 j 次 GA-PLS
特征编码
种群初始化
适应度评价
继续
遗传操作
新种群
终止
最佳个体
特征输出
第J次GA-PLS
$(X_2^{sel})_1$
$(X_2^{sel})_j$
$(X_2^{sel})_J$
特征统计
基于多特征冗余性
的第2层特征选择
$f_{num}^{1_1^{sel}}$
$f_{num}^{p_1^{sel}}$
$f_{num}^{P_1^{sel}}$
基于统计频次和先验知识的特征选择
先验知识
θ_3
X_3^{sel}
软测量模型构建
$\hat{y}$
+
−
M_{para}
基于模型泛化性能
的第3层特征选择与
建模

图 6.1　软测量策略

6.3 算法实现

6.3.1 基于单特征相关性的第1层特征选择

6.3.1.1 基于相关系数的单特征相关性度量

首先，计算不同原始输入特征与DXN排放浓度间的原始相关系数。

此处以第 i 个子系统的第 p 个输入特征 $(\boldsymbol{x}^{p_i})_i=\{((x_n^{p_i})_i\}_{n=1}^N$ 为例进行描述：

$$(\xi_{\text{corr\_ori}}^{p_i})_i=\frac{\sum_{n=1}^{N}[((x_n^{p_i})_i-\bar{x}_{p_i})(y_n-\bar{y})]}{\sqrt{\sum_{n=1}^{N}((x_n^{p_i})_i-\bar{x}_{p_i})^2}\sqrt{\sum_{n=1}^{N}(y_n-\bar{y})^2}} \tag{6.4}$$

其中，$\bar{x}_{p_i}$ 和 $\bar{y}$ 分别表示第 i 个子系统的第 p 个输入特征和DXN排放浓度 N 个建模样本的平均值。

将原始相关系数 $(\xi_{\text{corr\_ori}}^{p_i})_i$ 进行如下预处理：

$$(\xi_{\text{corr}}^{p_i})_i=|(\xi_{\text{corr\_ori}}^{p_i})_i| \tag{6.5}$$

其中，$|\cdot|$ 表示取绝对值。

重复上述过程，获得全部原始输入特征的相关系数并记为 $\{\xi_{\text{corr}}^{p_i}\}_{p_i=1}^{P_i}$。

根据经验设定第 i 个子系统的权重因子 f_i^{corr}，基于相关系数选择的输入特征阈值 θ_i^{corr} 为

$$\theta_i^{\text{corr}}=f_i^{\text{corr}}\cdot\frac{1}{p_i}\sum_{p_i=1}^{P_i}(\xi_{\text{corr}}^{p_i})_i \tag{6.6}$$

其中，f_i^{corr} 的最大值 $(f_i^{\text{corr}})_{\max}$ 和最小值 $(f_i^{\text{corr}})_{\min}$ 为

$$\begin{cases}(f_i^{\text{corr}})_{\max}=\dfrac{\max((\xi_{\text{corr}}^1)_i,\cdots,(\xi_{\text{corr}}^{p_i})_i,\cdots,(\xi_{\text{corr}}^{P_i})_i)}{\dfrac{1}{p_i}\sum_{p_i=1}^{P_i}(\xi_{\text{corr}}^{p_i})_i}\\ (f_i^{\text{corr}})_{\min}=\dfrac{\min((\xi_{\text{corr}}^1)_i,\cdots,(\xi_{\text{corr}}^{p_i})_i,\cdots,(\xi_{\text{corr}}^{P_i})_i)}{\dfrac{1}{p_i}\sum_{p_i=1}^{P_i}(\xi_{\text{corr}}^{p_i})_i}\end{cases} \tag{6.7}$$

其中，max(·)和min(·)分别表示取最大值和最小值的函数。

以 θ_i^{corr} 为阈值，第 i 个子系统的第 p_i 个输入特征的选择准则为

$$\alpha_i^{p_i}=\begin{cases}1, & (\xi_{\text{corr}}^{p_i})_i\geqslant\theta_i^{\text{corr}}\\ 0, & (\xi_{\text{corr}}^{p_i})_i<\theta_i^{\text{corr}}\end{cases} \tag{6.8}$$

选择其中 $\alpha_i^{p_i}=1$ 的特征 $(\boldsymbol{x}^{p_i})_i$ 作为基于相关系数选择的候选特征并将其标记为 $(\boldsymbol{x}^{(p_i)_{\text{corr}}^{\text{sel}}})_i$。

对第 i 个子系统的全部原始输入特征执行上述过程，并将所选择的候选特征记为

$$(\boldsymbol{X}_{\text{corr}}^{\text{sel}})_i=[(\boldsymbol{x}^1)_i,\cdots,(\boldsymbol{x}^{(p_i)_{\text{corr}}^{\text{sel}}})_i,\cdots,(\boldsymbol{x}^{(P_i)_{\text{corr}}^{\text{sel}}})_i] \tag{6.9}$$

其中，$(P_i)_{\text{corr}}^{\text{sel}}$ 表示基于相关系数选择的第 i 个子系统的过程变量数量。

对全部子系统重复上述过程。进而，基于相关系数度量选择的特征可记为 $\{(\boldsymbol{X}_{\text{corr}}^{\text{sel}})_i\}_{i=1}^{I}$。

6.3.1.2 基于互信息的单特征相关性度量

首先，计算不同原始输入特征与DXN排放浓度间的互信息(MI)。

以第 i 个子系统的第 p 个输入特征 $(\boldsymbol{x}^{p_i})_i$ 为例：

$$(\xi_{\text{MI}}^{p_i})_i=\sum_{n=1}^{N}\sum_{n=1}^{N}\left\{p_{\text{rob}}((x_n^{p_i})_i,y_n)\log\left(\frac{p_{\text{rob}}((x_n^{p_i})_i,y_n)}{p_{\text{rob}}((x_n^{p_i})_i)p_{\text{rob}}(y_n)}\right)\right\} \tag{6.10}$$

其中，$p_{\text{rob}}((x_n^{p_i})_i,y_n)$ 表示联合概率密度，$p_{\text{rob}}((x_n^{p_i})_i)$ 和 $p_{\text{rob}}(y_n)$ 表示边际概率密度。

重复上述过程，获得全部原始输入特征的互信息并记为 $\{\xi_{\text{MI}}^{p_i}\}_{p_i=1}^{P_i}$。

根据经验设定第 i 个子系统的权重因子 f_i^{MI}。基于互信息选择输入特征的阈值 θ_i^{MI}：

$$\theta_i^{\text{MI}}=f_i^{\text{MI}}\cdot\frac{1}{p_i}\sum_{p_i=1}^{P_i}(\xi_{\text{MI}}^{p_i})_i \tag{6.11}$$

其中，f_i^{MI} 的最大值 $(f_i^{\text{MI}})_{\max}$ 和最小值 $(f_i^{\text{MI}})_{\min}$ 为

$$\begin{cases}(f_i^{\text{MI}})_{\max}=\dfrac{\max((\xi_{\text{MI}}^1)_i,\cdots,(\xi_{\text{MI}}^{p_i})_i,\cdots,(\xi_{\text{MI}}^{P_i})_i)}{\dfrac{1}{p_i}\sum\limits_{p_i=1}^{P_i}(\xi_{\text{MI}}^{p_i})_i}\\[2ex](f_i^{\text{MI}})_{\min}=\dfrac{\min((\xi_{\text{MI}}^1)_i,\cdots,(\xi_{\text{MI}}^{p_i})_i,\cdots,(\xi_{\text{MI}}^{P_i})_i)}{\dfrac{1}{p_i}\sum\limits_{p_i=1}^{P_i}(\xi_{\text{MI}}^{p_i})_i}\end{cases} \tag{6.12}$$

以 θ_i^{MI} 为阈值，第 i 个系统的第 p_i 个输入特征的选择准则为

$$\beta_i^{p_i}=\begin{cases}1, & (\xi_{\text{MI}}^{p_i})_i\geqslant\theta_i^{\text{MI}}\\0, & (\xi_{\text{MI}}^{p_i})_i<\theta_i^{\text{MI}}\end{cases} \tag{6.13}$$

选择其中 $\beta_i^{p_i}=1$ 的特征 $(\boldsymbol{x}^{p_i})_i$ 作为基于互信息选择的候选特征并将其标记

为$(\boldsymbol{x}^{(p_i)_{\mathrm{MI}}^{\mathrm{sel}}})_i$。

对第 i 个子系统的全部输入特征执行上述过程。进而，将所选择的候选特征记为

$$(\boldsymbol{X}_{\mathrm{MI}}^{\mathrm{sel}})_i=[(\boldsymbol{x}^1)_i,\cdots,(\boldsymbol{x}^{(p_i)_{\mathrm{MI}}^{\mathrm{sel}}})_i,\cdots,(\boldsymbol{x}^{(P_i)_{\mathrm{MI}}^{\mathrm{sel}}})_i] \tag{6.14}$$

其中，$(P_i)_{\mathrm{MI}}^{\mathrm{sel}}$ 表示基于互信息选择的第 i 个子系统的全部特征数量。

对全部子系统重复上述过程。进而，基于互信息度量选择的特征可标记为$\{(\boldsymbol{X}_{\mathrm{MI}}^{\mathrm{sel}})_i\}_{i=1}^{I}$。

6.3.1.3 基于综合评价值的单特征相关性度量

以第 i 个子系统为例，同时考虑具有相关系数和互信息贡献度的输入特征，进而在$(\boldsymbol{X}_{\mathrm{MI}}^{\mathrm{sel}})_i$ 和$(\boldsymbol{X}_{\mathrm{corr}}^{\mathrm{sel}})_i$ 中得到候选特征的集合，其策略为

$$\begin{aligned}(\boldsymbol{X}_{\mathrm{corr\_MI}}^{\mathrm{sel}})_i&=(\boldsymbol{X}_{\mathrm{MI}}^{\mathrm{sel}})_i\cap(\boldsymbol{X}_{\mathrm{corr}}^{\mathrm{sel}})_i\\&=[(\boldsymbol{x}^1)_i,\cdots,(\boldsymbol{x}^{(p_i)_{\mathrm{corr\_MI}}^{\mathrm{sel}}})_i,\cdots,(\boldsymbol{x}^{(P_i)_{\mathrm{corr\_MI}}^{\mathrm{sel}}})_i]\end{aligned} \tag{6.15}$$

其中，$\cap$表示取交集；$\boldsymbol{x}_i^{(p_i)_{\mathrm{corr\_MI}}^{\mathrm{sel}}}$ 表示第 i 个子系统的第$(p_i)_{\mathrm{corr_MI}}^{\mathrm{sel}}$ 个候选特征，其对应的相关系数和互信息分别为$(\xi_{\mathrm{corr}}^{(p_i)_{\mathrm{corr_MI}}^{\mathrm{sel}}})_i$ 和$(\xi_{\mathrm{MI}}^{(p_i)_{\mathrm{corr_MI}}^{\mathrm{sel}}})_i$。

为了消除由输入特征的相关系数和互信息的大小不同而导致的差异，按下式进行标准化处理：

$$(\zeta_{\mathrm{corr\_norm}}^{(p_i)_{\mathrm{corr\_MI}}^{\mathrm{sel}}})_i=\frac{(\zeta_{\mathrm{corr}}^{(p_i)_{\mathrm{corr\_MI}}^{\mathrm{sel}}})_i}{\sum\limits_{(p_i)_{\mathrm{corr\_MI}}^{\mathrm{sel}}=1}^{(P_i)_{\mathrm{corr\_MI}}^{\mathrm{sel}}}(\zeta_{\mathrm{corr}}^{(p_i)_{\mathrm{corr\_MI}}^{\mathrm{sel}}})_i} \tag{6.16}$$

$$(\zeta_{\mathrm{MI\_norm}}^{(p_i)_{\mathrm{corr\_MI}}^{\mathrm{sel}}})_i=\frac{(\zeta_{\mathrm{MI}}^{(p_i)_{\mathrm{corr\_MI}}^{\mathrm{sel}}})_i}{\sum\limits_{(p_i)_{\mathrm{corr\_MI}}^{\mathrm{sel}}=1}^{(P_i)_{\mathrm{corr\_MI}}^{\mathrm{sel}}}(\zeta_{\mathrm{MI}}^{(p_i)_{\mathrm{corr\_MI}}^{\mathrm{sel}}})_i} \tag{6.17}$$

其中，$(\zeta_{\mathrm{corr\_norm}}^{p_{\mathrm{corr\_MI}}^{\mathrm{sel}}})_i$ 和$(\zeta_{\mathrm{MI_norm}}^{p_{\mathrm{corr_MI}}^{\mathrm{sel}}})_i$ 表示第 i 个子系统的第 $p_{\mathrm{corr\_MI}}^{\mathrm{sel}}$ 个标准化的相关系数和互信息。

本章新定义一个候选输入特征的综合评价指标 $\zeta_i^{(p_i)_{\mathrm{corr\_MI}}^{\mathrm{sel}}}$，其表示形式为

$$\zeta_{\mathrm{corr\_MI}}^{(p_i)_{\mathrm{corr\_MI}}^{\mathrm{sel}}}=k_i^{\mathrm{corr}}\cdot\zeta_{\mathrm{corr\_norm}}^{(p_i)_{\mathrm{corr\_MI}}^{\mathrm{sel}}}+k_i^{\mathrm{MI}}\cdot\zeta_{\mathrm{MI\_norm}}^{(p_i)_{\mathrm{corr\_MI}}^{\mathrm{sel}}} \tag{6.18}$$

其中，k_i^{corr} 和 k_i^{MI} 表示比例系数(默认取值为 0.5)，其满足 $k_i^{\mathrm{corr}}+k_i^{\mathrm{MI}}=1$。

重复上述过程，进而获得全部候选输入特征的综合评价指标，记为$\{\zeta_{\mathrm{corr_MI}}^{(p_i)_{\mathrm{corr_MI}}^{\mathrm{sel}}}\}_{(p_i)_{\mathrm{corr_MI}}^{\mathrm{sel}}=1}^{(P_i)_{\mathrm{corr_MI}}^{\mathrm{sel}}}$。

根据经验设定第 i 个子系统的权重因子 $f_i^{\mathrm{corr\_MI}}$。基于综合评价值选择输入特

征的阈值 θ_i^{1stSel}，采用下式计算：

$$\theta_i^{1stSel} = f_i^{corr\_MI} \cdot \frac{1}{(P_i)_{corr\_MI}^{sel}} \sum_{(p_i)_{corr\_MI}^{sel}=1}^{(P_i)_{corr\_MI}^{sel}} (\zeta_{corr\_MI}^{(p_i)_{corr\_MI}^{sel}})_i \tag{6.19}$$

其中，$f_i^{corr\_MI}$ 的最大值 $(f_i^{corr\_MI})_{max}$ 和最小值 $(f_i^{corr\_MI})_{min}$ 采用如下公式计算：

$$\begin{cases} (f_i^{corr\_MI})_{max} = \dfrac{\max((\zeta_{corr\_MI}^1)_i, \cdots, (\zeta_{corr\_MI}^{(p_i)_{corr\_MI}^{sel}})_i, \cdots, (\zeta_{corr\_MI}^{(p_i)_{corr\_MI}^{sel}})_i)}{\dfrac{1}{(P_i)_{corr\_MI}^{sel}} \sum\limits_{(p_i)_{corr\_MI}^{sel}=1}^{(P_i)_{corr\_MI}^{sel}} (\zeta_{corr\_MI}^{(p_i)_{corr\_MI}^{sel}})_i} \\ (f_i^{corr\_MI})_{min} = \dfrac{\min((\zeta_{corr\_MI}^1)_i, \cdots, (\zeta_{corr\_MI}^{(p_i)_{corr\_MI}^{sel}})_i, \cdots, (\zeta_{corr\_MI}^{(p_i)_{corr\_MI}^{sel}})_i)}{\dfrac{1}{(P_i)_{corr\_MI}^{sel}} \sum\limits_{(p_i)_{corr\_MI}^{sel}=1}^{(P_i)_{corr\_MI}^{sel}} (\zeta_{corr\_MI}^{(p_i)_{corr\_MI}^{sel}})_i} \end{cases} \tag{6.20}$$

以 θ_i^{1stSel} 作为阈值，以第 i 个子系统的第 $(p_i)_{corr\_MI}^{sel}$ 个候选输入特征为例，按如下规则进行选择：

$$\gamma^{(p_i)_{corr\_MI}^{sel}} = \begin{cases} 1, & \zeta_{corr\_mi}^{(p_i)_{corr\_MI}^{sel}} \geqslant \theta_i^{1stSel} \\ 0, & \zeta_{corr\_MI}^{(p_i)_{corr\_MI}^{sel}} < \theta_i^{1stSel} \end{cases} \tag{6.21}$$

对全部的原始候选输入特征执行上述过程，选择其中 $\gamma^{(p_i)_{corr\_MI}^{sel}} = 1$ 的过程变量作为基于综合评价值选择的输入特征，并记为

$$(\boldsymbol{X}_{1st}^{sel})_i = [(\boldsymbol{x}^1)_i, \cdots, (\boldsymbol{x}^{p_i^{sel}})_i, \cdots, (\boldsymbol{x}^{P_i^{sel}})_i] \tag{6.22}$$

重复上述过程完成对全部子系统第 1 层特征的选择。

进而，串行组合不同子系统的特征，可得到基于单特征相关性的第 1 层特征 $\boldsymbol{X}_{1st}^{sel}$：

$$\begin{aligned} \boldsymbol{X}_{1st}^{sel} &= [(\boldsymbol{X}_{1st}^{sel})_1, \cdots, (\boldsymbol{X}_{1st}^{sel})_i, \cdots, (\boldsymbol{X}_{1st}^{sel})_I] \\ &= [\boldsymbol{x}^{1_{1st}^{sel}}, \cdots, \boldsymbol{x}^{p_{1st}^{sel}}, \cdots, \boldsymbol{x}^{P_{1st}^{sel}}] \end{aligned} \tag{6.23}$$

其中，$\boldsymbol{x}^{p_{1st}^{sel}}$ 表示第 1 层特征选择集合的第 p_{1st}^{sel} 个特征，$P_{1st}^{sel} = \sum_{i=1}^{I} P_i^{sel}$ 表示全部第 1 层特征的数量。

6.3.2 基于多特征冗余性的第 2 层特征选择

上述第 1 层特征的选择过程仅考虑了单输入特征与 DXN 排放浓度之间的相关性，未考虑多特征间存在的冗余性。

此处采用基于 GA-PLS 的特征选择算法同时考虑多个特征间的冗余性进行第 2 层特征选择。考虑到 DXN 排放浓度建模的小样本特点和 GA 算法的随机性，此

处采用如图 6.2 所示的第 2 层特征选择策略。

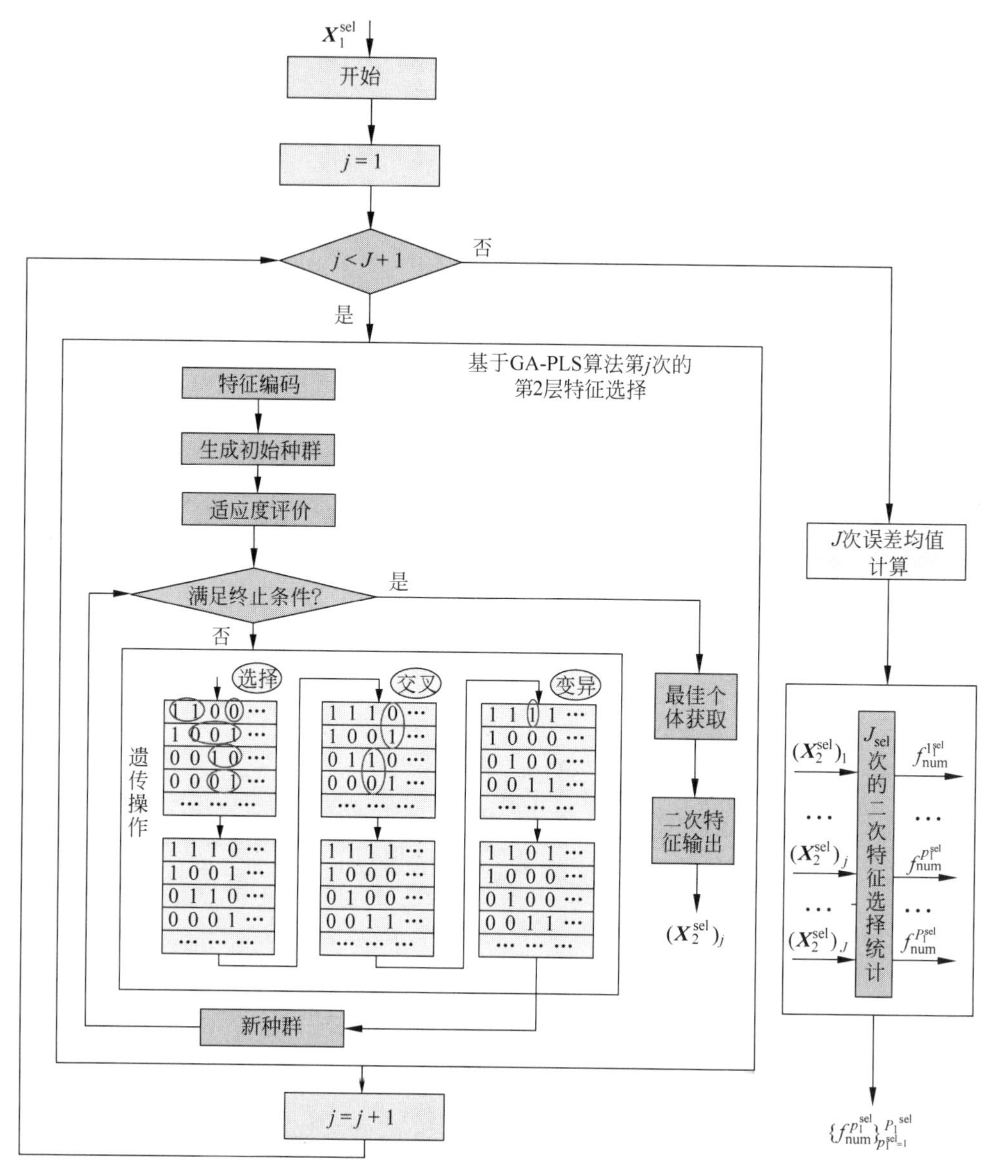

图 6.2 基于多特征冗余性的第 2 层特征选择策略图

由图 6.2 可知,上述策略的输入为第 1 层选择的特征 $\boldsymbol{X}_1^{sel}$;第 j 次运行 GA-PLS 的输出为第 2 层的选择特征$(\boldsymbol{X}_2^{sel})_j$;最终输出为针对运行 J 次 GA-PLS 后每个第 1 层输入特征的被选择次数,选择误差小于平均值的 J_{sel} 次第 2 层特征进行统计处理,其中第 p_1^{sel} 个特征的选择次数为 $f_{num}^{p_1^{sel}}$,相应的全部 P_1^{sel} 个第 1 层特征为$\{f_{num}^{p_j^{sel}}\}_{p_1^{sel}=1}^{P_1^{sel}}$;$J$ 为 GA-PLS 算法的运行次数,一般取值为 100 以上;J_{sel} 为

GA-PLS 模型误差小于 J 次运行模型误差平均值的数量。

上述第 2 层特征选择的步骤如下。

第 1 步：设定 GA-PLS 运行次数 J 和 GA-PLS 算法参数：初始种群数量、最大遗传代数、变异概率、交叉方式、PLS 算法潜在变量数量，一般设定为 6；设定 $j=1$，启动第 2 层的特征选择过程，开始运行。

第 2 步：判断是否达到运行次数 J，若满足，转到第 11 步；若不满足，转到第 3 步。

第 3 步：采用二进制方式对特征进行编码，其中染色体的长度为输入特征个数，1 表示特征被选中，0 表示特征未被选中。

第 4 步：采用随机方式对种群初始化。

第 5 步：对种群进行适应度评价，采用留一交叉验证法计算均方根验证误差，值越小表明适应度越好。

第 6 步：判断是否达到最大遗传代数的终止条件，若满足，转到第 9 步；若不满足，转到第 7 步。

第 7 步：进行选择、交叉和变异遗传操作。其中，选择遗传操作采用精英替代策略，即采用适应度好的个体替换适应度差的个体；交叉遗传操作采用单点交叉；变异遗传操作采用单点变异。

第 8 步：获得新种群，转到第 5 步。

第 9 步：获得第 j 次运行 GA-PLS 算法的最佳个体，进一步解码得到所选择的第 2 层特征，并将其记为 $(\boldsymbol{X}_2^{\text{sel}})_j$。

第 10 步：令 $j=j+1$，转到第 2 步。

第 11 步：计算全部 J 次运行得到的软测量模型的 RMSE 的平均值，将大于此平均值的 GA-PLS 模型的数量标记为 J_{sel}。进一步，对 J_{sel} 次所选择的第 2 层特征进行处理，统计 P_1^{sel} 个第 1 层特征的被选择次数：

$$\{(\boldsymbol{X}_2^{\text{sel}})_j\}_{j=1}^{J_{\text{sel}}} \Rightarrow \{f_{\text{num}}^{1_1^{\text{sel}}},\cdots,f_{\text{num}}^{p_1^{\text{sel}}},\cdots,f_{\text{num}}^{P_1^{\text{sel}}}\}=\{f_{\text{num}}^{p_1^{\text{sel}}}\}_{p_1^{\text{sel}}=1}^{P_1^{\text{sel}}},\quad 1\leqslant f_{\text{num}}^{p_1^{\text{sel}}}\leqslant J_{\text{sel}} \tag{6.24}$$

其中，$f_{\text{num}}^{p_1^{\text{sel}}}$ 为第 p_1^{sel} 个第 1 层特征的被选择次数。

6.3.3 基于模型性能的第 3 层特征选择与模型构建

基于上述步骤得到的全部 P_1^{sel} 个第 1 层特征的被选择次数为 $\{f_{\text{num}}^{p_1^{\text{sel}}}\}_{p_1^{\text{sel}}=1}^{P_1^{\text{sel}}}$，结合根据经验确定的比例系数 $f_{\text{DXN}}^{\text{RMSE}}$（其默认值为 1），确定用于第 3 层特征选择的阈值下限：

$$\theta_{\text{DXN}}^{\text{downlimit}}=\text{floor}\left(f_{\text{DXN}}^{\text{RMSE}}\cdot\frac{1}{P_1^{\text{sel}}}\sum_{p_1^{\text{sel}}=1}^{P_1^{\text{sel}}}f_{\text{num}}^{p_1^{\text{sel}}}\right) \tag{6.25}$$

其中，floor(·)表示取整函数；当 $f_{\mathrm{DXN}}^{\mathrm{RMSE}}$ 取 1 时，阈值下限为全部第 1 层特征选择次数的平均值，其最大值 $(f_{\mathrm{DXN}}^{\mathrm{RMSE}})_{\max}$ 和最小值 $(f_{\mathrm{DXN}}^{\mathrm{RMSE}})_{\min}$ 为

$$\begin{cases}(f_{\mathrm{DXN}}^{\mathrm{RMSE}})_{\max}=\dfrac{\max(f_{\mathrm{num}}^{1_1^{\mathrm{sel}}},\cdots,f_{\mathrm{num}}^{p_1^{\mathrm{sel}}},\cdots,f_{\mathrm{num}}^{P_1^{\mathrm{sel}}})}{\dfrac{1}{P_1^{\mathrm{sel}}}\sum\limits_{p_1^{\mathrm{sel}}=1}^{P_1^{\mathrm{sel}}}f_{\mathrm{num}}^{p_1^{\mathrm{sel}}}}\\(f_{\mathrm{DXN}}^{\mathrm{RMSE}})_{\min}=\dfrac{\min(f_{\mathrm{num}}^{1_1^{\mathrm{sel}}},\cdots,f_{\mathrm{num}}^{p_1^{\mathrm{sel}}},\cdots,f_{\mathrm{num}}^{P_1^{\mathrm{sel}}})}{\dfrac{1}{P_1^{\mathrm{sel}}}\sum\limits_{p_1^{\mathrm{sel}}=1}^{P_1^{\mathrm{sel}}}f_{\mathrm{num}}^{p_1^{\mathrm{sel}}}}\end{cases}\tag{6.26}$$

第 3 层特征选择的阈值上限 $\theta_{\mathrm{DXN}}^{\mathrm{uplimit}}$ 取为全部 P_1^{sel} 个第 1 层特征被选择次数的最大值：

$$\theta_{\mathrm{DXN}}^{\mathrm{uplimit}}=\max(f_{\mathrm{num}}^{1_1^{\mathrm{sel}}},\cdots,f_{\mathrm{num}}^{p_1^{\mathrm{sel}}},\cdots,f_{\mathrm{num}}^{P_1^{\mathrm{sel}}})\tag{6.27}$$

将第 3 层特征选择的阈值记为 $\theta_{\mathrm{DXN}}^{3}$，其值在 $\theta_{\mathrm{DXN}}^{\mathrm{downlimit}}$ 和 $\theta_{\mathrm{DXN}}^{\mathrm{uplimit}}$ 之间。第 3 层特征的筛选机制为

$$\mu^{p}=\begin{cases}1, & f_{\mathrm{num}}^{p_1^{\mathrm{sel}}}\geqslant\theta_{\mathrm{DXN}}^{3}\\0, & f_{\mathrm{num}}^{p_1^{\mathrm{sel}}}<\theta_{\mathrm{DXN}}^{3}\end{cases}\tag{6.28}$$

其中，$f_{\mathrm{num}}^{p_1^{\mathrm{sel}}}$ 表示第 p_1^{sel} 个第 1 层特征经 J 次 GA-PLS 算法被选择的次数；μ^{p} 表示第 3 层特征选择的阈值筛选标准。选择 $\mu^{p}=1$ 的特征变量依次存入 $\boldsymbol{X}_3^{\mathrm{sel\_temp}}$；以 $\boldsymbol{X}_3^{\mathrm{sel\_temp}}$ 为输入，构建基于 PLS 的 DXN 软测量模型，并计算 RMSE。

进一步，在 $\theta_{\mathrm{DXN}}^{\mathrm{downlimit}}$ 和 $\theta_{\mathrm{DXN}}^{\mathrm{uplimit}}$ 之间逐个增加 $\theta_{\mathrm{DXN}}^{3}$，构建基于 PLS 的 DXN 软测量模型，选择 RMSE 最小的作为基于数据驱动选择过程变量的、基于 PLS 的 DXN 排放浓度软测量模型。

进一步，检查上述数据驱动软测量模型的输入是否包括烟气排放的 CO 浓度、HCl 浓度、O_2 浓度和 NO_x 浓度，同时去除公用工程系统中的特征；若未包括，则将上述特征进行补选，进而获得第 3 层的选择特征 $\boldsymbol{X}_3^{\mathrm{sel}}$。再进一步，构建基于数据驱动与机理结合选择过程变量的、基于 PLS 的 DXN 软测量模型。

6.4 应用研究

6.4.1 数据描述

此处建模数据源于北京某基于炉排炉的 MSWI 厂，DXN 排放浓度检测样本的

数量为 34 个，变量维数为 287 维（包含 MSWI 过程的全部过程变量）。可见，输入特征数量远远超过建模样本数量，进行维数约简非常有必要。

6.4.2 建模结果

6.4.2.1 基于单特征相关性的特征选择结果

针对不同阶段的子系统，相关系数和互信息的特征选择权重因子 f_i^{corr}、f_i^{MI} 和 $f_i^{\text{corr\_MI}}$ 均取为 0.8，k_i^{corr} 和 k_i^{MI} 均取为 0.5。不同工艺阶段的子系统所选择的过程变量的相关系数、互信息和综合评价指标如图 6.3～图 6.8 所示。

由图 6.3～图 6.8 可知，不同工艺阶段子系统过程变量的相关系数、互信息和综合评价指标间存在差异，其最小值、平均值和最大值的统计结果如表 6.1 所示。

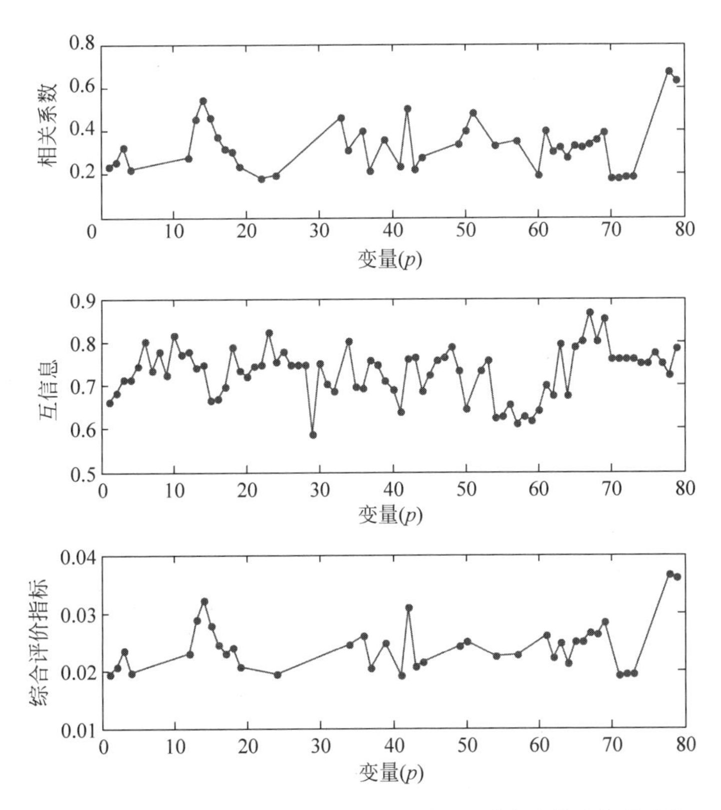

图 6.3 焚烧子系统过程变量的相关系数、互信息和综合评价指标

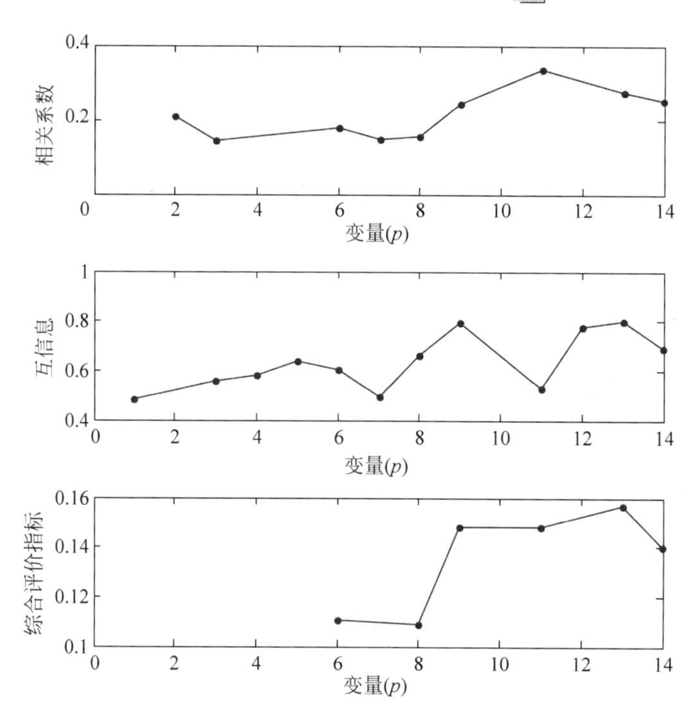

图 6.4　锅炉子系统过程变量的相关系数、互信息和综合评价指标

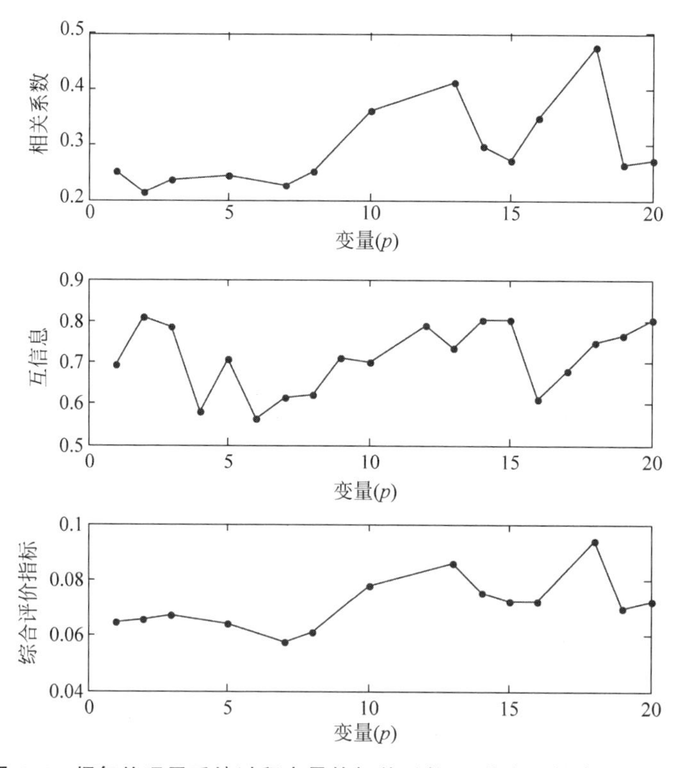

图 6.5　烟气处理子系统过程变量的相关系数、互信息和综合评价指标

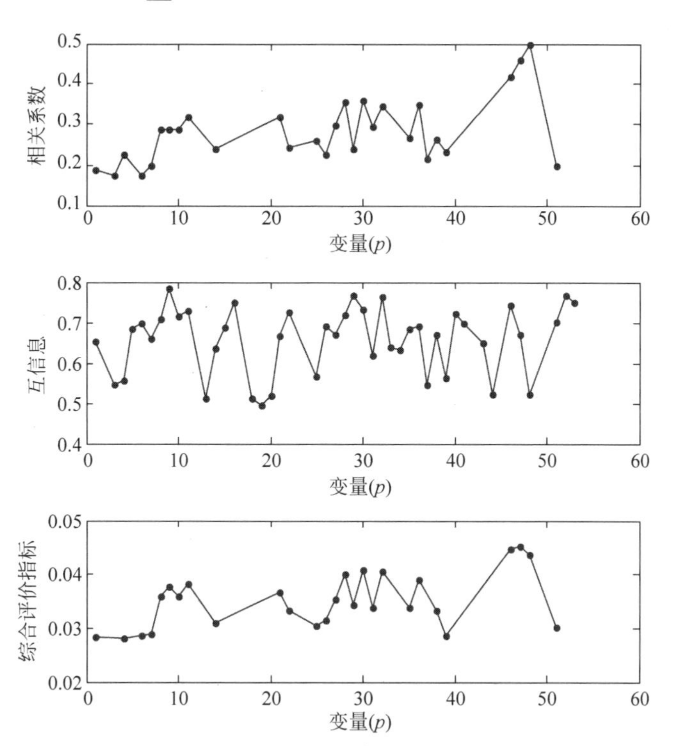

图 6.6　蒸汽发电子系统过程变量的相关系数、互信息和综合评价指标

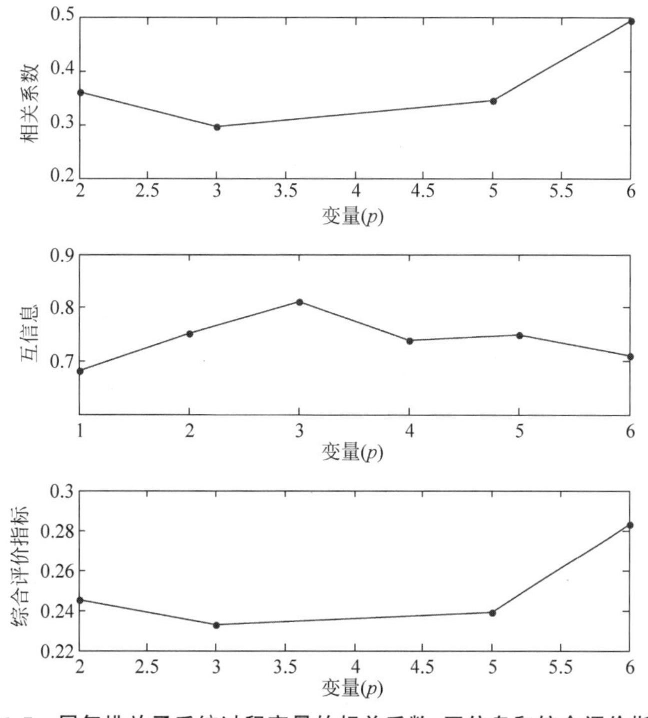

图 6.7　尾气排放子系统过程变量的相关系数、互信息和综合评价指标

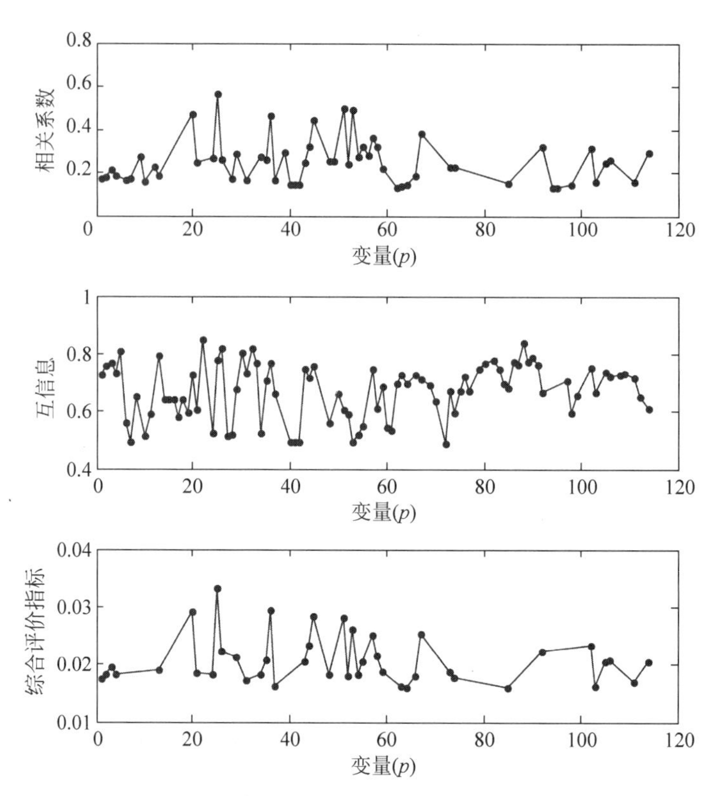

图 6.8 公用工程子系统过程变量的相关系数、互信息和综合评价指标

表 6.1 不同工艺阶段子系统的过程变量的相关性度量结果统计

序号	子系统	相关系数			互信息			综合评价指标		
		最小值	平均值	最大值	最小值	平均值	最大值	最小值	平均值	最大值
1	焚烧	0.006888	0.2098	0.6760	0.4680	0.7254	0.8665	0.01771	0.02380	0.03661
2	锅炉	0.06305	0.1743	0.3358	0.2596	0.5861	0.8025	0.09123	0.1250	0.1568
3	烟气处理	0.03686	0.2448	0.4756	0.4885	0.7005	0.8103	0.05765	0.07142	0.09420
4	蒸汽发电	0.01507	0.2011	0.4970	0.3003	0.6125	0.7856	0.02457	0.03448	0.04523
5	烟气排放	0.001346	0.2816	0.4948	0.6811	0.7401	0.8103	0.2329	0.2500	0.2827
6	公用工程	0.8848×10^{-4}	0.1630	0.5628	0.1928	0.6014	0.8511	0.01296	0.01960	0.03331

由表 6.1 可知：

(1) 子系统过程变量相关系数、互信息和综合评价指标平均值的最大值均为烟气排放子系统，分别为 0.2816、0.7401 和 0.2500；烟气排放子系统测量的是与

DXN 同时排放至大气中的气体，如烟囱排放 HCl 浓度、烟囱排放 O_2 浓度、烟囱排放 NO_x 浓度、烟囱排放 CO 浓度等，这与 DXN 的产生机理和文献中关于 DXN 排放检测的综述是相符的；

(2) 子系统过程变量相关系数、互信息和综合评价指标的最大值分别源于焚烧子系统、焚烧子系统和烟气排放子系统，分别为 0.6760、0.8665 和 0.2827，它们是与 DXN 生成过程相关的系统，即与基于机理知识的判定相符合；

(3) 子系统过程变量相关系数、互信息和综合评价指标的最小值均源于公用工程子系统，从机理上讲，该子系统与 DXN 产生的物质流不具备直接的联系，但从单特征相关性的度量结果可知，其包含的部分过程变量与 DXN 间的相关系数和互信息还是较大的，原因有待探讨；

上述统计表明，DXN 排放的工业数据具有一定程度的可靠性，如从单特征相关性的视角来看，排在前三的是与 DXN 生成、吸附和排放相关的系统；但其他子系统的部分过程变量从数据视角来看也与 DXN 排放浓度的相关性较大，故需要结合机理知识进行最终的特征选择。

进一步，基于综合评价指标所选择的过程变量数量如表 6.2 所示。

表 6.2　基于综合评价指标所选择的过程变量数量

序号	统计项目		锅炉	燃烧	烟气排放	尾气处理	蒸汽发电	公用工程	汇总
1	原始特征数量		14	79	6	20	53	115	287
2	相关性指标	相关系数	9	44	4	14	29	58	158
		互信息	12	77	6	19	44	90	248
		综合评价指标	6	39	4	14	27	42	132
3	汇总序号		6	45	49	63	90	132	—

结合图 6.3～图 6.8 和表 6.2 可知，基于相关系数和互信息选择的特征数量并不相同；基于综合评价指标选择的特征变量为 132 个，数量较多的子系统为焚烧(39 个)和公用工程(42 个)。此外，分别从各个子系统进行过程变量的选择，保证了每个子系统均能够为下一步过程变量选择贡献各自的特征，也便于后续对不同子系统进行独立分析。

6.4.2.3　基于多特征冗余性的特征选择结果

对于上述过程所选择的 132 个基于单特征相关性的过程变量，采用 GA-PLS 确定最佳过程变量组合以去除冗余特征。

GA-PLS 所采用的运行参数为种群数量 20、最大遗传代数 40、最大潜在变量数量 6、遗传变异率 0.005、窗口宽度 1、收敛百分比 98% 和变量初始化百分比 30%。

基于上述参数运行 100 次，所得预测模型的 RMSE 统计结果如表 6.3 所示。

表 6.3 运行 100 次 GA-PLS 的 RMSE 统计结果

	最大值	平均值	最小值	备注
训练数据	0.005726	0.001359	4.3480×10^{-8}	—
测试数据	0.03110	0.02571	0.01853	—

由表 6.3 可知，从泛化性能的统计结果看，GA-PLS 的运行结果具有较大波动性，这与本章所采用的建模样本数量小和 GA 自身具有随机相关性。

对 GA-PLS 获得的大于误差平均值的软测量模型进行统计，可以得到用于特征选择频次统计的模型数量为 49 个。进一步，计算 132 个过程变量的被选择次数，如表 6.4 所示。

表 6.4 基于多特征选择的过程变量被选择次数统计表

序号	子系统	变量被选择次数	变量数量
1	焚烧	{13 9 13 13 9 7 18 14 9 13 23 21 3 3 10 21 33 9 0 10 7 11 29 3 11 4 8 12 5 5 7 16 11 6 9 9 12 28 6}	39
2	锅炉	{12 7 12 7 22 8 }	6
3	烟气处理	{12 37 8 9 8 19 17 29 4 22 9 19 10 23}	14
4	蒸汽发电	{37 10 11 17 18 27 26 23 20 16 8 20 11 11 15 13 11 11 18 18 14 23 13 32 18 44 10}	27
5	烟气排放	{2 6 0 5}	4
6	公用工程	{5 12 14 21 10 48 27 26 34 10 14 33 26 11 3 1 20 8 12 15 6 2 5 2 23 18 4 8 20 17 10 1 15 16 8 1 10 7 3 2 11 32}	42

由表 6.4 可知：

(1) 全部 132 个过程变量被选择的平均次数为 13 次，具有最大选择次数的过程变量源于公用工程子系统；

(2) 具有最大单特征相关性的烟气排放子系统的 4 个过程变量的被选择次数最大仅为 6，说明进行多特征冗余性与单特征相关性的选择结果间存在差异，同时也说明 GA-PLS 具有随机性；

(3) 仅是基于数据驱动的特征变量选择还是存在缺陷的，需要机理知识予以补充。

6.4.2.4 基于模型性能的特征选择结果

基于 GA-PLS 的运行结果，将特征选择阈值的范围设定为 13～48。特征选择阈值与预测性能的关系如图 6.9 所示。

按照图 6.9 的结果，将阈值确定为 18，则所选择的过程变量数量为 39 个。进而，各个子系统中所选择的过程变量如表 6.5 所示。

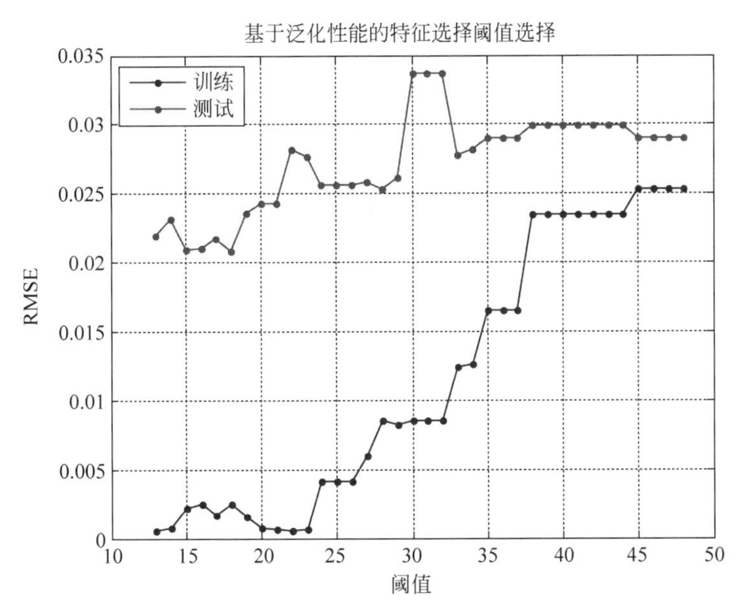

图 6.9　特征选择阈值与泛化性能的关系

表 6.5　基于模型性能选择的过程变量统计表

序号	子系统	变量被选择次数	变量数量（被选/全部）
1	焚烧	{'燃烧炉排右空气流量'　'二次空预器出口温度'　'干燥炉排入口空气温度'　'燃烧炉排 2-2 左内温度'　'燃烧炉排 2-2 右内温度'　'二次风机出口空气压力'　'燃烬炉排左侧速度'}	7/39
2	锅炉	{'反应器入口氧气浓度'}	1/6
3	烟气处理	{'混合器水流量 *A*'　'布袋差压 *A*'　'烟道入口烟气流量'　'NID 入口 O_2 浓度'　'石灰储仓给料量'　'尿素溶剂供应流量'}	6/14
4	蒸汽发电	{'省煤器出口压力'　'凝汽器 *A* 侧循环水进口温度'　'凝汽器 *A* 侧循环水出口温度'　'凝汽器 *B* 侧循环水进口温度'　'凝汽器 *B* 侧循环水出口温度'　'凝汽器出口温度'　'#1 除氧器水位'　'汽机轴向轴承副推力面金属温度'　'发电机前轴承轴瓦温度'　'汽机小齿轮后轴承温度'　'汽机前轴承振动'　'汽机后轴承振动'　'发电机前轴承振动'}	13/27
5	烟气排放	{—}	0/4
6	公用工程	{'燃油罐油温 4'　'定压补水罐压力'　'仪用压缩空气母管流量'　'#1 汽包炉水'　'#2 汽包炉水电导率'　'雨水泵前池液位'　'NID 系统补水箱液位'　'1 段抽气母管压力'　'空预器减温减压器出口压力''旁路减温减压器出口温度'　'#1 发电机 *B* 相电流'　'#0 启动/备用变压器 6kV 侧电流'}	12/42

由表 6.4 可知，输入特征维数降为 39，其中与 DXN 产生机理相关的特征为 14 个（焚烧 7 个，锅炉 1 个，烟气处理 6 个）。

采用上述基于数据驱动选择的过程变量构建 PLS 模型，潜在变量数量与泛化性能 RMSE 的关系如图 6.10 所示。

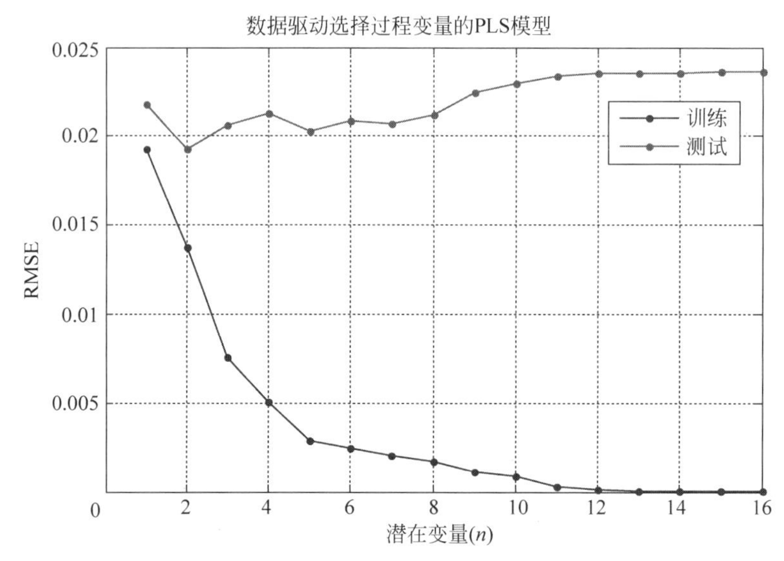

图 6.10 基于数据驱动选择过程变量 PLS 模型的潜在变量数量与 RMSE 的关系

由图 6.10 可知，当潜在变量数量为 2 时，其训练和测试 RMSE 分别为 0.01375 和 0.01929。不同潜在变量的贡献率如表 6.6 所示。

表 6.6 基于不同输入特征 PLS 模型的潜在变量贡献率

潜在变量数量	数据驱动选择过程变量				数据驱动与机理结合方式选择过程变量			
	输入数据		输出数据		输入数据		输出数据	
	单个潜在变量	总计	单个潜在变量	总计	单个潜在变量	总计	单个潜在变量	总计
1	29.62	29.62	55.18	55.18	29.23	29.23	56.00	56.00
2	26.96	56.58	21.95	77.13	28.15	57.38	11.55	67.54
3	9.97	66.55	15.90	93.04	9.68	67.05	14.26	81.81
4	7.15	73.70	3.92	96.96	7.31	74.36	6.48	88.29
5	2.60	76.31	2.06	99.01	7.50	81.86	2.37	90.65
6	7.47	83.78	0.26	99.27	4.40	86.26	1.80	92.45
7	3.70	87.48	0.22	99.49	5.14	91.39	0.59	93.04
8	2.94	90.42	0.16	99.65	3.14	94.53	0.86	93.90
9	1.51	91.93	0.20	99.85	1.65	96.18	1.85	95.75
10	2.96	94.89	0.06	99.90	1.22	97.40	1.34	97.09

根据 DXN 产生的机理可知，焚烧子系统和公用工程子系统与 DXN 排放浓度的相关性在理论上是不存在的，只有烟气排放子系统与 DXN 相关。此处，与机理结合，增加烟气排放子系统的 4 个过程变量（烟囱排放 HCl 浓度、烟囱排放 O_2 浓度、烟囱排放 NO_x 浓度、烟囱排放 CO 浓度）作为输入特征。

采用上述基于数据驱动与机理结合选择后的共 18 个过程变量构建 PLS 模型。潜在变量数量与模型性能 RMSE 的关系如图 6.11 所示。

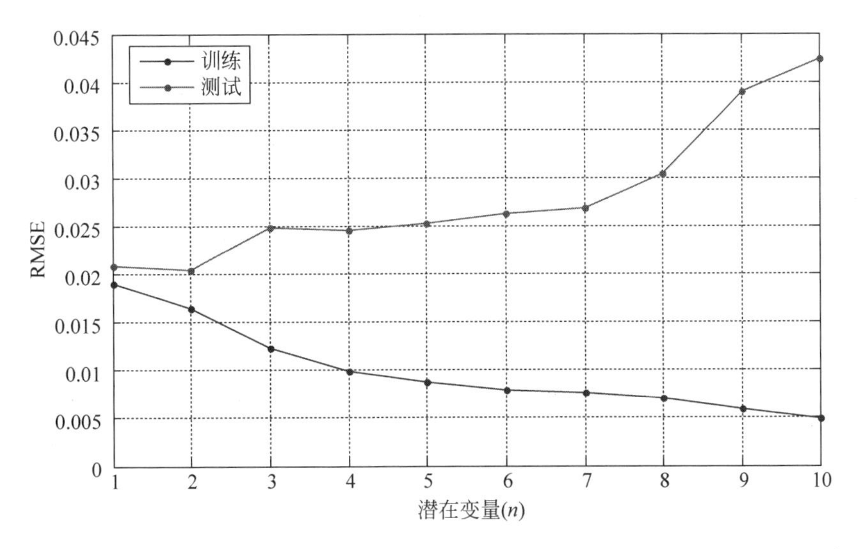

图 6.11　基于数据驱动与机理结合选择过程变量 PLS 模型的潜在变量数量与 RMSE 的关系

由图 6.11 可知，当潜在变量数量为 2 时，其训练和测试 RMSE 分别为 0.01638 和 0.02048。不同潜在变量的贡献率如表 6.6 所示。

由表 6.6 可知，加入基于机理知识确定的过程变量后，潜在变量在输入数据中的贡献率提高了 2%，在输出数据中的贡献中降低了 2%，可见过程变量的有无对泛化性能的影响是有限的。考虑到 DXN 建模数据预处理中是将 24h 的过程数据进行均值化后获得的，对应的 DXN 检测值是连续采样 6h 左右后再离线化验 1 周获得的，在处理过程中难免会引入不确定因素。同时，此处以较小的模型误差为代价，引入部分与 DXN 机理相关的过程变量是适合的。

更深入的机理分析需要结合 DXN 排放过程的数值仿真研究后继续进行。

6.4.3　方法比较

由前文可知，本章方法能够均衡地考虑相关系数度量与互信息度量的贡献度。采用 PLS 建立基于上述不同输入特征的软测量模型，统计结果如表 6.7 所示，不同方法的预测曲线如图 6.12 和图 6.13 所示。

表 6.7 基于不同输入特征的 PLS 模型统计结果

序号	方法	特征选择系数 $(f_i^{\mathrm{corr}}, f_i^{\mathrm{mi}}, f_i^{\mathrm{corr\_mi}})$ $(k_i^{\mathrm{corr}}, k_i^{\mathrm{mi}})$	输入维数	RMSE		备注 LV 数量，数据集
				训练	测试	
1	PLS	—	287	0.01720	0.02004	2,全流程
2	相关系数 PLS	(0.8,—,—)(1,—)	153	0.01612	0.02015	2,全流程
3	互信息 PLS	(—,0.8,—)(1,—)	235	0.01764	0.02055	2,全流程
4	综合评价指标 PLS	(0.8,0.8,0.8)(0.5,0.5)	98	0.01649	0.02070	2,全流程
5	本章	(0.8,0.8,0.8)(0.5,0.5)	39	0.01375	0.01929	2,数据驱动,子系统
		(0.8,0.8,0.8)(0.5,0.5)	18	0.01638	0.02048	2,数据驱动+机理,子系统

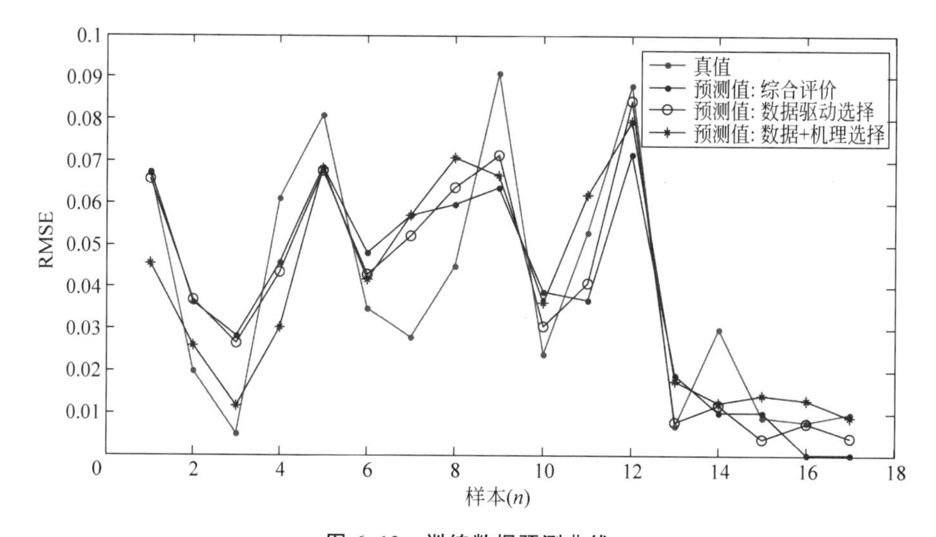

图 6.12 训练数据预测曲线

由上述结果可知，采用相同数量的潜在变量，基于不同输入特征的 PLS 建模方法在预测测试数据性能方面相差不大，但在输入特征的维数约简上差距明显。输入特征维数由高到低分别为原始特征为 287 维、基于互信息为 235 维、基于相关系数为 153 维、基于综合评价值为 98 维、基于本章数据驱动为 39 维、基于本章数据驱动与机理混合为 18 维。可见本章方法在特征数量上缩减了 16 倍。由此可见，本章方法对构建物理含义清晰、可解释的软测量模型是有效的。同时也表明，工业过程数据需要结合机理知识进行分析。

本章在进行特征选择时，涉及多个特征选择系数，这些系数对特征选择结果和模型预测性能的影响还需要进一步分析。此外，本章所采用的建模方法为简单的线性模型，所选择的特征为混合的线性与非线性特征，因此在更为合理的建模策略的选择上也有待研究。此外，如何度量工业过程数据的可靠性也是值得深入思考

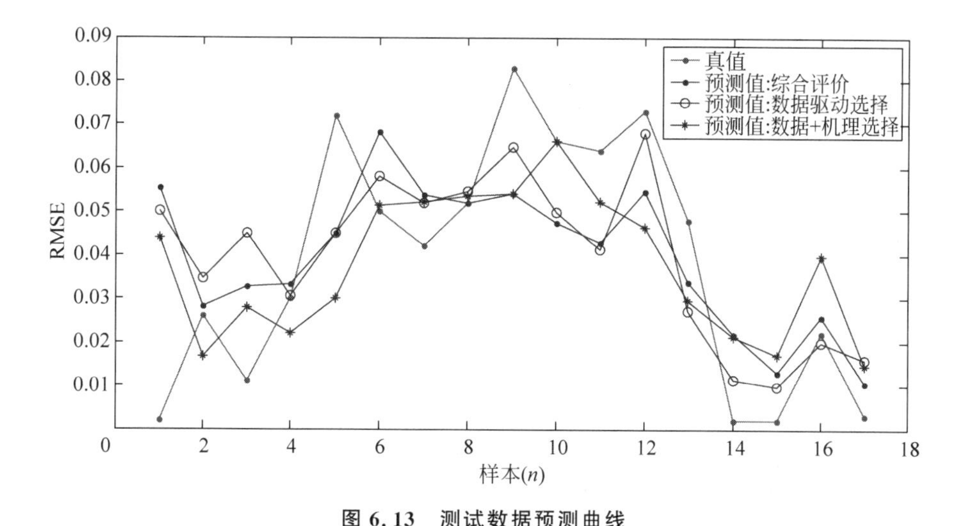

图 6.13 测试数据预测曲线

的问题。针对机理知识明晰的输入特征，需要在遗传算法的初始化中利用先验知识，以保证选择具有较强机理相关性的过程变量，如烟囱排放 CO 浓度等。

参考文献

[1] CHANG N B, HUANG S H. Statistical modelling for the prediction and control of PCDDs and PCDFs emissions from municipal solid waste incinerators[J]. Waste Management & Research, 1995, 13: 379-400.

[2] CHANG N B, CHEN W C. Prediction of PCDDs/PCDFs emissions from municipal incinerators by genetic programming and neural network modeling[J]. Waste Management & Research, 2000, 18(4): 41-351.

[3] 汤健，乔俊飞. 基于选择性集成核学习算法的固废焚烧过程二噁英排放浓度软测量[J]. 化工学报，2019，70(2)：696-706.

[4] BUNSAN S, CHEN W Y, CHEN H W, et al. Modeling the dioxin emission of a municipal solid waste incinerator using neural networks[J]. Chemosphere, 2013, 92: 258-264.

[5] 肖晓东，卢加伟，海景，等. 垃圾焚烧烟气中二噁英类浓度的支持向量回归预测[J]. 可再生能源，2017，35(8)：1107-1114.

[6] 汤健，乔俊飞，郭子豪. 基于潜在特征选择性集成建模的二噁英排放浓度软测量[J]. 自动化学报，2022，48(1)：223-238.

[7] HASNAT A, MOLLA A U. Feature selection in cancer microarray data using multi-objective genetic algorithm combined with correlation coefficient[C]//2016 International Conference on Emerging Technological Trends (ICETT), 2016: 1-6.

[8] COELHO F, BRAGA A P, VERLEYSEN M. Multi-Objective Semi-Supervised Feature Selection and Model Selection Based on Pearson's Correlation Coefficient [C]// Iberoamerican Congress on Pattern Recognition. Berlin: Springer, 2010: 509-516.

[9] BATTITI R. Using mutual information for selecting features in supervised neural net

learning[J]. IEEE Transactions on Neural Networks,1994,5(4): 537-550.

[10] VERGARA J R,ESTÉVEZ P A. A review of feature selection methods based on mutual information[J]. Neural computing and applications,2014,24(1): 175-186.

[11] JAIN A K,DUIN R P W, MAO J. Statistical pattern recognition: A review[J]. IEEE Transactions on pattern analysis and machine intelligence,2000,22(1): 4-37.

[12] FLEURET F. Fast binary feature selection with conditional mutual information[J]. Journal of Machine Learning Research,2004,5: 1531-1555.

[13] COELHO F,BRAGA A P, VERLEYSEN M. Multi-objective semi-supervised feature selection and model selection based on Pearson's correlation coefficient[J]. Lecture Notes in Computer Science,2010,6419: 509-516.

[14] ESTÉVEZ P A,TESMER M,PEREZ C A,et al. Normalized mutual information feature selection[J]. IEEE Transactions on Neural Networks,2009,20(2): 189-201.

[15] AMIRI F,YOUSEFI M M R,LUCAS C,et al. Mutual information-based feature selection for intrusion detection systems[J]. Journal of Network and Computer Applications,2011, 34: 1184-1199.

[16] MOHAMMADI S,MIRVAZIRI H,GHAZIZADEHAHSAEE M. Multivariate correlation coefficient and mutual information-based feature selection in intrusion detection[J]. Information Security Journal A Global Perspective,2017,26(5): 229-239.

[17] PENG H,LONG F,DING C. Feature selection based on mutual information criteria of max-dependency,max-relevance, and min-redundancy[J]. IEEE Transactions on pattern analysis and machine intelligence,2005,27(8): 1226-1238.

[18] 汤健,田福庆,贾美英. 基于频谱数据驱动的旋转机械设备负荷软测量[M]. 北京: 国防工业出版社,2015.

[19] TIHONOV A N. Solution of incorrectly formulated problems and the regularization method[J]. Soviet Math,1963,4: 1035-1038.

[20] WOLD S,RUHE A,WOLD H,et al. The collinearity problem in linear regression. The partial least squares (PLS) approach to generalized inverses[J]. SIAM Journal on Scientific and Statistical Computing,1984,5(3): 735-743.

[21] LEARDI R,BOGGIA R, TERRILE M. Genetic algorithms as a strategy for feature selection[J]. Journal of Chemometrics,1992,6(5): 267-281.

[22] 汤健,柴天佑,赵立杰,等. 融合时频信息的磨矿过程磨机负荷软测量[J]. 控制理论与应用,2012,29(5): 564-570.

第 7 章

改进VSG及其在MSWI过程二噁英排放软测量中的应用

第7章图片

7.1 引言

目前,实际工业现场多以月/季为周期的DXN排放浓度检测会导致有标记的建模样本数量极其稀缺。显然,由具有类似上述特征的小样本数据构建的模型难以有效地表征复杂工业过程的本质[1]。高质量的建模数据是进行复杂工业过程优化控制与智能决策的基础,对于小样本数据驱动建模,首先需要解决的是建模样本的不完备问题。

针对上述问题,文献[2]提出了基于灰色系统理论,通过累加原始样本降低随机性、提高序列间的规律性,进而提高建模精度的方法,但针对分布不平衡的数据,其预测性能有限;文献[3]提出了基于箱图的改进灰色预测模型以提升时间序列小样本模型的预测精度;文献[4]阐述了样本数量与模型精度、复杂度的关系。

针对小样本数据的扩充问题,文献[5]首先提出了VSG的概念,其利用数学变换从多个角度生成虚拟样本,提高模式识别的能力;文献[6]指出,VSG能够提高小样本模型泛化能力的原因是其在数学上等价于将先验知识合并为正则化矩阵,证明了利用原始数据映射关系生成虚拟样本的可行性。针对样本分布稀疏和分布不平衡的问题,文献[7]提出了一种通过构造离散点间的近似函数求解未知空间函数值的插值法;文献[8]提出了一种基于多项式插值的技术扩展样本,但是,现有VSG研究大多面向分类问题[9-10]。针对本章重点研究的小样本回归建模问题[11],目前已有研究包括文献[12]~文献[14]提出的基于多种优化算法的VSG策略,文献[15]提出的生成通用结构数据的抽样策略,文献[16]论述的小样本VSG的有效扩展策略,文献[17]说明的VSG在扩展小样本方面的有效性,文献[18]提出的基于距离准则确定的数据稀疏区域。Tang等提出了针对高维数据的VSG[19],

并基于 VSG 提出了面向多组分机械振动信号的建模策略[20]，但这两种策略仅利用实验数据所蕴含的先验知识进行插值，未能解决建模样本稀缺的根本问题。从本质上讲，VSG 主要通过填充样本空间中不完整或不平衡的信息进行扩充。上述基于插值法的 VSG 大多采用传统单模型生成虚拟样本，这对具有复杂工况分布的工业建模对象而言是很难有效的。此外，上述方法未考虑极端样本或样本分布不均匀等问题，在本质上并未有效解决小样本的扩容问题。

针对真实样本的边界问题，文献[21]提出了根据实际样本的输入分布扩展虚拟样本区域的大趋势扩散(mage-trend-diffusion，MTD)；但该方法仅在隶属度空间进行扩展，并且由于选取平均值作为虚拟样本空间的扩展中心导致无法保证其在实域空间内扩展样本边界的完整性。此外，MTD 未考虑样本总体分布的差异性和极端样本的存在，很难有效填补多工况特定样本或极端样本的分布范围。因此，需要一种更为有效的真实样本边界区域扩展算法。随机权神经网络(RWNN)是基于前馈神经元网络的机器学习算法，其特点是隐含层节点权重随机生成且无需更新，输出权重采用广义逆计算获得[22]。针对真实样本中可能存在的噪声，文献[16]和文献[23]提出了基于 RWNN 的与自联想神经网络的隐含层插值相结合的 VSG，但在虚拟样本生成的稳定性等方面还有待完善。此外，上述不同类型的虚拟样本之间还存在互补特性。

基于此，本章提出了一种基于改进 MTD 和 RWNN 隐含层多层插值法的 VSG。在采用改进 MTD 进行虚拟样本输入/输出区域扩展的基础上，采用基于 RWNN 的等间隔插值与正则化隐含层插值相结合的策略增强虚拟样本生成的稳定性和虚拟样本之间的互补性。采用基准数据集和工业 DXN 数据仿真验证了该 VSG 的合理性和有效性。

7.2 预备知识

7.2.1 基于 VSG 的建模样本补充

图像识别领域首先给出的虚拟样本定义为，基于先验知识通过数学变换产生的新图像[5]。进一步，文献[24]给出了较为通用的 VSG 的定义，即基于先验知识和少量的真实样本，通过某种变换产生新样本的过程。具体而言，VSG 是以原始小样本数据集为基础，利用先验知识或样本分布等潜在信息生成虚拟样本，以解决样本数据稀缺、不平衡等问题，进而提高小样本数据模型的泛化能力。

目前，VSG 面临的挑战包括如何确定虚拟样本的输入/输出、如何确定虚拟样本数量和如何评估虚拟样本质量等。文献[16]给出了如图 7.1 所示的真实样本空间与期望样本空间的示意图。

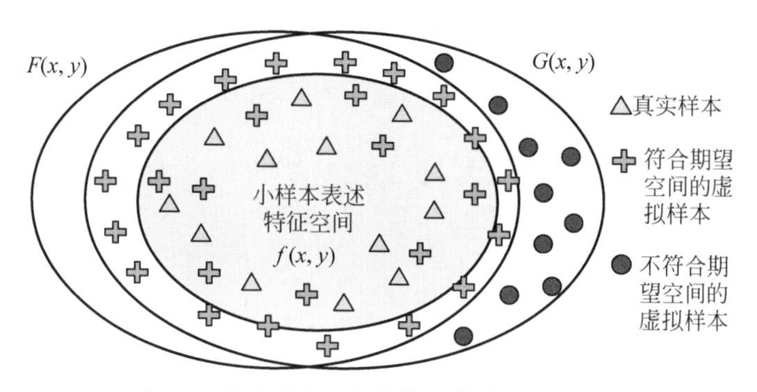

图 7.1　真实样本空间与期望样本空间的关系

图 7.1 表明，VSG 的本质是通过“填充”期望分布样本空间中的不完整或不平衡信息以实现样本扩充，主要涉及①对真实样本空间的信息间隔进行填充；②对真实样本空间的边界进行扩展并填充；③对不符合期望样本空间的虚拟样本进行删减。

7.2.2　基于大趋势扩散的区域扩展

大趋势扩散（mega trend diffusion，MTD）利用数据趋势信息在隶属度空间内进行操作以扩展真实样本区域。

以真实样本 $\boldsymbol{X}_{\text{small}}=\{\boldsymbol{x}_n\}_{n=1}^{N}=\{\boldsymbol{x}^p\}_{p=1}^{P}$ 的第 p 列为例。首先，计算第 p 列 $\boldsymbol{x}^p=\{x_n^p\}_{n=1}^{N}$ 的平均值 $\boldsymbol{x}_{\text{ave}}^p$，

$$\boldsymbol{x}_{\text{ave}}^p=\sum_{n=1}^{N}\boldsymbol{x}_n^p/N \tag{7.1}$$

然后，将输入 $\boldsymbol{x}^p$ 分为大于和小于平均值的 $\boldsymbol{x}_{\text{high}}^p$ 和 $\boldsymbol{x}_{\text{low}}^p$，即

$$\begin{cases}\boldsymbol{x}_{\text{high}}^p\subset\boldsymbol{x}^p, & x_n^p\geqslant x_{\text{ave}}^p\\ \boldsymbol{x}_{\text{low}}^p\subset\boldsymbol{x}^p, & x_n^p< x_{\text{ave}}^p\end{cases} \tag{7.2}$$

其中，$\boldsymbol{x}_{\text{high}}^p=\{(x_{\text{high}}^p)_{n_{x\text{-high}}}\}_{n_{x\text{-high}}=1}^{N_{x\text{-high}}}$，$\boldsymbol{x}_{\text{low}}^p=\{(x_{\text{low}}^p)_{n_{x\text{-low}}}\}_{n_{x\text{-low}}=1}^{N_{x\text{-low}}}$，$N_{x\text{-high}}^p$ 和 $N_{x\text{-low}}^p$ 表示 $\boldsymbol{x}_{\text{high}}^p$ 和 $\boldsymbol{x}_{\text{low}}^p$ 包含的样本数量。

最后，确定样本集 $\boldsymbol{x}_{\text{high}}^p$ 的扩展区域上限 $x_{\text{VSG-max}}^p$：

$$x_{\text{VSG-max}}^p=x_{\text{ave}}^p+\text{rate}_{x\text{-high}}^p\sqrt{-2\text{var}_{x\text{-high}}^p/N_{x\text{-high}}^p\ln(10^{-20})} \tag{7.3}$$

其中，$\text{var}_{\text{high}}^p=\sum\limits_{n_{\text{high}}^p=1}^{N_{\text{high}}^p}(x_{n_{\text{high}}^p}^p-x_{\text{ave}}^p)^2/(N_{\text{high}}^p-1)$ 表示 $\boldsymbol{x}_{\text{high}}^p$ 的方差；$\text{rate}_{x\text{-high}}^p$ 是样本的上扩展偏度，其计算公式为

$$\text{rate}_{x\text{-high}}^p=\frac{N_{x\text{-high}}^p}{N_{x\text{-high}}^p+N_{x\text{-low}}^p} \tag{7.4}$$

类似地，确定样本集 $\boldsymbol{x}_{\text{low}}^{p}$ 的扩展区域下限 $x_{\text{VSG-min}}^{p}$：

$$x_{\text{VSG-min}}^{p} = x_{\text{ave}}^{p} - \text{rate}_{x\text{-low}}^{p}\sqrt{-2\text{var}_{x\text{-low}}^{p}/N_{x\text{-low}}^{p}\ln(10^{-20})} \tag{7.5}$$

其中，$\text{var}_{\text{low}}^{p} = \sum_{n_{\text{low}}^{p}=1}^{N_{\text{low}}^{p}}(x_{n_{\text{low}}^{p}}^{p} - x_{\text{ave}}^{p})^2/(N_{\text{low}}^{p}-1)$ 表示 x_{low}^{p} 的方差。$\text{rate}_{x\text{-low}}^{p}$ 是样本的下扩展偏度，其计算公式为

$$\text{rate}_{x\text{-low}}^{p} = \frac{N_{x\text{-low}}^{p}}{N_{x\text{-high}}^{p} + N_{x\text{-low}}^{p}} \tag{7.6}$$

7.2.3 基于 RWNN 隐含层插值的 VSG

基于 RWNN，在高维非线性映射空间隐含层进行插值以消除小样本数据存在的噪声，该方法类似于原始样本空间中的等间隔插值。

首先，计算隐含层神经元的输出矩阵 $\boldsymbol{H}^{\text{ori}}$：

$$\begin{aligned}\boldsymbol{H}^{\text{ori}} &= \Gamma_{\text{map}}(\boldsymbol{w},\boldsymbol{b},\boldsymbol{X}_{\text{small}}) \\ &= \begin{bmatrix} h_{11} & \cdots & h_{1l} & \cdots & h_{1L} \\ \cdots & & \cdots & & \cdots \\ h_{n1} & \cdots & h_{nl} & \cdots & h_{nL} \\ \cdots & & \cdots & & \cdots \\ h_{N1} & \cdots & h_{Nl} & \cdots & h_{NL} \end{bmatrix} \\ &= \begin{bmatrix} \Gamma_{\text{map}}(w_1,b_1,x_1) & \cdots & \Gamma_{\text{map}}(w_1,b_1,x_n) & \cdots & \Gamma_{\text{map}}(w_L,b_L,x_N) \\ \cdots & & \cdots & & \cdots \\ \Gamma_{\text{map}}(w_1,b_1,x_1) & \cdots & \Gamma_{\text{map}}(w_1,b_1,x_n) & \cdots & \Gamma_{\text{map}}(w_L,b_L,x_N) \\ \cdots & & \cdots & & \cdots \\ \Gamma_{\text{map}}(w_1,b_1,x_1) & \cdots & \Gamma_{\text{map}}(w_1,b_1,x_n) & \cdots & \Gamma_{\text{map}}(w_L,b_L,x_N) \end{bmatrix}\end{aligned} \tag{7.7}$$

其中，$h_{nl} = \Gamma_{\text{map}}(w_l,b_l,x_n)$ 为隐含层节点值，$\boldsymbol{w} = \{w_1,\cdots,w_l,\cdots,w_L\}$ 为输入层和隐含层神经元之间的权重，$\boldsymbol{b} = \{b_1,\cdots,b_l,\cdots,b_L\}$ 为神经元偏置，L 为隐含层节点的数量，Γ_{map} 表示以 Sigmoid 为激活函数的映射函数。

然后，利用广义逆矩阵计算隐含层与输出层之间的权重 $\boldsymbol{\beta}$：

$$\boldsymbol{\beta} = (\boldsymbol{H}^{\text{ori}})^{+}\boldsymbol{y} \tag{7.8}$$

其中，$(\boldsymbol{H}^{\text{ori}})^{+}$ 表示 $\boldsymbol{H}^{\text{ori}}$ 的广义逆。

RWNN 模型的输出为

$$\hat{\boldsymbol{y}} = \boldsymbol{H}^{\text{ori}}\boldsymbol{\beta} \tag{7.9}$$

进一步，插值后的隐含层矩阵为

$$
\boldsymbol{H}_{\text{insert}}^{\text{ori}}=\begin{bmatrix}\dfrac{h_{11}+h_{21}}{2} & \cdots & \dfrac{h_{1L}+h_{2L}}{2}\\ \cdots & \cdots & \cdots\\ \dfrac{h_{(N-1)1}+h_{N1}}{2} & \cdots & \dfrac{h_{(N-1)L}+h_{NL}}{2}\\ \dfrac{h_{N1}+h_{11}}{2} & \cdots & \dfrac{h_{NL}+h_{1L}}{2}\end{bmatrix} \tag{7.10}
$$

其相应的预测输出为

$$
\hat{\boldsymbol{y}}_{\text{insert}}^{\text{ori}}=\boldsymbol{H}_{\text{insert}}^{\text{ori}}\boldsymbol{\beta} \tag{7.11}
$$

最后，由隐含层矩阵进行反推，可以获得虚拟样本输入为

$$
\boldsymbol{X}_{\text{insert}}^{\text{ori}}=\left(-\ln\left(\frac{1}{\boldsymbol{H}^{\text{ori}}-\boldsymbol{I}}\right)-\boldsymbol{b}\right)\boldsymbol{w} \tag{7.12}
$$

其中，$\boldsymbol{I}$ 表示单位矩阵。

基于 RWNN 隐含层插值法，将最终生成的虚拟样本集记为$\{\boldsymbol{X}_{\text{insert}}^{\text{ori}},\hat{\boldsymbol{y}}_{\text{insert}}^{\text{ori}}\}$。

7.3 算法策略与实现

上述传统 MTD 仅在隶属度空间进行扩展，只选取平均值作为虚拟样本空间的扩展中心，无法保证在实域空间进行有效“扩展”，并且未考虑样本分布差异和极端样本存在等情况。在上述基于 RWNN 隐含层的插值法中，虚拟样本的输出由高维空间隐含层插值后的线性变换得到，虽然可以在一定程度上保证虚拟样本输出的稳定性，但映射参数的随机性会导致虚拟样本输入的随机性，进而造成虚拟样本生成的稳定性低等问题。因此，有必要采用基于改进 MTD 的区域扩展、基于等间隔差值的 VSG 和基于 RWNN 多组隐含层插值的 VSG 来弥补上述不足。本章所提改进 VSG 的策略如图 7.2 所示。

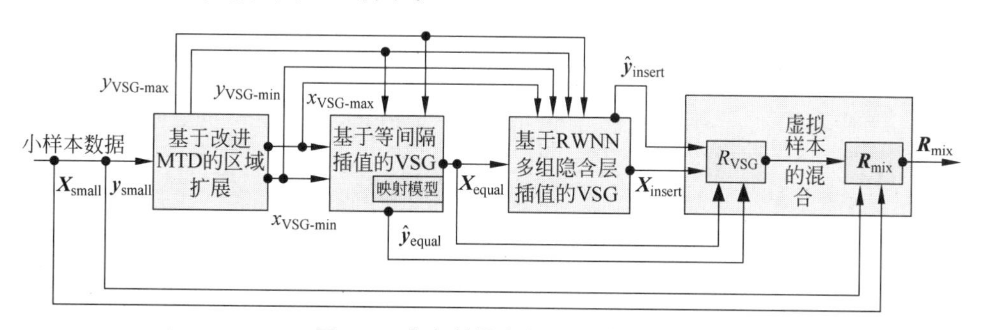

图 7.2 本章所提改进 VSG 策略图

图 7.2 中，$\boldsymbol{X}_{\text{small}}$ 和 $\boldsymbol{y}_{\text{small}}$ 表示原始小样本数据集的输入和输出，$\boldsymbol{R}_{\text{small}}=\{\boldsymbol{X}_{\text{small}},\boldsymbol{y}_{\text{small}}\}$表示小样本数据集；$\boldsymbol{x}_{\text{VSG-max}}$ 和 $\boldsymbol{x}_{\text{VSG-min}}$ 分别表示扩展输入空间的

上限和下限，$y_{\text{VSG-max}}$ 和 $y_{\text{VSG-min}}$ 分别表示扩展输出空间的上限和下限；$\boldsymbol{X}_{\text{equal}}$ 和 $\hat{\boldsymbol{y}}_{\text{equal}}$ 分别表示等间隔生成的虚拟样本输入和输出，$\boldsymbol{R}_{\text{equal}}=\{\boldsymbol{X}_{\text{equal}},\hat{\boldsymbol{y}}_{\text{equal}}\}$ 为等间隔插值生成的虚拟样本；$\boldsymbol{X}_{\text{insert}}$ 和 $\hat{\boldsymbol{y}}_{\text{insert}}$ 分别表示经隐含层插值生成的虚拟样本输入和输出，$\boldsymbol{R}_{\text{insert}}=\{\boldsymbol{X}_{\text{insert}},\hat{\boldsymbol{y}}_{\text{insert}}\}$ 表示隐含层插值生成的虚拟样本；$\boldsymbol{R}_{\text{VSG}}=\{\boldsymbol{R}_{\text{equal}},\boldsymbol{R}_{\text{insert}}\}$ 表示的本章方法生成的虚拟样本；$\boldsymbol{R}_{\text{mix}}=\{\boldsymbol{R}_{\text{small}},\boldsymbol{R}_{\text{VSG}}\}$ 表示混合样本。

7.3.1 基于改进 MTD 的区域扩展

1. 样本输入集的区域扩展

首先，对小样本训练集进行划分。

基于传统 MTD 得到第 p 列小样本数据 $\boldsymbol{x}^p$ 的平均值 x_{ave}^p，将小样本数据集 $\boldsymbol{x}^p$ 分为大于平均值的 $\boldsymbol{x}_{\text{high}}^p$（$\boldsymbol{x}_{\text{high}}^p=\{(x_{\text{high}}^p)_{n_{x\text{-high}}}\}_{n_{x\text{-high}}=1}^{N_{x\text{-high}}}$）和小于平均值的 $\boldsymbol{x}_{\text{low}}^p$（$\boldsymbol{x}_{\text{low}}^p=\{(x_{\text{low}}^p)_{n_{x\text{-low}}}\}_{n_{x\text{-low}}=1}^{N_{x\text{-low}}}$）。

接着，对数据集进行区域扩展。选取最大值 $x_{\max}^p$ 和最小值 $x_{\min}^p$ 作为扩展中心：

$$x_{\max}^p=\max(\boldsymbol{x}_{\text{small}}^p) \tag{7.13}$$

$$x_{\min}^p=\min(\boldsymbol{x}_{\text{small}}^p) \tag{7.14}$$

其中，max(・)表示求最大值，min(・)表示求最小值。

然后，求解 $\boldsymbol{x}_{\text{high}}^p$ 和 $\boldsymbol{x}_{\text{low}}^p$ 的平均值 $x_{\text{H-ave}}^p$ 和 $x_{\text{L-ave}}^p$：

$$x_{\text{H-ave}}^p=\sum_{n_{x\text{-high}}=1}^{N_{x\text{-high}}}(x_{\text{high}}^p)_{n_{x\text{-high}}}/N_{\text{high}} \tag{7.15}$$

$$x_{\text{L-ave}}^p=\sum_{n_{x\text{-low}}=1}^{N_{x\text{-low}}}(x_{\text{low}}^p)_{n_{x\text{-low}}}/N_{x\text{-low}} \tag{7.16}$$

最后，采用改进 MTD 对样本空间进行扩展。

对于样本集 $\boldsymbol{x}_{\text{high}}^p$，其上限 $x_{\text{VSG-max}}^p$ 采用下式估算：

$$x_{\text{VSG-max}}^p=x_{\max}^p+\text{rate}_{x\text{-high}}^p\sqrt{-2d_{x\text{-high}}^p/N_{x\text{-high}}^p\ln(10^{-20})} \tag{7.17}$$

其中，$d_{x\text{-high}}^p=\|x_{\text{H-ave}}^p-x_{\max}^p\|$ 表示 $\boldsymbol{x}_{\text{high}}^p$ 中的最大值 $x_{\max}^p$ 和平均值 $x_{\text{H-ave}}^p$ 之间的欧氏距离。

对于样本集 $\boldsymbol{x}_{\text{low}}^p$，其下限 $x_{\text{VSG-min}}^p$ 采用下式估算：

$$x_{\text{VSG-min}}^p=x_{\min}^p-\text{rate}_{x\text{-low}}^p\sqrt{-2d_{x\text{-low}}^p/N_{x\text{-low}}^p\ln(10^{-20})} \tag{7.18}$$

其中，$d_{x\text{-low}}^p=\|x_{\text{L-ave}}^p-x_{\min}^p\|$ 表示 $\boldsymbol{x}_{\text{high}}^p$ 中的最小值 $x_{\min}^p$ 和平均值 $x_{\text{L-ave}}^p$ 之间的欧氏距离。

2. 样本输出集的区域扩展

采用与上述策略相同的方法扩展样本输出。

首先，计算原始输出数据集 $\boldsymbol{y}_{\text{small}}=\{\boldsymbol{y}_n\}_n^N$ 的平均值 y_{ave}：

$$y_{\text{ave}}=\sum_{n=1}^{N} y_n / N \tag{7.19}$$

其中，y_n 表示第 n 个真实样本输出。

其次，将原始数据集划分为大于平均值的 y_{high} 和小于平均值的 y_{low}：

$$\begin{cases}\boldsymbol{y}_{\text{high}} \subset \boldsymbol{y}_{\text{small}}, & y_n \geqslant y_{\text{ave}} \\ \boldsymbol{y}_{\text{low}} \subset \boldsymbol{y}_{\text{small}}, & y_n < y_{\text{ave}}\end{cases} \tag{7.20}$$

其中，$\boldsymbol{y}_{\text{high}}=\{(y_{\text{high}})_{n_{y\text{-high}}}\}_{n_{y\text{-high}}=1}^{N_{y\text{-high}}}$，$\boldsymbol{y}_{\text{low}}=\{(y_{\text{low}})_{n_{y\text{-low}}}\}_{n_{y\text{-low}}=1}^{N_{y\text{-low}}}$，$N_{y\text{-high}}$ 和 $N_{y\text{-low}}$ 分别表示大于和小于平均值的样本数量。

再次，选择原始数据集的最大值 $y_{\max}$ 和最小值 $y_{\min}$ 作为扩展中心：

$$y_{\max}=\max(\boldsymbol{y}_{\text{small}}) \tag{7.21}$$

$$y_{\min}=\min(\boldsymbol{y}_{\text{small}}) \tag{7.22}$$

求解 y_{high} 和 y_{low} 的平均值 $y_{\text{H-ave}}$ 和 $y_{\text{L-ave}}$：

$$y_{\text{H-ave}}=\sum_{n_{y\text{-high}}=1}^{N_{y\text{-high}}}(y_{\text{high}})_{n_{y\text{-high}}} / N_{y\text{-high}} \tag{7.23}$$

$$y_{\text{L-ave}}=\sum_{n_{y\text{-low}}=1}^{N_{y\text{-low}}}(y_{\text{low}})_{n_{y\text{-low}}} / N_{y\text{-low}} \tag{7.24}$$

最后，采用下式计算样本集 y_{high} 的上限 $y_{\text{VSG-max}}$：

$$y_{\text{VSG-max}}=y_{\max}+\text{rate}_{y\text{-high}}\sqrt{-2d_{y\text{-high}}/N_{y\text{-high}}\ln(10^{-20})} \tag{7.25}$$

其中，$d_{y\text{-high}}=\|y_{\text{H-ave}}-y_{\max}\|$ 表示 y_{high} 的最大值 $y_{\max}$ 和平均值 $y_{\text{H-ave}}$ 之间的欧氏距离。$\text{rate}_{y\text{-high}}$ 是样本输出的上扩展偏度，定义为

$$\text{rate}_{y\text{-high}}=N_{y\text{-high}}/(N_{y\text{-high}}+N_{y\text{-low}}) \tag{7.26}$$

类似地，采用下式计算样本集 y_{low} 的下限 $y_{\text{VSG-min}}$：

$$\begin{cases}y_{\text{VSG-min-temp}}=y_{\min}-\text{rate}_{y\text{-low}}\sqrt{-2d_{y\text{-low}}/N_{y\text{-low}}\ln(10^{-20})} \\ y_{\text{VSG-min}}=\max(y_{\text{VSG-min-temp}}, y_{\text{VSG-min-know}})\end{cases} \tag{7.27}$$

其中，$d_{\text{low}}^{p}=\|y_{\text{L-ave}}-y_{\min}\|$ 表示 y_{low} 的最小值 $y_{\min}$ 和平均值 $y_{\text{L-ave}}$ 之间的欧氏距离，$y_{\text{VSG-min-know}}$ 为根据先验知识确定的区域扩展下限，$\text{rate}_{y\text{-low}}$ 是样本输出的下扩展偏度，定义为

$$\text{rate}_{y\text{-low}}=N_{y\text{-low}}/(N_{y\text{-high}}+N_{y\text{-low}}) \tag{7.28}$$

7.3.2 基于等间隔插值的 VSG

首先，采用等间隔插值生成虚拟样本输入。

对于小样本数据空间，选择两组相邻样本进行信息间隔插值。假设对每组相邻样本以相等间隔生成 $N_{\text{equal-temp}}$ 组数据，以第 p 个变量中的第 n 个和第 $(n+1)$ 个样本为例，实现

$$(\boldsymbol{x}_{\text{equal}}^{p})_{n}=\begin{bmatrix} x_{1}^{p} \\ \cdots\cdots \\ x_{N_{\text{equal-temp}}-1}^{p} \\ x_{N_{\text{equal-temp}}}^{p} \end{bmatrix}=\begin{bmatrix} \dfrac{1\cdot(x_{n}^{p}+x_{n+1}^{p})}{N_{\text{equal-temp}}+1} \\ \cdots\cdots \\ \dfrac{(N_{\text{equal-temp}}-1)\cdot(x_{n}^{p}+x_{n+1}^{p})}{N_{\text{equal-temp}}+1} \\ \dfrac{N_{\text{equal-temp}}\cdot(x_{n}^{p}+x_{n+1}^{p})}{N_{\text{equal-temp}}+1} \end{bmatrix} \tag{7.29}$$

$$\boldsymbol{x}_{\text{equal}}^{p}=\{(\boldsymbol{x}_{\text{equal}}^{p})_{1};\ \cdots;\ (\boldsymbol{x}_{\text{equal}}^{p})_{n};\ \cdots;\ (\boldsymbol{x}_{\text{equal}}^{p})_{N}\} \tag{7.30}$$

其中，$N_{\text{equal-temp}}$ 是小样本数据集的扩展倍数。

进一步，合并得到基于等间隔插值法的虚拟样本输入为

$$\begin{aligned}\boldsymbol{X}_{\text{equal-temp}}&=[\boldsymbol{x}_{\text{equal}}^{1},\cdots,\boldsymbol{x}_{\text{equal}}^{p},\cdots,\boldsymbol{x}_{\text{equal}}^{P}]^{\mathrm{T}}\\&=\boldsymbol{X}_{\text{L-equal-temp}}\cup\boldsymbol{X}_{\text{O-equal-temp}}\cup\boldsymbol{X}_{\text{H-equal-temp}}\end{aligned} \tag{7.31}$$

其中，$\boldsymbol{X}_{\text{L-equal-temp}}$、$\boldsymbol{X}_{\text{O-equal-temp}}$ 和 $\boldsymbol{X}_{\text{H-equal-temp}}$ 分别表示下扩展区域、原始空间和上扩展区域的等间隔插值得到的虚拟样本输入。

其次，采用 RWNN 作为映射模型获得虚拟样本输出：

$$\hat{\boldsymbol{y}}_{\text{equal-temp}}=\Gamma_{\text{map}}(\boldsymbol{w}_{\text{equal}},b_{\text{equal}},\boldsymbol{X}_{\text{equal-temp}})\cdot\boldsymbol{\beta}_{\text{equal}}=\boldsymbol{H}_{\text{equal}}\cdot\boldsymbol{\beta}_{\text{equal}} \tag{7.32}$$

其中，$\boldsymbol{w}_{\text{equal}}$ 和 b_{equal} 分别表示基于 RWNN 映射模型的输入层到隐含层的权重和偏置，$\boldsymbol{\beta}_{\text{equal}}$ 表示相应的输出权重，$\boldsymbol{H}_{\text{equal}}$ 表示相应的隐含层矩阵。

由上可知，由未删减的等间隔插值所得的虚拟样本 $\boldsymbol{R}_{\text{equal-temp}}$ 为

$$\begin{aligned}\boldsymbol{R}_{\text{equal-temp}}&=\{\boldsymbol{X}_{\text{equal-temp}},\hat{\boldsymbol{y}}_{\text{equal-temp}}\}\\&=\{\boldsymbol{X}_{\text{L-equal-temp}},\hat{\boldsymbol{y}}_{\text{L-equal-temp}}\}\cup\{\boldsymbol{X}_{\text{O-equal-temp}},\hat{\boldsymbol{y}}_{\text{O-equal-temp}}\}\cup\\&\quad\{\boldsymbol{X}_{\text{H-equal-temp}},\hat{\boldsymbol{y}}_{\text{H-equal-temp}}\}\end{aligned} \tag{7.33}$$

其中，$\hat{\boldsymbol{y}}_{\text{equal-temp}}=\hat{\boldsymbol{y}}_{\text{L-equal-temp}}\cup\hat{\boldsymbol{y}}_{\text{O-equal-temp}}\cup\hat{\boldsymbol{y}}_{\text{H-equal-temp}}$ 表示虚拟样本输出，$\hat{\boldsymbol{y}}_{\text{L-equal-temp}}=\{\hat{y}_{\text{L-equal-temp}}^{n_{\text{L-equal-temp}}}\}_{n_{\text{L-equal-temp}}=1}^{N_{\text{L-equal-temp}}}$、$\hat{\boldsymbol{y}}_{\text{O-equal-temp}}=\{\hat{y}_{\text{O-equal-temp}}^{n_{\text{O-equal-temp}}}\}_{n_{\text{O-equal-temp}}=1}^{N_{\text{O-equal-temp}}}$ 和 $\hat{\boldsymbol{y}}_{\text{H-equal-temp}}=\{\hat{y}_{\text{H-equal-temp}}^{n_{\text{H-equal-temp}}}\}_{n_{\text{H-equal-temp}}=1}^{N_{\text{H-equal-temp}}}$ 分别表示下扩展区域、原始空间和上扩展区域的虚拟样本输出；$N_{\text{L-equal-temp}}$、$N_{\text{O-equal-temp}}$ 和 $N_{\text{H-equal-temp}}$ 分别表示基于下扩展区域、原始空间和上扩展区域的虚拟样本的生成数量。

再次，根据虚拟样本输出的上/下限 $y_{\text{VSG-max}}/y_{\text{VSG-min}}$，以及原始样本的上/下限 $y_{\max}/y_{\min}$，对不同区域的虚拟样本进行删减，其机制如下：

$$q_{\text{L}}^{n_{\text{L-equal-temp}}}=\begin{cases}1, & \hat{y}_{\text{L-equal-temp}}^{n_{\text{L-equal-temp}}}\in[y_{\text{VSG-min}},y_{\min}]\\ 0, & \hat{y}_{\text{L-equal-temp}}^{n_{\text{L-equal-temp}}}\notin[y_{\text{VSG-min}},y_{\min}]\end{cases} \tag{7.34}$$

$$q_{\mathrm{O}}^{n_{\mathrm{O\text{-}equal\text{-}temp}}}=\begin{cases}1, & \hat{y}_{\mathrm{O\text{-}equal\text{-}temp}}^{n_{\mathrm{O\text{-}equal\text{-}temp}}}\in[y_{\min},y_{\max}]\\0, & \hat{y}_{\mathrm{O\text{-}equal\text{-}temp}}^{n_{\mathrm{O\text{-}equal\text{-}temp}}}\notin[y_{\min},y_{\max}]\end{cases}\tag{7.35}$$

$$q_{\mathrm{H}}^{n_{\mathrm{H\text{-}equal\text{-}temp}}}=\begin{cases}1, & \hat{y}_{\mathrm{H\text{-}equal\text{-}temp}}^{n_{\mathrm{H\text{-}equal\text{-}temp}}}\in[y_{\max},y_{\mathrm{VSG\text{-}max}}]\\0, & \hat{y}_{\mathrm{H\text{-}equal\text{-}temp}}^{n_{\mathrm{H\text{-}equal\text{-}temp}}}\notin[y_{\max},y_{\mathrm{VSG\text{-}max}}]\end{cases}\tag{7.36}$$

其中，$q_{\mathrm{L}}=\{q_{\mathrm{L}}^{n_{\mathrm{L\text{-}equal\text{-}temp}}}\}_{n_{\mathrm{L\text{-}equal\text{-}temp}}=1}^{N_{\mathrm{L\text{-}equal\text{-}temp}}}$、$q_{\mathrm{O}}=\{q_{\mathrm{O}}^{n_{\mathrm{O\text{-}equal\text{-}temp}}}\}_{n_{\mathrm{O\text{-}equal\text{-}temp}}=1}^{N_{\mathrm{O\text{-}equal\text{-}temp}}}$ 和 $q_{\mathrm{H}}=\{q_{\mathrm{H}}^{n_{\mathrm{H\text{-}equal\text{-}temp}}}\}_{n_{\mathrm{H\text{-}equal\text{-}temp}}=1}^{N_{\mathrm{H\text{-}equal\text{-}temp}}}$ 分别表示下扩展区域、原始空间和上扩展区域的虚拟样本输出删减机制，$q_{\mathrm{L}}^{n_{\mathrm{L\text{-}equal\text{-}temp}}}=1$、$q_{\mathrm{O}}^{n_{\mathrm{O\text{-}equal\text{-}temp}}}=1$ 和 $q_{\mathrm{H}}^{n_{\mathrm{H\text{-}equal\text{-}temp}}}=1$ 分别表示对应区域的虚拟样本为合格样本。

最后，针对 $\boldsymbol{R}_{\mathrm{equal\text{-}temp}}$ 执行上述删减机制，可以获得等间隔插值生成的虚拟样本 $\boldsymbol{R}_{\mathrm{equal}}$：

$$\begin{aligned}\boldsymbol{R}_{\mathrm{equal}}&=(\boldsymbol{R}_{\mathrm{L\text{-}equal\text{-}temp}}:q_{\mathrm{L}}^{n_{\mathrm{L\text{-}equal\text{-}temp}}}=1)\cup(\boldsymbol{R}_{\mathrm{O\text{-}equal\text{-}temp}}:q_{\mathrm{O}}^{n_{\mathrm{O\text{-}equal\text{-}temp}}}=1)\cup\\&\quad(\boldsymbol{R}_{\mathrm{H\text{-}equal\text{-}temp}}:q_{\mathrm{H}}^{n_{\mathrm{H\text{-}equal}}}=1)\\&=\{\boldsymbol{X}_{\mathrm{equal}},\hat{\boldsymbol{y}}_{\mathrm{equal}}\}\end{aligned}\tag{7.37}$$

其中，$\boldsymbol{X}_{\mathrm{equal}}$ 和 $\hat{\boldsymbol{y}}_{\mathrm{equal}}$ 分别表示采用等间隔插值法所得的虚拟样本输入和输出，且 $\boldsymbol{R}_{\mathrm{equal}}\in\mathbf{R}^{N_{\mathrm{equal}}\times P}$，$N_{\mathrm{equal}}$ 为采用插值法所获得的虚拟样本数量。

7.3.3 基于 RWNN 多组隐含层插值的 VSG

对于 RWNN 隐含层，选择两组相邻样本以相等间隔进行插值以获得 N_{insert} 组数据。

以隐含层第 1 行和第 2 行为例，对初始矩阵 $\boldsymbol{H}_{\mathrm{insert}}^{0}$ 进行插值，其相应的多组隐含层插值矩阵为

$$\boldsymbol{H}_{\mathrm{insert}}^{1}=\begin{bmatrix}\dfrac{1\cdot(h_{11}+h_{21})}{N_{\mathrm{insert}}+1} & \cdots & \dfrac{1\cdot(h_{1L}+h_{2L})}{N_{\mathrm{insert}}+1}\\ \vdots & & \vdots\\ \dfrac{N_{\mathrm{insert}}\cdot(h_{11}+h_{21})}{N_{\mathrm{insert}}+1} & \cdots & \dfrac{N_{\mathrm{insert}}\cdot(h_{1L}+h_{2L})}{N_{\mathrm{insert}}+1}\end{bmatrix}\tag{7.38}$$

合并多组插值后的隐含层，最终表示为

$$\boldsymbol{H}_{\mathrm{insert}}=[\boldsymbol{H}_{\mathrm{insert}}^{1},\cdots,\boldsymbol{H}_{\mathrm{insert}}^{N_{\mathrm{insert}}}]^{\mathrm{T}}\tag{7.39}$$

由隐含层插值得到的虚拟样本输出为

$$\hat{\boldsymbol{y}}_{\mathrm{insert\text{-}temp}}=\boldsymbol{H}_{\mathrm{insert}}\cdot\boldsymbol{\beta}_{\mathrm{insert}}\tag{7.40}$$

其中，$\boldsymbol{\beta}_{\mathrm{insert}}$ 表示当前的输出权重。

为了提高生成虚拟样本输入的稳定性，采用代价函数 J 对高维空间到低维空间的映射(由隐含层反推至输入层)进行优化，其可表示为

$$J(\boldsymbol{w}'_{\text{insert}})=\frac{1}{2N_{\text{equal}}}\sum_{n_{\text{equal}}=1}^{N_{\text{equal}}}(y_{\text{equal}}^{n_{\text{equal}}}-\hat{y}_{\text{equal}}^{n_{\text{equal}}})^2+\lambda\|\boldsymbol{w}'_{\text{insert}}\|_1 \tag{7.41}$$

其中，$\hat{\boldsymbol{y}}_{\text{equal}}=\{y_{\text{equal}}^{n_{\text{equal}}}\}_{n_{\text{equal}}=1}^{N_{\text{equal}}}$ 为等间隔插值法得到的虚拟样本输出，$\hat{\boldsymbol{y}}_{\text{equal}}^{n_{\text{equal}}}=\boldsymbol{H}_{\text{insert}}^{0}\cdot\boldsymbol{\beta}_{\text{insert}}=\{\hat{y}_{\text{equal}}^{n_{\text{equal}}}\}_{n_{\text{equal}}=1}^{N_{\text{equal}}}$ 为其预测输出，$\boldsymbol{w}_{\text{insert}}=\{w_1\cdots w_l\cdots w_L\}$ 为隐含层插值法的输入层到隐含层权重，$\|\boldsymbol{w}'_{\text{insert}}\|_1=\sum_{n_{\text{d}}=1}^{N}|\boldsymbol{w}_{\text{insert}}|$ 表示基于 $L1$ 范数的正则化项，λ 为惩罚参数。

由隐含层矩阵反推，可以获得相应的虚拟样本输入为

$$\boldsymbol{X}_{\text{insert-temp}}=\left(-\ln\left(\frac{1}{\boldsymbol{H}_{\text{insert}}-1}\right)-b_{\text{insert}}\right)\cdot\boldsymbol{w}'_{\text{insert}} \tag{7.42}$$

其中，b_{insert} 表示偏置，$\boldsymbol{X}_{\text{insert-temp}}=\{x_{\text{insert-temp}}^{n_{\text{insert-temp}}}\}_{n_{\text{insert-temp}}}^{N_{\text{insert-temp}}}$。

进一步，对生成样本进行删减的机制为

$$q_{\text{insert-}x}^{n_{\text{insert-temp}}}=\begin{cases}1, & x_{\text{insert-temp}}^{n_{\text{insert-temp}}}\in[x_{\text{VSG-min}},x_{\text{VSG-max}}]\\0, & x_{\text{insert-temp}}^{n_{\text{insert-temp}}}\notin[x_{\text{VSG-min}},x_{\text{VSG-max}}]\end{cases} \tag{7.43}$$

$$q_{\text{insert-}y}^{n_{\text{insert-temp}}}=\begin{cases}1, & \hat{y}_{\text{insert-temp}}^{n_{\text{insert-temp}}}\in[y_{\text{VSG-min}},y_{\text{VSG-max}}]\\0, & \hat{y}_{\text{insert-temp}}^{n_{\text{insert-temp}}}\notin[y_{\text{VSG-min}},y_{\text{VSG-max}}]\end{cases} \tag{7.44}$$

$$q_{\text{insert}}^{n_{\text{insert-temp}}}=q_{\text{insert-}x}^{n_{\text{insert-temp}}}\cap q_{\text{insert-}y}^{n_{\text{insert-temp}}} \tag{7.45}$$

其中，$\boldsymbol{q}_{\text{insert-}x}=\{q_{\text{insert-}x}^{n_{\text{insert-temp}}}\}_{n_{\text{insert-temp}}=1}^{N_{\text{insert-temp}}}$ 时表示虚拟样本输入的合格情况，$\boldsymbol{q}_{\text{insert-}y}=\{q_{\text{insert-}y}^{n_{\text{insert-temp}}}\}_{n_{\text{insert-temp}}=1}^{N_{\text{insert-temp}}}$ 时表示虚拟样本输出的合格情况，$\boldsymbol{q}_{\text{insert}}=\{q_{\text{insert}}^{n_{\text{insert-temp}}}\}_{n_{\text{insert-temp}}=1}^{N_{\text{insert-temp}}}$ 表示隐含层插值法所得虚拟输入样本输出的合格情况，$N_{\text{insert-temp}}$ 表示生成虚拟样本的数量，且 $q_{\text{insert-}x}=1$、$q_{\text{insert-}y}=1$ 和 $q_{\text{insert}}=1$ 分别表示所对应样本为合格样本。

删减后得到的隐含层插值法生成的虚拟样本 $\boldsymbol{R}_{\text{insert}}$ 为

$$\boldsymbol{R}_{\text{insert}}=\{(\boldsymbol{X}_{\text{insert-temp}})_{q_{\text{insert}=1}},(\hat{\boldsymbol{y}}_{\text{insert-temp}})_{q_{\text{insert}=1}}\}=\{\boldsymbol{X}_{\text{insert}},\hat{\boldsymbol{y}}_{\text{insert}}\} \tag{7.46}$$

其中，$\boldsymbol{X}_{\text{insert}}$ 和 $\hat{\boldsymbol{y}}_{\text{insert}}$ 分别为基于改进隐含层插值法得到的虚拟样本输入和输出。

7.3.4 虚拟样本混合

将两种 VSG 方法的虚拟输入和样本输出进行混合：

$$\begin{aligned}\boldsymbol{R}_{\text{VSG}}&=\{\boldsymbol{R}_{\text{equal}};\boldsymbol{R}_{\text{insert}}\}\\&=\{[\boldsymbol{X}_{\text{equal}};\boldsymbol{X}_{\text{insert}}],[\hat{\boldsymbol{y}}_{\text{insert}};\hat{\boldsymbol{y}}_{\text{equal}}]\}\\&=\{\boldsymbol{X}_{\text{VSG}},\hat{\boldsymbol{y}}_{\text{VSG}}\}\end{aligned} \tag{7.47}$$

所构建的混合建模样本 $\boldsymbol{R}_{\text{mix}}$ 为

$$\boldsymbol{R}_{\text{mix}}=\{\boldsymbol{R}_{\text{small}};\boldsymbol{R}_{\text{VSG}}\} \tag{7.48}$$

7.4 实验验证

为了验证本章所提 VSG 的有效性，设计 6 个数据集进行建模对比实验：

A：基于真实小样本；

B：基于文献[16]所提方法获得的混合样本；

C：基于 MTD 扩展空间的等间隔样本生成法获得的混合样本；

D：基于 MTD 扩展空间的 RWNN 隐含层插值法获得的混合样本；

E：基于 MTD 扩展空间的等间隔生成法和 RWNN 隐含层插值(不含正则化项)法相结合获得的混合样本；

F：基于 MTD 扩展空间的等间隔生成法和 RWNN 隐含层插值(含正则化项)法相结合获得的混合样本。

为了降低随机性对实验效果的影响且证明方法的合理性和有效性，上述实验所采用的 VSG 均重复实验 10 次。针对本章所提 VSG，RWNN 隐含层神经元数量采用遍历法确定，扩展倍数从 1 到经验选择的上限(本章定义为 10)进行搜索，惩罚系数 $\lambda=0.1$。

7.4.1 基准数据集

7.4.1.1 数据集的描述

本验证实验采用 UCI 平台的“水泥抗压强度”基准数据集。数据集共有数据 1030 组，包含 8 个输入变量(水泥、高炉渣、粉煤灰、水、超塑化剂、粗骨料、细骨料、龄期)和 1 个输出变量(混凝土抗压强度)。为了验证本章所提 VSG 的合理性和有效性，针对 1030 组原始数据集的前 1000 组数据，每 25 组数据抽取 1 组数据，总共抽取 40 组作为真实小样本数据集。

7.4.1.2 仿真结果

采用本章所提方法对虚拟样本进行区域扩展，原始数据的 x_{max} 和 x_{min}，以及扩展后的 $x_{\text{VSG-max}}$ 和 $x_{\text{VSG-min}}$ 如图 7.3 所示。数据集的 y_{max} 和 y_{min}，以及扩展后的 $y_{\text{VSG-max}}$ 和 $y_{\text{VSG-min}}$ 如表 7.1 所示。

从图 7.3 和表 7.1 可知，虚拟样本的输入、输出空间均被有效扩展。其中，样本输入空间的上限和下限分别平均扩展了 28.81%和 12.77%，样本输出空间的上限和下限分别平均扩展了 25.61%和 100%。

基于等间隔方法生成虚拟样本输入、输出的结果如表 7.2 所示。

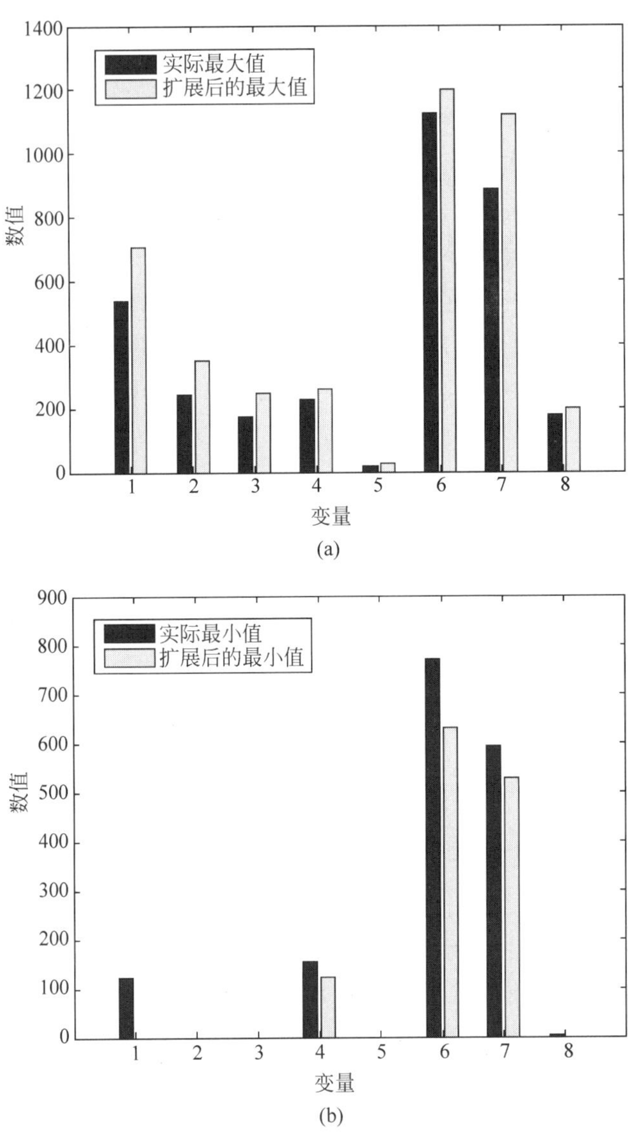

图 7.3 基准数据原始小样本空间与扩展空间的对比

(a) 最大值；(b) 最小值

表 7.1 基准数据扩展输出空间与原始输出空间的对比

	$y_{\max}$	$y_{\text{VSG-max}}$	上限扩展率/%	$y_{\min}$	$y_{\text{VSG-min}}$	下限扩展率/%
混凝土抗压强度	79.990	100.472	25.61	6.880	0	100

表 7.2 基准数据等间隔方法生成虚拟样本的输入、输出(以 $n=3$ 时的第 1 组和第 2 组样本为例)

	第 1 组数据	第 2 组数据	第 1 组生成样本	第 2 组生成样本	第 3 组生成样本	备注
水泥	540	332.5	488.125	436.25	384.375	样本输入
高炉渣	0	142.5	35.625	71.25	106.875	
粉煤灰	0	0	0	0	0	
水	162	228	178.5	195	211.5	
超塑化剂	2.5	0	1.875	1.25	0.625	
粗集料	1040	932	1013	986	959	
细集料	676	594	655.5	635	614.5	
年份	28	180	66	104	142	
混凝土抗压强度	37.104	30.674	39.207	41.310	35.992	样本输出

由表 7.2 可知,在考虑极端样本的前提下,在扩展区域和原始区域基于等间隔法生成的虚拟样本有效地扩充了小样本数据。虚拟样本输出的未删减数量(合格样本)与生成数量的关系如图 7.4 所示。

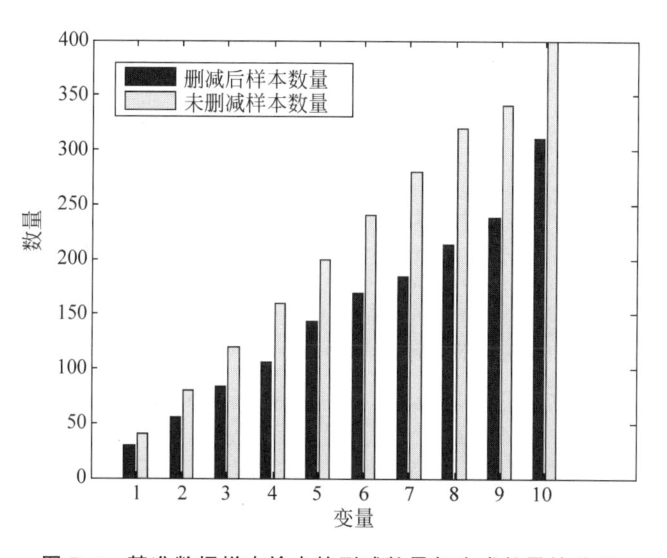

图 7.4 基准数据样本输出的删减数量与生成数量的关系

由图 7.4 可知,由上述方法生成的虚拟样本的稳定性具有随机性,其平均删减率为 30.41%。随机性可能与映射模型的构建、神经网络本身的随机性和小样本自身建模的局限性等因素有关。

未加入正则化项的基于多组隐含层插值法的虚拟样本输入、输出(反归一化处理后)结果如表 7.3 所示。

表 7.3 基准数据未加入正则化项的基于多组隐含层插值法的虚拟样本输入、输出结果（以前 5 组为例）

	1	2	3	4	5	合格率/%
$X_{insert\text{-}temp}$	292.664	278.301	250.453	233.829	103.508	100
	70.481	93.420	99.612	75.385	−17.664	80
	−69.880	−49.115	−31.037	−36.606	−29.344	0
	175.089	181.486	187.579	185.512	153.978	100
	2.292	4.993	5.812	3.208	−2.336	80
	802.293	819.112	802.988	763.418	735.579	100
	543.142	511.977	520.632	569.621	592.560	80
	−35.603	−62.010	−79.170	−64.189	−21.546	0
$Y_{insert\text{-}temp}$	44.010	44.053	41.626	38.377	41.288	100

由表 7.3 可知，在未加入正则化项时，经由高维空间的线性变换得到的虚拟样本输出较为稳定；但从高维空间反映射到低维线性空间获取虚拟样本输入时，因映射参数有一定的随机性，导致其所生成虚拟样本输入的稳定性有较大波动性。以前 5 组为例，虚拟样本输入平均符合上下限设定值的合格率为 67.5%，但最优情况可达 100%，最差情况也会低至 0%。

因此，在未加入正则化项时，每对虚拟样本的输入、输出总会因其中一项不合格而导致该组虚拟样本被舍弃，进而导致虚拟样本的合格率低。在加入正则化项（惩罚参数取值为 0.1）后，隐含层插值法的虚拟输入、输出结果如表 7.4 所示。

表 7.4 基准数据加入正则化项的基于多组隐含层插值法的虚拟输入、输出结果（以前 5 组样本为例）

	1	2	3	4	5	合格率/%
$X_{insert\text{-}temp}$	583.657	584.102	584.548	584.994	585.439	100
	271.588	271.682	271.775	271.869	271.962	100
	197.941	197.839	197.736	197.633	197.530	100
	234.288	234.446	234.604	234.762	234.921	100
	18.838	18.824	18.809	18.795	18.780	100
	1172.991	1172.598	1172.206	1171.813	1171.420	100
	934.768	934.191	933.614	933.037	932.460	100
	201.621	201.648	201.674	201.700	201.727	100
$Y_{insert\text{-}temp}$	35.034	34.975	34.915	34.856	34.796	100

由表 7.4 可知，在加入正则化项后生成的虚拟样本输入、输出均在样本的规定区域内。因此，基于 RWNN 的隐含层插值法的随机性是影响其样本生成稳定性的

主要因素之一。

正则化项加入前、后的虚拟样本合格率的对比如图 7.5 所示。

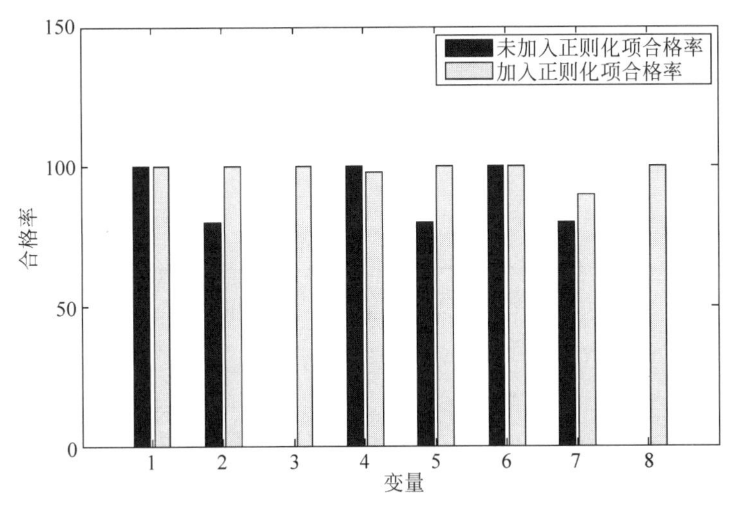

图 7.5　基准数据正则化项对虚拟样本合格率的影响

由图 7.5 可知，未加入正则化项时的虚拟样本合格率无法得到有效保障，加入后其合格率则显著提高。删减后的基于多组隐含层插值的虚拟样本输入、输出如表 7.5～表 7.7 所示。

表 7.5　基准数据删减后的基于多组隐含层插值法的虚拟样本输入、输出结果（以前 5 组样本为例）

	1	2	3	4	5
X_{insert}	583.657	584.102	584.548	584.994	585.439
	271.588	271.682	271.775	271.869	271.962
	197.941	197.839	197.736	197.633	197.530
	234.288	234.446	234.604	234.762	234.921
	18.838	18.824	18.809	18.795	18.780
	1172.991	1172.598	1172.206	1171.813	1171.420
	934.768	934.191	933.614	933.037	932.460
	201.621	201.648	201.674	201.700	201.727
Y_{insert}	35.034	34.975	34.915	34.856	34.796

由上可知，基于本章所提策略，可对抽样获得的小样本水泥抗压强度数据集进行合理扩容，验证本章所提 VSG 的合理性。

7.4.1.3　方法比较

基于本章所设计的实验，基准数据的对比结果如表 7.6 所示。

表 7.6 基准数据实验结果比较

实验	虚拟样本数量	RMSE 平均值	RMSE 方差	最佳 RMSE 和插值参数			
				最佳 RMSE	n	n_{insert}	n_{layer}
A	0	23.599	13.226	—	—	—	—
B	60	18.370	11.330	16.577	6	—	—
C	161	16.156	8.831	14.525	3	—	6
D	29	21.128	112.204	15.498	1	1	3
E	32	19.780	93.273	14.466	2	1	3
F	729	16.134	9.692	13.383	6	2	8

由表 7.6 可知，对于本实验采用的水泥抗压强度数据集，小样本数据集(无VSG)的 RMSE 平均值为 23.599，使用 VSG 后的最佳 RMSE 为 13.383。结果表明，本章所提方法可提高 43.29%的小样本建模精度，验证了该方法的有效性。但如何消除样本间的冗余和如何确定合理的虚拟样本数量等问题仍待深入研究。基准数据不同方法的预测输出曲线如图 7.6 所示。

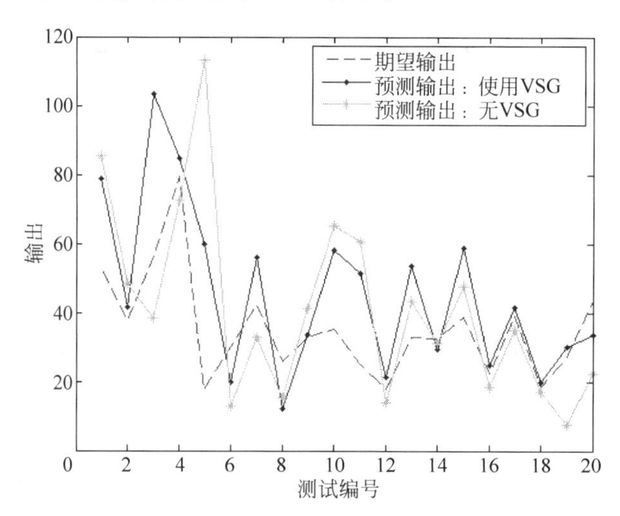

图 7.6 基准数据不同方法的测试样本预测曲线

由上述结果可知，本章所提方法能够扩展和填补真实样本边界和间隔，提高虚拟样本的有效性、平衡性和数据完整性。但所用建模方法固有的随机性导致混合样本的建模精度具有一定的波动性。

7.4.2 工业数据集

7.4.2.1 数据描述

不同于文献[25]采用的 20 年前国外相关机构收集的 DXN 数据[26]，本实验的建模数据源于北京某基于炉排炉的 MSWI 厂的 DXN 排放浓度检测样本，数量为

34 个，变量维数为 18(基于第 6 章所采用的方法进行特征选择)。

7.4.2.2 仿真结果

对于虚拟样本区域的扩展，原始数据集的 x_{max} 和 x_{min}，以及扩展后的 $x_{VSG\text{-}max}$ 和 $x_{VSG\text{-}min}$ 如图 7.7 所示。原始数据集的 y_{max} 和 y_{min}，以及扩展后的 $y_{VSG\text{-}max}$ 和 $y_{VSG\text{-}min}$ 如表 7.7 所示。

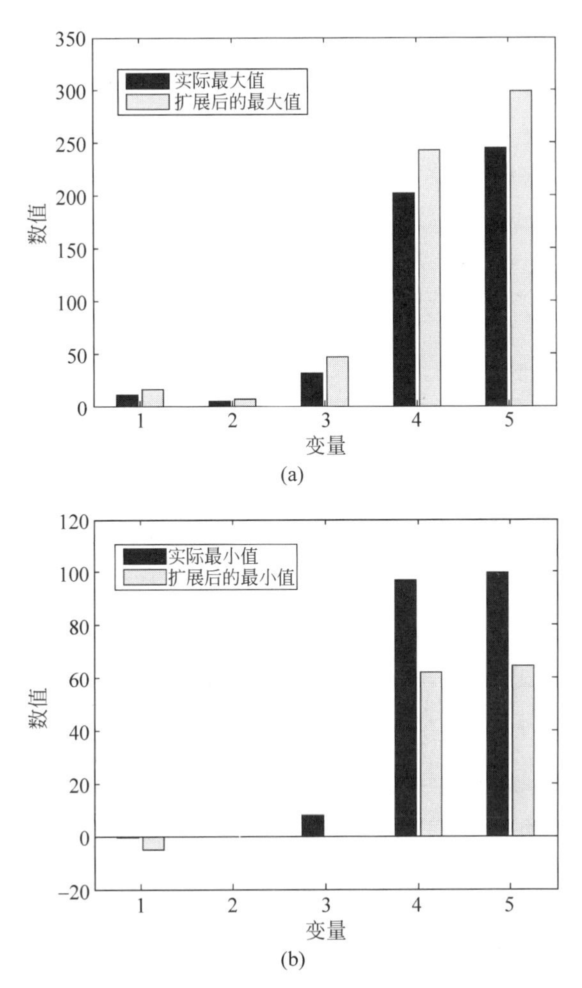

图 7.7 DXN 数据原始小样本空间与扩展空间的对比(以前 5 组特征变量)

(a) 最大值；(b) 最小值

表 7.7 DXN 数据扩展输出空间与原始输出空间的对比

	y_{max}	$y_{VSG\text{-}max}$	上限扩展率/%	y_{min}	$y_{VSG\text{-}min}$	下限扩展率/%
DXN 浓度	0.083	0.133	60.24	0.002	0	100

从图 7.7 和表 7.7 可知，虚拟样本的输入、输出空间均被扩展。其中，样本输入空间的上限和下限分别平均扩展了 37.29%和 49.47%，样本输出空间的上限和下限分别平均扩展了 60.24%和 100%。基于等间隔法所生成的输入、输出结果如表 7.8 所示。

表 7.8 DXN 数据基于等间隔法的输入、输出
（以 $n=3$ 时的第 1 组和第 2 组样本为例）

	第 1 组数据	第 2 组数据	第 1 组生成样本	第 2 组生成样本	第 3 组生成样本	备注
反应器入口氧气浓度	4.8	3.2	12.054	12.244	12.435	样本输入
燃烧炉排右空气流量	1.5	3.4	5.184	5.261	5.338	
二次空预器出口温度	14	24	33.801	34.361	34.921	
干燥炉排入口空气温度	176	180	209.677	211.212	212.748	
燃烧炉排 2-2 左内温度	181	198	257.477	259.972	262.468	
DXN 浓度	0.05	0.035	0.0360	0.0362	0.0364	样本输出

虚拟样本输出的删减数量与生成数量的关系如图 7.8 所示。

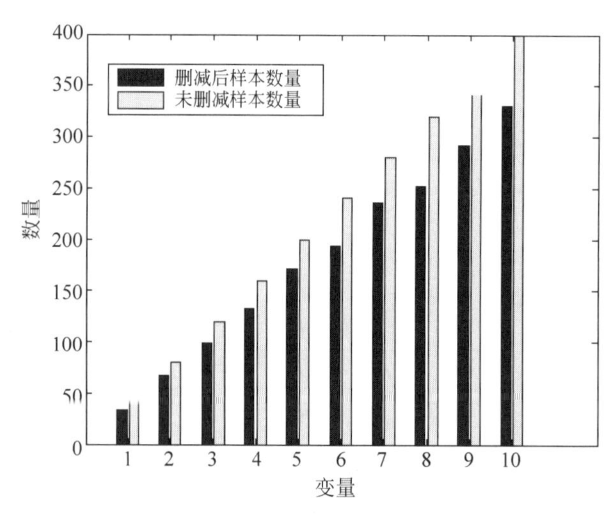

图 7.8 DXN 数据样本输出的删减数量与生成数量的关系

由图 7.8 可知，虚拟样本生成的合格率具有随机性，其平均删减比率为 17.65%。该随机性与映射模型的构建精度、神经网络固有随机性和小样本数据自身建模的局限性等多种因素有关。

当未加入正则化项时，基于多组隐含层插值法的输入、输出（反归一化后）结果如表 7.9 所示。

表 7.9　DXN 数据未加入正则化项的基于多组隐含层插值法的输入、输出结果（以前 5 组样本为例）

	1	2	3	4	5	合格率/%
$X_{\text{insert-temp}}$	−1.839	−1.862	−1.885	−1.908	−1.931	100
	−0.766	−0.749	−0.731	−0.714	−0.697	0
	4.944	4.963	4.982	5.000	5.019	100
	84.585	84.512	84.439	84.365	84.292	100
	90.561	90.128	89.695	89.263	88.830	100
$Y_{\text{insert-temp}}$	0.0417	0.0413	0.0409	0.0405	0.0401	100

由表 7.9 可知，在未加入正则化项情况下，在高维非线性空间插值生成的虚拟样本输出较为稳定；但虚拟样本输入需从高维空间反映射到低维线性空间，因为映射参数所固有的随机性会导致生成的虚拟样本输入的合格率具有随机性。此处以前 5 组为例，其中，虚拟样本输入的平均值符合上、下限设定值的合格率为 80%，最优为 100%，最差为 0%。因此，在未加入正则化项时，隐含层插值所生成的虚拟样本输入、输出中总会存在一定数量的不合格样本，导致难以获得期望数量的合格虚拟样本。

在加入正则化(惩罚参数取值为 0.1)项后，基于多组隐含层插值法的输入、输出结果如表 7.10 所示。

表 7.10　DXN 数据加入正则化项的基于多组隐含层插值法的输入、输出结果（以前 5 组样本为例）

	1	2	3	4	5	合格率/%
$X_{\text{insert-temp}}$	12.584	12.603	12.622	12.641	12.660	100
	5.416	5.431	5.446	5.461	5.476	100
	33.933	33.986	34.039	34.091	34.144	100
	214.927	214.748	214.568	214.388	214.209	100
	262.392	262.180	261.969	261.757	261.545	100
$Y_{\text{insert-temp}}$	0.0498	0.0493	0.0488	0.0483	0.0478	100

由表 7.10 可知，在加入正则化项的情况下，所生成的虚拟样本的输入、输出符合样本规定区域的比例达 100%。因此，基于 RWNN 的隐含层插值法的随机性是影响其样本生成优劣的主要因素。

针对同一输入特征，加入正则化项前、后的虚拟样本合格率的对比如图 7.9 所示。

由图 7.8 可知，未加入正则化项时的合格率波动较大，为 0%～100%；加入正则化项后可确保其合格率达到 100%。

采用本章所提方法，DXN 数据删减后的基于多组隐含层插值法的输入、输出结果如表 7.11 所示。

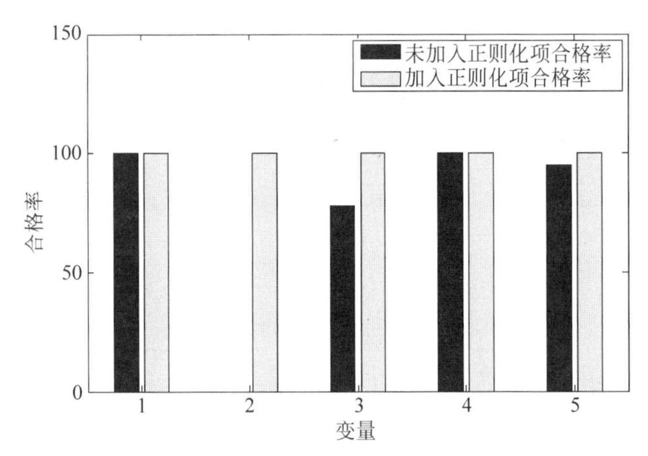

图 7.9 DXN 数据的正则化项对样本合格率的影响

表 7.11 DXN 数据删减后的基于多组隐含层插值法的输入、输出结果（以前 5 组样本为例）

	1	2	3	4	5
X_{insert}	12.584	12.603	12.622	12.641	12.660
	5.416	5.431	5.446	5.461	5.476
	33.933	33.986	34.039	34.091	34.144
	214.927	214.748	214.568	214.388	214.209
	262.392	262.180	261.969	261.757	261.545
Y_{insert}	0.0498	0.0493	0.0488	0.0483	0.0478

由上可知，本章所提策略能够对 DXN 数据进行合理扩充，验证了所提 VSG 方法的合理性。

7.4.2.3 方法比较

基于本章所设计实验，基准数据对比结果如表 7.12 所示。

表 7.12 DXN 数据实验结果比较

实验	虚拟样本数量	RMSE 平均值	RMSE 方差	最佳 RMSE 和插值参数			
				最佳 RMSE	n	n_{insert}	n_{layer}
A	0	0.0383	0.000203	—	—	—	—
B	136	0.0440	0.000220	0.0379	8	—	—
C	61	0.0304	1.108×10^{-5}	14.525	2	—	2
D	436	0.0288	2.532×10^{-5}	0.0255	2	9	3
E	81	0.0289	2.073×10^{-5}	0.0255	1	2	6
F	501	0.0286	1.697×10^{-5}	0.0254	5	1	7

从表 7.12 可知，基于真实小样本数据集（无 VSG）的 RMSE 平均值为 0.0383，基

于 VSG 的最佳 RMSE 为 0.0254。结果表明，采用本章所提 VSG 后可以提高 DXN 30.29%的小样本数据建模精度，验证了该方法的有效性，但在如何确定合理的虚拟样本数量方面仍然有待深入研究。因此，本章所提方法有效扩展了样本空间，填补了样本间隔，提高了混合建模样本的有效性、平衡性和完整性，但其固有的随机性也导致混合建模样本的预测性能存在一定波动性。

参考文献

[1] MARTENS H A, DARDENNE P. Validation and verification of regression in small data sets[J]. Chemometrics and Intelligent Laboratory Systems, 1998, 44(1-2): 99-121.

[2] DENG J L. Control problems of grey systems[J]. Systems & Control Letters, 1982, 1(5): 288-294.

[3] CHANG C J, LI D C, HUANG Y H, et al. A novel gray forecasting model based on the box plot for small manufacturing data sets[J]. Applied Mathematics and Computation, 2015, 265: 400-408.

[4] CHERVONENKIS A I A, VAPNIK V N. Theory of uniform convergence of frequencies of events to their probabilities and problems of search for an optimal solution from empirical data[J]. Automation and Remote Control, 1971, 32: 207-217.

[5] POGGIO T, VETTER T. Recognition and structure from One 2D model view: Observations on prototypes, object classes and symmetries[R]. Cambridge: Technical Report A. I. Memo 1347, Massachusetts Institute of Technology Cambridge, 1992.

[6] NIYOGI P, GIROSI F, POGGIO T. Incorporating prior information in machine learning by creating virtual examples[C]//Proceedings of the IEEE. Piscataway: IEEE Press, 1998, 86(11): 2196-2209.

[7] HO K I J, LEUNG C S, SUM J. Convergence and objective functions of some fault/noise-injection-based online learning algorithms for RBF networks[J]. IEEE Transactions on Neural Networks, 2010, 21(6): 938-947.

[8] SONG H, CHOI K K, LEE I, et al. Adaptive virtual support vector machine for reliability analysis of high-dimensional problems[J]. Structural and Multidisciplinary Optimization, 2013, 47(4): 479-491.

[9] LI L J, PENG Y, QIU G Y, et al. A survey of virtual sample generation technology for face recognition[J]. Artificial Intelligence Review, 2018, 50 (1): 1-20.

[10] CHANG C J, LI D C, CHEN C C, et al. A forecasting model for small non-equigap data sets considering data weights and occurrence possibilities[J]. Computers & Industrial Engineering, 2014, 67(1): 139-145.

[11] LI D C, LIN Y S. Using virtual sample generation to build up management knowledge in the early manufacturing stages[J]. European Journal of Operational Research, 2005, 175(1): 413-434.

[12] LI D C, WEN I H. A genetic algorithm-based virtual sample generation technique to improve small data set learning[J]. Neurocomputing, 2014, 143(16): 222-230.

[13] CHEN Z S,ZHU B,HE Y L,et al. PSO based virtual sample generation method for small sample sets: Applications to regression datasets[J]. Engineering Applications of Artificial Intelligence,2017,59: 236-243.

[14] GONG H F,CHEN Z S,ZHU Q X,et al. A monte carlo and PSO based virtual sample generation method for enhancing the energy prediction and energy optimization on small data problem: An empirical study of petrochemical industries[J]. Applied Energy,2017,197: 405-415.

[15] COQUERET G. Approximate norta simulations for virtual sample generation[J]. Expert Systems with Applications,2017,73: 69-81.

[16] 朱宝. 虚拟样本生成技术及建模应用研究[D]. 北京：北京化工大学,2017.

[17] WANG F Y. A big-data perspective on AI: Newton, Merton, and analytics intelligence [J]. IEEE Intelligent Systems,2012,27(5): 24-34.

[18] ZHU Q,CHEN Z,ZHANG X. et al. Dealing with small sample size problems in process industry using virtual sample generation: A Kriging-based approach[J]. Soft Computing,2020,24: 6889-6902.

[19] TANG J,JIA M Y,LIU Z,et al. Modeling high dimensional frequency spectral data based on virtual sample generation technique[C]//IEEE International Conference on Information and Automation. Piscataway: IEEE Press,2015: 1090-1095.

[20] 汤健,乔俊飞,柴天佑,等. 基于虚拟样本生成技术的多组分机械信号建模[J]. 自动化学报,2018,44(9): 1569-1589.

[21] LI D C,WU C S,TSAI T I,et al. Using mega-trend-diffusion and artificial samples in small data set learning for early flexible manufacturing system scheduling knowledge[J]. Computers & Operations Research,2007,34(4): 966-982.

[22] HUANG G,HUANG G B,SONG S,et al. Trends in extreme learning machines: A review [J]. Neural Networks,2015,61: 32-48.

[23] 朱宝,乔俊飞. 基于 AANN 特征缩放的虚拟样本生成方法及其过程建模应用[J]. 计算机与应用化学,2019,36(4): 304-307.

[24] YANG J,YU X,XIE Z Q,et al. A novel virtual sample generation method based on Gaussian distribution[J]. Knowledge-Based Systems,2011,24(6): 740-748.

[25] 汤健,乔俊飞. 基于选择性集成核学习算法的固废焚烧过程二噁英排放浓度软测量[J]. 化工学报,2019,70(2): 696-706.

[26] CHANG N B,CHEN W C. Prediction of PCDDs/PCDFs emissions from municipal incinerators by genetic programming and neural network modeling[J]. Waste Management and Research,2000,18(4): 341-351.

第 8 章

基于虚拟样本优化选择的MSWI过程二噁英排放浓度软测量

第 8 章图片

8.1 引言

数据驱动建模常用于数据足够丰富且样本真值获取成本相对较低的场景[1]。本章所研究的 MSWI 过程 DXN 排放浓度建模问题可归类为典型的"小样本问题"。通常,研究学者将样本数量小于 30 的建模问题称为"小样本问题"[2-3]。显然,小样本集难以反映真实的工艺流程特性,导致难以建立有效的软测量模型。除此之外,工业过程数据多具有较强的非线性,也存在噪声、缺失值和不确定性等问题,使得基于小样本构建数据驱动模型时难以提取有效知识[4]。因此,需要考虑如何克服上述数据特性以构建模型。小样本问题的本质是因样本数量有限导致其分布稀疏而不能完全反映真实的样本空间。此外,样本间的信息间隔较大也进一步恶化了建模样本对总体数据空间的表征能力。此外,小样本数据通常还存在分布不平衡等问题,即样本较为集中的分布在某些区域,导致模型训练存在偏差。因此,基于小样本构建的模型往往具有片面性和偏差性,其预测结果并不能真实反映实际输出。目前,已有多种机器学习方法用于小样本集建模,包括基于灰度[5]、基于支持向量机[6]、基于核回归[7]和基于贝叶斯网络等。但是,在样本数量不足、分布稀疏、分布不平衡的情况下,上述方法均会出现"过拟合"现象,模型的泛化性能差、鲁棒性弱。

解决上述问题的手段之一是通过撷取小样本数据间隙中存在的潜在信息产生适当数量的虚拟样本,即虚拟样本生成(VSG),进而提高对总体数据空间的表征能力和模型的学习与泛化能力。虚拟样本思想最初由模式识别领域的科学家 Tomaso Poggio 和 Thomas Vetter 于 1992 年提出[8]。之后,研究学者相继提出了扩散神经网络(diffusion neural network,DNN)、MTD、基于正态分布(normal distribution)和蒙特卡罗算法[9]的多种 VSG,在柔性制造系统调度、癌症识别、可靠性分析等诸多领域得到了广泛的应用[10]。

但是，目前上述 VSG 多面向分类问题，本章主要关注如何利用 VSG 辅助构建 MSWI 过程中的 DXN 排放浓度模型(利用面向回归问题的 VSG)。文献[2]给出了真实与虚拟样本分布间的关系，表明了 VSG 的本质是通过“填充”期望样本空间分布中的不完整和不平衡信息实现样本扩充。进一步，文献[11]证明了 VSG 等价于将先验知识合并为正则化矩阵。为了实现样本扩充，文献[12]提出了噪声注入的非线性 VSG；文献[13]和文献[14]提出了基于 GA 和粒子群优化(particle swarm optimization，PSO)的 VSG，有效提高了建模精度；文献[15]提出了产生通用结构数据的 VSG。为了去除真实样本中的噪声信息，文献[16]和文献[17]提出了基于神经网络隐含层映射的 VSG。最近，文献[18]提出了基于改进大趋势扩散和隐含层插值的 VSG，并将其应用于预测 MSWI 过程中的 DXN 排放浓度。以上方法存在的共性问题是所生成的虚拟样本之间存在冗余，即存在不利于软测量模型性能的“坏”虚拟样本。如何去除虚拟样本间的冗余仍是有待解决的开放性问题。

综上所述，本章提出基于虚拟样本优化选择的 DXN 排放浓度建模策略和基于 PSO、等间隔插值 VSG 的 DXN 排放浓度模型构建方法。首先，根据已有研究获取的输入特征，基于改进 MTD 对约简小样本的输入、输出进行域扩展；其次，结合机理知识采用等间隔插值法生成虚拟样本输入，再采用映射模型获得虚拟样本输出，并结合扩展输入、输出边界对虚拟样本进行删减；再次，基于 PSO 对删减后的虚拟样本进行优化选择；最后，基于优选虚拟样本与约简小样本组成的混合样本构建预测模型。结合 UCI 平台的“混凝土抗压强度”基准数据集与北京某焚烧厂的多年 DXN 数据验证了上述方法的有效性。

8.2 标准 PSO 算法

标准粒子群优化(particle swarm optimization，PSO)是模拟鸟群捕食行为的智能优化算法，其原理是通过种群个体间的相互协作和信息共享寻找最优解。算法中所有粒子的位置和速度在迭代过程中会根据全局最优和个体最优的引导不断更新，以在可行域内找到目标函数的最优解。

粒子速度$\boldsymbol{v}^p$ 与位置$\boldsymbol{z}^p$ 的更新公式如下：

$$v_n^p(t+1)=w_{\text{inertia}}(t)v_n^p(t)+c_{\text{self}}r_{1n}^p(d_n^p(t)-z_n^p(t))+c_{\text{society}}r_{2n}^p(t)(g_n(t)-z_n^p(t)) \tag{8.1}$$

$$z_n^p(t+1)=z_n^p(t)+v_n^p(t+1) \tag{8.2}$$

其中，w_{inertia} 是影响粒子搜索步长的惯性权重；c_{self} 和 c_{society} 是代表粒子更新受个体和全局最优影响程度的学习因子；r_{1n}^p 和 r_{2n}^p 服从[0,1]的均匀分布；$\boldsymbol{d}^p$ 与 $\boldsymbol{g}$ 表示粒子个体最优与种群全局最优。

在根据优化目标函数获得粒子的适应度后，种群的个体和全局最优采用如下公式更新：

$$\boldsymbol{d}^p(t+1)=\begin{cases}\boldsymbol{z}^p(t+1), & \boldsymbol{z}^p(t+1)<\boldsymbol{d}^p(t)\\ \boldsymbol{d}^p(t), & \text{其他}\end{cases} \tag{8.3}$$

$$\boldsymbol{g}(t+1)=\begin{cases}\boldsymbol{d}^k(t+1), & \boldsymbol{d}^k(t+1)<\boldsymbol{g}(t)\\ \boldsymbol{g}(t), & \text{其他}\end{cases} \tag{8.4}$$

其中，$\boldsymbol{d}^p=(d_1^p,d_2^p,\cdots,d_n^p)$表示粒子 p 的个体最优，$\boldsymbol{g}=(g_1,g_2,\cdots,g_n)$表示种群的全局最优，$\boldsymbol{d}^k$ 表示该代种群中的最优粒子，$k=\arg\min\limits_{p}\{f(\boldsymbol{d}^p(t))\}$。

8.3　建模策略与实现

MSWI 过程烟气排放中的 DXN 浓度与 MSWI 过程的不同阶段的过程变量相关，并且构建 DXN 软测量模型的数据（真输入-真输出）具有样本数量稀缺与分布不均衡、输入特征维度高等特性。因此，本章提出了由输入数据预处理与特征选择，样本输入、输出区域扩展，候选虚拟样本生成，虚拟样本优化选择，基于混合样本的预测模型构建共 5 个模块组成的建模策略。

在图 8.1 中，各个模块的功能描述如下。

（1）输入数据预处理与特征选择模块：对过程变量、易检测气体浓度和 DXN 排放浓度数据进行离群点剔除，输入、输出时间尺度对标等处理以获取多维输入、单维输出原始小样本，同时结合 MSWI 过程不同阶段特性和机理知识进行特征选择进而获得约简小样本。

（2）样本输入、输出区域扩展模块：基于领域专家知识和 MTD 对约简小样本建模数据集的输入、输出域进行扩展，获得期望建模样本输入、输出的可行域上、下限。

（3）候选虚拟样本生成模块：基于约简小样本输入特征在虚拟样本可行域中进行等间隔插值以生成临时虚拟样本输入，采用约简小样本构建的映射模型获得临时虚拟样本输出。因在可行域外存在部分临时虚拟样本输出，故对其进行删减以获得候选虚拟样本。

（4）虚拟样本优化选择模块：因候选虚拟样本中仍可能存在不符合整体数据空间的样本，基于智能优化算法对候选虚拟样本进行优选以获得最优虚拟样本子集。

（5）基于混合样本的模型构建模块：基于混合样本进行 DXN 模型构建。

根据以上建模策略和文献[19]提出的基于多层评价机制的特征选择策略，本章提出了如图 8.2 中虚线框所示的基于 PSO 和 VSG 的 DXN 排放浓度模型构建方法，步骤如下：首先，通过改进 MTD 的区域扩展算法获得扩展输入、输出域的上

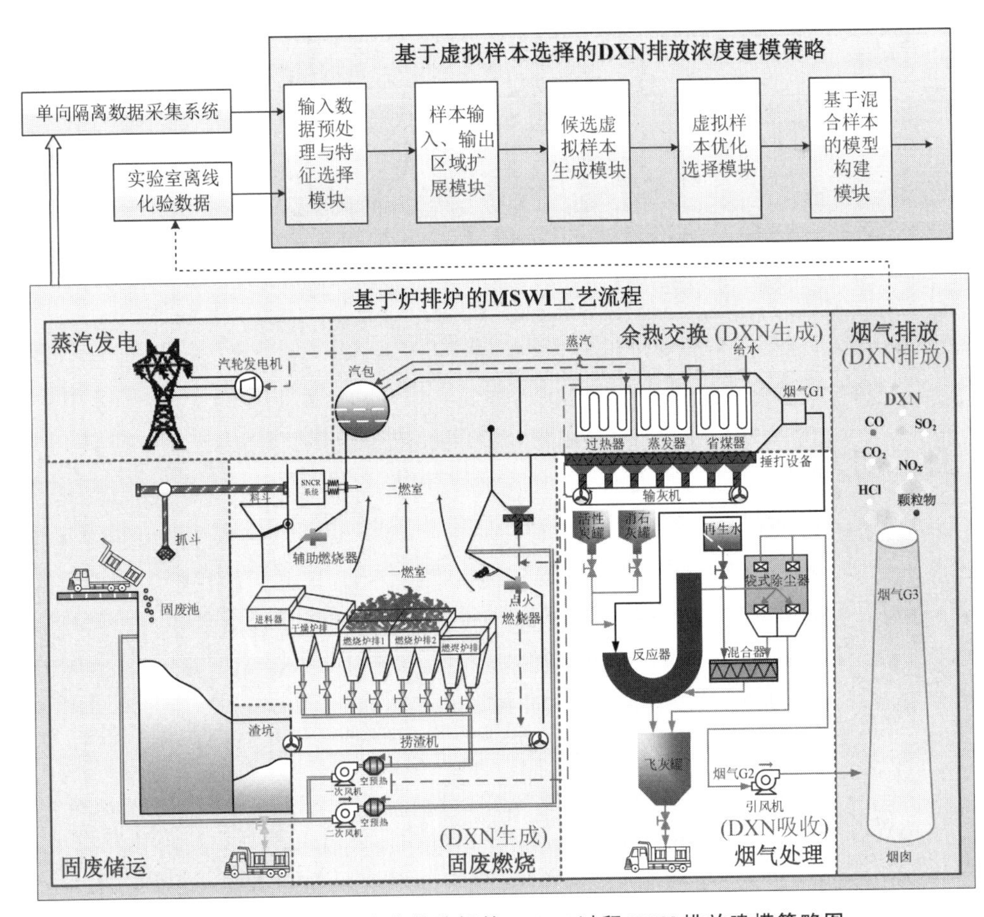

图 8.1 基于虚拟样本优化选择的 MSWI 过程 DXN 排放建模策略图

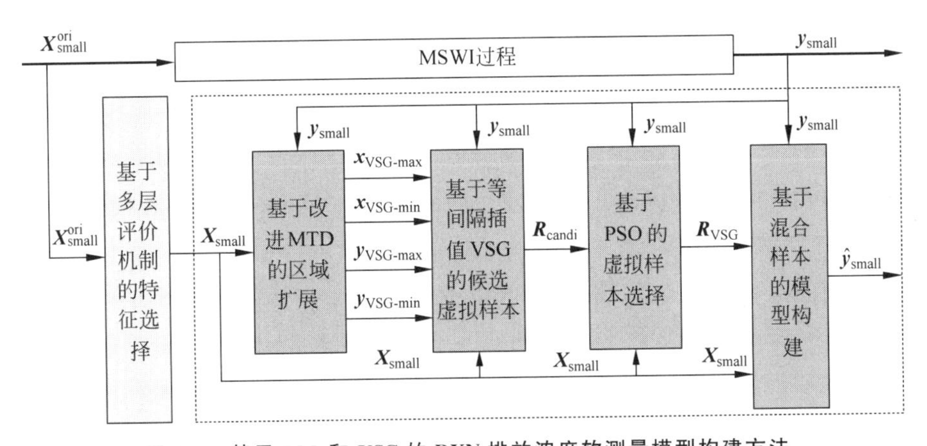

图 8.2 基于 PSO 和 VSG 的 DXN 排放浓度软测量模型构建方法

限和下限；然后，采用基于等间隔插值法的 VSG 得到候选虚拟样本；接着，采用 PSO 进行虚拟样本的优化选择；最后，基于混合样本构建 DXN 排放模型。

8.3.1 基于改进 MTD 的区域扩展

8.3.1.1 样本输入的区域扩展

首先，对约简小样本训练集的输入进行划分，基于传统 MTD 得到第 p 列小样本输入 $\boldsymbol{x}^p$ 的平均值 x_{ave}^p，将小样本数据集 $\boldsymbol{x}^p$ 分为大于平均值的 $\boldsymbol{x}_{\text{high}}^p$（$\boldsymbol{x}_{\text{high}}^p = \{(x_{\text{high}}^p)_{n_{x\text{-high}}}\}_{n_{x\text{-high}}=1}^{N_{x\text{-high}}}$）和小于平均值的 $\boldsymbol{x}_{\text{low}}^p$（$\boldsymbol{x}_{\text{low}}^p = \{(x_{\text{low}}^p)_{n_{x\text{-low}}}\}_{n_{x\text{-low}}=1}^{N_{x\text{-low}}}$）。

其次，选取 $\boldsymbol{x}^p$ 的最大值 $x_{\max}^p$ 和最小值 $x_{\min}^p$ 作为扩展中心；再次，求解 $\boldsymbol{x}_{\text{high}}^p$ 和 $\boldsymbol{x}_{\text{low}}^p$ 的平均值 $x_{\text{H-ave}}^p$ 和 $x_{\text{L-ave}}^p$。

最后，采用改进 MTD 对样本输入空间进行扩展。

对于样本输入集 $\boldsymbol{x}^p$，其上限 $x_{\text{VSG-max}}^p$ 和下限 $x_{\text{VSG-min}}^p$ 由下式估算：

$$x_{\text{VSG-max}}^p = x_{\max}^p + \text{rate}_{\text{high}}^p \sqrt{-2d_{x\text{-high}}^p / N_{x\text{-high}}^p \ln(10^{-20})} \tag{8.5}$$

$$x_{\text{VSG-min}}^p = x_{\min}^p - \text{rate}_{\text{low}}^p \sqrt{-2d_{x\text{-low}}^p / N_{x\text{-low}}^p \ln(10^{-20})} \tag{8.6}$$

其中，$d_{x\text{-high}}^p = \| x_{\text{H-ave}}^p - x_{\max}^p \|$ 表示 x_{high}^p 中的最大值 $x_{\max}^p$ 和平均值 $x_{\text{H-ave}}^p$ 之间的欧氏距离，$d_{x\text{-low}}^p = \| x_{\text{L-ave}}^p - x_{\min}^p \|$ 表示 x_{high}^p 中最小值 $x_{\min}^p$ 和平均值 $x_{\text{L-ave}}^p$ 之间的欧氏距离。$\text{rate}_{\text{high}}^p$ 和 $\text{rate}_{\text{low}}^p$ 分别是第 p 个输入的上、下扩展偏度，其定义为

$$\text{rate}_{\text{high}}^p = N_{\text{high}}^p / (N_{\text{high}}^p + N_{\text{low}}^p) \tag{8.7}$$

$$\text{rate}_{\text{low}}^p = N_{\text{low}}^p / (N_{\text{high}}^p + N_{\text{low}}^p) \tag{8.8}$$

其中，N_{high}^p 和 N_{low}^p 分别表示小样本输入中第 p 列大于和小于其平均值的数量。

8.3.1.2 样本输出的区域扩展

采用与样本输入相同的方法扩展样本输出。

首先，计算约简小样本输出 $\boldsymbol{y}_{\text{small}} = \{y_n\}_n^N$ 的平均值 y_{ave}。

其次，将约简小样本输出 $\boldsymbol{y}_{\text{small}}$ 划分为大于平均值的 y_{high} 和小于平均值的 y_{low} 两个部分，选择约简小样本输出 $\boldsymbol{y}_{\text{small}}$ 的最大值 $y_{\max}$ 和最小值 $y_{\min}$ 作为扩展中心。

再次，求解 $\boldsymbol{y}_{\text{high}}$ 和 $\boldsymbol{y}_{\text{low}}$ 的平均值 $y_{\text{H-ave}}$ 和 $y_{\text{L-ave}}$。

最后，采用下式计算约简小样本输出 $\boldsymbol{y}_{\text{small}}$ 的上限 $y_{\text{VSG-max}}$ 和下限 $y_{\text{VSG-min}}$：

$$y_{\text{VSG-max}} = y_{\max} + \text{rate}_{\text{high}} \sqrt{-2d_{y\text{-high}} / N_{y\text{-high}} \ln(10^{-20})} \tag{8.9}$$

$$\begin{cases} y_{\text{VSG-min-temp}} = y_{\min} - \text{rate}_{\text{low}} \sqrt{-2d_{y\text{-low}} / N_{y\text{-low}} \ln(10^{-20})} \\ y_{\text{VSG-min}} = \max(y_{\text{VSG-min-temp}}, y_{\text{VSG-min-know}}) \end{cases} \tag{8.10}$$

其中，$d_{y\text{-high}} = \| y_{\text{H-ave}} - y \|$ 表示 y_{high} 的最大值 $y_{\max}$ 和平均值 $y_{\text{H-ave}}$ 之间的欧氏距离，$d_{\text{low}}^p = \| y_{\text{L-ave}} - y_{\min} \|$ 表示 y_{low} 的最小值 $y_{\min}$ 和平均值 $y_{\text{L-ave}}$ 之间的欧氏距离，$y_{\text{VSG-min-know}}$ 表示由已知经验确定的 DXN 排放浓度的下限，$\text{rate}_{\text{high}}$ 和

$rate_{low}$ 表示样本输出的上、下扩展偏度。

8.3.2 基于等间隔插值的生成候选虚拟样本

首先，针对约简小样本数据，选择两组相邻样本进行等间隔插值以生成虚拟样本输入。假设对每组相邻样本以相等间隔生成 N_{equal} 组数据，以第 p 个输入中的第 n 个和第$(n+1)$个样本为例，具体实现如下式所示：

$$(\boldsymbol{x}_{equal}^{p})_{n}=[x_{1}^{p},\cdots,x_{N_{equal\text{-}temp}}^{p}]^{T}=\begin{bmatrix}\dfrac{1\cdot(x_{n}^{p}+x_{n+1}^{p})}{N_{equal\text{-}temp}+1}\\ \cdots\cdots \\ \dfrac{N_{equal\text{-}temp}\cdot(x_{n}^{p}+x_{n+1}^{p})}{N_{equal\text{-}temp}+1}\end{bmatrix} \tag{8.11}$$

$$\boldsymbol{x}_{equal}^{p}=\{(\boldsymbol{x}_{equal}^{p})_{1};\cdots;(\boldsymbol{x}_{equal}^{p})_{n};\cdots;(\boldsymbol{x}_{equal}^{p})_{N}\} \tag{8.12}$$

其中，N_{equal} 是小样本数据集的扩展倍数。

以上描述是针对原始小样本空间的等间隔插值。类似地，可以结合虚拟样本域扩展上、下限，分别对上扩展域空间和下扩展域空间进行等间隔插值以得到虚拟样本输入。

其次，基于约简小样本，构建 RWNN，并将其作为映射模型获得虚拟样本输出：

$$\begin{aligned}\hat{\boldsymbol{y}}_{equal}&=\Gamma_{map}(\boldsymbol{w}_{equal},\boldsymbol{b}_{equal},\boldsymbol{X}_{equal})\cdot\boldsymbol{\beta}_{equal}\\&=\boldsymbol{H}_{equal}\cdot\boldsymbol{\beta}_{equal}\end{aligned} \tag{8.13}$$

其中，$\Gamma_{map}(\cdot)$表示映射函数，$\boldsymbol{w}_{equal}$ 和 $\boldsymbol{b}_{equal}$ 分别表示基于 RWNN 映射模型的输入层到隐含层的权重和偏置，$\boldsymbol{\beta}_{equal}$ 表示相应的输出权重，$\boldsymbol{H}_{equal}$ 表示隐含层矩阵。

由以上过程获得未删减的等间隔插值虚拟样本 $\boldsymbol{R}_{equal}=\{\boldsymbol{X}_{equal},\hat{\boldsymbol{y}}_{equal}\}$。

最后，根据虚拟样本输出的上/下限 $y_{VSG\text{-}max}/y_{VSG\text{-}min}$ 和约简小样本的上/下限 y_{max}/y_{min}，对不同区域虚拟样本进行删减，即可获得候选虚拟样本 $\boldsymbol{R}_{candi}=\{\boldsymbol{X}_{candi},\hat{\boldsymbol{y}}_{candi}\}\in\mathbf{R}^{N_{candi}\times P}$。

8.3.3 基于 PSO 的虚拟样本选择

PSO 是模拟鸟群在飞行过程中始终保持队形且不会相撞的生物行为的智能优化算法。粒子群中的任何粒子都在迭代过程中不断地更新自己的位置与速度，以在可行域内寻找目标函数的最优解。

本章基于 PSO 进行虚拟样本选择的基本原理类似于基于 PSO 的特征选择方法[20]，即期望粒子群在迭代过程中寻找最优虚拟样本子集以使模型的泛化性能最佳，进而将虚拟样本的选择问题转化为基于模型的优化问题。具体地，在建模过程中，控制 RWNN 模型的结构和输入特征数量不变，再对影响模型性能的建模样本

(建模样本包含约简小样本训练集和粒子选择的部分虚拟样本)进行选择。那么,在优化模型泛化性能时,即对建模样本包含的虚拟样本进行了优化选择。

基于 PSO 的虚拟样本选择流程图如图 8.3 所示。

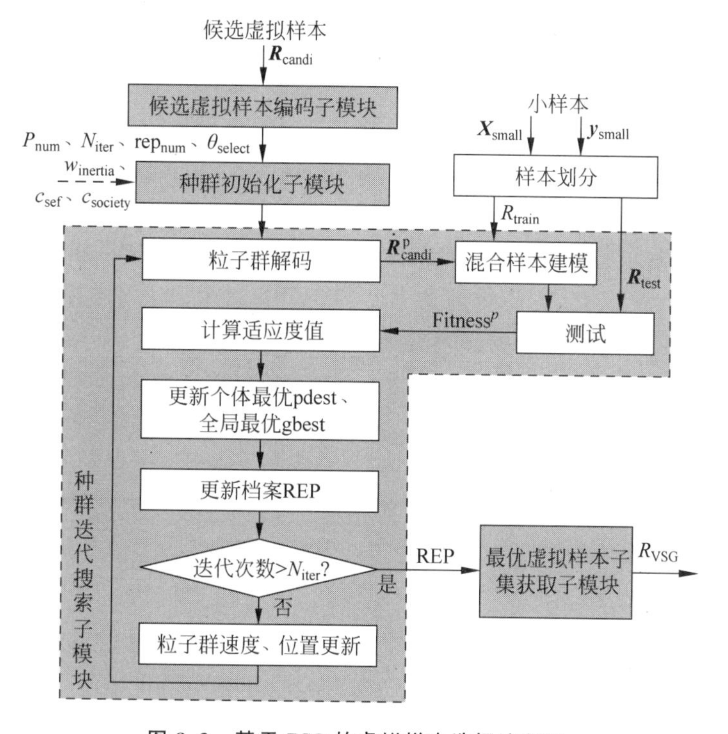

图 8.3 基于 PSO 的虚拟样本选择流程图

在图 8.3 中,P_{num} 表示种群中的粒子个数;N_{iter} 表示粒子群的迭代次数;rep_{num} 表示档案中最优解的最大数量;w_{inertia} 表示惯性权重,其决定了迭代搜索过程的搜索步长;c_{self} 和 c_{society} 分别表示个体和社会学习因子;θ_{select} 表示虚拟样本被选择的阈值。

虚拟样本的选择流程:首先,在对候选虚拟样本优化选择前编码,即对粒子进行设计;其次,对 PSO 初始化,包括初始化粒子群的位置和速度等相关参数;再次,在粒子群迭代搜索过程中进行寻优,直到达到迭代次数;最后,对档案中的粒子解码以获得最优虚拟样本子集 $\boldsymbol{R}_{\text{VSG}}$。

8.3.3.1 候选虚拟样本编码子模块

利用 PSO 进行虚拟样本选择的问题可以抽象为以下简要范式:

$$\begin{cases} \min \quad f(\boldsymbol{z}) \\ \text{s.t.} \quad \boldsymbol{z} \in \Omega \end{cases} \tag{8.14}$$

其中，$\boldsymbol{z}=(z_1,\cdots,z_n)$为决策变量，即自变量；$\Omega$ 是可行搜索域，表示决策变量可以到达的空间范围；$f(\boldsymbol{z})$：$\Omega \to S$ 为目标优化函数，S 是目标空间。

本章利用 PSO 进行虚拟样本选择的目的是寻找最优的虚拟样本子集以获得最佳的模型泛化性能。此处将 DXN 排放浓度模型的测试性能指标作为优化目标。

对决策变量进行抽象化处理，即粒子的设计如下：

$$\begin{cases} \boldsymbol{R}_{\text{candi}}=\{\boldsymbol{r}_1,\cdots,\boldsymbol{r}_n,\cdots,\boldsymbol{r}_{N_{\text{candi}}}\} \\ \boldsymbol{z}=(z_1,\cdots,z_n,\cdots,z_{N_{\text{candi}}}), \quad z_n \in (0,1)^{\mathbf{R}} \end{cases} \tag{8.15}$$

其中，N_{candi} 表示候选虚拟样本集 $\boldsymbol{R}_{\text{candi}}$ 中虚拟样本的数量，相应的虚拟样本的编码为$(1,\cdots,n,\cdots,N_{\text{candi}})$；决策向量 $\boldsymbol{z}$ 包含的 N_{candi} 个决策变量与候选虚拟样本一一对应，即粒子的每维均对应一个虚拟样本。

显然，每个决策变量的取值范围为$(0,1)$，即决策向量的可行域为 $\Omega=\{(0,1)^{N_{\text{candi}}}\}^{\mathbf{R}}$。由此可知，第 p 个粒子的解码方法可表示为

$$\begin{aligned} \dot{\boldsymbol{R}}_{\text{candi}}^{p} &= f_{\text{decode}}(\boldsymbol{z}^p,\boldsymbol{R}_{\text{candi}}) \\ &= \begin{cases} \text{add } \boldsymbol{r}_n, & z_n^p \geqslant \theta_{\text{select}} \\ \text{其他}, & z_n^p < \theta_{\text{select}} \end{cases} \end{aligned} \tag{8.16}$$

其中，θ_{select} 为虚拟样本的选择阈值。

具体解码方法为，如果第 p 个粒子的第 n 维决策变量大于等于阈值 θ_{select}，则选择 $\boldsymbol{R}_{\text{candi}}$ 中第 n 个虚拟样本加入候选虚拟样本子集；反之，则不选择。

采用相同方式对粒子 p 的每一维解码，可以得到该粒子所选择的虚拟样本子集 $\dot{\boldsymbol{R}}_{\text{candi}}^{p}$。

8.3.3.2 种群初始化子模块

首先，结合虚拟样本选择问题的特性和 DXN 排放浓度软测量模型先验知识设定粒子个数(P_{num})、粒子群迭代次数(N_{iter})、档案最大数量(rep_{num})、惯性权重(w_{inertia})、学习因子(c_{self} 和 c_{society})、阈值(θ_{select})等参数。

其次，生成粒子群并设置其初始位置和速度，即生成 P_{num} 个粒子组成种群 $\boldsymbol{Z}=\{\boldsymbol{z}^1,\cdots,\boldsymbol{z}^p,\cdots,\boldsymbol{z}^{P_{\text{num}}}\}$，并在可行域 $\Omega=\{(0,1)^{N_{\text{candi}}}\}^{\boldsymbol{R}}$ 中随机初始化粒子的位置，同时将其初始速度设置为 0：

$$\begin{cases} \boldsymbol{z}^p=(z_1^p,\cdots,z_n^p,\cdots,z_{N_{\text{candi}}}^p), \quad z_n^p=\text{rand}(1) \\ \boldsymbol{v}^p=(v_1^p,\cdots,v_n^p,\cdots,v_{N_{\text{candi}}}^p), \quad v_n^p=0 \end{cases} \tag{8.17}$$

最后，定义粒子适应度 Fitness^p、个体最优位置、全局最优位置、档案 **REP** 等变量，以便在种群迭代搜索中作为关键因素不断更新。

8.3.3.3 种群迭代搜索子模块

种群在不断迭代的过程中对可行域空间进行启发式搜索，个体和全局的最优位置指导其下一步的搜索方向和步长，进而不断靠近最优位置，并将最优解存入档案。评价粒子位置的标准是目标函数 $f(z)$，即粒子的适应度。

种群迭代搜索的主要步骤包括适应度计算、个体最优和全局最优更新、档案更新、粒子群速度和位置更新、最优虚拟样本子集获取。

1. 适应度计算

基于 PSO 对虚拟样本进行选择的优化目标为

$$\min \quad f(\boldsymbol{z}) = f_{\text{Fitness}}(\boldsymbol{z}, \boldsymbol{X}_{\text{small}}, \boldsymbol{y}_{\text{small}}) \tag{8.18}$$

其中，$f_{\text{Fitness}}(\cdot)$表示计算粒子适应度的映射函数。

以种群中第 p 个粒子为例描述其映射过程：

$$\begin{aligned} \boldsymbol{z}^p &\xrightarrow{f_{\text{decode}}} \dot{\boldsymbol{R}}^p_{\text{candi}} \xrightarrow{f_{\text{division}}} \boldsymbol{R}'^p_{\text{mix}} \\ &\xrightarrow{f_{\text{train}}} f_{\text{RWNN}}(\cdot) \rightarrow f_{\text{RWNN}}(\boldsymbol{R}_{\text{test}}) \\ &\rightarrow \text{Fitness}^p \end{aligned} \tag{8.19}$$

其中，$f_{\text{decode}}(\cdot)$、$f_{\text{division}}(\cdot)$和 $f_{\text{train}}(\cdot)$分别表示解码函数、样本划分函数和模型训练函数：

$$\dot{\boldsymbol{R}}^p_{\text{candi}} \leftarrow f_{\text{decode}}(\boldsymbol{z}^p, \boldsymbol{R}_{\text{candi}}) \tag{8.20}$$

$$\{\boldsymbol{R}_{\text{train}}, \boldsymbol{R}_{\text{test}}\} \leftarrow f_{\text{division}}(\boldsymbol{X}_{\text{small}}, \boldsymbol{y}_{\text{small}}) \tag{8.21}$$

$$f_{\text{RWNN}}(\cdot) \leftarrow f_{\text{train}}(\boldsymbol{R}'^p_{\text{mix}}) \tag{8.22}$$

利用式(8.21)对约简小样本划分，获得训练集 $\boldsymbol{R}_{\text{train}}$ 和测试集 $\boldsymbol{R}_{\text{test}}$。由训练集 $\boldsymbol{R}_{\text{train}}$ 与虚拟样本子集 $\dot{\boldsymbol{R}}^p_{\text{candi}}$ 组成的临时混合样本集为

$$\boldsymbol{R}'^p_{\text{mix}} = \{\boldsymbol{R}_{\text{train}}, \dot{\boldsymbol{R}}^p_{\text{candi}}\} \tag{8.23}$$

式(8.22)中的 $f_{\text{RWNN}}(\cdot)$表示基于混合样本集 $\boldsymbol{R}'^p_{\text{mix}}$ 构建的 RWNN 映射模型。式(8.19)中的 Fitness^p 即基于测试集 $\boldsymbol{R}_{\text{test}}$ 获得的测试性能指标。

2. 个体和全局最优更新

种群中的个体和全局最优共同启发粒子的搜索方向和步长，其更新如下：

$$\boldsymbol{d}^p(t+1) = \begin{cases} \boldsymbol{z}^p(t+1), & f(\boldsymbol{z}^p(t+1)) < f(\boldsymbol{d}^p(t)) \\ \boldsymbol{d}^p(t), & \text{其他} \end{cases} \tag{8.24}$$

$$\boldsymbol{g}(t+1) = \begin{cases} \boldsymbol{d}^k(t+1), & f(\boldsymbol{d}^k(t+1)) < f(\boldsymbol{g}(t)) \\ \boldsymbol{g}(t), & \text{其他} \end{cases} \tag{8.25}$$

其中，$\boldsymbol{d}^p = (d^p_1, \cdots, d^p_n, \cdots, d^p_{N_{\text{candi}}})$表示第 p 个粒子的个体最优；$\boldsymbol{g} = (g_1, \cdots, g_n, \cdots, g_{N_{\text{candi}}})$表示全局最优；$\boldsymbol{d}^k(t+1)$表示第$(t+1)$代中适应度最小的粒子，其中，$k=$

$\arg\min\limits_{1\leqslant p\leqslant N}\{f(\boldsymbol{d}^p(t))\}$。

3. 档案更新

档案 **REP** 中保存着种群迭代过程中搜索到的最优解，即适应度最佳的粒子。虽然本章所求解的优化问题在理论上只有一个最优解，但考虑到采用的随机映射模型具有较大的随机性，故保存了一定数量的次优解：将种群最优解存入档案 **REP**，同时结合最优解与档案最大数量 rep_{num} 选择次优解。

档案更新策略如下：

$$\begin{cases}\textbf{REP}=\{\boldsymbol{g},\boldsymbol{g}'_1,\cdots,\boldsymbol{g}'_i\}, & i=0,\cdots,\text{rep}_{\text{num}}-1\\ |f(\boldsymbol{g})-f(\boldsymbol{g}'_i)|<\varepsilon\end{cases}\tag{8.26}$$

其中，$\boldsymbol{g}$ 和 $\boldsymbol{g}'_i$ 表示全局最优解和次优解，档案中可存在 $0\sim(\text{rep}_{\text{num}}-1)$ 个次优解；ε 是选择次优解的限制条件，即要求 $f(\boldsymbol{g}'_i)$ 在 $f(\boldsymbol{g})$ 的 ε 邻域内，其值根据优化问题和经验设定。

若适应度在 $f(\boldsymbol{g})$ 的 ε 邻域内的粒子多于 $(\text{rep}_{\text{num}}-1)$，则将 $|f(\boldsymbol{g})-f(\boldsymbol{g}'_i)|$ 更小的粒子存入档案。

4. 粒子群速度和位置更新

种群在可行域内的搜索方向和步长取决于粒子速度，其受该粒子当前位置、个体和全体最优位置的影响。粒子群在迭代中通过跟随当前最优引导得到最优解。粒子根据下式更新其速度与位置：

$$\begin{aligned}v_n^p(t+1)=&w_{\text{inertia}}(t)v_n^p(t)+c_{\text{self}}r_{1n}^p(d_n^p(t)-z_n^p(t))+\\&c_{\text{society}}r_{2n}^p(t)(g_n(t)-z_n^p(t))\end{aligned}\tag{8.27}$$

$$z_n^p(t+1)=z_n^p(t)+v_n^p(t+1)\tag{8.28}$$

其中，w_{inertia} 为惯性权重，表示搜索步长，随迭代次数线性减小；r_1 和 r_2 分别服从 $[0,1]$ 的均匀分布；c_{self} 和 c_{society} 为学习因子，表示粒子搜索方向受个体和全局最优位置的影响程度，体现其个体性和社会性。

5. 最优虚拟样本子集获取子模块

根据以上步骤，种群不断进行迭代搜索，直至迭代次数大于设定值 (N_{iter}) 停止寻优；多次计算档案中的最优解和次优解适应度的平均值，以此作为指标重新选择最优解；对最优解进行解码后获得最优虚拟样本子集 $\boldsymbol{R}_{\text{VSG}}$。

8.3.4 基于混合样本的模型构建

将最优虚拟样本子集与约简小样本训练集组合形成混合样本集：

$$\boldsymbol{R}_{\text{mix}}=\{\boldsymbol{R}_{\text{train}},\boldsymbol{R}_{\text{VSG}}\}\tag{8.29}$$

首先，计算隐含层神经元的输出矩阵 $\boldsymbol{H}^{\text{ori}}$：

$$\boldsymbol{H}^{\mathrm{ori}}=\Gamma_{\mathrm{map}}(\boldsymbol{w},\boldsymbol{b},\boldsymbol{X}_{\mathrm{mix}})$$
$$=\begin{bmatrix} h_{11} & \cdots & h_{1l} & \cdots & h_{1L} \\ \cdots & & \cdots & & \cdots \\ h_{m1} & \cdots & h_{ml} & \cdots & h_{mL} \\ \cdots & & \cdots & & \cdots \\ h_{M1} & \cdots & h_{Ml} & \cdots & h_{ML} \end{bmatrix} \tag{8.30}$$

其中，$h_{ml}=\Gamma_{\mathrm{map}}(w_l,b_l,x_m)$表示隐含层节点，$\boldsymbol{w}=\{w_1,\cdots,w_l,\cdots,w_L\}$为随机生成的输入层和隐含层神经元之间的权重，$\boldsymbol{b}=\{b_1,\cdots,b_l,\cdots,b_L\}$为神经元偏置，$L$为隐含层节点数量，$\boldsymbol{X}_{\mathrm{mix}}$为混合样本集的输入，$M$为混合样本集样本数量，$\Gamma_{\mathrm{map}}$表示以 Sigmoid 为激活函数的映射函数。

其次，利用广义逆矩阵计算隐含层与输出层之间的权重$\boldsymbol{\beta}$：

$$\boldsymbol{\beta}=(\boldsymbol{H}^{\mathrm{ori}})^{+}\boldsymbol{y}_{\mathrm{mix}} \tag{8.31}$$

其中，$(\boldsymbol{H}^{\mathrm{ori}})^{+}$表示$\boldsymbol{H}^{\mathrm{ori}}$的广义逆，$\boldsymbol{y}_{\mathrm{mix}}$为混合样本集的输出。

以上为基于 RWNN 的软测量模型构建步骤，其隐含层节点数采用遍历法确定。

基于混合样本集的预测输出为

$$\hat{\boldsymbol{y}}_{\mathrm{mix}}=\boldsymbol{H}^{\mathrm{ori}}\boldsymbol{\beta} \tag{8.32}$$

最后，使用测试集$\boldsymbol{R}_{\mathrm{test}}$进行测试，

$$\hat{\boldsymbol{y}}_{\mathrm{test}}=\Gamma_{\mathrm{map}}(\boldsymbol{\omega},\boldsymbol{b},\boldsymbol{X}_{\mathrm{test}})\boldsymbol{\beta}=\boldsymbol{H}^{\mathrm{test}}\boldsymbol{\beta} \tag{8.33}$$

其中，$\boldsymbol{X}_{\mathrm{test}}$为测试样本集的输入，$\boldsymbol{H}^{\mathrm{test}}$为测试集在模型上的隐含层输出，$\hat{\boldsymbol{y}}_{\mathrm{test}}$为测试集的预测输出。

8.4　实验验证

为验证所提方法，采用基准数据和工业数据进行验证，同时设计 3 组对比实验：

A：基于随机权神经网络的真实小样本；

B：基于 MTD 扩展的等间隔插值法获得的混合样本；

C：基于 MTD 扩展的等间隔插值法和 PSO 选择后的混合样本。

为了降低随机性对实验效果的影响，上述实验均重复进行 30 次。在上述方法中，等间隔插值法的扩展倍数采用遍历法确定。

8.4.1　基准数据集

8.4.1.1　数据集描述

实验采用 UCI 平台的“混凝土抗压强度”基准数据集。数据集共有数据 1030

组,包含 8 个输入变量(水泥、高炉渣、粉煤灰、水、超塑化剂、粗骨料、细骨料、龄期)和 1 个输出变量(混凝土抗压强度)。为了验证所提 VSG 的合理性和有效性,针对 1030 组原始数据集的前 1000 组数据,每隔 25 个样本抽取 1 组数据,共抽取 40 组作为本验证实验所使用的约简小样本数据集。

8.4.1.2 实验结果

1. 基于改进 MTD 的域扩展结果

采用改进 MTD 的域扩展方法对虚拟样本的可行域空间进行扩展,8 维输入特征的最大值 $\boldsymbol{x}_{\max}$ 和最小值 $\boldsymbol{x}_{\min}$ 经过域扩展得到虚拟样本的可行域上限 $\boldsymbol{x}_{\text{VSG-max}}$ 和下限 $\boldsymbol{x}_{\text{VSG-min}}$ 如图 8.4 所示;其空间的扩展率 rate_x 如图 8.5 所示。

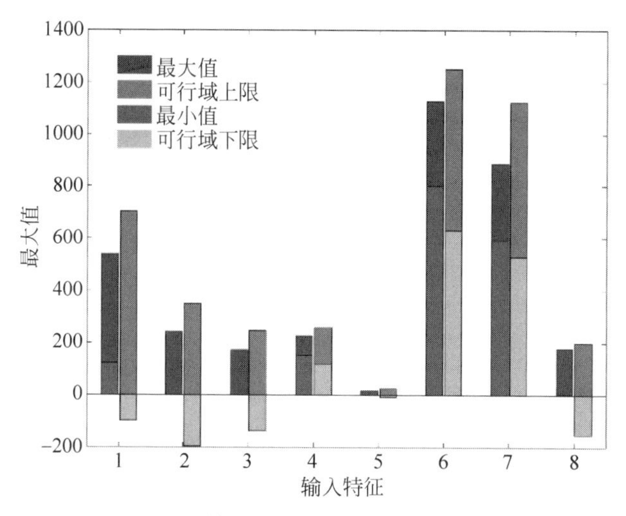

图 8.4 基准数据输入域扩展前后对比

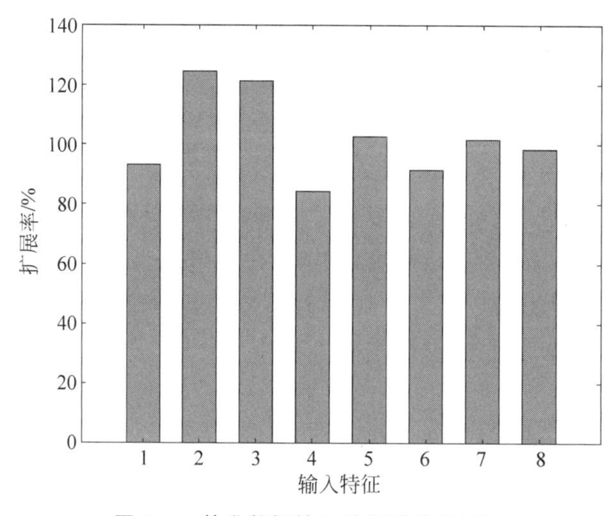

图 8.5 基准数据输入特征域的扩展率

输出的最大值 y_{max} 和最小值 y_{min} 经过域扩展得到虚拟样本的可行域上限 $y_{VSG\text{-}max}$、下限 $y_{VSG\text{-}min}$ 和扩展率 $rate_y$，如表 8.1 所示。

表 8.1 基准数据输出域扩展前后对比

	y_{min}	$y_{VSG\text{-}min}$	y_{max}	$y_{VSG\text{-}max}$	$rate_y$
抗压强度	6.88	0	79.99	100.47	37.43%

如图 8.4、图 8.5 和表 8.1 所示，虚拟样本的输入特征可行域空间得到了有效扩展，且输入特征的整体空间扩展率约为 102.14%。考虑样本输出的物理意义，对域扩展的最小值进行了限制，扩展后取 0，虚拟样本输出的可行域空间整体扩展率为 37.43%。

2. 基于等间隔插值法的 VSG 结果

根据虚拟样本的域扩展结果，进行等间隔插值生成虚拟样本，得到的虚拟样本如表 8.2 所示（以插值倍数 3，样本 7 和样本 8 为例）。其中，输入 1～输入 8 分别表示水泥、高炉渣、粉煤灰、水、超塑化剂、粗骨料、细骨料、龄期，输出表示混凝土综合抗压强度。

表 8.2 基准数据等间隔插值生成虚拟样本的输入、输出

	样本 7	样本 8	虚拟样本 1	虚拟样本 2	虚拟样本 3
输入 1	290.4	213.5	271.1	251.9	232.7
输入 2	0	0	0	0	0
输入 3	96.2	174.2	115.7	135.2	154.7
输入 4	168.1	154.6	164.7	161.35	158.0
输入 5	9.4	11.7	10.0	10.5	11.1
输入 6	961.2	1052.3	984.0	1006.7	1029.5
输入 7	865.0	775.5	842.6	820.2	797.9
输入 8	14	14	14	14	14
输出	34.7	33.7	36.3	37.2	37.2

基于等间隔插值生成的虚拟样本在删减后，剩余虚拟样本的数量如图 8.6 所示。

基于等间隔插值生成的虚拟样本的平均删减率为 39.84%。虚拟样本合格率较低的原因可能是基于改进 MTD 的域扩展范围与实际特征空间存在差异，构建的映射模型存在随机性。

3. 基于 PSO 的虚拟样本选择后的结果

基于等间隔插值法删减后的虚拟样本进行优化选择以获得最佳虚拟样本子集，相关参数设定如表 8.3 所示。

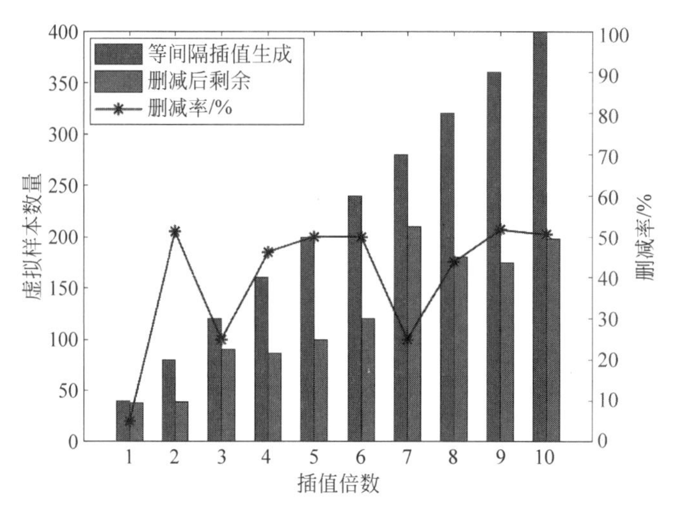

图 8.6 基准数据虚拟样本删减前后的数量对比

表 8.3 基准数据 PSO 算法选择的参数设定值

P_{num}	N_{iter}	$w_{inertia}$	c_{self}	$c_{society}$	θ_{select}	ε
30	50	0.6	2	2	0.5	0.005

图 8.7 为经 PSO 选择前后的虚拟样本数量对比。

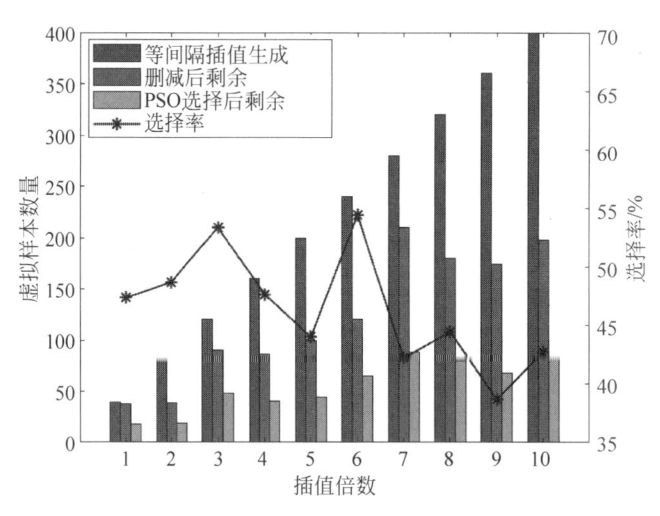

图 8.7 基准数据经 PSO 选择前后的虚拟样本数量对比

如图 8.7 所示，PSO 对候选虚拟样本的平均选择率为 46.37%，最终剩余平均虚拟样本 55.6 个，其样本扩展率为 378%。

以插值倍数 9 为例，获得最终虚拟样本的结果(随机选择 4 个虚拟样本)，如表 8.4 所示。图 8.8 为样本的分布情况。

表 8.4　基准数据经 PSO 选择后虚拟样本的输入、输出

	1	2	3	4
$\boldsymbol{X}_{\mathrm{VSG}}$	521.14	426.82	206.86	243.27
	12.95	77.73	0	22.09
	0	0	117.30	0
	168	198	169.03	184.55
	2.27	1.14	7.16	1
	1030.18	981.09	1053.69	1102.91
	668.55	631.27	819.60	776.18
	41.82	110.91	14	8.91
$\boldsymbol{y}_{\mathrm{VSG}}$	70.84	43.89	24.16	11.94

基于等间隔插法生成的虚拟样本有效扩充了虚拟样本的数量。同时，如表 8.4 和图 8.8 所示，经删减和 PSO 选择后的虚拟样本能够对约简小样本间的信息间隙有效填充，保留了约简小样本分布的主要特征。但虚拟样本并未到达域扩展的边界，可能存在如下原因：基于小样本的映射模型难以对域扩展边缘的虚拟样本准确映射，域扩展过程并未考虑输入特征的实际物理意义以致存在无效扩展等。

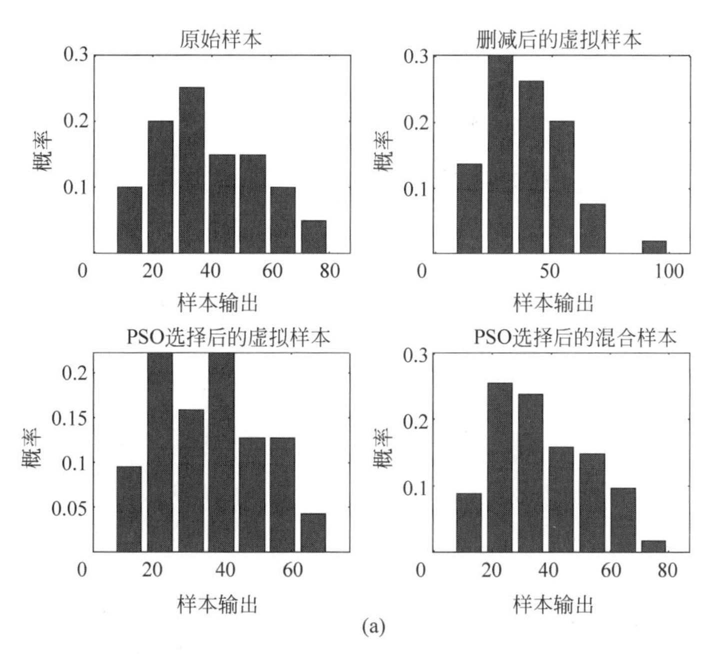

图 8.8　基准数据的约简小样本、候选虚拟样本、PSO 选择后的虚拟样本和混合样本分布情况

(a) 样本输出；(b) 第 6 个输入特征；(c) 第 7 个输入特征；(d) 第 8 个输入特征

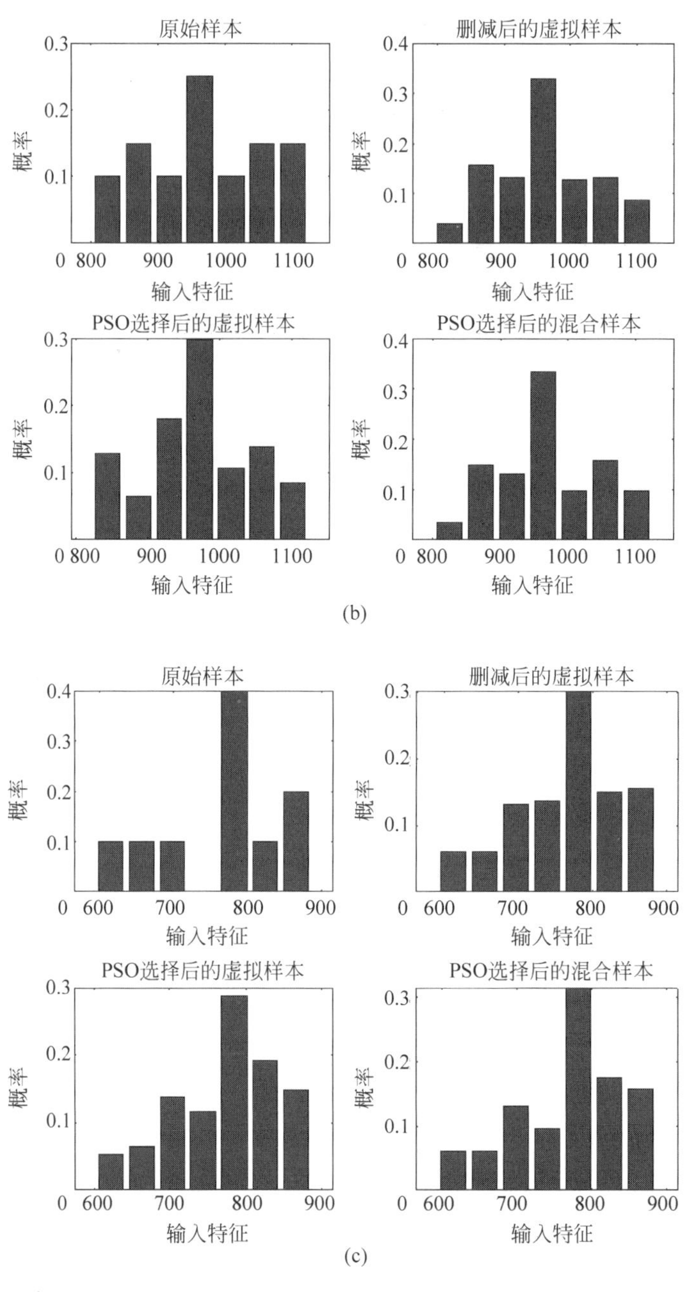
原始样本
删减后的虚拟样本
PSO选择后的虚拟样本
PSO选择后的混合样本
概率
输入特征
0.1
0.2
0.3
0.4
0
800
900
1000
1100
(b)
原始样本
删减后的虚拟样本
PSO选择后的虚拟样本
PSO选择后的混合样本
概率
输入特征
600
700
800
900
(c)

图 8.8 （续）

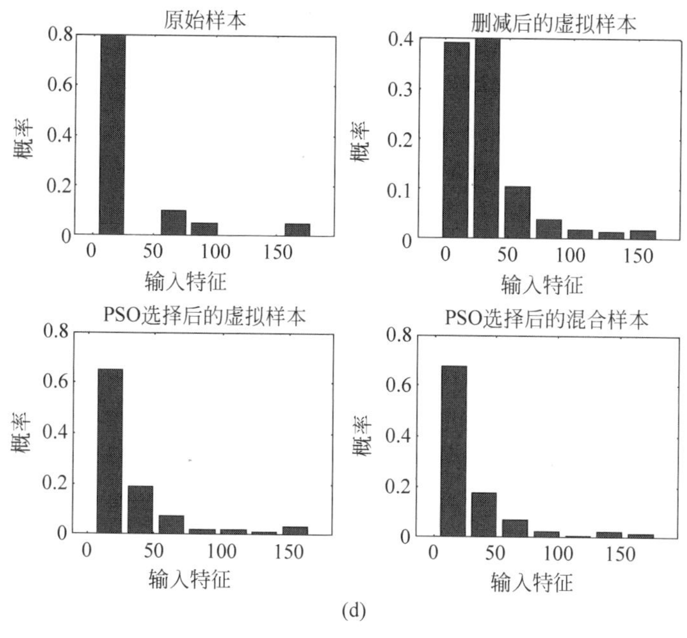

(d)

图 8.8　（续）

4. 基于混合样本的模型构建结果

将获得的虚拟样本与约简小样本组成混合样本，构建 RWNN 模型。图 8.9 为实验 A、B 和 C 的模型测试性能对比图。其中，图 8.9(d)展示了当插值倍数为 9 时，模型的测试输出预测值。

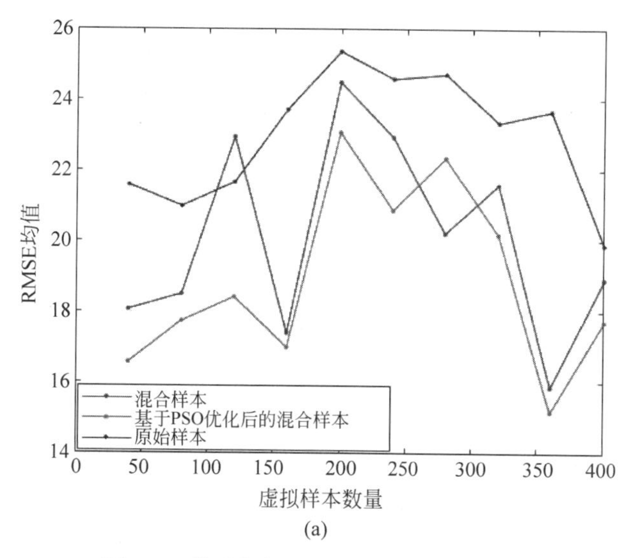

(a)

图 8.9　基准数据 30 次建模测试性能对比

(a) 虚拟样本数量不同时模型的测试性能：RMSE 平均值；(b) 虚拟样本数量不同时模型的测试性能：RMSE 方差；(c) 虚拟样本数量不同时模型的测试性能：RMSE 最小值；(d) 测试样本输出预测曲线

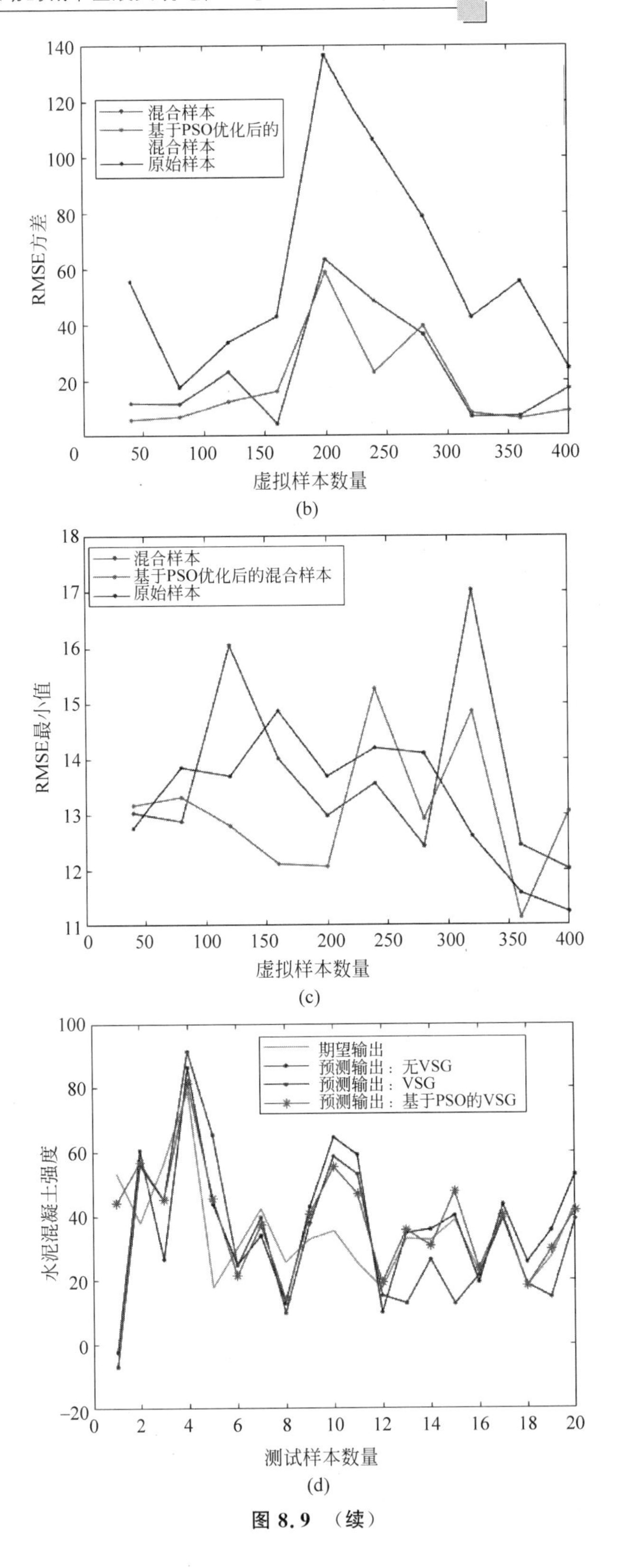

RMSE方差
混合样本
基于PSO优化后的混合样本
原始样本
虚拟样本数量
(b)
RMSE最小值
混合样本
基于PSO优化后的混合样本
原始样本
虚拟样本数量
(c)
水泥混凝土强度
期望输出
预测输出：无VSG
预测输出：VSG
预测输出：基于PSO的VSG
测试样本数量
(d)

图 8.9 （续）

如图 8.9 所示，由本章方法构建的模型性能优于约简小样本构建的模型，其精度与稳定性有待提高。

8.4.1.3　方法比较

基于本章所提方法，设计对比实验，表 8.5 为对比实验的测试结果。

表 8.5　基准数据实验结果对比

实验	VS 数量	RMSE 平均值	RMSE 方差	RMSE 最小值	N_{equal}
A	0	22.984	59.754	—	—
B	178	15.896	9.312	12.469	9
C	69	15.121	8.785	11.107	9
L	729	16.134	9.692	13.383	—

注：*L* 为文献[18]中的实验结果。

由表 8.5 可知：

(1) 约简小样本集(无 VSG)的 RMSE 平均值为 22.984，本章方法的最小 RMSE 平均值为 11.107。结果表明，本章方法可以整体提高小样本建模性能约 51.675%。

(2) 经 PSO 选择后的虚拟样本在数量减少 61.246%的情况下，混合样本建模测试的 RMSE 平均值改善了 4.875%，验证了本章方法的有效性。

(3) 使用本章方法获得的 RMSE 方差和 RMSE 最小值均为最小值，表明该方法的稳定性和最优性较好。

对比文献[22]的实验结果，本章方法在 RMSE 平均值、RMSE 方差和 RMSE 最小值上都具有明显优势。

8.4.2　工业数据集

8.4.2.1　数据集描述

此处所用工业数据源于北京某基于炉排炉的 MSWI 厂，涵盖了 2012—2018 年所记录的有效 DXN 排放浓度检测样本 34 个，实际采用的 DXN 排放浓度简约样本是文献[19]进行特征选择后的数据集，共 34 个样本，输入特征为 18 维，输出为 1 维，即 DXN 排放浓度。

8.4.2.2　实验结果

1. 基于改进 MTD 的域扩展结果

采用改进的 MTD 域扩展方法对可行域空间进行扩展，18 维输入特征的最大值 $\boldsymbol{x}_{\max}$ 和最小值 $\boldsymbol{x}_{\min}$ 经过域扩展得到虚拟样本的可行域上限 $\boldsymbol{x}_{\text{VSG-max}}$、下限 $\boldsymbol{x}_{\text{VSG-min}}$ 和扩展率 rate_x 如图 8.10 所示。

输出的最大值 $y_{\max}$ 和最小值 $y_{\min}$ 经过域扩展得到输出可行域上限 $y_{\text{VSG-max}}$、

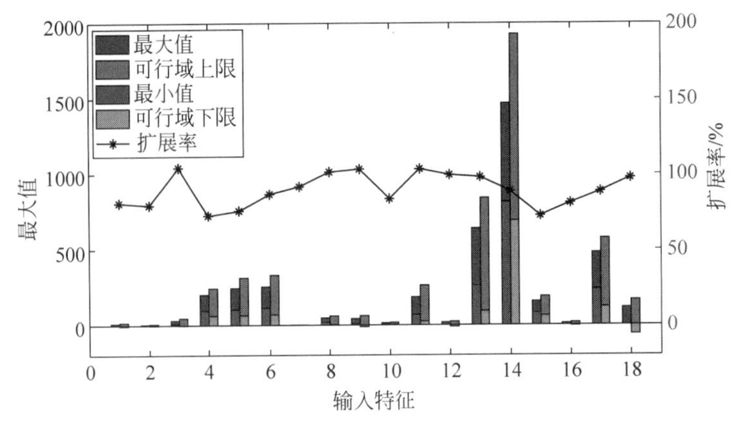

图 8.10 DXN 数据输入特征域扩展前后比对及其扩展率

下限 $y_{\mathrm{VSG\text{-}min}}$ 和扩展率 rate_y，如表 8.6 所示。

表 8.6 DXN 数据输出域扩展前后对比

	$y_{\min}$	$y_{\mathrm{VSG\text{-}min}}$	$y_{\max}$	$y_{\mathrm{VSG\text{-}max}}$	rate_y
DXN 浓度	0.002	0	0.083	0.133	64.20%

如图 8.10 和表 8.6 所示，虚拟样本输入特征的可行域整体空间扩展率平均约为 89.40%。考虑样本输出的物理意义，将域扩展的最小值限制为 0，其可行域整体的扩展率为 64.20%。

2. 基于等间隔插值的 VSG 结果

根据虚拟样本的域扩展结果和映射模型，进行等间隔插值生成虚拟样本。虚拟样本输出和前 5 个输入特征如表 8.7 所示(以插值倍数 3、样本 6 和样本 7 间生成样本为例)。

表 8.7 DXN 数据等间隔插值生成虚拟样本输入/输出

	S6	S7	VS1	VS2	VS3
输入 1	4.80	3.10	4.38	3.95	3.53
输入 2	1.50	2.80	1.83	2.15	2.48
输入 3	14	25	16.75	19.50	22.25
输入 4	176	177	176.25	176.50	176.75
输入 5	181	185	182	183	184
输出	0.05	0.04	0.05	0.05	0.04

在表 8.7 中，输入 1～输入 5 分别表示反应器入口氧气浓度、燃烧炉排右空气流量、二次空预器出口温度、干燥炉排入口空气温度、燃烧炉排 2-2 左内温度；输出为 DXN 排放浓度。

基于等间隔插值法生成的虚拟样本在删减后剩余的数量如图 8.11 所示。

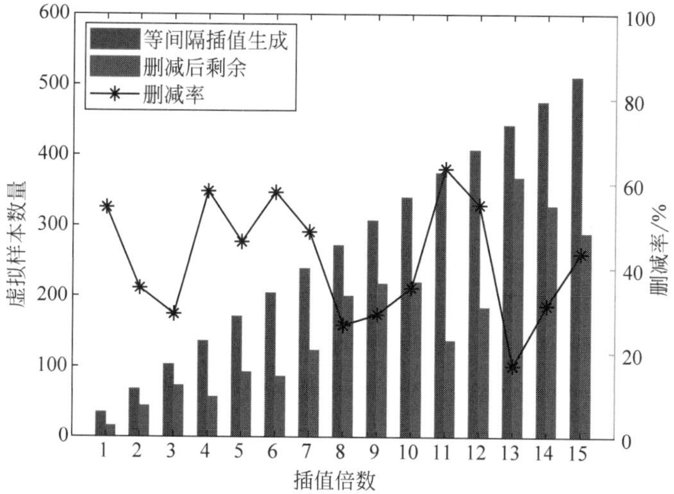

图 8.11　DXN 数据生成虚拟样本删减前后数量对比

从图 8.11 可以看出，虚拟样本的平均删减率为 41.997%，这一结果与基准数据的结果相差不大。

3. 基于 PSO 虚拟样本选择后的结果

相关参数设定如表 8.8 所示。

表 8.8　基于 PSO 虚拟样本选择的参数设定

P_{num}	N_{iter}	$w_{inertia}$	c_{self}	$c_{society}$	θ_{select}	ε
30	50	0.6	2	2.2	0.5	0.001

图 8.12 所示为经 PSO 选择前后的虚拟样本数量对比。

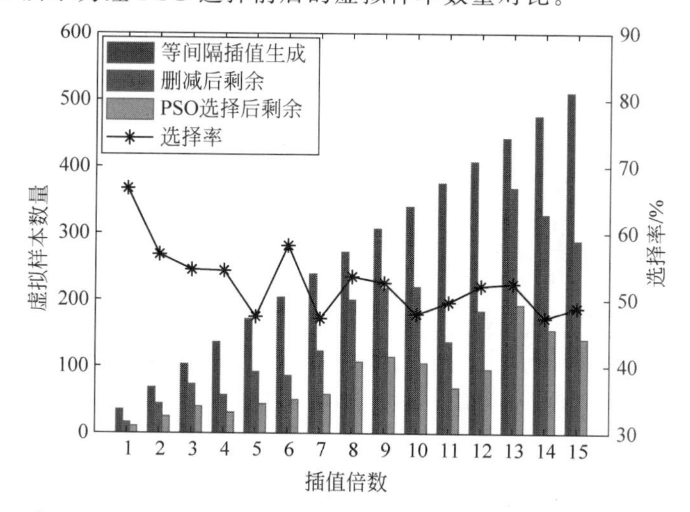

图 8.12　DXN 数据经 PSO 样本选择前后的虚拟样本数量对比

如图 8.12 所示，PSO 对候选虚拟样本的平均选择率为 52.619%，最终剩余的平均虚拟样本为 82.5 个，其样本扩展率为 585.3%，这一结果略高于基准数据。

以插值倍数 14 为例，获得最终虚拟样本的结果(随机选择 4 个虚拟样本的前 5 个输入特征)如表 8.9 所示。图 8.13 为样本的分布情况。

如表 8.9 和图 8.13 所示，生成的虚拟样本经删减和 PSO 选择后，剩余的虚拟样本均能够对约简小样本间的信息间隙有效填充，而且它们不仅有效地填补了实际特征空间的边缘区域，还保留了约简小样本分布的主要特征。

表 8.9　DXN 数据经 PSO 选择后虚拟样本输入、输出

	1	2	5	6
$\boldsymbol{X}_{\mathrm{VSG}}$	11.272	7.633	4.880	7.633
	4.869	0.733	1.900	0.733
	31.504	14.333	28	14.333
	203.382	143.667	189.200	143.667
	247.246	164.667	180.800	164.667
$\boldsymbol{y}_{\mathrm{VSG}}$	0.0136	0.0656	0.0390	0.0656

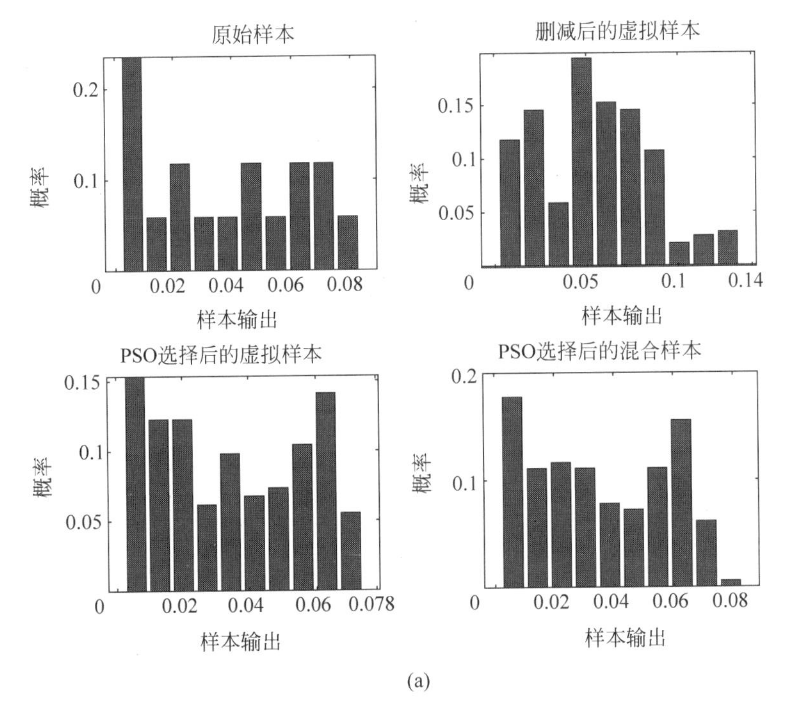

图 8.13　DXN 数据的约简小样本、候选虚拟样本、PSO 选择后的虚拟样本和混合样本分布情况

(a) 样本输出；(b) 第 3 个输入特征；(c) 第 6 个输入特征；(d) 第 7 个输入特征

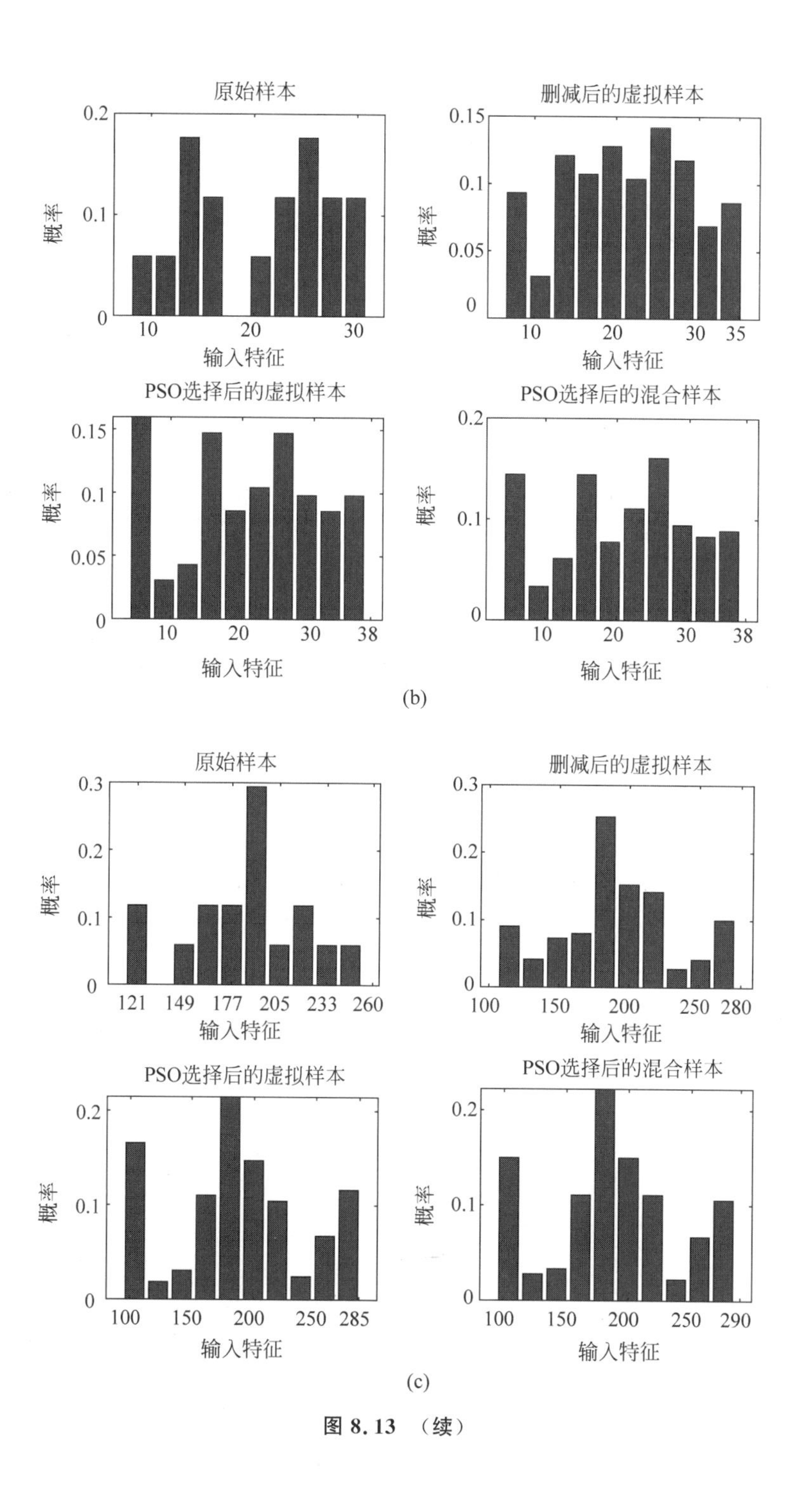

原始样本
概率
0.2
0.1
0
10
20
30
输入特征
删减后的虚拟样本
0.15
0.1
0.05
0
10
20
30
35
输入特征
PSO选择后的虚拟样本
0.15
0.1
0.05
0
10
20
30
38
输入特征
PSO选择后的混合样本
0.2
0.1
0
10
20
30
38
输入特征
(b)
原始样本
0.3
0.2
0.1
0
121
149
177
205
233
260
输入特征
删减后的虚拟样本
0.3
0.2
0.1
0
100
150
200
250
280
输入特征
PSO选择后的虚拟样本
0.2
0.1
0
100
150
200
250
285
输入特征
PSO选择后的混合样本
0.2
0.1
0
100
150
200
250
290
输入特征
(c)

图 8.13　（续）

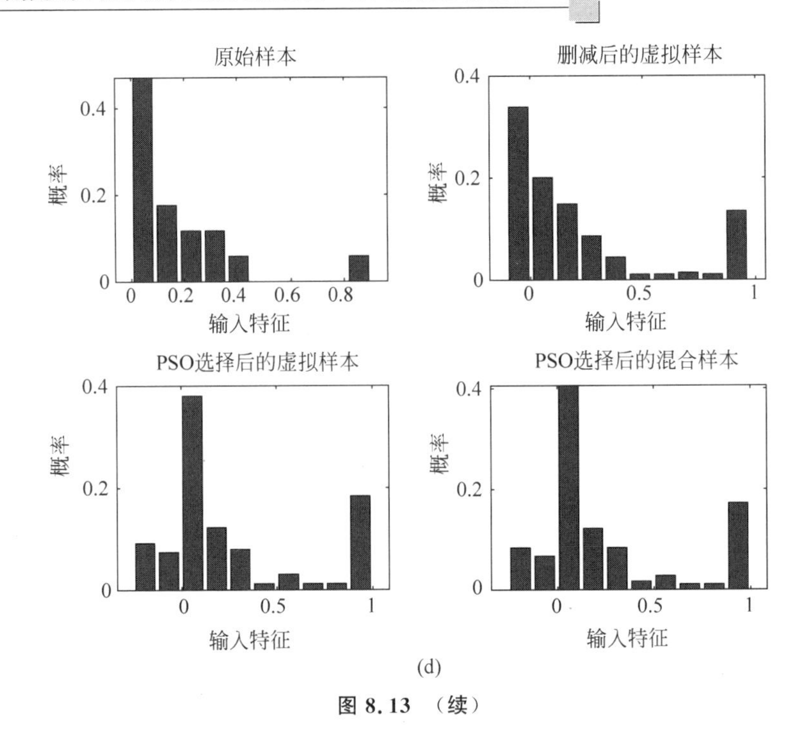

(d)

图 8.13 （续）

4. 基于混合样本的模型构建结果

图 8.14 为实验 A、B 和 C 的模型测试性能对比图。其中，图 8.14(d)展示了当插值倍数为 9 时，模型测试的输出。由图 8.14 由可知本章所提方法构建的模型的泛化性能最优。

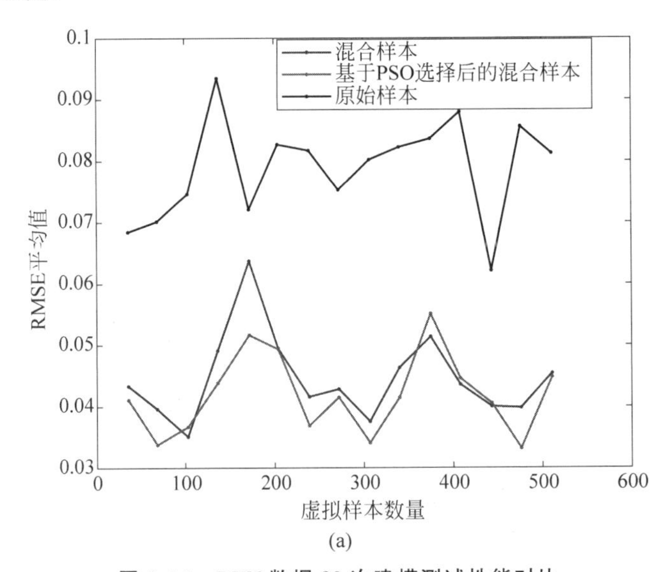

(a)

图 8.14 DXN 数据 30 次建模测试性能对比

(a) 虚拟样本数量不同时模型的测试性能：RMSE 平均值；(b) 虚拟样本数量不同时模型的测试性能：RMSE 方差；(c) 虚拟样本数量不同时模型的测试性能：RMSE 最小值；(d) 测试样本输出预测曲线

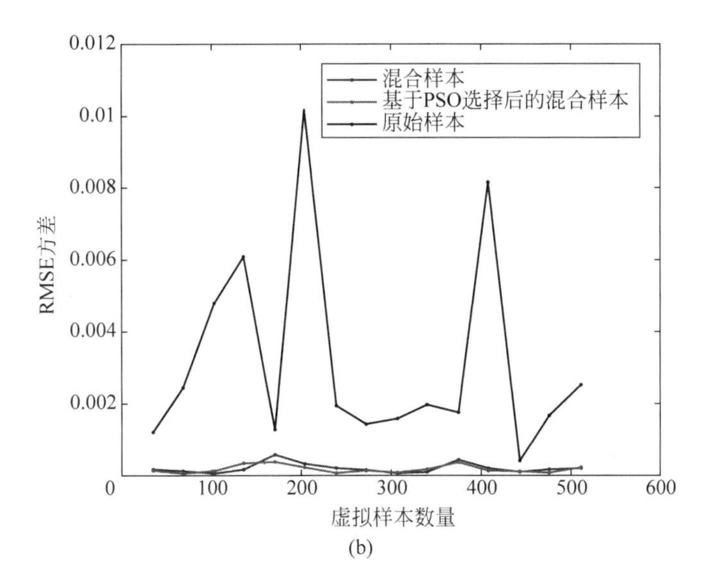
混合样本
基于PSO选择后的混合样本
原始样本
RMSE方差
虚拟样本数量
0.012
0.01
0.008
0.006
0.004
0.002
0
100
200
300
400
500
600

(b)

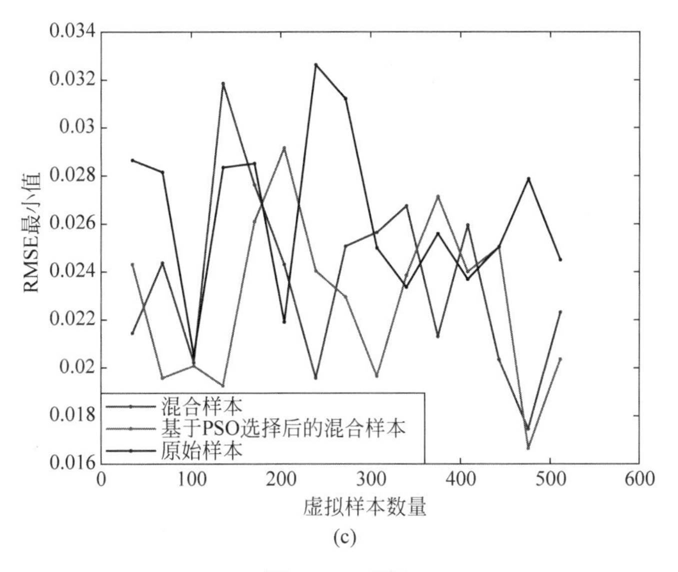
混合样本
基于PSO选择后的混合样本
原始样本
RMSE最小值
虚拟样本数量
0.034
0.032
0.03
0.028
0.026
0.024
0.022
0.02
0.018
0.016
0
100
200
300
400
500
600

(c)

图 8.14 （续）

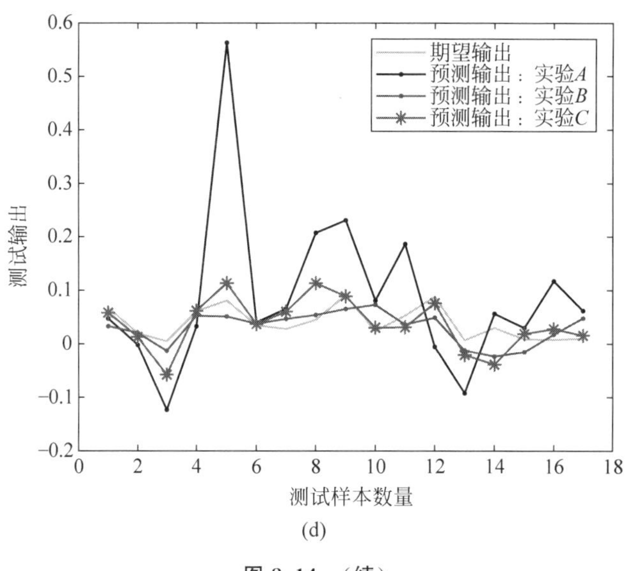

(d)

图 8.14 （续）

8.4.2.3 方法比较

表 8.10 为实验结果对比。

表 8.10 DXN 数据实验结果对比

实验	虚拟样本数量	RMSE 平均值	RMSE 方差	RMSE 最小值	N_{equal}
A	0	0.0788	3.166×10^{-3}	—	—
B	328	0.0398	1.708×10^{-4}	0.0175	14
C	155	0.0332	7.899×10^{-5}	0.0167	14
L	501	0.0286	1.697×10^{-5}	0.0254	—

注：L 为文献[18]中的实验结果。

由表 8.10 可知：

(1) 约简小样本集(无 VSG 方法)的 RMSE 平均值为 0.0788，应用本章所提方法后的 RMSE 平均值为 0.0332。表明本章方法可以整体提高小样本建模性能 78.807%。

(2) 经 PSO 选择后的虚拟样本在数量减少 52.744%的情况下，混合样本建模测试的 RMSE 平均值改善了 16.583%。验证了本章方法的有效性，表明了合理虚拟样本数量的重要性，但如何生成更多有效的虚拟样本仍然有待深入研究。

(3) 与基准数据类似，本章方法在稳定性和最优性上也具有优势。对比文献[18]的实验结果，本章方法仅在 RMSE 最小值具有优势，不如其在基准数据集的表现，这是由两者构建模型的结构和建模数据的差异造成的，所选虚拟样本也有待优化。

由上述结果可知，本章方法对于基准数据集与 DXN 数据集生成的冗余虚拟样本均可以进行有效筛选，筛选后的虚拟样本扩展了约简小样本的数量，并能有效填补约简小样本间的信息间隙，改善了虚拟样本的有效性、平衡性和数据完整性。特别地，对于DXN数据，虚拟样本也能够有效填补实际特征空间边缘的信息间隙。但是，由本章方法构建的模型性能有待提高，如何生成更多、更优质的虚拟样本以进一步改善模型的泛化性能仍是有待解决的问题。

参考文献

[1] ZHONG K,HAN M,HAN B. Data-driven based fault prognosis for industrial systems: A concise overview[J]. IEEE/CAA Journal of Automatica Sinica,2020,7(2): 330-345.

[2] 朱宝. 虚拟样本生成技术及建模应用研究[D]. 北京: 北京化工大学,2017.

[3] WANG Y Q,WANG Z Y,SUN J Y,et al. Gray bootstrap method for estimating frequency-varying random vibration signals with small samples[J]. Chinese Journal of Aeronautics, 2014,27(2): 383-389.

[4] ZHU Q,CHEN Z,ZHANG X. et al. Dealing with small sample size problems in process industry using virtual sample generation: A Kriging-based approach[J]. Soft Computing, 2020,24: 6889-6902.

[5] THOMAS P T,EDWARD A P. Small sample reliability growth modeling using a grey systems model[J]. Grey Systems Theory and Application,2018,8(3): 246-271.

[6] HONG W C,LI M W,GENG J,et al. Novel chaotic bat algorithm for forecasting complex motion of floating platforms[J]. Applied Mathematical Modelling,2019,72: 425-443.

[7] SHAPIAI M I,IBRAHIM Z,KHALID M,et al. Function and surface approximation based on enhanced kernel regression for small sample set[J]. International Journal of Innovation Computing,Informaton and Control,2011,7(10): 5947-5960.

[8] POGGIO T,VETTER T. Recognition and structure from one 2D model view: Observations onprototypes,object classes and symmetries[J]. Laboratory Massachusetts Institute of Technology,1992,1347: 1-25.

[9] KARAIVANOVA A, IVANOVSKA S, GUROV T. Monte Carlo method for density reconstruc tion based on insufficient data[J]. Procedia Computer Science, 2015, 51: 1782-1790.

[10] 汤健,乔俊飞,柴天佑,等. 基于虚拟样本生成技术的多组分机械信号建模[J]. 自动化学报,2018,44(9): 1569-1590.

[11] NIYOGI P,GIROSI F,POGGIO T. Incorpora-ting prior information in machine learning by creating virtual examples[C]. Proceedings of the IEEE,1998,86(11): 2196-2209.

[12] HE Y L,GENG Z Q, HAN Y M, et al. A novel nonlinear virtual sample generation approach integrating extreme learning machine with noise injection for enhancing energy modeling and analysis on small data: application to petrochemical industries[C]//5th International Conference on Control, Decision and Information Technologies (CoDIT). [S. l. : s. n.],2018: 134-139.

[13] LI D C,WEN I H. A genetic algorithm-based virtual sample generation technique to

improve small data set learning[J]. Neurocomputing,2014,143(16): 222-230.

[14] CHEN Z S,ZHU B,HE Y L,et al. A PSO based virtual sample generation method for small sample sets: Applications to regression datasets[J]. Engineering Applications of Artificial Intelligence,2017,59: 236-243.

[15] COQUERET G. Approximate norta simulations for virtual sample generation[J]. Expert Systems with Applications,2017,73: 69-81.

[16] 朱宝,乔俊飞. 基于 AANN 特征缩放的虚拟样本生成方法及其过程建模应用[J]. 计算机与应用化学,2019,36(4): 304-30.

[17] HE Y L,WANG P J,ZHANG M Q,et al. A novel and effective nonlinear interpolation virtual sample generation method for enhancing energy prediction and analysis on small data problem: A case study of Ethylene industry[J]. Energy,2018,147: 418-427.

[18] 乔俊飞,郭子豪,汤健. 基于改进大趋势扩散和隐含层插值的虚拟样本生成方法及应用[J]. 化工学报,2020,71(12): 5681-5695.

[19] 乔俊飞,郭子豪,汤健. 基于多层特征选择的固废焚烧过程二噁英排放浓度软测量[J]. 信息与控制,2021,50(1): 75-87.

[20] 姚全珠,蔡婕. 基于 PSO 的 LS-SVM 特征选择与参数优化算法[J]. 计算机工程与应用,2010,46(1): 134-136.

第 9 章

基于多插值MOPSO的VSG及其在MSWI过程二噁英排放软测量中的应用

第 9 章图片

9.1 引言

信息技术的发展和自动化程度的普及使得各行各业都能够获取海量数据。理论上,这些数据所蕴含的高价值信息能够用于决策支持、未来预测、商业智能、科学研究等领域[1]。大数据驱动的人工智能[2]已经成功地应用于推荐系统[3]、天气预测[4]、交通疏导[5]等场景中。各行各业的大数据蕴藏着巨大的机会和挑战,但许多行业依旧存在"大数据、小样本"的问题[6]。某些数据固有的产生概率低、获取难度大、获取成本高等因素造成了有效样本数量少、样本分布不平衡、数据存在噪声等问题。数据模型受到样本容量不足、代表性差、分布不均衡等问题的严重制约[7]。因此,解决"小样本"问题至关重要。以具有极强化学和热稳定性的剧毒持久性有机污染物 DXN 排放浓度的软测量为例,其在 MSWI 过程中产生,常用的离线直接检测法和在线间接检测法都存在价格昂贵、时间成本高且检测滞后等局限性,难以实时地支撑系统的运行优化和污染控制[8]。上述原因使得 MSWI 过程中关于 DXN 浓度的有标记真值样本(真输入-真输出)十分稀缺。所以,如何利用有限的样本构建精度高、鲁棒性好的 DXN 排放浓度检测模型成为亟待解决的问题[9]。

目前研究中的 VSG 多面向分类问题[12-13],本书主要关注如何利用 VSG 辅助构建工业过程难测参数软测量模型,即面向回归问题的 VSG。文献[11]给出了真实与虚拟样本分布间的关系,表明了 VSG 的本质是通过"填充"期望样本空间分布中的不完整和不平衡信息实现样本扩充。进一步,文献[14]证明了 VSG 等价于将先验知识合并为正则化矩阵。为实现样本扩充,文献[15]提出了噪声注入的非线性 VSG,文献[10]和文献[16]分别提出了基于 GA 和 PSO 生成虚拟样本的 VSG 策略,文献[17]提出了产生通用结构数据的 VSG 策略。为了去除真实样本中的噪声信息，文献[18]提出了基于神经网络隐含层映射的 VSG。由于生成虚拟样本时并未检验其对模型泛化性能的影响，且虚拟样本与真实样本分布间会存在一定偏差，所以以上方法生成的虚拟样本间存在冗余，需去除不利于模型泛化性能的“坏”虚拟样本。因此，如何去除虚拟样本间的冗余也是有待解决的开放性问题。此外，上述方法中虚拟样本的数量主要采用实验方法确定，未考虑虚拟样本数量与建模精度间的均衡关系。

综上所述，本章提出了基于多种插值策略生成虚拟样本和基于多目标 PSO 选择虚拟样本的策略。首先，基于领域专家知识和整体趋势扩散对原始小样本的输入、输出域进行扩展；其次，基于机理知识和插值算法生成虚拟样本输入，再基于原始小样本构建的映射模型获得虚拟样本输出，并结合扩展输入、输出域对其进行删减以清除异常样本；再次，基于多目标 PSO（multi-objective PSO，MOPSO）对删减后的虚拟样本进行优选；最后，采用优选虚拟样本与原始小样本组成的混合样本构建软测量模型，以验证生成的虚拟样本能够有效地改善建模性能。结合 UCI 平台的混凝土抗压强度基准数据集与北京某 MSWI 厂的多年 DXN 数据验证了上述方法的有效性。

本章的创新点在于①结合改进的 MTD 域扩展与领域先验知识对原始样本域进行有效扩展；②结合等间隔插值与隐含层插值生成虚拟样本，确保生成的虚拟样本在扩展域中均衡分布且更逼近真实特征分布；③采用多目标 PSO 对虚拟样本进行优化选择，在去除冗余虚拟样本的同时，确保选择的虚拟样本的建模性能最佳且数量最少；④结合基于多目标 PSO 的样本选择策略特性，提出新的改进反向学习策略以提高算法的搜索效率。

9.2 多目标问题的优化

通常，多目标问题（multi-objective optimization problem，MOP）被转化为最小化优化问题进行研究，其描述为

$$\begin{cases}\min \quad \boldsymbol{F}(\boldsymbol{z})=(f_1(\boldsymbol{z}),f_2(\boldsymbol{z}),\cdots,f_m(\boldsymbol{z}))\\ \text{s.t.} \quad \boldsymbol{z}\in\Omega\end{cases} \tag{9.1}$$

其中，$\boldsymbol{z}=(z_1,z_2,\cdots,z_n)$为决策变量；$\Omega$ 为可行搜索域；$\boldsymbol{F}(\boldsymbol{z})$：$\Omega\rightarrow\boldsymbol{S}$ 是由 m 个实值函数组成的优化目标，$\boldsymbol{S}$ 为目标空间。

设 $\boldsymbol{a},\boldsymbol{b}\in\Omega$ 为式(9.1)所定义的 MOP 的两个可行解。当且仅当对于任意 $i\in\{1,2,\cdots,m\}$都有 $f_i(\boldsymbol{a})\leqslant f_i(\boldsymbol{b})$，且至少有一个 $j\in\{1,2,\cdots,m\}$使得 $f_j(\boldsymbol{a})<f_j(\boldsymbol{b})$时，$\boldsymbol{a}$ 支配 $\boldsymbol{b}$，记作 $\boldsymbol{a}\prec\boldsymbol{b}$。如果不存在 $\boldsymbol{a}\in\Omega$，使得 $\boldsymbol{F}(\boldsymbol{a})$支配 $\boldsymbol{F}(\boldsymbol{a}^*)$，那么 $\boldsymbol{a}^*$ 是式(9.1)所定义的 MOP 的一个帕累托最优解（Pareto optimality），$\boldsymbol{F}(\boldsymbol{a}^*)$为帕累托最优（目标）矢量。显然，帕累托最优解中任何一个目标性能的提升必然导致至少一个其他目标性能的下降。

通常，所有帕累托最优解的集合称为"帕累托最优解集"(Pareto optimal solution, POS)，所有帕累托最优矢量的集合称为"帕累托最优前沿"(Pareto optimal frontier, POF)。

求解多目标优化问题的常用进化算法包括 GA、差分进化(differential evolution, DE)和标准 PSO 等。GA 通过选择、交叉和变异等操作产生新解，适用于离散型的优化问题，其运行时间随种群规模指数级增长。DE 随机选择 3 个与自身不同的个体生成新个体，通过实数编码对可行域进行搜索，其超参数对算法性能的影响较小，收敛性能好，但针对混合优化 DE 的研究很少。标准 PSO 是模拟鸟群捕食行为的智能优化算法，其原理是通过种群中个体间的相互协作和信息共享寻找最优解，其粒子跟随全局最优与个体最优位置进行移动，虽然搜索空间连续但也可以求解特征选择等离散问题。但是，标准 PSO 容易陷入局部最优解，且当全局最优与个体最优矛盾时会造成算力的浪费。

9.3 建模策略与算法实现

本章提出的基于多插值和 MOPSO 的 VSG 如图 9.1 所示。

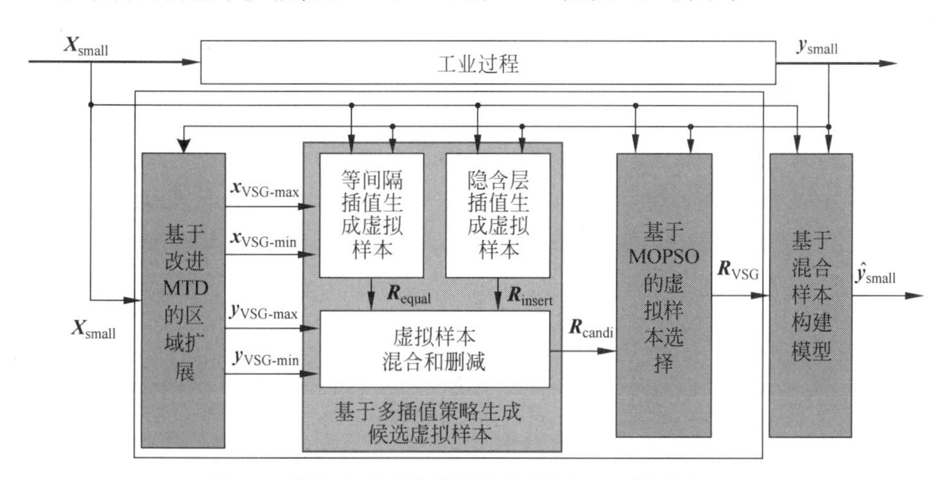

图 9.1 基于多层插值算法和多目标 PSO 算法的 VSG

在图 9.1 中，小样本数据集 $\boldsymbol{R}_{small}=\{\boldsymbol{X}_{small},\boldsymbol{y}_{small}\}$ 的输入特征 $\boldsymbol{X}_{small}\in\mathbf{R}^{N\times P}$，包括 N 个样本(行)和 P 个特征(列)，其输出值 $\boldsymbol{y}_{small}\in\mathbf{R}^{N\times 1}$ 表示 N 个样本(行)的输出；$\boldsymbol{x}_{VSG\text{-}max}$ 和 $\boldsymbol{x}_{VSG\text{-}min}$ 分别表示扩展输入空间的上限和下限；$\boldsymbol{y}_{VSG\text{-}max}$ 和 $\boldsymbol{y}_{VSG\text{-}min}$ 分别表示扩展输出空间的上限和下限；$\boldsymbol{R}_{equal}$ 和 $\boldsymbol{R}_{insert}$ 分别表示基于等间隔插值与隐含层插值生成的虚拟样本；$\boldsymbol{R}_{candi}$ 表示虚拟样本经混合后和删减后得到的候选虚拟样本；$\boldsymbol{R}_{VSG}$ 为基于多目标 PSO 获得的最优虚拟样本集；$\boldsymbol{R}_{mix}\leftarrow\{\boldsymbol{R}_{small},\boldsymbol{R}_{VSG}\}$ 表示基于虚拟样本集与原始小样本集形成的混合样本集；$\hat{\boldsymbol{y}}_{small}$ 为

小样本输入 $\boldsymbol{X}_{\text{small}}$ 基于软测量模型的输出。

由图 9.1 可知本章所提方法的步骤：

首先，通过改进 MTD 的区域扩展算法获得扩展输入/输出空间的上限和下限；

其次，采用等间隔插值法和隐含层插值法的 VSG 得到候选虚拟样本；

再次，采用 MOPSO 进行虚拟样本的优化选择；

最后，基于混合样本构建模型。

9.3.1 基于改进 MTD 的区域扩展

改进 MTD 以原始样本的最大值与最小值作为扩展中心，且结合领域先验知识规定扩展下限，其示意图如图 9.2 所示。

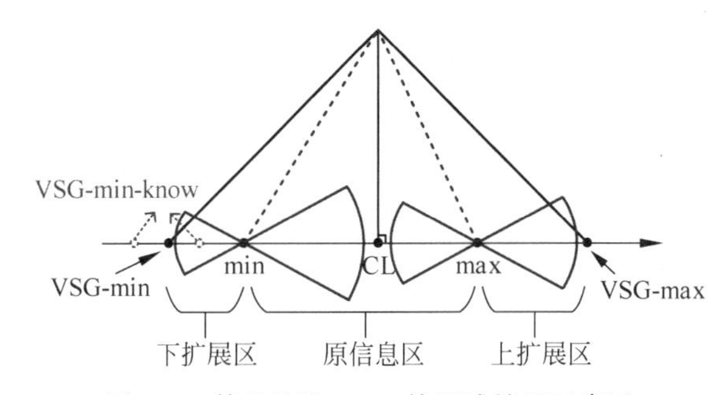

图 9.2 基于改进 MTD 的区域扩展示意图

9.3.1.1 样本输入集的区域扩展

首先，对原始小样本训练集进行划分。基于传统 MTD 得到第 p 列小样本数据 $\boldsymbol{x}^p$ 的平均值 x^p_{ave}，将小样本数据集 $\boldsymbol{x}^p$ 分为大于平均值的 $\boldsymbol{x}^p_{\text{high}}$（$\boldsymbol{x}^p_{\text{high}}=\{(x^p_{\text{high}})_{n_{x\text{-high}}}\}^{N_{x\text{-high}}}_{n_{x\text{-high}}=1}$）和小于平均值的 $\boldsymbol{x}^p_{\text{low}}$（$\boldsymbol{x}^p_{\text{low}}=\{(x^p_{\text{low}})_{n_{x\text{-low}}}\}^{N_{x\text{-low}}}_{n_{x\text{-low}}=1}$）。

其次，选取 $\boldsymbol{x}^p$ 的最大值 $x^p_{\max}$ 和最小值 $x^p_{\min}$ 作为扩展中心，求解 $\boldsymbol{x}^p_{\text{high}}$ 和 $\boldsymbol{x}^p_{\text{low}}$ 的平均值 $x^p_{\text{H-ave}}$ 和 $x^p_{\text{L-ave}}$。

最后，采用改进 MTD 对样本空间进行扩展。

对于样本集 $\boldsymbol{x}^p$，其上限 $x^p_{\text{VSG-max}}$ 和下限 $x^p_{\text{VSG-min}}$ 由下式估算：

$$x^p_{\text{VSG-max}}=x^p_{\max}+\text{rate}^p_{\text{high}}\sqrt{-2d^p_{x\text{-high}}/N^p_{x\text{-high}}\ln(10^{-20})} \tag{9.2}$$

$$\begin{cases}x^p_{\text{VSG-min-temp}}=x^p_{\min}-\text{rate}^p_{\text{low}}\sqrt{-2d^p_{x\text{-low}}/N^p_{x\text{-low}}\ln(10^{-20})}\\ x^p_{\text{VSG-min}}=\max(x^p_{\text{VSG-min-temp}},x^p_{\text{VSG-min-know}})\end{cases} \tag{9.3}$$

其中，$d^p_{x\text{-high}}=\|x^p_{\text{H-ave}}-x^p_{\max}\|$ 表示 x^p_{high} 中的最大值 $x^p_{\max}$ 和平均值 $x^p_{\text{H-ave}}$ 之间的欧氏距离，$d^p_{x\text{-low}}=\|x^p_{\text{L-ave}}-x^p_{\min}\|$ 表示 x^p_{high} 中的最小值 $x^p_{\min}$ 和平均值 $x^p_{\text{L-ave}}$ 之间的欧氏距离，$x^p_{\text{VSG-min-know}}$ 表示由领域知识确定的样本输入下限。

9.3.1.2 样本输出集的区域扩展

采用与扩展样本输入相同的方法扩展样本输出。

首先，计算原始小样本输出 $\boldsymbol{y}_{\text{small}}=\{y_n\}_n^N$ 的平均值 y_{ave}，将原始小样本输出 $\boldsymbol{y}_{\text{small}}$ 划分为大于平均值的 y_{high} 和小于平均值的 y_{low} 两个部分。

其次，选择原始小样本输出 $\boldsymbol{y}_{\text{small}}$ 的最大值 $y_{\max}$ 和最小值 $y_{\min}$ 作为扩展中心，求解 y_{high} 和 y_{low} 的平均值 $y_{\text{H-ave}}$ 和 $y_{\text{L-ave}}$。

最后，采用下式计算原始小样本输出 $\boldsymbol{y}_{\text{small}}$ 的上限 $y_{\text{VSG-max}}$ 和下限 $y_{\text{VSG-min}}$：

$$y_{\text{VSG-max}}=y_{\max}+\text{rate}_{\text{high}}\sqrt{-2d_{y\text{-high}}/N_{y\text{-high}}\ln(10^{-20})} \tag{9.4}$$

$$\begin{cases} y_{\text{VSG-min-temp}}=y_{\min}-\text{rate}_{\text{low}}\sqrt{-2d_{y\text{-low}}/N_{y\text{-low}}\ln(10^{-20})} \\ y_{\text{VSG-min}}=\max(y_{\text{VSG-min-temp}},y_{\text{VSG-min-know}}) \end{cases} \tag{9.5}$$

其中，$d_{y\text{-high}}=\|y_{\text{H-ave}}-y\|$ 表示 y_{high} 的最大值 $y_{\max}$ 和平均值 $y_{\text{H-ave}}$ 之间的欧氏距离，$d_{\text{low}}^p=\|y_{\text{L-ave}}-y_{\min}\|$ 表示 y_{low} 的最小值 $y_{\min}$ 和平均值 $y_{\text{L-ave}}$ 之间的欧氏距离，$y_{\text{VSG-min-know}}$ 表示由领域知识确定的样本输出下限。

9.3.2 基于多插值策略生成候选虚拟样本

9.3.2.1 基于等间隔插值生成虚拟样本

首先，采用等间隔插值生成虚拟样本输入。针对原始小样本数据，选择两组相邻样本进行等间隔插值。假设对每组相邻样本以相等间隔生成 N_{equal} 组数据，以第 p 个变量中的第 n 个和第 $(n+1)$ 个样本为例，具体实现如下：

$$(\boldsymbol{x}_{\text{equal}}^p)_n=[x_1^p,\cdots,x_{N_{\text{equal-temp}}}^p]^{\mathrm{T}}=\begin{bmatrix} \dfrac{1\cdot(x_n^p+x_{n+1}^p)}{N_{\text{equal-temp}}+1} \\ \cdots\cdots \\ \dfrac{N_{\text{equal-temp}}\cdot(x_n^p+x_{n+1}^p)}{N_{\text{equal-temp}}+1} \end{bmatrix} \tag{9.6}$$

$$\boldsymbol{x}_{\text{equal}}^p=\{(\boldsymbol{x}_{\text{equal}}^p)_1;\cdots;(\boldsymbol{x}_{\text{equal}}^p)_n;\cdots;(\boldsymbol{x}_{\text{equal}}^p)_N\} \tag{9.7}$$

其中，N_{equal} 是小样本数据集的扩展倍数。以上描述针对原始空间的等间隔插值，类似地，结合虚拟样本域扩展上下限，分别对上扩展域空间和下扩展域空间进行等间隔插值得到虚拟样本输入 $\boldsymbol{X}_{\text{equal}}$。

其次，采用 RWNN 作为映射模型获得虚拟样本输出：

$$\hat{\boldsymbol{y}}_{\text{equal}}=\Gamma_{\text{map}}(\boldsymbol{w}_{\text{equal}},\boldsymbol{b}_{\text{equal}},\boldsymbol{X}_{\text{equal}})\cdot\boldsymbol{\beta}_{\text{equal}}=\boldsymbol{H}_{\text{equal}}\cdot\boldsymbol{\beta}_{\text{equal}} \tag{9.8}$$

其中，$\Gamma_{\text{map}}(\cdot)$表示映射函数，$\boldsymbol{w}_{\text{equal}}$ 和 $\boldsymbol{b}_{\text{equal}}$ 分别表示基于 RWNN 映射模型的输入层到隐含层的权重和偏置，$\boldsymbol{\beta}_{\text{equal}}$ 表示相应的输出权重，$\boldsymbol{H}_{\text{equal}}$ 表示隐含层矩阵。

最后，由以上描述可以获得等间隔插值虚拟样本 $\boldsymbol{R}_{\text{equal}}=\{\boldsymbol{X}_{\text{equal}},\hat{\boldsymbol{y}}_{\text{equal}}\}$。

9.3.2.2 基于隐含层插值生成虚拟样本

首先，基于原始小样本训练集 $\boldsymbol{R}_{\text{train}}$ 训练 RWNN 络模型，该模型输入层与隐含层神经元连接的权重为 $\boldsymbol{w}_{\text{insert}}=[w_1,\cdots,w_l,\cdots,w_L]$，偏置为 $\boldsymbol{b}_{\text{insert}}=[b_1,\cdots,b_l,\cdots,b_L]^{\text{T}}$，隐含层与输出层的连接权重为 $\boldsymbol{\beta}_{\text{insert}}$，测试集 $\boldsymbol{R}_{\text{test}}=\{\boldsymbol{X}_{\text{test}},\boldsymbol{y}_{\text{test}}\}$ 在该模型上的输出预测值为 $\hat{\boldsymbol{y}}_{\text{test}}=\Gamma_{\text{map}}(\boldsymbol{w}_{\text{insert}},\boldsymbol{\beta}_{\text{insert}},\boldsymbol{X}_{\text{test}})\boldsymbol{\beta}_{\text{insert}}=\boldsymbol{H}_{\text{test}}\boldsymbol{\beta}_{\text{insert}}$。

其次，以原始小样本 $\boldsymbol{R}_{\text{small}}$ 为输入，计算其隐含层输出矩阵 $\boldsymbol{H}_{\text{insert}}^0$。其中，$\boldsymbol{H}_{\text{insert}}^0$ 为 $N\times L$ 阶矩阵，N 表示原始小样本数量，L 表示模型隐含层神经元个数。

再次，基于隐含层输出矩阵为 $\boldsymbol{H}_{\text{insert}}^0$ 进行等间隔插值，即矩阵 $\boldsymbol{H}_{\text{insert}}^0$ 中列相邻的两个元素间以相等间隔生成 N_{insert} 个元素。以对 $\boldsymbol{H}_{\text{insert}}^0$ 的第 1 行和第 2 行插值为例，可得插值矩阵：

$$\boldsymbol{H}_{\text{insert}}^1=\begin{bmatrix}\dfrac{1\cdot(h_{11}+h_{21})}{N_{\text{insert}}+1} & \cdots & \dfrac{1\cdot(h_{1L}+h_{2L})}{N_{\text{insert}}+1}\\ \cdots & \cdots & \cdots\\ \dfrac{N_{\text{insert}}\cdot(h_{11}+h_{21})}{N_{\text{insert}}+1} & \cdots & \dfrac{N_{\text{insert}}\cdot(h_{1L}+h_{2L})}{N_{\text{insert}}+1}\end{bmatrix}_{L\times N_{\text{insert}}}^{\text{T}} \tag{9.9}$$

对 $\boldsymbol{H}_{\text{insert}}^0$ 各行均进行插值后获得多个插值矩阵，合并为

$$\boldsymbol{H}_{\text{insert}}=[\boldsymbol{H}_{\text{insert}}^1,\cdots,\boldsymbol{H}_{\text{insert}}^M]_{(N\cdot N_{\text{insert}})\times L}^{\text{T}} \tag{9.10}$$

由插值矩阵 $\boldsymbol{H}_{\text{insert}}$ 计算虚拟样本输出：$\hat{\boldsymbol{y}}_{\text{insert}}=\boldsymbol{H}_{\text{insert}}\cdot\boldsymbol{\beta}_{\text{insert}}$。由插值矩阵 $\boldsymbol{H}_{\text{insert}}$ 计算虚拟样本输入：

$$\boldsymbol{X}_{\text{insert}}=\frac{1}{\boldsymbol{w}_{\text{insert}}}\left(-\ln\left(\frac{1}{\boldsymbol{H}_{\text{insert}}}-\boldsymbol{I}\right)-\boldsymbol{b}_{\text{insert}}\right) \tag{9.11}$$

最后，由上描述获得隐含层插值虚拟样本 $\boldsymbol{R}_{\text{insert}}=\{\boldsymbol{X}_{\text{insert}},\hat{\boldsymbol{y}}_{\text{insert}}\}$。

9.3.2.3 虚拟样本的混合与删减

首先，将等间隔插值与隐含层插值生成的虚拟样本进行混合：

$$\begin{aligned}\boldsymbol{R}_{\text{candi-temp}}&=\{\boldsymbol{R}_{\text{equal}};\boldsymbol{R}_{\text{insert}}\}=\{[\boldsymbol{X}_{\text{equal}};\boldsymbol{X}_{\text{insert}}],[\hat{\boldsymbol{y}}_{\text{equal}};\hat{\boldsymbol{y}}_{\text{insert}}]\}\\&=\{\boldsymbol{X}_{\text{VSG-temp}},\hat{\boldsymbol{y}}_{\text{VSG-temp}}\}\end{aligned} \tag{9.12}$$

其次，根据虚拟样本的域扩展结果，对 $\boldsymbol{R}_{\text{candi-temp}}$ 进行删减，去除由于 RWNN 的随机性而生成的异常样本：

$$\boldsymbol{R}_{\text{candi}}=f_{\text{delete}}(\boldsymbol{R}_{\text{candi\_temp}})=\{\boldsymbol{X}_{\text{candi}},\boldsymbol{y}_{\text{candi}}\} \tag{9.13}$$

其中，$f_{\text{delete}}(\cdot)$表示对 $\boldsymbol{R}_{\text{candi-temp}}$ 的删减规则，以虚拟样本$[\boldsymbol{x}_{\text{VSG-temp}},\hat{\boldsymbol{y}}_{\text{VSG-temp}}]\in\boldsymbol{R}_{\text{candi-temp}}$ 为例，分别判断该虚拟样本的输入、输出是否在域扩展范围内以判断该样本是否合格：

$$q_{\text{VSG-}x}=\begin{cases}1, & \forall x_{\text{VSG-temp}}^i\in[x_{\text{VSG-min}},x_{\text{VSG-max}}]\\0, & \exists x_{\text{VSG-temp}}^i\notin[x_{\text{VSG-min}},x_{\text{VSG-max}}]\end{cases} \tag{9.14}$$

$$q_{\text{VSG-}y}=\begin{cases}1, & y_{\text{VSG-temp}}\in[y_{\text{VSG-min}},y_{\text{VSG-max}}]\\0, & y_{\text{VSG-temp}}\notin[y_{\text{VSG-min}},y_{\text{VSG-max}}]\end{cases} \tag{9.15}$$

$$q=q_{\text{VSG-}x}\cap q_{\text{VSG-}y} \tag{9.16}$$

其中，$x_{\text{VSG-temp}}^{i}\in\{\boldsymbol{x}_{\text{VSG-min}}\}_{i=1}^{N_{\text{d}}}$，$N_{\text{d}}$ 表示样本输入的维度；$q_{\text{VSG-}x}=1$ 表示该样本的输入合格，$q_{\text{VSG-}y}=1$ 表示该样本的输出合格，$q=1$ 则表示该样本合格。

最后，根据以上规则，对不同区域的虚拟样本进行删减，可以获得删减后的候选虚拟样本 $\boldsymbol{R}_{\text{candi}}=\{\boldsymbol{X}_{\text{candi}},\hat{\boldsymbol{y}}_{\text{candi}}\}$。其中，$\boldsymbol{X}_{\text{candi}}$ 和 $\hat{\boldsymbol{y}}_{\text{candi}}$ 分别表示候选虚拟样本的输入和输出，且 $\boldsymbol{R}_{\text{candi}}\in\mathbf{R}^{N_{\text{candi}}\times P}$；$N_{\text{candi}}$ 为候选虚拟样本数量。

9.3.3　基于MOPSO的虚拟样本选择

本章基于MOPSO选择虚拟样本的基本原理类似于基于PSO的特征选择方法[19]，即期望粒子群在迭代过程中寻找含有最佳样本数量的最优虚拟样本子集以使模型性能最佳。

基于MOPSO的虚拟样本选择流程如图9.3所示。在图9.3中，$\boldsymbol{R}_{\text{candi}}$ 是经等间隔插值生成并删减后的候选虚拟样本；P_{num} 表示种群的粒子个数；N_{iter} 表示粒子群迭代次数；rep_{num} 表示档案中最优解的最大数量；w_{inertia} 表示惯性权重，其决定了迭代搜索过程的搜索步长；c_{self} 和 c_{society} 分别表示个体和社会学习因子；θ_{select} 表示虚拟样本被选择的阈值。

9.3.3.1　候选虚拟样本编码子模块

虚拟样本的优化选择问题可抽象为以下简要范式：

$$\begin{cases}\min & \boldsymbol{F}(\boldsymbol{z})=(f_{\text{num}}(\boldsymbol{z}),\quad f_{\text{fitness}}(\boldsymbol{z}))\\ \text{s.t.} & \boldsymbol{z}\in\Omega\end{cases} \tag{9.17}$$

其中，$\boldsymbol{z}=(z_1,z_2,\cdots,z_n)$ 称为“决策变量”，即自变量；Ω 是可行搜索域，表示决策变量可以到达的空间范围；$\boldsymbol{F}(\boldsymbol{z})$：$\Omega\rightarrow S$ 为目标优化函数，S 是目标空间；$f_{\text{num}}(\boldsymbol{z})$ 表示由 $\boldsymbol{z}$ 选择的虚拟样本数量，$f_{\text{fitness}}(\boldsymbol{z})$ 表示由 $\boldsymbol{z}$ 选择的虚拟样本与原始训练集构建的模型的性能指标。

设 $\boldsymbol{a},\boldsymbol{b}\in\Omega$ 是式(9.16)定义的两个可行解。当且仅当 $f_{\text{num}}(\boldsymbol{a})\leqslant f_{\text{num}}(\boldsymbol{b})$ 且 $f_{\text{fitness}}(\boldsymbol{a})\leqslant f_{\text{fitness}}(\boldsymbol{b})$，并至少存在一个 $f_{\text{num}}(\boldsymbol{a})<f_{\text{num}}(\boldsymbol{b})$、$f_{\text{fitness}}(\boldsymbol{a})<f_{\text{fitness}}(\boldsymbol{b})$ 时，$\boldsymbol{a}$ 支配 $\boldsymbol{b}$，用 $\boldsymbol{a}\prec\boldsymbol{b}$ 表示。此处进行虚拟样本选择的目的是在虚拟样本尽量少的情况下寻找最优的虚拟样本子集以获得最优的建模性能。根据以上对优化目的的描述，对决策变量抽象化处理：

$$\begin{cases}\boldsymbol{R}_{\text{candi}}=\{\boldsymbol{r}_1,\cdots,\boldsymbol{r}_n,\cdots,\boldsymbol{r}_{N_{\text{candi}}}\}\\ \boldsymbol{z}=(z_1,\cdots,z_n,\cdots,z_{N_{\text{candi}}}),\quad z_n\in(0,1)^{\mathbf{R}}\end{cases} \tag{9.18}$$

其中，N_{candi} 表示候选虚拟样本集 $\boldsymbol{R}_{\text{candi}}$ 中的虚拟样本数量，相应地虚拟样本的编

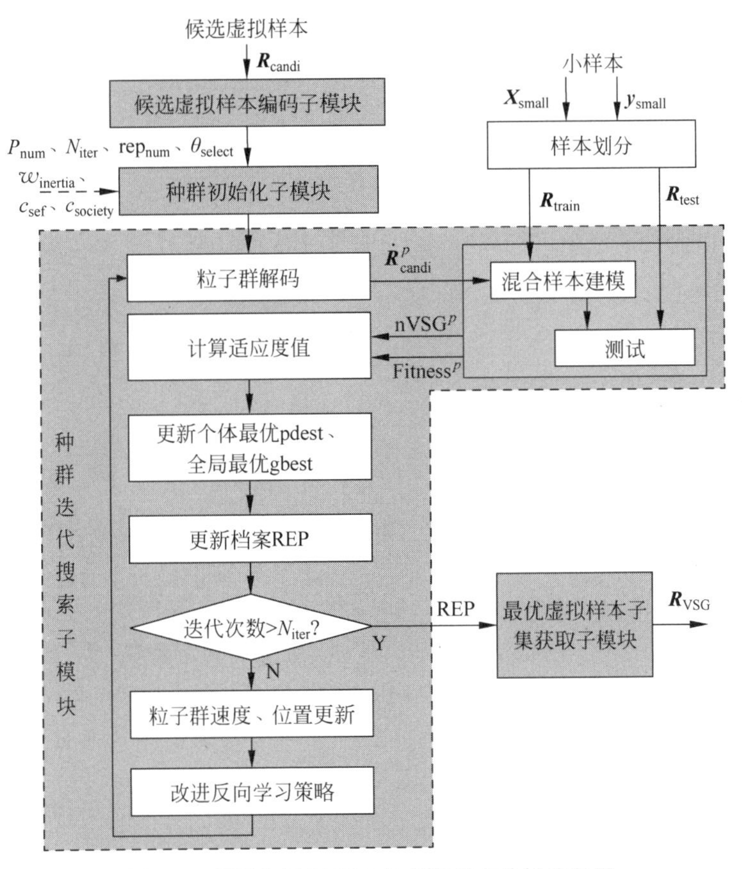

图 9.3 基于多目标 PSO 的虚拟样本选择流程图

码为$(1,\cdots,n,\cdots,N_{\text{candi}})$；决策向量 z 包含的 N_{candi} 个决策变量与候选虚拟样本一一对应，即粒子的每维均对应一个虚拟样本。显然，每个决策变量都在(0,1)取值，即决策向量的可行域为 $\Omega=\{(0,1)^{N_{\text{candi}}}\}^{\mathbf{R}}$。

9.3.3.2 种群初始化子模块

首先，结合虚拟样本选择问题特性和先验知识设定粒子个数 P_{num}、粒子群迭代次数 Niter、档案最大数量 rep_{num}、惯性权重 w_{inertia}、学习因子 c_{self} 和 c_{society}、阈值 θ_{select} 等。

其次，生成粒子群并设置其初始位置和速度，即生成 P_{num} 个粒子组成种群 $\boldsymbol{Z}=\{\boldsymbol{z}^1,\cdots,\boldsymbol{z}^p,\cdots,\boldsymbol{z}^{P_{\text{num}}}\}$，并在可行域 $\Omega=\{(0,1)^{N_{\text{candi}}}\}^{\mathbf{R}}$ 中随机初始化粒子位置，同时将其初始速度设置为 0：

$$\begin{cases}\boldsymbol{z}^p=(z_1^p,\cdots,z_n^p,\cdots,z_{N_{\text{candi}}}^p), & z_n^p=\text{rand}(1)\\ \boldsymbol{v}^p=(v_1^p,\cdots,v_n^p,\cdots,v_{N_{\text{candi}}}^p), & v_n^p=0\end{cases}\tag{9.19}$$

最后，定义粒子适应度 Fitness^p、个体最优位置 pbest、全局最优位置 gbest、档

案 **REP** 等变量，以便在种群迭代搜索中作为关键因素不断更新。

9.3.3.3　种群迭代搜索子模块

种群在不断迭代更新的过程中对可行域空间进行启发式搜索，个体和全局最优位置指导其下一步的搜索方向和步长，进而不断靠近最优位置，并将最优解存入档案。评价粒子位置的标准是目标函数 $\boldsymbol{F}(\boldsymbol{z})$，即粒子的适应度。

种群迭代搜索的主要步骤包括粒子群解码、适应度计算、个体最优和全局最优更新、档案更新、粒子群速度和位置更新、最优虚拟样本子集获取。

1. 粒子群解码

由前文描述可知，第 p 个粒子的解码方法可以描述为

$$\dot{\boldsymbol{R}}_{\text{candi}}^{p}=f_{\text{decode}}(\boldsymbol{z}^{p},\boldsymbol{R}_{\text{candi}})=\begin{cases}\text{add } \boldsymbol{r}_{n}, & z_{n}^{p}\geqslant\theta_{\text{select}}\\ \text{nothing}, & z_{n}^{p}<\theta_{\text{select}}\end{cases}\tag{9.20}$$

其中，θ_{select} 为虚拟样本的选择阈值。

如果第 p 个粒子的第 n 维决策变量大于等于阈值 θ_{select}，则选择 $\boldsymbol{R}_{\text{candi}}$ 中第 n 个虚拟样本加入候选虚拟样本子集；反之，则不选择。

采用相同方式对粒子 p 的每一维解码可以得到该粒子所选择的虚拟样本子集 $\dot{\boldsymbol{R}}_{\text{candi}}^{p}$。

2. 适应度计算

针对优化目标，以种群中第 p 个粒子为例，描述计算粒子适应度的映射过程：

$$f_{\text{num}}(\cdot):\boldsymbol{z}^{p}\xrightarrow{f_{\text{decode}}}\dot{\boldsymbol{R}}_{\text{candi}}^{p}\rightarrow n\text{VSG}^{p}\tag{9.21}$$

$$\begin{aligned}f_{\text{Fitness}}(\cdot):\boldsymbol{z}^{p}&\xrightarrow{f_{\text{decode}}}\dot{\boldsymbol{R}}_{\text{candi}}^{p}\xrightarrow{f_{\text{division}}}\boldsymbol{R}'^{p}_{\text{mix}}\xrightarrow{f_{\text{train}}}f_{\text{RWNN}}(\cdot)\\&\rightarrow f_{\text{RWNN}}(\boldsymbol{R}_{\text{test}})\rightarrow\text{Fitness}^{p}\end{aligned}\tag{9.22}$$

其中，$n\text{VSG}^{p}$ 表示 $\boldsymbol{z}^{p}$ 选择的虚拟样本数量。$f_{\text{decode}}(\cdot)$、$f_{\text{division}}(\cdot)$和 $f_{\text{train}}(\cdot)$ 分别表示解码函数、样本划分函数和模型训练函数：

$$\dot{\boldsymbol{R}}_{\text{candi}}^{p}\leftarrow f_{\text{decode}}(\boldsymbol{z}^{p},\boldsymbol{R}_{\text{candi}})\tag{9.23}$$

$$\{\boldsymbol{R}_{\text{train}},\boldsymbol{R}_{\text{test}}\}\leftarrow f_{\text{division}}(\boldsymbol{X}_{\text{small}},\boldsymbol{y}_{\text{small}})\tag{9.24}$$

$$f_{\text{RWNN}}(\cdot)\leftarrow f_{\text{train}}(\boldsymbol{R}'^{p}_{\text{mix}})\tag{9.25}$$

利用式(9.23)对原始小样本划分，获得训练集 $\boldsymbol{R}_{\text{train}}$ 和测试集 $\boldsymbol{R}_{\text{test}}$。由训练集 $\boldsymbol{R}_{\text{train}}$ 与虚拟样本子集 $\dot{\boldsymbol{R}}_{\text{candi}}^{p}$ 组成的临时混合样本集为

$$\boldsymbol{R}'^{p}_{\text{mix}}=\{\boldsymbol{R}_{\text{train}},\dot{\boldsymbol{R}}_{\text{candi}}^{p}\}\tag{9.26}$$

式(9.25)中的 $f_{\text{RWNN}}(\cdot)$为基于混合样本集 $\boldsymbol{R}'^{p}_{\text{mix}}$ 构建的 RWNN 映射模型，式(9.22)中的 Fitness^{p} 为基于测试集即基于测试集 $\boldsymbol{R}_{\text{test}}$ 获得的性能指标。

3. 个体和全局最优更新

种群中个体最优 pbest 和全局最优 gbest 共同启发粒子的搜索方向和步长，其更新方法为

$$\boldsymbol{d}^{p}(t+1)=\begin{cases}\boldsymbol{z}^{p}(t+1), & \boldsymbol{z}^{p}(t+1)<\boldsymbol{d}^{p}(t)\\ \boldsymbol{d}^{p}(t), & \text{其他}\end{cases} \tag{9.27}$$

$$\boldsymbol{g}(t+1)=\begin{cases}\boldsymbol{d}^{k}(t+1), & \boldsymbol{d}^{k}(t+1)<\boldsymbol{g}(t)\\ \boldsymbol{g}(t), & \text{其他}\end{cases} \tag{9.28}$$

其中，$\boldsymbol{d}^{p}=(d_{1}^{p},\cdots,d_{n}^{p},\cdots,d_{N_{\text{candi}}}^{p})$表示第 p 个粒子的个体最优位置 pbest；$\boldsymbol{g}=(g_{1},\cdots,g_{n},\cdots,g_{N_{\text{candi}}})$表示全局最优位置 gbest；$\boldsymbol{d}^{k}$ 表示该代种群中的最优粒子，$k=\arg\min\limits_{1\leqslant p\leqslant N}\{f(\boldsymbol{d}^{p}(t))\}$。

4. 档案更新

档案 **REP** 中保存着种群迭代过程中搜索到的最优解，即适应度最佳的粒子。虽然本章待求解的优化问题在理论上只存在一个最优解，但考虑到 RWNN 具有较大的随机性，故保存了一定数量的次优解：将种群最优解存入档案 **REP** 的同时，结合该最优解与档案最大数量 rep_{num} 选择次优解。相应地，档案更新策略如下：

$$\begin{cases}\mathbf{REP}=\{\boldsymbol{g},\boldsymbol{g}_{1}',\cdots,\boldsymbol{g}_{i}'\}, & i=0,\cdots,\text{rep}_{\text{num}}-1\\ |f_{\text{Fitness}}(\boldsymbol{g})-f_{\text{Fitness}}(\boldsymbol{g}_{i}')|<\varepsilon_{1}\end{cases} \tag{9.29}$$

其中，$\boldsymbol{g}$ 和 $\boldsymbol{g}_{i}'$ 表示全局最优解和次优解；$(\text{rep}_{\text{num}}-1)$表示档案中可存在的次优解数量；$\varepsilon_{1}$ 是选择次优解的限制条件，即要求 $f_{\text{Fitness}}(\boldsymbol{g}_{i}')$在 $f_{\text{Fitness}}(\boldsymbol{g})$的 ε_{1} 邻域内根据优化问题和经验设定。

此外，若适应度在 $f_{\text{Fitness}}(\boldsymbol{g})$的 ε_{1} 邻域内的粒子多于$(\text{rep}_{\text{num}}-1)$，则将$|f_{\text{Fitness}}(\boldsymbol{g})-f_{\text{Fitness}}(\boldsymbol{g}_{i}')|$更小的粒子存入档案。

5. 粒子群速度和位置更新

种群在可行域内的搜索方向和步长取决于粒子速度，其受该粒子当前位置、个体和全体最优位置的影响。粒子根据下式更新其速度与位置：

$$\begin{aligned}v_{n}^{p}(t+1)=&w_{\text{inertia}}(t)v_{n}^{p}(t)+c_{\text{self}}r_{1n}^{p}(d_{n}^{p}(t)-z_{n}^{p}(t))+\\&c_{\text{society}}r_{2n}^{p}(t)(g_{n}(t)-z_{n}^{p}(t))\end{aligned} \tag{9.30}$$

$$z_{n}^{p}(t+1)=z_{n}^{p}(t)+v_{n}^{p}(t+1) \tag{9.31}$$

其中，w_{inertia} 为惯性权重，表示搜索步长，其随迭代次数线性减小；r_{1n}^{p} 和 r_{2n}^{p} 服从[0,1]的均匀分布；c_{self} 和 c_{society} 为学习因子，代表粒子搜索方向受个体和全局最优位置的影响程度。

6. 改进反向学习策略

通常，粒子位置在迭代搜索中逐步连续逼近全局最优位置，但本章在对虚拟样本进行优化选择时，通过粒子编码与解码过程对连续的粒子位置进行了离散化，为

了提高种群搜索效率有必要在PSO中加入反向学习机制。

在反向学习策略中，种群中第 p 个粒子的位置为 $\boldsymbol{z}^p=(z_1^p,\cdots,z_n^p,\cdots,z_{N_{\text{candi}}}^p)$，其可行域为 $\Omega=\{(a_n,b_n)^{N_{\text{candi}}}\}^{\mathbf{R}}$，即 $z_n^p\in[a_n,b_n]$，则其反向点 $\boldsymbol{z}'^p=(z'^p_1,\cdots,z'^p_n,\cdots,z'^p_{N_{\text{candi}}})$定义为

$$z'^p_n=a_n+b_n-z_n^p \tag{9.32}$$

由式(9.31)可知，粒子 p 的反向位置即该点在可行域上的对称点。

考虑虚拟样本优化选择的特性，本章提出改进反向学习策略，其伪代码如表9.1所示。

表9.1　改进反向学习策略伪代码

```
1.   Input z^p;
2.   for n=1: N_candi do
3.       根据REP,计算虚拟样本的可靠性λ_n;
4.       if λ_n≤0.1
5.           set z'^p=0.01;
6.       else if λ_n>0.9
7.           set z'^p=0.99;
8.       end if
9.       计算反向学习概率 f_Prob(λ_n);
10.      if 0.1<λ_n≤0.9
11.          if z_n^p≥θ_select and rand_n<f_Prob(λ_n)
12.              z'^p_n=a_n+b_n-z_n^p;
13.          end if
14.          if z_n^p<θ_select and rand_n<1-f_Prob(λ_n)
15.              z'^p_n=a_n+b_n-z_n^p;
16.          end if
17.      end if
18.  end for
19.  计算反向粒子 z'^p 的适应度 F(z'^p);
20.  if z'^p<z^p
21.      so,z^p←z'^p and F(z^p)←F(z'^p);
22.  end if
23.  Output z^p.
```

在表9.1中，rand_n 为属于(0,1)的随机数；$f_{\text{Prob}}(\lambda_n)$为关于 λ_n 的Sigmoid函数，表示 z_n^p 根据概率 $f_{\text{Prob}}(\lambda_n)$进行随机的反向学习：

$$f_{\text{Prob}}(\lambda_n)=\frac{1}{1+0.35\mathrm{e}^{2.12\lambda_n}}\in(0.3,0.7),\quad \lambda_n\in(0.1,0.9] \tag{9.33}$$

其中，λ_n 表示第 n 个虚拟样本的可靠度，由下式得到：

$$\begin{cases}\lambda_n = \dfrac{1}{\mathrm{rep}_{\mathrm{num}}}\sum\limits_{i=1}^{\mathrm{rep}_{\mathrm{num}}} \mathrm{sel}_n^i \\ \mathrm{sel}_n^i = \begin{cases}0, & \mathrm{REP}_n^i < \theta_{\mathrm{select}} \\ 1, & \mathrm{REP}_n^i \geqslant \theta_{\mathrm{select}}\end{cases}\end{cases} \tag{9.34}$$

其中，REP_n 表示档案中解的第 n 维坐标值，$\mathrm{rep}_{\mathrm{num}}$ 表示档案中解的数量。

式(9.34)表示虚拟样本的可靠度 λ_n 可以根据档案中的优质解对虚拟样本的选择频数计算。

本章提出的改进反向学习策略可描述如下：

(1) 当 $\lambda_n \leqslant 0.1$ 时，认为虚拟样本 n 的可靠度较低，根据 0.8 的概率放弃该虚拟样本；当 $\lambda_n > 0.9$ 时，认为虚拟样本 n 的可靠度较高，根据 0.8 的概率选择该虚拟样本；

(2) 当 $0.1 < \lambda_n \leqslant 0.9$ 时，若 $z_n^p \geqslant \theta_{\mathrm{select}}$，即虚拟样本 n 被选择，则对 z_n^p 依概率 $f_{\mathrm{Prob}}(\lambda_n)$ 进行随机反向学习，其中随着 λ_n 的增大，$f_{\mathrm{Prob}}(\lambda_n)$ 减小，虚拟样本 n 的可靠度越高，z_n^p 反向学习的可能性越小；反之，若 $z_n^p < \theta_{\mathrm{select}}$，虚拟样本 n 未被选择，则对 z_n^p 根据概率 $1-f_{\mathrm{Prob}}(\lambda_n)$ 进行随机反向学习，即虚拟样本 n 可靠度越高，z_n^p 反向学习的可能性越大。

9.3.3.4 最优虚拟样本子集获取子模块

根据以上步骤，种群不断进行迭代搜索，直至迭代次数大于设定值 N_{iter} 停止寻优。为平衡 RWNN 的随机性，本章采用的策略是：

首先，在档案中保存部分次优解；

其次，在优化结束后，对最优解和次优解多次计算适应度并求平均值，以此作为指标重新选择最优解；

最后，对其进行解码后获得最优虚拟样本子集 $\boldsymbol{R}_{\mathrm{VSG}}$。

9.3.4 基于混合样本的模型构建

将最优虚拟样本子集与原始小样本训练集组合得到混合样本集：

$$\boldsymbol{R}_{\mathrm{mix}} = \{\boldsymbol{R}_{\mathrm{train}};\ \boldsymbol{R}_{\mathrm{VSG}}\} \tag{9.35}$$

基于混合样本 $\boldsymbol{R}_{\mathrm{mix}}$ 构建 RWNN 模型。

9.4 实验验证

为验证本章所提方法，采用基准数据和工业数据进行验证，同时设计 8 组基于不同建模样本的对比实验：

A：原始小样本；

B：基于 MTD 扩展的等间隔插值法获得的混合样本；

C：基于 MTD 扩展的等间隔插值和标准 PSO 选择后的混合样本；

D：基于 MTD 扩展的等间隔插值法经 MOPSO 选择后的混合样本；

E：基于 MTD 扩展的隐含层插值法获得的混合样本；

F：基于 MTD 扩展的等间隔插值法和隐含层插值法获得的混合样本；

G：基于 MTD 扩展的等间隔插值法和隐含层插值法经标准 PSO 选择后的混合样本；

H：基于 MTD 扩展的等间隔插值法和隐含层插值法经 MOPSO 选择后的混合样本，即本章所提方法。

为了降低随机性对实验效果的影响，上述实验均重复进行 30 次。在上述方法中，等间隔插值法的扩展倍数采用遍历法确定。

9.4.1 基准数据集

9.4.1.1 数据集描述

实验采用 UCI 平台的"混凝土抗压强度"基准数据集。数据集共有数据 1030 组，包含 8 个输入变量（水泥、高炉渣、粉煤灰、水、超塑化剂、粗骨料、细骨料、龄期）和 1 个输出变量（混凝土抗压强度）。为了验证本章所提 VSG 的合理性和有效性，针对 1030 组原始数据集的前 1000 组数据每隔 25 个样本抽取 1 组数据，共抽取 40 组作为本验证实验所使用的原始小样本数据集。

9.4.1.2 实验结果

1. 基于改进 MTD 的域扩展结果

采用改进 MTD 的域扩展方法对虚拟样本的可行域空间进行扩展，输入变量的最大值 $\boldsymbol{x}_{\max}$ 和最小值 $\boldsymbol{x}_{\min}$ 经过域扩展得到虚拟样本的可行域上限 $\boldsymbol{x}_{\text{VSG-max}}$ 和下限 $\boldsymbol{x}_{\text{VSG-min}}$，以及其扩展率 rate_x，如图 9.4 所示。

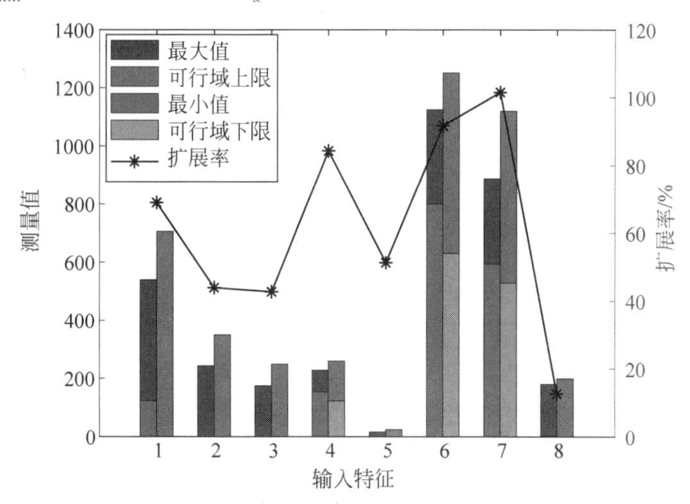

图 9.4 基准数据输入域扩展前后对比

输出的最大值 y_{max} 和最小值 y_{min} 经过域扩展得到虚拟样本的可行域上限 $y_{VSG-max}$、下限 $y_{VSG-min}$ 和扩展率 $rate_y$，如表 9.2 所示。

表 9.2　基准数据输出域扩展前后对比

	y_{min}	$y_{VSG-min}$	y_{max}	$y_{VSG-max}$	$rate_y$
抗压强度	6.88	0	79.99	100.47	37.43%

考虑该数据集输入、输出的物理意义，对其域扩展的最小值进行了限制，扩展后取 0。如图 9.4 和表 9.2 所示，虚拟样本的输入特征在可行域空间得到了有效扩展，且输入特征的整体空间扩展率为 62.11%，虚拟样本输出的可行域空间整体扩展率为 37.43%。

2. 基于多插值策略的 VSG 结果

根据虚拟样本的域扩展结果，结合原始小样本，以等间隔插值法生成虚拟样本，得到的虚拟样本如表 9.3 所示(以插值倍数 5、样本 7 和样本 8 为例)。

表 9.3　基准数据等间隔插值生成虚拟样本的输入、输出

	原始样本 7	原始样本 8	虚拟样本 1	虚拟样本 2	虚拟样本 3	虚拟样本 4	虚拟样本 5	备注
水泥	290.35	213.50	277.54	264.73	251.93	239.12	226.31	输入
高炉渣	0.00	0.00	0.00	0.00	0.00	0.00	0.00	
粉煤灰	96.18	174.24	109.19	122.20	135.21	148.22	161.23	
水	168.08	154.61	165.84	163.59	161.35	159.10	156.86	
超塑化剂	9.41	11.66	9.79	10.16	10.54	10.91	11.20	
粗集料	961.18	1052.30	976.37	991.55	1006.74	1021.93	1037.11	
细集料	865.00	775.48	850.08	835.16	820.24	805.3	790.40	
年份	14.00	14.00	14.00	14.00	14.00	14.00	14.00	
抗压强度	34.67	33.70	36.34	37.17	37.24	36.62	35.41	输出

等间隔插值生成的虚拟样本输入能够均衡填充扩展的输入域，但虚拟样本输出会超出扩展的输出域，特别是处于扩展域边缘的虚拟样本，原因在于虚拟样本输出的映射函数具有较大随机性，所以需要根据输出扩展上、下限，删减异常样本。

基于 RWNN 隐含层插值生成虚拟样本策略得到的前 7 个虚拟样本如表 9.4 所示。

由表 9.4 可见，隐含层插值生成的虚拟样本的输入和输出具有较大的随机性，其可对扩展域空间进行随机填充，能够生成更符合真实特征分布的虚拟样本，但也会出现某些区域未被填充的情况。同样，一些虚拟样本超出了扩展的域空间，需要根据其输入、输出分别删减。

表 9.4　基准数据隐含层插值生成虚拟样本的输入、输出

	虚拟样本 1	虚拟样本 2	虚拟样本 3	虚拟样本 4	虚拟样本 5	虚拟样本 6	虚拟样本 7
$\boldsymbol{X}_{\text{insert}}$	522.376	375.272	345.119	470.311	434.405	510.681	322.391
	−1.391	12.867	138.489	117.078	96.792	19.969	209.669
	−0.220	0.242	−0.221	−0.203	0.137	0.490	−0.235
	185.516	227.719	224.450	193.403	175.013	168.383	177.868
	1.280	0.007	0.446	5.591	10.283	15.773	8.189
	1029.475	931.524	922.897	851.837	851.703	851.137	860.429
	673.171	660.437	610.625	786.135	880.372	883.509	862.810
	34.008	174.394	108.417	2.441	6.683	21.039	39.666
$\hat{y}_{\text{insert}}$	65.688	59.113	24.227	69.796	75.185	87.420	75.481

将等间隔插值与隐含层插值生成的虚拟样本混合后进行删减，获得候选虚拟样本，随机选择 7 个候选虚拟样本如表 9.5 所示。

表 9.5　基准数据候选虚拟样本的输入、输出

	虚拟样本 a	虚拟样本 b	虚拟样本 c	虚拟样本 d	虚拟样本 e	虚拟样本 f	虚拟样本 g
$\boldsymbol{X}_{\text{insert}}$	410.818	275.119	206.345	20.636	288.499	225.960	340.909
	4.727	138.202	21.335	0.000	85.593	152.917	139.209
	22.364	72.144	129.509	0.000	104.648	114.580	0.000
	193.636	189.509	178.936	127.396	203.109	180.124	221.227
	0.715	4.115	3.166	0.000	4.600	5.168	1.500
	919.036	888.516	1000.313	659.265	907.523	899.729	924.736
	769.855	775.509	815.491	539.787	697.759	787.101	620.645
	10.818	18.219	8.534	0.505	19.095	17.307	164.273
$\hat{y}_{\text{insert}}$	36.036	23.293	49.052	5.711	33.985	39.069	45.121

由表 9.5 可知，候选虚拟样本中已不存在偏差严重的数据。

图 9.5 展示了在等间插值倍数与隐含层插值倍数相同的情况下，生成虚拟样本的数量和候选虚拟样本的数量，以及虚拟样本的删减率。

实验中，对等间隔插值倍数与隐含层插值倍数在 1～10 进行遍历，生成 100 组不同的虚拟样本，其平均删减率为 45.91%。虚拟样本合格率较低的原因可能是基于改进 MTD 的域扩展范围与实际特征空间存在差异，构建的映射模型存在随机性。

3. 基于 PSO 虚拟样本选择后的结果

基于 PSO 虚拟样本选择的相关参数设定如表 9.6 所示。

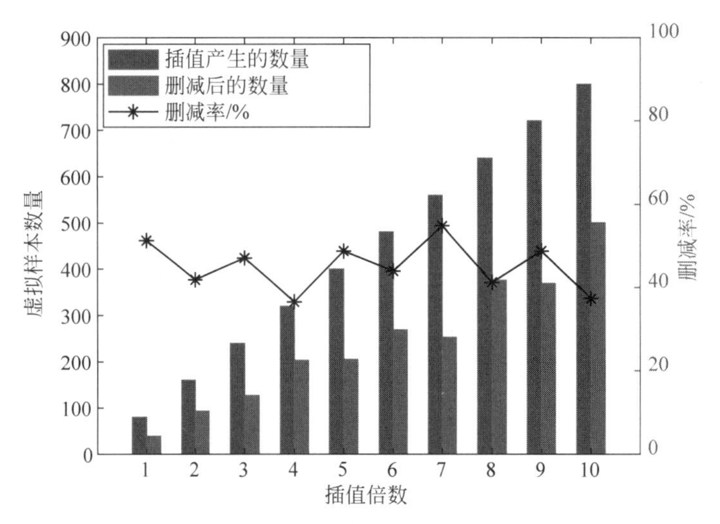

图 9.5 基准数据虚拟样本删减前后的数量对比

表 9.6 基准数据 PSO 样本选择算法参数设定值

P_{num}	N_{iter}	w_{inertia}	c_{self}	c_{society}	θ_{select}	ε
30	50	0.6	2	2	0.5	0.2

图 9.6 为在等间隔插值倍数与隐含层插值倍数相同的情况下，生成的虚拟样本经 PSO 选择前后的数量对比。

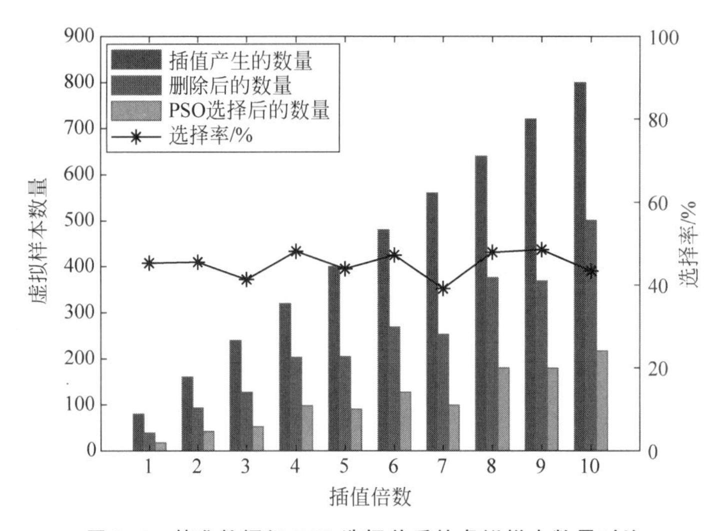

图 9.6 基准数据经 PSO 选择前后的虚拟样本数量对比

如图 9.6 所示，PSO 对候选虚拟样本的平均选择率为 44.63%，虚拟样本最终的平均数量为 107.5 个，样本扩展率为 637.5%。

以等间隔插值倍数 9、隐含层插值倍数 8 为例，获得最终虚拟样本的结果(随机选择 7 个虚拟样本)如表 9.7 所示。样本分布情况如图 9.7 所示。

表 9.7　基准数据经 PSO 选择后的虚拟样本输入、输出

	虚拟样本 a	虚拟样本 b	虚拟样本 c	虚拟样本 d	虚拟样本 e	虚拟样本 f	虚拟样本 g
$\boldsymbol{X}_{\mathrm{VSG}}$	254.725	250.639	169.215	583.599	427.508	169.944	460.057
	133.635	0.045	66.874	271.158	30.810	64.052	24.922
	2.448	108.222	169.133	193.864	133.106	169.853	93.412
	195.474	199.865	183.334	236.278	193.754	183.393	190.915
	3.340	3.280	4.336	18.732	4.438	4.241	5.248
	1030.840	995.667	1006.804	1158.287	858.840	1006.668	918.051
	715.614	799.118	773.860	948.374	717.900	776.401	704.112
	18.427	10.184	19.583	185.097	33.600	22.676	8.118
$\boldsymbol{y}_{\mathrm{VSG}}$	28.910	27.366	28.970	74.693	59.135	29.460	48.621

如表 9.7 和图 9.7 所示，经删减和 PSO 选择后的虚拟样本能够对原始小样本间的信息间隙进行有效填充，保留了原始小样本分布的主要特征。同时，如图 9.7 的(a)、(b)和(d)所示，扩展域中也保留了部分虚拟样本，但范围有限且数量较少，其原因可能是基于小样本的映射模型难以对域扩展边缘的虚拟样本进行准确映射，以及域扩展过程并未考虑输入特征的实际物理意义以致存在无效扩展等。

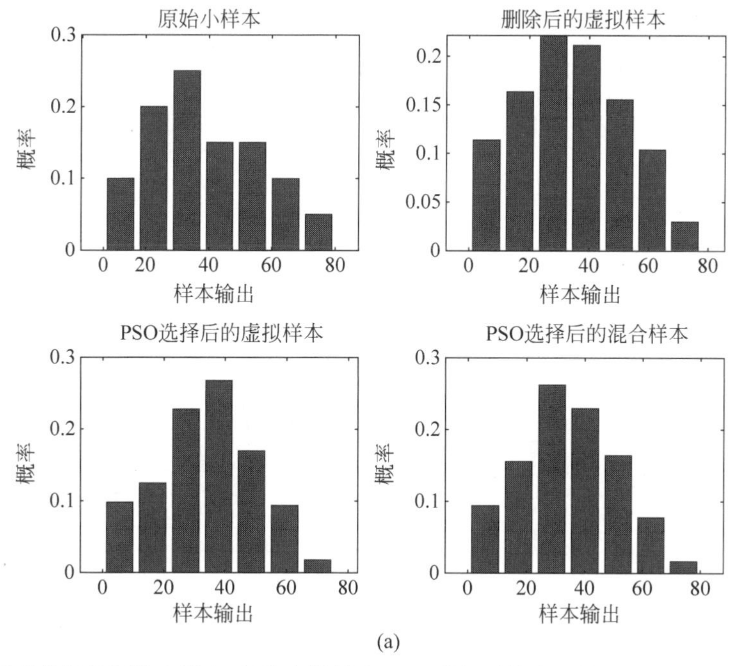

图 9.7　基准数据的原始小样本、候选虚拟样本、PSO 选择后的虚拟样本和混合样本分布情况

(a) 样本输出；(b) 第 1 个输入特征；(c) 第 3 个输入特征；(d) 第 4 个输入特征

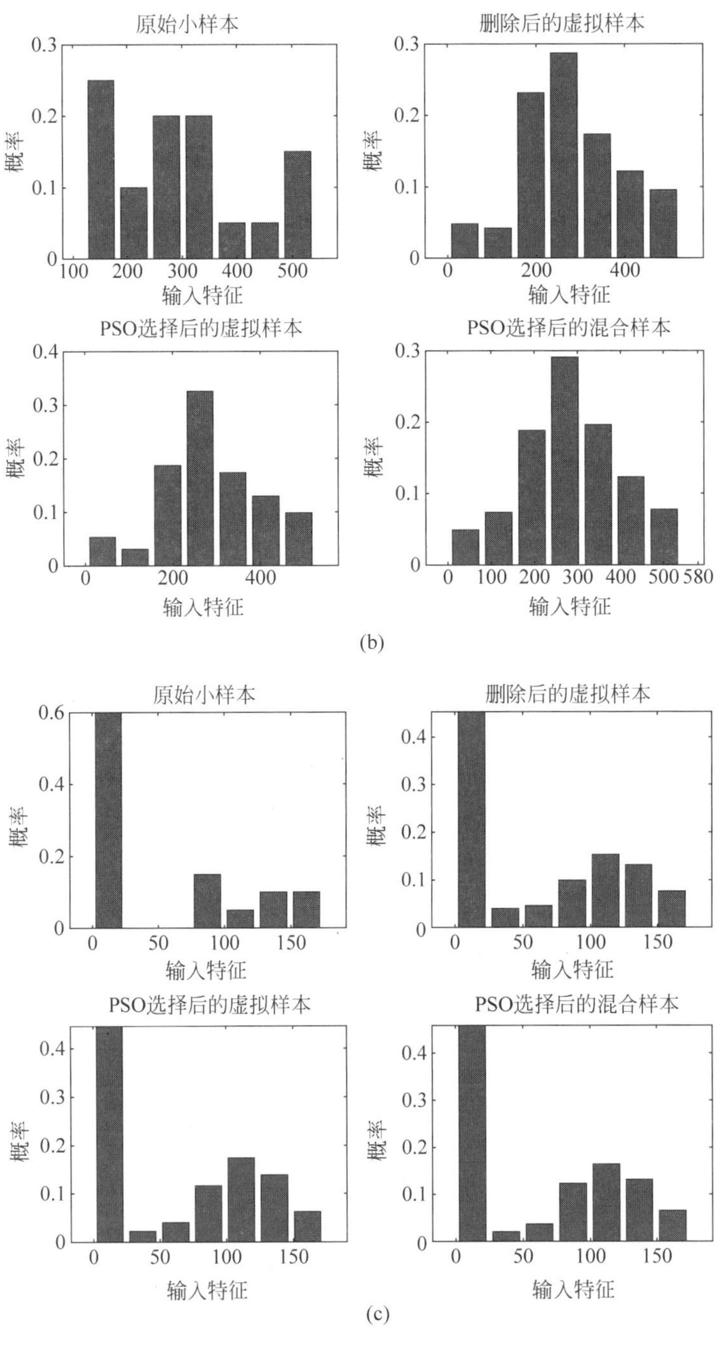

原始小样本
概率
输入特征
删除后的虚拟样本
PSO选择后的虚拟样本
PSO选择后的混合样本
(b)
原始小样本
删除后的虚拟样本
PSO选择后的虚拟样本
PSO选择后的混合样本
(c)

图 9.7 （续）

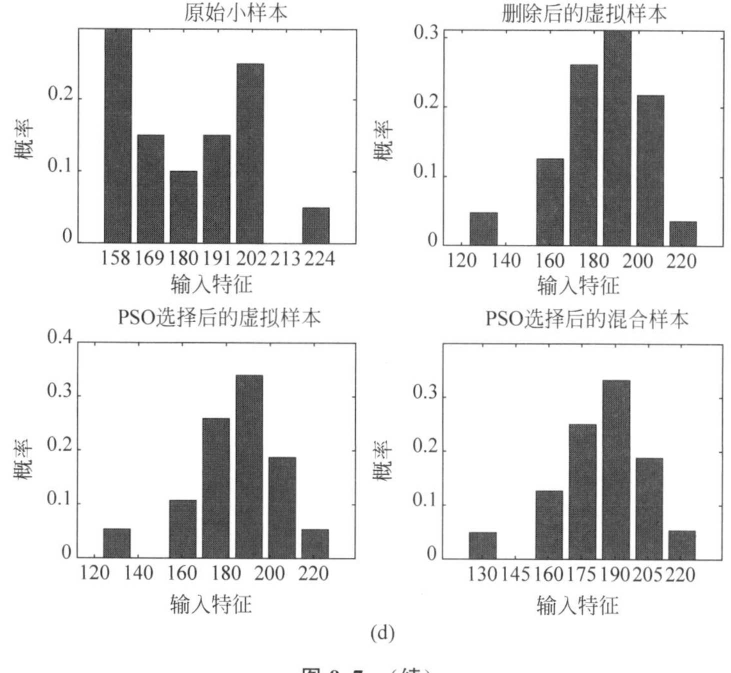

(d)

图 9.7 （续）

4. 基于混合样本的模型构建结果

经 PSO 选择后获得的虚拟样本与原始小样本组成混合样本，构建 RWNN 模型。图 9.8 给出了期望输出和基于原始小样本、PSO 选择前混合样本与 PSO 选择后混合样本构建模型的输出对比图。

如图 9.8 所示，由本章方法构建的模型性能优于原始小样本构建的模型。

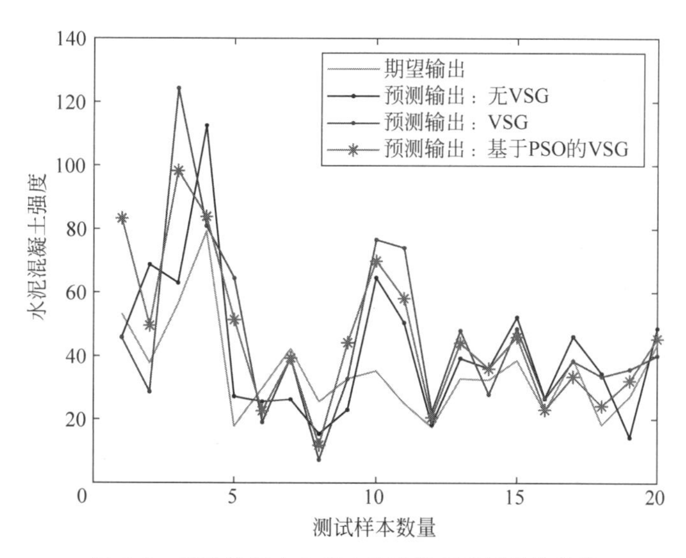

图 9.8　基准数据由本章方法建模后的测试集输出

9.4.1.3 方法比较

基于本章方法设计对比实验，表 9.8 为对比实验的建模测试结果。

表 9.8 基准数据建模性能结果对比

实验	N_{equal}，N_{insert}=1：10 指标均值				最佳 N_{equal}，N_{insert} 指标					
	虚拟样本数量	RMSE 平均值	RMSE 方差	RMSE 最小值	虚拟样本数量	RMSE 平均值	RMSE 方差	RMSE 最小值	N_{equal}	N_{insert}
A	—	—	—	—	0	22.984	59.754	11.280	—	—
B	139.2	19.159	12.063	13.464	178	15.896	9.312	12.469	9	—
C	68.4	19.114	14.755	13.155	69	15.121	8.785	11.107	9	—
D	75.9	18.041	11.419	12.144	43	14.682	5.476	10.135	5	—
E	219.3	16.467	3.835	12.706	200	14.803	4.066	10.623	—	5
F	237.7	18.078	6.575	13.798	406	13.789	3.217	10.806	9	8
G	167.4	17.227	5.842	13.006	165	13.025	4.525	10.931	9	4
H	107.5	16.011	5.456	11.997	183	11.902	1.534	8.916	9	8

由表 9.8 可知：

(1) 对比实验 A 与 H 可知，原始小样本集(无 VSG 方法)的 RMSE 平均值为 22.984，本章方法的 RMSE 平均值为 11.902。结果表明，本章方法可整体提高小样本建模性能 48.22%。同时，使用本章方法获得的 RMSE 方差和 RMSE 最小值均为最小值，表明该方法的稳定性和最优性较好。

(2) 对比实验 B、E 与 F 可知，隐含层插值生成虚拟样本的整体效果优于等间隔插值与两者结合；在最佳插值倍数条件下，等间隔插值比隐含层插值的效果略差；两者结合的效果最优，在样本数量较大的情况下，其 RMSE 平均值和方差较小，表明不同插值方法的样本间存在冗余与互补。

(3) 对比实验 B 与 C、F 与 G 可知，模型性能在样本数量明显减少的情况下有所改善，表明基于 PSO 对虚拟样本进行冗余样本剔除是有效的。

(4) 对比实验 C 与 D、G 与 H 可知，模型性能有所提高，MOPSO 可进一步筛选出较好的虚拟样本，进而提高建模性能。

(5) 对比实验 F 与 H 可知，在最佳插值倍数的情况下，经 MOPSO 选择后的虚拟样本在数量减少 54.93%的情况下，混合样本建模测试的 RMSE 平均值提高了 13.66%。

因此，上述结果验证了本章方法的有效性。

9.4.2 工业数据集

9.4.2.1 数据集描述

此处采用的工业数据源于北京某基于炉排炉的 MSWI 厂，涵盖其 2012—2018 年所记录的有效 DXN 排放浓度检测样本 34 个；原始变量 314 维经预处理后为

287 维,实际采用的 DXN 排放浓度简约样本是文献[20]进行特征选择后的数据集,共 34 个样本,输入特征为 18 维,输出特征为 1 维,即 DXN 排放浓度。

9.4.2.2 实验结果

1. 基于改进 MTD 的域扩展结果

采用改进的 MTD 对可行域空间进行扩展,输入变量的最大值 $\boldsymbol{x}_{\max}$ 和最小值 $\boldsymbol{x}_{\min}$ 经过域扩展得到虚拟样本的可行域上限 $\boldsymbol{x}_{\text{VSG-max}}$、下限 $\boldsymbol{x}_{\text{VSG-min}}$ 和扩展率 rate_x,如图 9.9 所示。

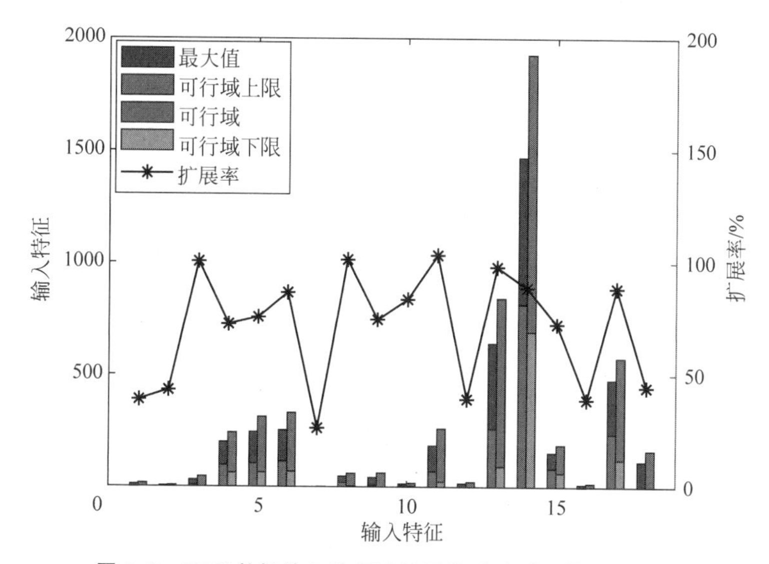

图 9.9 DXN 数据输入特征域扩展前后比对及其域扩展率

输出的最大值 $\boldsymbol{y}_{\max}$ 和最小值 $\boldsymbol{y}_{\min}$ 经域扩展得到输出可行域上限 $\boldsymbol{y}_{\text{VSG-max}}$、下限 $\boldsymbol{y}_{\text{VSG-min}}$ 和扩展率 rate_y,如表 9.9 所示。

表 9.9 DXN 数据输出域扩展前后对比

	$\boldsymbol{y}_{\min}$	$\boldsymbol{y}_{\text{VSG-min}}$	$\boldsymbol{y}_{\max}$	$\boldsymbol{y}_{\text{VSG-max}}$	rate_y
DXN 浓度	0.002	0	0.083	0.133	64.20%

考虑 DXN 数据输入、输出的物理意义,对其域扩展的最小值进行了限制,扩展后取 0。如图 9.9 和表 9.9 所示,虚拟样本输入特征的可行域整体扩展率平均约为 70.99%,而输出特征的可行域整体扩展率为 64.20%。

2. 基于多插值策略的 VSG 结果

根据虚拟样本的域扩展结果,基于原始样本,以等间隔插值法生成虚拟样本。虚拟样本输出和前 5 个输入特征如表 9.10 所示(以插值倍数 3、样本 6 和样本 7 生成的样本为例)。

表 9.10 DXN 数据等间隔插值生成的虚拟样本输入/输出

	样本 6	样本 7	虚拟样本 1	虚拟样本 2	虚拟样本 3	备注
反应器入口氧气浓度	4.80	3.10	4.38	3.95	3.53	输入
燃烧炉排右空气流量	1.50	2.80	1.83	2.15	2.48	
二次空预器出口温度	14	25	16.75	19.50	22.25	
干燥炉排入口空气温度	176	177	176.25	176.50	176.75	
燃烧炉排 2-2 左内温度	181	185	182	183	184	
DXN 浓度	0.05	0.04	0.0475	0.0450	0.0425	输出

如表 9.10 所示，等间隔插值法在插值倍数确定后，生成的虚拟样本输入是固定的，其输出由映射模型生成，会存在超出域扩展范围的情况。

基于 RWNN 隐含层插值生成虚拟样本策略，其前 7 个虚拟样本的前 5 个输入与输出如表 9.11 所示。

表 9.11 DXN 数据隐含层插值生成虚拟样本的输入、输出

	虚拟样本 1	虚拟样本 2	虚拟样本 3	虚拟样本 4	虚拟样本 5	虚拟样本 6	虚拟样本 7
$\boldsymbol{X}_{\text{insert}}$	1.528	1.126	0.842	1.378	1.278	1.090	1.785
	2.422	2.688	2.994	2.945	3.209	3.099	3.174
	13.714	14.479	22.630	23.998	23.980	29.304	28.596
	150.213	151.224	164.972	160.187	160.526	162.819	166.610
	154.881	170.823	183.960	185.172	178.017	168.594	188.412
$\hat{\boldsymbol{y}}_{\text{insert}}$	0.0057	−0.0145	0.0002	0.0033	0.0081	0.0039	0.0122

如表 9.11 所示，基于隐含层插值生成的虚拟样本输入情况相对较好，但仍然需要进行异常样本的删减，以免偏差较大的虚拟样本影响建模性能。

将等间隔插值与隐含层插值生成的虚拟样本混合后进行删减获得候选虚拟样本。随机选择 7 个候选虚拟样本的前 5 个输入与输出如表 9.12 所示。

表 9.12 基准数据混合虚拟样本删减后的输入、输出

	虚拟样本 a	虚拟样本 b	虚拟样本 c	虚拟样本 d	虚拟样本 e	虚拟样本 f	虚拟样本 g
$\boldsymbol{X}_{\text{VSG}}$	1.745	4.864	4.873	1.422	4.655	7.145	3.482
	1.155	1.873	1.627	3.766	1.618	2.509	1.909
	23.182	28.273	18.091	25.671	30.455	24.091	24.364
	166.000	189.364	162.000	161.026	190.545	198.000	182.091
	203.545	181.182	224.273	173.942	184.000	147.455	188.182
$\hat{\boldsymbol{y}}_{\text{VSG}}$	0.0417	0.0787	0.0296	0.0410	0.0264	0.0502	0.0818

由表 9.12 可知,候选虚拟样本均分布在扩展域空间中。

图 9.10 展示了在等间插值倍数与隐含层插值倍数相同的情况下,生成虚拟样本的数量和候选虚拟样本的数量,以及虚拟样本的删减率。

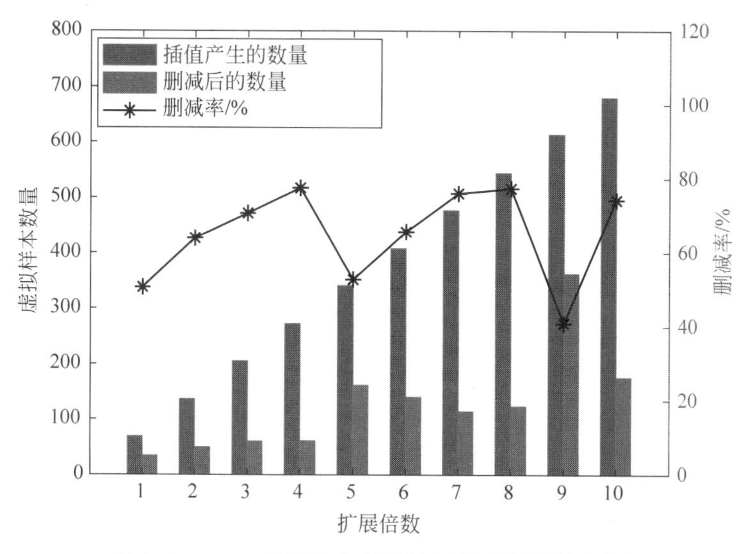

图 9.10　DXN 数据生成虚拟样本删减前后数量对比

实验中,对等间隔插值倍数与隐含层插值倍数在 1～10 进行遍历,生成 100 组不同的虚拟样本,其平均删减率为 68.70%。这一结果与基准数据相比存在偏差,原因可能是 DXN 数据集本身存在的偏差使得由其构建的映射模型性能较差,进而导致生成的虚拟样本存在较大偏差。

3. 基于 MOPSO 虚拟样本选择后的结果

基于 MOPSO 虚拟样本选择的相关参数设定如表 9.13 所示。

表 9.13　DXN 数据 MOPSO 样本选择算法参数设定

P_{num}	N_{iter}	$w_{inertia}$	c_{self}	$c_{society}$	θ_{select}	ε
30	50	0.6	2	2.2	0.5	0.001

图 9.11 为在等间插值倍数与隐含层插值倍数相同的情况下,生成的虚拟样本经 MOPSO 选择前后的数量对比。

如图 9.11 所示,候选虚拟样本经 MOPSO 选择的平均选择率为 45.17%,这一结果与基于基准数据的结果相似。最终剩余的虚拟样本平均数量为 52.2 个,样本扩展率为 407.1%。

以等间隔插值倍数 5、隐含层插值倍数 5 为例,获得最终虚拟样本的结果(随机选择 7 个虚拟样本的前 5 个输入特征)如表 9.14 所示。样本分布情况如图 9.12 所示。

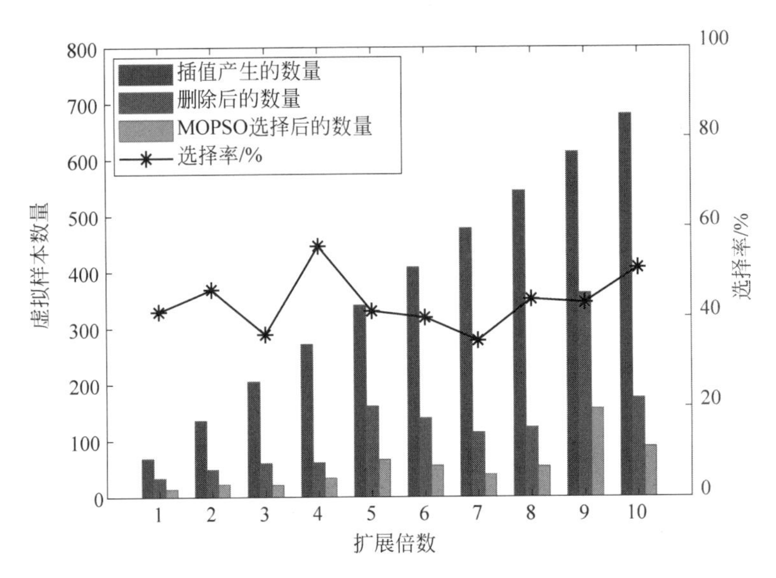

图 9.11　DXN 数据经 MOPSO 选择前后的虚拟样本数量对比

表 9.14　DXN 数据经 MOPSO 选择后虚拟样本的输入、输出

	虚拟样本 a	虚拟样本 b	虚拟样本 c	虚拟样本 d	虚拟样本 e	虚拟样本 f	虚拟样本 g
$\boldsymbol{X}_{\mathrm{VSG}}$	7.550	6.503	4.750	7.567	4.321	4.797	4.617
	2.650	2.564	1.683	2.683	0.189	1.649	1.633
	17.000	21.013	30.167	11.167	13.472	21.464	30.000
	159.000	156.411	190.500	165.333	176.586	175.149	190.167
	187.000	167.089	183.833	146.167	210.290	212.129	183.167
$\boldsymbol{y}_{\mathrm{VSG}}$	0.0070	0.0180	0.0151	0.0276	0.0340	0.0180	0.0045

由表 9.14 和图 9.12 可知，经删减和 MOPSO 选择后的剩余虚拟样本能够对原始小样本间的信息间隙进行有效填充，不仅能够有效填补实际特征空间的边缘区域，还能够保留原始小样本分布的主要特征。

4. 基于混合样本的预测模型构建结果

将经 MOPSO 选择后获得的虚拟样本与原始小样本组成混合样本，构建 RWNN 模型。

9.4.2.3　方法比较

表 9.15 为对比实验的测试结果。

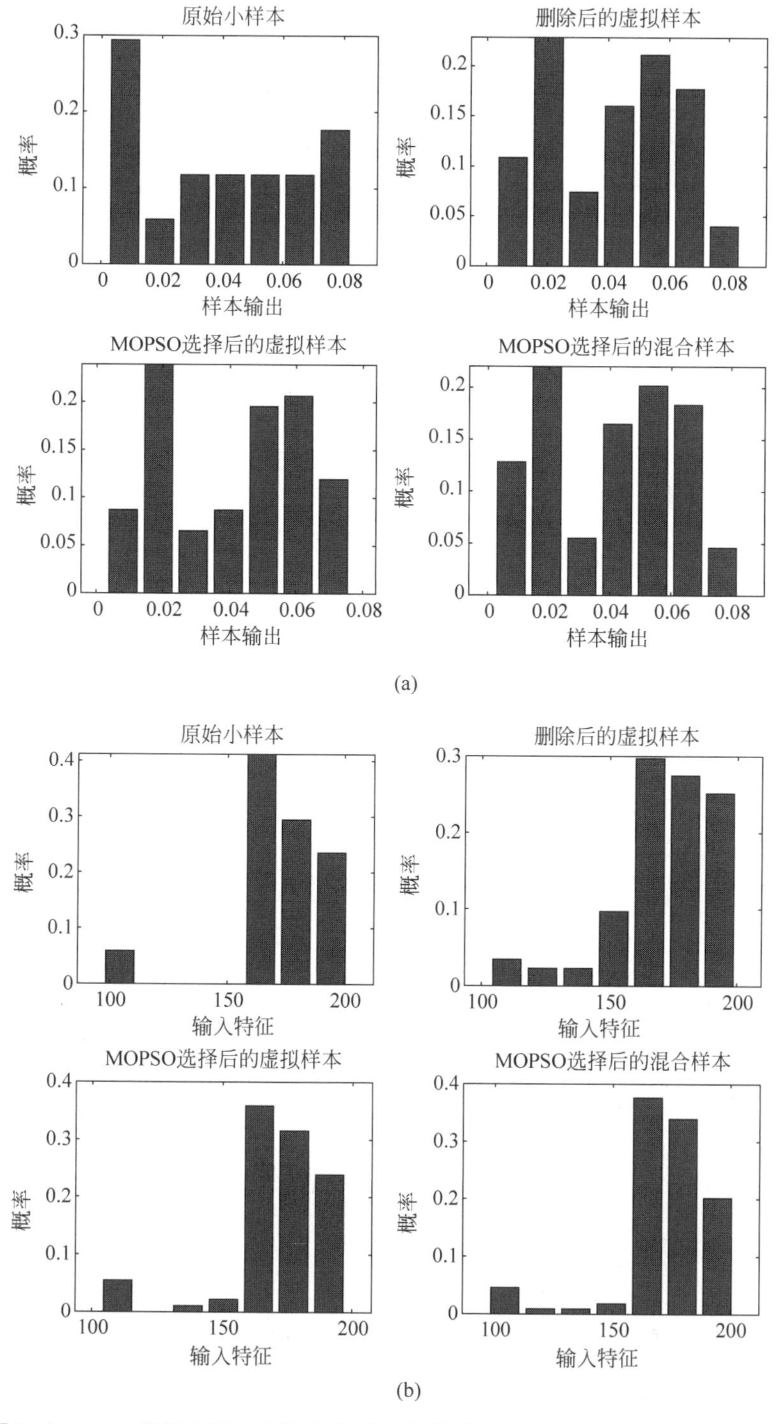

图 9.12　DXN 数据的原始小样本、候选虚拟样本、MOPSO 选择后的虚拟样本和混合样本分布情况

(a) 样本输出；(b) 第 5 个输入特征；(c) 第 9 个输入特征；(d) 第 18 个输入特征

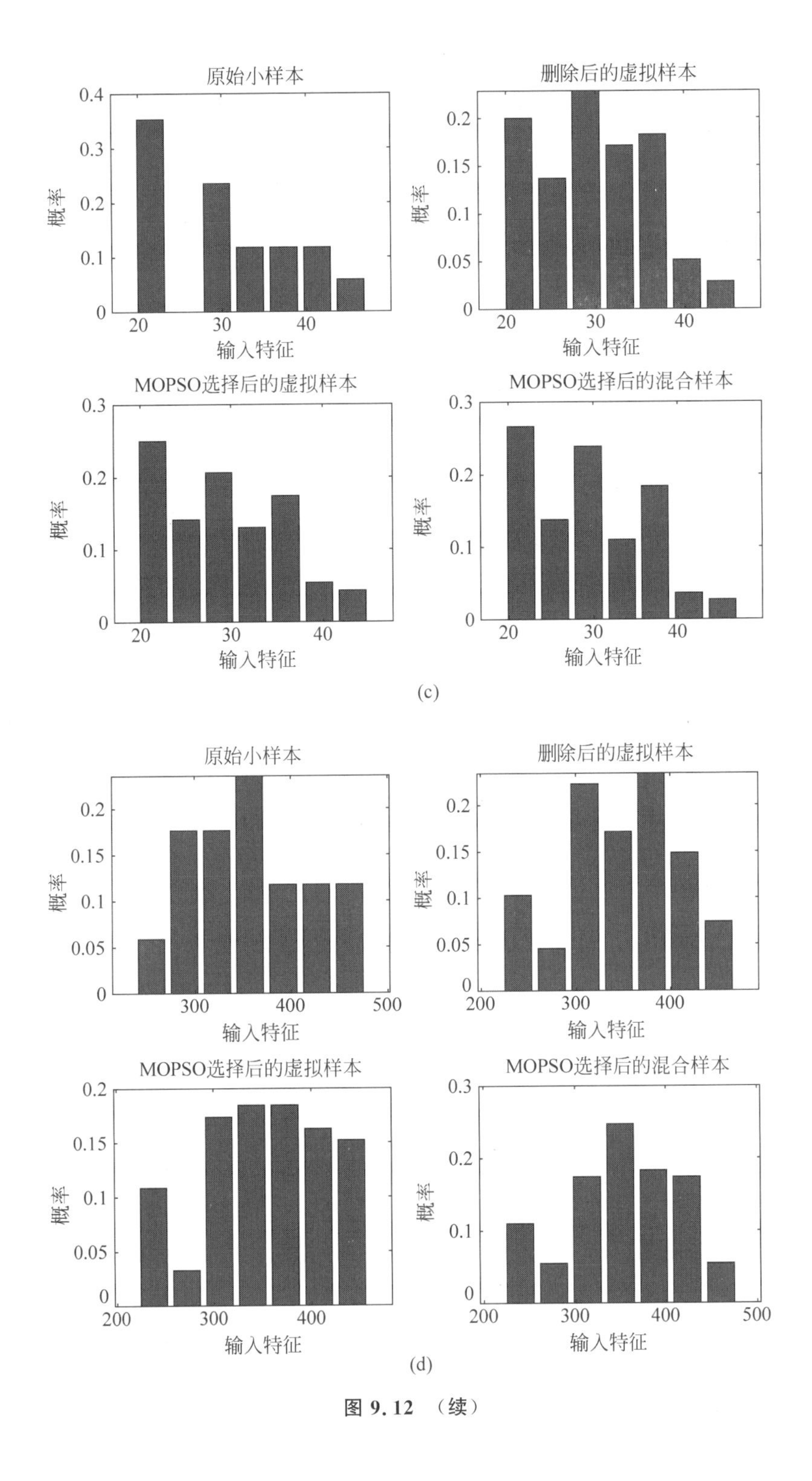

原始小样本
删除后的虚拟样本
MOPSO选择后的虚拟样本
MOPSO选择后的混合样本
概率
输入特征
(c)
原始小样本
删除后的虚拟样本
MOPSO选择后的虚拟样本
MOPSO选择后的混合样本
概率
输入特征
(d)

图 9.12 （续）

表 9.15 DXN 数据实验结果对比

实验	N_{equal},N_{insert}=1∶10 指标均值				最佳 N_{equal},N_{insert} 指标					
	虚拟样本数量	RMSE平均值	RMSE方差	RMSE最小值	虚拟样本数量	RMSE平均值	RMSE方差	RMSE最小值	N_{equal}	N_{insert}
A	—	—	—	—	0	0.0802	1.600×10^{-3}	0.0285	—	—
B	112.9	0.0449	1.965×10^{-4}	0.0247	218	0.0376	6.274×10^{-5}	0.0256	9	—
C	53.1	0.0411	1.752×10^{-4}	0.0229	115	0.0341	8.531×10^{-5}	0.0197	9	—
D	40.9	0.0409	1.921×10^{-4}	0.0225	80	0.0332	1.148×10^{-4}	0.0176	10	—
E	129.3	0.0406	6.953×10^{-5}	0.0262	109	0.0345	3.851×10^{-4}	0.0204	—	5
F	115.9	0.0403	1.331×10^{-4}	0.0231	161	0.0323	3.630×10^{-5}	0.0217	5	5
G	67.9	0.0377	1.208×10^{-4}	0.0218	91	0.0246	3.110×10^{-5}	0.0168	6	4
H	52.2	0.0378	1.480×10^{-4}	0.0212	67	0.0221	2.003×10^{-5}	0.0151	5	5

由表 9.15 可知：

(1) 对比实验 A 与 H 可知，原始小样本集(无 VSG 方法)的 RMSE 平均值为 0.0802，本章方法的 RMSE 平均值为 0.0221。结果表明，本章方法可以整体提高 72.44%的小样本建模性能。同时，使用本章方法获得的 RMSE 方差和 RMSE 最小值均为最小值，表明该方法的稳定性和最优性较好。

(2) 对比实验 B、E 与 F 可知，隐含层插值生成虚拟样本的整体效果明显优于等间隔插值，而略差于两者结合；在最佳插值倍数的条件下，两者结合的效果有明显优势，且具有较小的 RMSE 平均值、RMSE 方差和 RMSE 最小值。

(3) 对比实验 B 与 C、F 与 G 可知，在样本数量明显减少的情况下，模型性能有所提高，表明基于 PSO 对虚拟样本进行冗余样本剔除是有效的。

(4) 对比实验 C 与 D、G 与 F 可知，在最佳插值倍数条件下，模型性能均有所提高，表明 MOPSO 可以在一定程度上筛选较好的虚拟样本，提高建模性能。

(5) 对比实验 F 与 H 可知，在最佳插值倍数的情况下，经 MOPSO 选择后的虚拟样本在数量减少 58.39%的情况下，混合样本建模测试的 RMSE 平均值提高了 31.58%。因此，上述结果验证了本章方法的有效性。

综上可知，本章方法对于基准数据集与 DXN 数据集均能生成较为充足的虚拟样本，提高建模性能。其中，基于域扩展结果进行等间隔插值与隐含层插值可以生成充足的虚拟样本，基于 MOPSO 能够对生成的冗余虚拟样本进行有效筛选，筛选后的虚拟样本扩展了原始小样本的数量，并能够有效填补原始小样本间的信息间隙，改善了虚拟样本的有效性、平衡性和数据完整性。此外，虚拟样本也能够在一定程度上填补实际特征空间边缘的信息间隙。

参考文献

[1] MAHMUD M S, HUANG J Z, SALLOUM S, et al. A survey of data partitioning and sampling methods to support big data analysis[J]. Big Data Mining and Analytics, 2020, 3(2): 85-101.

[2] 柴天佑. 工业人工智能发展方向[J]. 自动化学报, 2020, 46(10): 2005-2012.

[3] LIAO Y, LU J, LIU D. News recommendation based on collaborative semantic topic models and recommendation adjustment[C]//2019 International Conference on Machine Learning and Cybernetics (ICMLC), Kobe, Japan. [S. l.: s. n.], 2019: 1-6.

[4] JUNEJA A, DAS N N. Big data quality framework: Pre-processing data in weather monitoring application[C]//2019 International Conference on Machine Learning, Big Data, Cloud and Parallel Computing (COMITCon), Faridabad, India. [S. l.: s. n.], 2019: 559-563.

[5] DARWISH T S J, BAKAR K A, KAIWARTYA O, et al. TRADING: Traffic aware data off loading for big data enabled intelligent transportation system[J]. IEEE Transactions on Vehicular Technology, 2020, 69(7): 6869-6879.

[6] ZHANG T, CHEN J, XIE J, et al. SASLN: Signals augmented self-taught learning networks for mechanical fault diagnosis under small sample condition [J]. IEEE Transactions on Instrumentation and Measurement, 2021, 70: 1-11.

[7] CHEN Z S, ZHU B, HE Y L, et al. A PSO based virtual sample generationmethod for small sample sets: Applications to regression datasets[J]. Engineering Applications of Artificial Intelligence, 2017, 59: 236-243.

[8] 乔俊飞, 郭子豪, 汤健. 面向城市固废焚烧过程的二噁英排放浓度检测方法综述[J]. 自动化学报, 2020, 46(6): 1063-1089.

[9] 汤健, 乔俊飞. 基于选择性集成核学习算法的固废焚烧过程二噁英排放浓度软测量[J]. 化工学报, 2019, 70(2): 696-706.

[10] CHEN Z S, ZHU B, HE Y L, et al. PSO based virtual sample generation method for small sample sets: Applications to regression datasets[J]. Engineering Applications of Artificial Intelligence, 2017, 59: 236-243.

[11] HE A, LI T, LI N, et al. CABNet: Category attention block for imbalanced diabetic retinopathy grading[J]. IEEE Transactions on Medical Imaging, 2021, 40(1): 143-153.

[12] ZHU Q, WANG S, CHEN Z, et al. Virtual sample generation method based on kernel density estimation and copula function for imbalanced classification[C]//2019 IEEE 8th Data Driven Control and Learning Systems Conference (DDCLS), Dali, China. Piscataway: IEEE, 2019: 969-975.

[13] LU C, SHEN H. Virtual sample generation approach for imbalanced classification[C]//2018 9th International Symposium on Parallel Architectures, Algorithms and Programming (PAAP), Taipei, China. [S. l.: s. n], 2018: 177-182.

[14] NIYOGI P, GIROSI F, POGGIO T. Incorporating prior information in machine learning by creating virtual examples[C]//Proceedings of the IEEE[S. l.: s. n.], 1998, 86(11): 2196-2209.

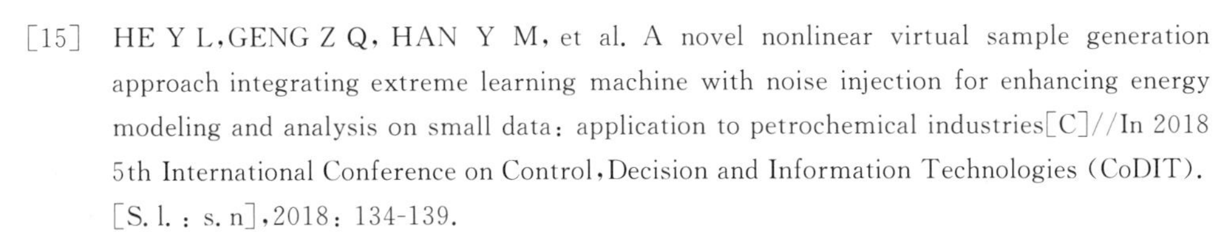

[15] HE Y L,GENG Z Q, HAN Y M, et al. A novel nonlinear virtual sample generation approach integrating extreme learning machine with noise injection for enhancing energy modeling and analysis on small data: application to petrochemical industries[C]//In 2018 5th International Conference on Control,Decision and Information Technologies (CoDIT). [S. l. : s. n],2018: 134-139.

[16] LI D C,WEN I H. A genetic algorithm-based virtual sample generation technique to improve small data set learning[J]. Neurocomputing,2014,143(16): 222-230.

[17] COQUERET G. Approximate norta simulations for virtual sample generation[J]. Expert Systems with Applications,2017,73: 69-81.

[18] HE Y L,WANG P J,ZHANG M Q,et al. A novel and effective nonlinear interpolation virtual sample generation method for enhancing energy prediction and analysis on small data problem: A case study of Ethylene industry[J]. Energy,2018,147: 418-427.

[19] YAN X A,JIA M P. A novel optimized SVM classification algorithm with multi-domain feature and its application to fault diagnosis of rolling bearing[J]. Neurocomputing,2018, 313: 47-64.

[20] 乔俊飞,郭子豪,汤健. 基于多层特征选择的固废焚烧过程二噁英排放浓度软测量[J]. 信息与控制,2021,50(1): 75-87.

第10章

基于MOPSO混合优化的VSG及其在MSWI过程二噁英排放软测量中的应用

第10章图片

10.1 引言

实现复杂工业过程的智能控制和绿色生产需要对产品质量、能耗物耗、污染排放等难测参数进行实时检测[1]，如MSWI过程中的有机污染物——DXN的排放浓度[2]。MSWI是目前世界范围内应用最为广泛的城市固废无害化、减量化和资源化处理手段[3-4]，以及国家“十四五”规划鼓励推行的技术，该过程中被严格限制排放的DXN被称作“世纪之毒”[5]。以实时、准确、低成本的方式实现DXN的检测是降低其排放控制的关键技术之一，也是目前业界亟待解决的难题[6]。工业过程长期在稳态模式下运行，使得现场采集的数据所对应的工况极为相似，通过实验设计方式或突发工况情景获取非稳态模式过程数据、异常数据甚至故障数据的风险很高或不被允许，进而导致有效建模的样本数据稀少且分布不均衡[7-8]。另外，由于实时进行难测参数真值检测的技术难度大、离线化验的时间与经济成本高等原因，诸如选矿磨矿[9]、柔性制造[10]和化工生产[11]等工业过程的难测参数建模都面临着“大数据、小样本”的问题[12]。目前，通过VSG扩充建模样本数量已成为解决上述小样本问题的有效手段之一，也是目前学术界的研究难点和热点[6]。

由模式识别领域首次提出的VSG通过扩增原始建模样本的方法解决了面向分类的小样本问题[13]，其本质是通过提取小样本间的缺失信息生成适当数量的虚拟样本[14]，Niyogi等从数学上证明了VSG等效于正则化策略[15]。目前，VSG已被成功应用于癌症识别[16]、可靠性分析[17]、机械振动信号建模[6]等诸多领域，其在图像识别领域的应用尤为广泛[18-21]，主要策略是结合先验知识通过几何变换等操作生成虚拟图像。针对复杂工业过程，只有具有长期运行经验的领域专家才能抽象出明确的先验知识，但也存在一定的主观性和随意性。针对先验知识无法获取或提取难度大的问题，针对 VSG 的研究开始聚焦于如何从已知样本中提取知识以生成虚拟样本。Li 等为解决制造系统早期样本较少的问题，提出了基于区间核密度估计的 VSG，其核心是根据小样本数据估计总体分布后再生成虚拟样本[22]。进一步，Li 等和 Lin 等分别提出了基于双参数威布尔分布估计[23]和多模态分布估计[16,24]的 VSG。针对上述研究存在的在小样本分布不均衡情况下估计偏差较大的问题，Li 等提出了基于模糊理论信息扩散准则的 MTD，其本质是通过数据分布趋势扩展样本空间并在扩展域内生成虚拟样本[17]。上述 VSG 研究主要面向分类问题，特点在于仅需要为不同的类别生成虚拟样本的输入即可；相对于本书所面对的回归建模问题，还需要考虑如何为合理的虚拟样本输入生成精准的虚拟输出。因此，面向回归的 VSG 的研究难度较大，这也是相关文献较少的原因之一。

为了使虚拟样本输入能够均衡地填补真实小样本间的信息间隙，Zhu 等先利用距离准则识别信息空隙区域再进行克里金(Kriging)插值[11]，Zhang 等先采用流形学习 Isomap 识别样本稀疏区域再进行插值[25]，而 Chen 等则先采用查询策略获取稀疏区域再插值[26]。进一步地，同时考虑虚拟样本的输入和输出，Li 等先基于树的趋势扩散技术进行区域扩展再根据启发式机制同时生成输入与输出[27]，Zhu 等先根据多分布趋势扩散技术生成虚拟样本输入再通过小样本映射模型生成输出[28]；He 等和朱等基于神经网络模型隐含层插值和缩放方式同时生成非线性输入与输出[29-30]；更有乔等结合改进 MTD 与隐含层插值生成输入与输出[31]。此外，针对物理含义清晰的工业过程实验数据，Tang 等通过线性插值生成虚拟样本输入后，再根据多个映射模型融合生成相应输出[32]。针对虚拟样本的输入、输出难以有效获得的问题，Li 等先通过 MTD 进行域扩展，再采用 GA 生成优化虚拟样本[33]；Chen 等采用 PSO 生成虚拟样本[34]。上述算法的优点是同时考虑了数据属性间的相互影响，但并未考虑虚拟样本间的多样性，也未考虑映射模型的超参数对虚拟样本的影响。

综上可知，为生成更为合理的虚拟样本，已经存在诸多 VSG 方法。考虑到虚拟样本与实际数据间存在的偏差，这些不同方法所生成的虚拟样本间也必然存在冗余性与互补性。对此，汤等[35]提出了面向已经生成的虚拟样本的优化选择策略，虽然用于获取虚拟样本输出的 RWNN 映射模型具有结构简单、计算复杂度低、能够进行隐层插值等特点，但其固有的随机性使得所生成的虚拟样本输出精度难以保证。随机森林(random forest，RF)对于多数数据集均有良好的表现，能够处理具有离散、连续、高维等特性的数据[36]。显然，随机森林作为生成虚拟样本输出的映射模型可以提高虚拟样本的质量。此外，由于映射模型的超参数取值影响虚拟样本的质量，在生成虚拟样本的过程中，对强关联性的超参数进行优化也是改善 VSG 的一个改进方向。显然，同时对映射模型的超参数和虚拟样本的选择进行优化属于连续变量和离散变量的混合优化问题，不仅需要确保超参数的优化过程不会提前收敛至局部最优，也需要在进行大量虚拟样本优化选择时具有较好的收敛速度。研究表明，综合学习粒子群优化(comprehensive learning particle swarm optimization，CLPSO)根据所有其他粒子的历史最佳信息进行粒子更新，能够保持种群多样性且防止过早收敛[37]。此外，笔者认为，筛除冗余虚拟样本的关键在于如何对虚拟样本进行合理的评价，但目前对该问题的研究还不够深入。另外，由于虚拟样本引入的预测误差存在积累效应，虚拟样本的数量会影响建模性能，以往研究主要通过实验确定虚拟样本最佳数量[38]。林等曾基于信息熵理论推导得到虚拟样本的最佳数量[39]，但是实际上虚拟样本的最佳数量往往与建模数据的质量具有较大相关性。显然，有必要通过多目标优化策略实现虚拟样本数量和质量的综合均衡。

综上可知，面向工业过程回归建模的 VSG 研究存在以下难点：①针对原始小样本的分布稀疏与不均衡特性，如何基于原始小样本探究实际数据的分布空间，均衡地生成虚拟样本输入；②如何通过映射模型为虚拟输入生成合理的虚拟输出，获得大量高质量、具有冗余性与互补特性的虚拟样本；③如何筛选有效的高质量虚拟样本并确定其最佳数量；④如何对虚拟样本进行量化评价以支撑其筛选策略。

由 MSWI 过程所产生的 DXN 分别包含在灰渣、飞灰和烟气 3 种产物中，其中烟气中含有的 DXN 按照工艺阶段可分为 DXN 产生时的烟气(G1)、DXN 被吸附后的烟气(G2)和排放至大气的烟气(G3)。从机理上讲，DXN 的产生来源包括固废不完全燃烧和新规合成反应生成两类[40]。通常，为保证 DXN 等有毒有机物的有效分解，在固废焚烧阶段的烟气温度应达到至少 850℃ 并保持 2s。另外，为了减低排放烟气中的 DXN 浓度，在烟气处理阶段需要向反应器内喷射消石灰和活性炭以吸附 DXN 及某些重金属。此外，余热锅炉和烟气处理阶段的积灰所造成的至今机理仍不清晰的 DXN 记忆效应也会导致 DXN 排放浓度的增加。上述不同阶段的过程变量均以秒为周期、由现场控制系统采集。但是，焚烧企业或环保部门通常以月/季或更长的不确定周期离线化验 G3 中的 DXN 浓度，且该方法需要专门的实验室分析设备，检测成本高、耗时长[4]。此外，G3 中的易检测气体(CO、HCl、SO_2、NO_x 和 HF 等)浓度能够通过 CEMS 系统进行实时检测，并且与 DXN 浓度存在相关性。基于指标关联的在线间接检测方法要求先检测指示物/相关物的浓度，再基于映射模型间接计算 DXN 排放浓度，需要昂贵且复杂的在线分析设备，并且也存在小时尺度的时间滞后[2]。因此，有必要构建 DXN 排放浓度软测量模型以实现在线实时检测。G3 中的 DXN 浓度与 MSWI 过程不同阶段的过程变量相关，用于构建 DXN 预测模型的数据(真输入-真输出)具有样本数量稀缺与分布不均衡、输入特征维度高等特性。Bunsan 等结合机理和经验，利用某焚烧厂四年多的实际过程数据，结合相关分析、主成分分析和人工神经网络，从 23 个易检测变量中选取 13 个变量建立 DXN 软测量模型[40]。Xiao 等采用炉温、锅炉出口烟气温度、烟气流量、SO_2、HCl 和颗粒物浓度等输入变量，建立了基于 SVM 的 DXN 排放浓度软测量模型[41]。针对实际 MSWI 过程变量具有数百维，且不同程度地与

DXN 的产生、吸附和排放有关的情况，Qiao 等提出了多层特征选择方法[42]。但是，以上方法均以降低建模样本维度的方式构建软测量模型，并未从本质上解决建模样本稀少的问题，并且未被选择的特征可能会造成信息损失。

针对上述难点，结合笔者已有的研究成果，本章提出了一种基于 MOPSO 混合优化的 VSG 策略，用于优化虚拟样本的生成与选择过程，包括面向混合优化的粒子设计、面向 VSG 的适应度函数设计和面向 VSG 的多目标混合优化。该策略提出将 VSG 问题描述为多目标混合优化任务，采用度量学习的指标对虚拟样本的质量进行评价。最后，通过基准数据集和实际工业数据集验证了所提 VSG 的合理性和有效性。

10.2 预备知识

10.2.1 随机森林

随机森林（random forest，RF）是基于决策树（decision tree，DT）的集成学习模型。其中，决策树是一种树状的分类器，其训练过程即通过树的节点分裂对样本进行逐级分类。结合袋装采样法（Bagging），对训练样本进行基于自助法（Bootstrap）的样本采样和特征切分，再分别构建决策树基模型，使基模型并行整合为随机森林模型。对于回归问题而言，RF 模型的软测量结果为所有决策树的投票或平均值，图 10.1 为 RF 的原理图。

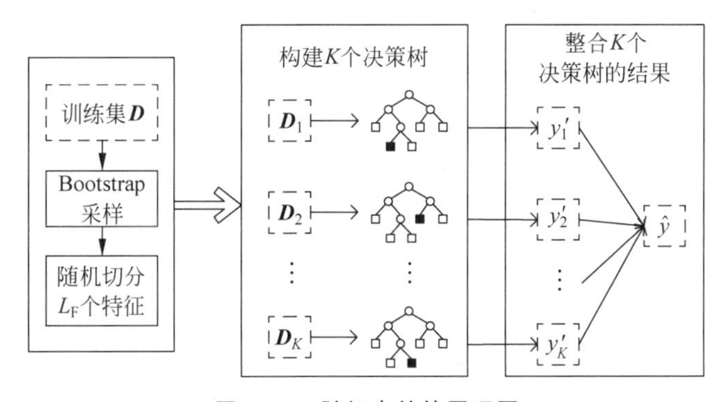

图 10.1　随机森林的原理图

由图 10.1 可知，通过对训练集进行 Bootstrap 采样和随机特征切分后，获取 K 个不同的子训练集，分别用于 K 个决策树的构建，再集成全部决策树的输出以获得最终软测量结果。对于回归问题，决策树计算节点 q 的最佳切分特征 F_{sel}^{q} 和分裂点取值 s^{q} 可以表示为如下优化问题[43]：

$$(F_{\text{sel}}^{q}, s^{q}) = \operatorname{argmin}\left(\sum_{i=1}^{N_{\text{left}}} (y_{\text{left}}^{i} - \bar{y}_{\text{left}})^{2} + \sum_{i=1}^{N_{\text{right}}} (y_{\text{right}}^{i} - \bar{y}_{\text{right}})^{2}\right) \tag{10.1}$$

表 10.1 为随机森林的伪代码，其中，θ_{leaf} 表示叶节点包含样本数量的阈值。

表 10.1 随机森林的伪代码

算法 1	**随机森林**
1.	利用 Bootstrap 和随机子空间法对训练集 D 进行样本和特征的随机采样，获得 K 个子训练集$\{D_1, D_2, \cdots, D_K\}$
2.	For $k=1$ to K
3.	根据式(10.1)，遍历寻找最佳切分特征 F_{sel}^q 和切分值 s^q
4.	根据 F_{sel}^q 和 s^q 生成节点，将输入特征空间分为左、右两个区域
5.	if 节点包含样本数大于等于 θ_{leaf}
6.	重复步骤 3～步骤 7，不断生成新的节点，直至新节点包含样本数小于 θ_{leaf}
7.	End if
8.	第 k 个回归树 $f_{\text{tree}}^k(\cdot)$构建完成
9.	End for
10.	随机森林模型 $f_{\text{RF}}(\cdot)$构建完成

10.2.2 综合学习 PSO

相对于标准 PSO，综合学习 PSO(CLPSO)对粒子速度的更新策略进行了改进，提高了算法的全局搜索能力，其粒子速度$\boldsymbol{v}^p$ 与位置 $\boldsymbol{z}^p$ 的更新公式如下：

$$\boldsymbol{v}_n^p(t+1) = w_{\text{inertia}}(t) \cdot \boldsymbol{v}_n^p(t) + c \cdot r_n^p \cdot (E_n^p(t) - \boldsymbol{z}_n^p(t)) \tag{10.2}$$

$$\boldsymbol{z}_n^p(t+1) = \boldsymbol{z}_n^p(t) + \boldsymbol{v}_n^p(t+1) \tag{10.3}$$

其中，w_{inertia} 是影响粒子搜索步长的惯性权重，c 为学习因子，r_n^p 服从[0,1]的均匀分布，E_n^p 为粒子 p 第 n 维的学习样例。

由上式可知，粒子速度的更新不再受个体最优与全局最优的综合影响，而是学习所有粒子的个体最优，其更新公式如下：

$$\boldsymbol{d}^p(t+1) = \begin{cases} \boldsymbol{z}^p(t+1), & \boldsymbol{z}^p(t+1) < \boldsymbol{d}^p(t) \\ \boldsymbol{d}^p(t), & \text{其他} \end{cases} \tag{10.4}$$

其中，$\boldsymbol{d}^p = (d_1^p, d_2^p, \cdots, d_n^p)$表示粒子 p 的个体最优。

综合学习 PSO 为每个粒子均维持一个样例池，粒子各个维度学习其相应的样例。显然，该策略能够保持种群的多样性，有效缓解了标准 PSO 提前收敛的问题[44]。若粒子个体最优迭代 N_{refresh} 次后仍未能更新，则更新其学习样例池：设定粒子各维度学习样例的更新概率为 P_c^p，更新时首先任意选择种群中的两个粒子，然后对比两个粒子的个体最优，竞争选择较好的个体最优作为新的学习样例，表示为

$$E_n^p = \{d_n^{p'} \mid \min_{p'}(f(\boldsymbol{d}^{p'})), p' = p_{\text{rand1}}, p_{\text{rand2}}\} \tag{10.5}$$

P_c^p 为粒子 p 的学习概率，更新如下：

$$P_c^p = 0.05 + 0.45 \frac{e^{\frac{10(\text{rank}^p - 1)}{N-1}}}{e^{10} - 1} \tag{10.6}$$

其中，rank^p 表示粒子个体最优的适应度排名，随着粒子排序 rank^p 的递增，其学习概率平滑增大，即学习样例的更新概率为从 5%～50%逐渐增大。

10.3 建模策略

综上，本章提出对虚拟样本的生成与选择过程进行多目标混合优化的方法，称为“MOPSO-VSG”策略，即首先对相关超参数进行优化以获取候选虚拟样本，然后再对后者进行优化选择以获得最优虚拟样本。该策略由面向混合优化的粒子设计模块、面向 VSG 的适应度函数设计模块和面向 VSG 的 MOPSO 模块组成，如图 10.2 所示。

在图 10.2 中，$\boldsymbol{z}^p$ 表示优化问题的决策变量，即 MOPSO 中粒子的位置，包括参数决策变量 $\boldsymbol{z}_{\text{para}}^p$ 和样本选择决策变量 $\boldsymbol{z}_{\text{VSS}}^p$；$\boldsymbol{R}_{\text{train}}$ 和 $\boldsymbol{R}_{\text{valid}}$ 分别表示由原始小样本划分得到的训练集和验证集；$x_{\text{VSG-max}}$ 和 $x_{\text{VSG-min}}$ 分别表示采用改进 MTD 进行域扩展得到的输入扩展域上限和下限，$y_{\text{VSG-max}}$ 和 $y_{\text{VSG-min}}$ 为相应的输出扩展域上限和下限；$\boldsymbol{X}_{\text{VS-G}}^p$ 表示在扩展域上、下限中通过混合插值法生成的虚拟样本输入；$\boldsymbol{R}_{\text{VS-G1}}^p$ 和 $\boldsymbol{R}_{\text{VS-G2}}^p$ 分别为通过 RF 和 RWNN 映射模型获得的虚拟样本集；$\boldsymbol{R}_{\text{VS-D}}^p$ 为 $\boldsymbol{R}_{\text{VS-G1}}^p$ 和 $\boldsymbol{R}_{\text{VS-G2}}^p$ 混合后，根据输出扩展域上、下限删减获得的候选虚拟样本集；$\boldsymbol{R}_{\text{VS-S}}^p$ 表示 $\boldsymbol{R}_{\text{VS-D}}^p$ 经粒子选择后获得的优选虚拟样本；$f_{\text{RF}}^p(\cdot)$ 为由 $\boldsymbol{R}_{\text{VS-S}}^p$ 和 $\boldsymbol{R}_{\text{train}}$ 组成的混合样本构建的 RF 模型；$\boldsymbol{R}_{\text{vs}}$ 为优化后根据全局最优获得的最优虚拟样本。

MOPSO-VSG 策略中主要模块的功能如下。

(1) 面向混合优化的粒子设计：将决策变量分为参数决策和样本选择决策变量两个部分，前者为指导候选虚拟样本生成的连续变量，后者为筛选候选虚拟样本的高维离散变量，通过粒子设计实现混合优化的策略。

(2) 面向 VSG 的适应度函数设计：分为生成候选虚拟样本、候选虚拟样本选择和虚拟样本评价指标计算共 3 个阶段计算适应度，评价指标包括虚拟样本数量和混合样本构建模型在验证集上的预测性能。

(3) 面向 VSG 的多目标混合优化：改进综合学习 PSO 以适应 VSG 过程的变维度特性，在达到最大迭代次数和确定全局最优后获得最优虚拟样本集。

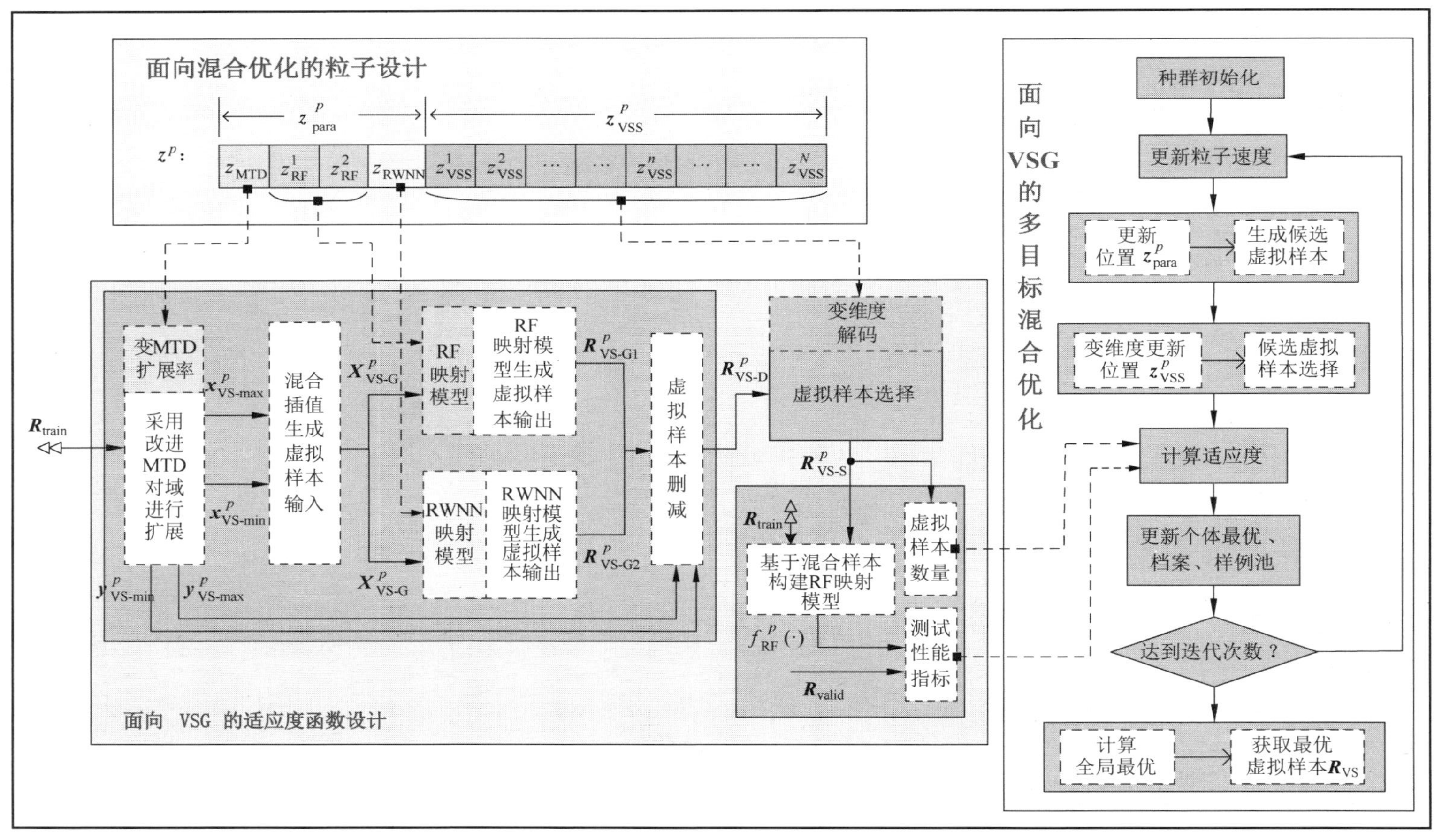

图 10.2 MOPSO-VSG 策略

10.4　算法实现

本章采用 MOPSO-VSG 的目的是在确保虚拟样本达到最优建模效果的前提下，尽可能地减少其数量。相应地，本章的优化目标可描述为

$$\begin{cases} \min & \boldsymbol{F}(\boldsymbol{z})=(f_{\text{num}}(\boldsymbol{z}),f_{\text{mod}}(\boldsymbol{z})) \\ \text{s.t.} & \boldsymbol{z}\in\Omega \end{cases} \tag{10.7}$$

其中，决策矢量 $\boldsymbol{z}$ 指导虚拟样本的生成与筛选，$f_{\text{num}}(\boldsymbol{z})$表示筛选后虚拟样本的数量，$f_{\text{mod}}(\boldsymbol{z})$表示筛选后由虚拟样本与训练集混合后构建的 RF 模型性能指标。

10.4.1　面向 MOPSO 的粒子设计

基于 MOPSO 策略对粒子进行设计，如图 10.3 所示。

z^p:	z_{MTD}	z_{RF}^1	z_{RF}^2	z_{RWNN}	z_{VSS}^1	z_{VSS}^2	z_{VSS}^3	…	z_{VSS}^n	z_{VSS}^{n+1}	…	z_{VSS}^N
位置$\boldsymbol{z}^p$:	0.56	37	13	4	0.32	0.03	0.67	…	0.98	0.43	…	0.55
速度$\boldsymbol{v}^p$:	0.02	−4.3	1.7	2.1	0.34	0.40	−0.54	…	0.02	−0.18	…	0.49
样例$\boldsymbol{E}^p$:	0.68	29	15	14	0.45	0.37	0.42	…	0.99	0.12	…	0.67

$f_{\text{num}}(z^p)=78$　　$f_{\text{mod}}(z^p)=13.53$　　$\text{rank}^p=26$　　$P_c^p=16$

图 10.3　基于混合优化策略的粒子

由图 10.3 可知，所设计的粒子记为 $\boldsymbol{z}^p=\{\boldsymbol{z}_{\text{para}}^p,\boldsymbol{z}_{\text{vss}}^p\}$。其中，$\boldsymbol{z}_{\text{para}}^p=\{z_{\text{MTD}},z_{\text{RF}}^1,z_{\text{RF}}^2,z_{\text{RWNN}}\}$为参数决策变量，用于虚拟样本生成过程中超参数的优化；$\boldsymbol{z}_{\text{vss}}^p=\{z_{\text{vss}}^1,z_{\text{vss}}^2,\cdots,z_{\text{vss}}^n,\cdots,z_{\text{vss}}^N\}$为样本选择决策变量，用于候选虚拟样本的优化选择。

(1) 每个粒子都包含位置 $\boldsymbol{z}^p$、速度$\boldsymbol{v}^p$、学习样例 $\boldsymbol{E}^p$、适应度 $f_{\text{num}}(\boldsymbol{z}^p)$和 $f_{\text{mod}}(\boldsymbol{z}^p)$、个体最优排序 rank^p 和学习概率 P_c^p 等属性。其中，粒子的个体最优排序 rank^p 确定了学习概率 P_c^p，进而影响学习样例 $\boldsymbol{E}^p$ 的更新；$\boldsymbol{E}^p$ 指导粒子速度 v^p 的进化方向和步长，进而决定了粒子的位置更新；根据粒子的位置 $\boldsymbol{z}^p$ 计算适应度 $f_{\text{num}}(\boldsymbol{z}^p)$和 $f_{\text{mod}}(\boldsymbol{z}^p)$，通过适应度更新粒子的个体最优及其排序。

(2) 用于优化虚拟样本生成过程参数的决策变量 $\boldsymbol{z}_{\text{para}}^p=\{z_{\text{MTD}},z_{\text{RF}}^1,z_{\text{RF}}^2,z_{\text{RWNN}}\}$包含 4 个参数。其中，$z_{\text{MTD}}$ 为基于 MTD 域扩展的扩展率 γ_{extend}，可以根据不同建模数据的分布情况优化其值，从而获得更符合真实数据的扩展空间，并在此空间中生成虚拟样本输入；z_{RF}^1 和 z_{RF}^2 分别表示 RF 映射模型的切分特征数 L_{F} 和决策树中叶节点包含样本数量的阈值 θ_{leaf}，通过优化 L_{F} 和 θ_{leaf} 两个参数以构建

更能反映真实数据特征的映射模型，从而生成更精确的虚拟样本输出；z_{RWNN} 表示 RWNN 映射模型的隐含层神经元数量 I，优化该参数的目的与随机森林映射模型相同。

(3) 用于虚拟样本优化选择的样本选择决策变量 $\boldsymbol{z}_{\mathrm{VSS}}^{p}=\{z_{\mathrm{VSS}}^{1},z_{\mathrm{VSS}}^{2},\cdots,z_{\mathrm{VSS}}^{n},\cdots,z_{\mathrm{VSS}}^{N}\}$ 的维数与待选择的虚拟样本数量一致。其中，$z_{\mathrm{VSS}}^{n}\in[0,1]^{\mathbf{R}}$。在优化过程中，$z_{\mathrm{VSS}}^{p}$ 通过编、解码的方式对虚拟样本进行选择。另外，由于迭代过程中候选虚拟样本的数量是不固定的，$\boldsymbol{z}_{\mathrm{VSS}}^{p}$ 的维度也需要进行变维度处理。

10.4.2 面向 VSG 的适应度函数设计

适应度函数的设计即根据粒子的位置 $\boldsymbol{z}^{p}$ 计算式(10.7)所定义的优化目标的过程。本章的目标是对虚拟样本的生成和选择过程进行混合优化，即通过粒子位置 $\boldsymbol{z}^{p}$ 指导虚拟样本的生成与选择，将虚拟样本的数量和质量同时作为粒子的适应度。因此，本章面向 VSG 的适应度函数设计包含 3 个部分：参数决策变量指导候选虚拟样本的生成，样本选择决策变量对候选虚拟样本进行选择，虚拟样本评价指标的计算。

10.4.2.1 生成候选虚拟样本

参数决策变量 $\boldsymbol{z}_{\mathrm{para}}^{p}=\{z_{\mathrm{MTD}},z_{\mathrm{RF}}^{1},z_{\mathrm{RF}}^{2},z_{\mathrm{RWNN}}\}$ 与各模型超参数之间的关系如下：

$$\begin{cases}\gamma_{\mathrm{extend}}=z_{\mathrm{MTD}}\\ L_{\mathrm{F}}=z_{\mathrm{RF}}^{1}\\ \theta_{\mathrm{leaf}}=z_{\mathrm{RF}}^{2}\\ I=z_{\mathrm{RWNN}}\end{cases}\tag{10.8}$$

生成候选虚拟样本的过程：首先，基于扩展率 γ_{extend} 对原始样本空间进行 MTD 域扩展，在原始域和扩展域中通过混合插值生成虚拟样本输入；其次，基于 RF 中的建模参数 L_{F} 和 θ_{leaf} 构建映射模型，基于 RWNN 中的建模参数 I 构建映射模型，生成对应虚拟样本输入的输出；最后，对生成的虚拟样本进行混合与删减以获得候选虚拟样本。

1. 生成虚拟样本输入

首先，基于扩展率 γ_{extend}，采用改进 MTD 域扩展分别对原始训练集 $\boldsymbol{R}_{\mathrm{train}}=\{\boldsymbol{X}_{\mathrm{train}},\boldsymbol{y}_{\mathrm{train}}\}\in\mathbf{R}^{N\times L}$ 的输入和输出进行域扩展，计算输入扩展域的上限 $x_{\mathrm{VSG\text{-}max}}$ 与下限 $x_{\mathrm{VSG\text{-}min}}$、输出扩展域的上限 $y_{\mathrm{VSG\text{-}max}}$ 与下限 $y_{\mathrm{VSG\text{-}min}}$。

其次，在样本输入扩展空间中采用等间隔插值法和随机插值法生成虚拟样本输入。采用等间隔插值法分别在小样本空间与上、下扩展空间进行等间隔插值，获得等间隔插值虚拟样本输入 X_{equal}。其中，等间隔插值倍数记为 N_{equal}。之后，在输入扩展域空间进行随机插值，获得随机插值虚拟样本输入，记为 $\boldsymbol{X}_{\mathrm{rand}}$：

$$x_{\mathrm{rand}}^{n}=x_{\mathrm{VSG\text{-}min}}+\mathrm{rand}^{L}\cdot(x_{\mathrm{VSG\text{-}max}}-x_{\mathrm{VSG\text{-}min}}) \tag{10.9}$$

$$\boldsymbol{X}_{\mathrm{rand}}=\{x_{\mathrm{rand}}^{1},x_{\mathrm{rand}}^{2},\cdots,x_{\mathrm{rand}}^{n},\cdots,x_{\mathrm{rand}}^{N\cdot N_{\mathrm{rand}}}\} \tag{10.10}$$

其中，N_{rand} 表示随机插值倍数。

最后，将等间隔插值法与随机插值法获得的虚拟样本输入混合，得到虚拟样本输入，并记为 $\boldsymbol{X}_{\mathrm{VS\text{-}G}}=\{\boldsymbol{X}_{\mathrm{equal}};\boldsymbol{X}_{\mathrm{rand}}\}$。

2. 生成虚拟样本输出

为获得丰富的虚拟样本，本章采用两个映射模型生成虚拟样本输出，其中 RF 和 RWNN 映射模型可以分别获得稳定性较高和随机性较强的输出。

基于参数 L_{F} 和 θ_{leaf}，使用原始训练集 $\boldsymbol{R}_{\mathrm{train}}=\{\boldsymbol{X}_{\mathrm{train}},\boldsymbol{y}_{\mathrm{train}}\}\in\mathbf{R}^{N\times L}$ 构建 RF 映射模型。

首先，对 $\boldsymbol{R}_{\mathrm{train}}$ 进行有放回的 N 次随机采样，再从中随机切分出 L_{F} 个特征，获得训练集 $\{\boldsymbol{R}_{\mathrm{train}}^{k}\}_{N\times L_{\mathrm{F}}}$，由此构建第 k 个决策树模型 $f_{\mathrm{tree}}^{k}(\cdot)$，设定限制决策树继续分裂的最小样本数为 θ_{leaf}；其次，重复上述过程，构建得到 K 个决策树；最后，对上述全部决策树进行集成，得到最终的映射模型。

进而，基于 RF 映射模型获得的虚拟样本输出为

$$\boldsymbol{y}_{\mathrm{VS\text{-}G1}}=\frac{1}{K}\sum_{k=1}^{K}f_{\mathrm{tree}}^{k}(\boldsymbol{X}_{\mathrm{VS\text{-}G}}) \tag{10.11}$$

由此，获得的虚拟样本集记为 $\boldsymbol{R}_{\mathrm{VS\text{-}G1}}=\{\boldsymbol{X}_{\mathrm{VS\text{-}G}},\boldsymbol{y}_{\mathrm{VS\text{-}G1}}\}$。

基于参数 I，基于原始训练集 $\boldsymbol{R}_{\mathrm{train}}=\{\boldsymbol{X}_{\mathrm{train}},\boldsymbol{y}_{\mathrm{train}}\}\in\mathbf{R}^{N\times L}$ 构建 RWNN 网络映射模型，其输入层与隐含层间神经元的连接权重和偏置被分别随机设置为 $\boldsymbol{w}=\{w_1,w_2,\cdots,w_I\}$ 和 $\boldsymbol{b}=\{b_1,b_2,\cdots,b_N\}^{\mathrm{T}}$，计算其隐含层输出矩阵 $\boldsymbol{H}^{\mathrm{ori}}$ 和隐含层与输出层神经元的连接权重 $\boldsymbol{\beta}$。

进而，由随机权神经网络映射函数计算虚拟样本输入对应的虚拟样本输出：

$$\boldsymbol{y}_{\mathrm{VS\text{-}G2}}=\Gamma_{\mathrm{map}}(\boldsymbol{w},\boldsymbol{b},\boldsymbol{X}_{\mathrm{vs\text{-}g}})\boldsymbol{\beta}=\boldsymbol{H}^{\mathrm{vs\text{-}g}}\boldsymbol{\beta} \tag{10.12}$$

由此，获得虚拟样本集 $\boldsymbol{R}_{\mathrm{VS\text{-}G2}}=\{\boldsymbol{X}_{\mathrm{VS\text{-}G}},\boldsymbol{y}_{\mathrm{VS\text{-}G2}}\}$。

3. 获得候选虚拟样本

将上述虚拟样本集进行混合，获得 $\boldsymbol{R}_{\mathrm{VS\text{-}G}}=\{\boldsymbol{R}_{\mathrm{VS\text{-}G1}};\boldsymbol{R}_{\mathrm{VS\text{-}G2}}\}=\{\boldsymbol{X}_{\mathrm{VS\text{-}G}},\boldsymbol{y}_{\mathrm{VS\text{-}G}}\}$。

本章虽然是通过在扩展域内插值生成虚拟样本输入的，但虚拟样本输出却是通过映射函数生成的，因此必然存在位于扩展域外的虚拟样本，需要根据虚拟样本输出域扩展下限 $y_{\mathrm{VSG\text{-}min}}$ 和上限 $y_{\mathrm{VSG\text{-}max}}$ 对虚拟样本集 $\boldsymbol{R}_{\mathrm{VS\text{-}G}}$ 进行删减：

$$\boldsymbol{R}_{\mathrm{VS\text{-}D}}=\{\boldsymbol{r}_{\mathrm{VS\text{-}G}}^{n}\mid y_{\mathrm{VS\text{-}G}}^{n}\in[y_{\mathrm{VSG\text{-}min}},y_{\mathrm{VSG\text{-}max}}]\} \tag{10.13}$$

进而，获得候选虚拟样本集 $\boldsymbol{R}_{\mathrm{VS\text{-}D}}$。其中，$\boldsymbol{r}_{\mathrm{VS\text{-}G}}^{n}=\{\boldsymbol{x}_{\mathrm{VS\text{-}G}}^{n},y_{\mathrm{VS\text{-}G}}^{n}\}\in\boldsymbol{R}_{\mathrm{VS\text{-}G}}$。此外，$\boldsymbol{R}_{\mathrm{VS\text{-}G}}$ 中的样本数量 $N_{\mathrm{VS\text{-}G}}$ 大于或等于 $\boldsymbol{R}_{\mathrm{VS\text{-}D}}$ 中的样本数量 $N_{\mathrm{VS\text{-}D}}$。

10.4.2.2 候选虚拟样本选择

在综合学习 PSO 初始化的过程中，粒子的样本选择决策变量 $\boldsymbol{z}_{\mathrm{VSS}}^{p}=\{z_{\mathrm{VSS}}^{1}, z_{\mathrm{VSS}}^{2},\cdots,z_{\mathrm{VSS}}^{n},\cdots,z_{\mathrm{VSS}}^{N}\}$ 的维度在本章中被设置为最大值，以便与前文生成的虚拟样本 $\boldsymbol{R}_{\mathrm{VS\text{-}G}}$ 相对应：

$$\begin{cases}\boldsymbol{R}_{\mathrm{VS\text{-}G}}=\{\boldsymbol{r}_{\mathrm{VS\text{-}G}}^{1},\boldsymbol{r}_{\mathrm{VS\text{-}G}}^{2},\cdots,\boldsymbol{r}_{\mathrm{VS\text{-}G}}^{n},\cdots,\boldsymbol{r}_{\mathrm{VS\text{-}G}}^{N_{\mathrm{VS\text{-}G}}}\}\\ \boldsymbol{z}_{\mathrm{VSS}}=\{z_{\mathrm{VSS}}^{1},z_{\mathrm{VSS}}^{2},\cdots,z_{\mathrm{VSS}}^{n},\cdots,z_{\mathrm{VSS}}^{N_{\mathrm{VS\text{-}G}}}\}\end{cases} \tag{10.14}$$

其中，$z_{\mathrm{VSS}}^{n}\in[0,1]^{\mathbf{R}}$。

对 $\boldsymbol{z}_{\mathrm{VSS}}$ 进行解码后，可以获得粒子所选择的虚拟样本 $\boldsymbol{R}_{\mathrm{VS\text{-}S}}$：

$$\boldsymbol{R}_{\mathrm{VS\text{-}S}}=\{\boldsymbol{r}_{\mathrm{VS\text{-}G}}^{n}\in\boldsymbol{R}_{\mathrm{VS\text{-}G}}\mid z_{\mathrm{VSS}}^{n}\geqslant\theta_{\mathrm{select}},n=1,2,\cdots,N_{\mathrm{VS\text{-}G}}\} \tag{10.15}$$

其中，θ_{select} 为虚拟样本的选择阈值，一般设置为 0.5。

对 $\boldsymbol{z}_{\mathrm{VSS}}$ 直接解码所获取的 $\boldsymbol{R}_{\mathrm{VS\text{-}S}}$ 中可能会包含扩展域外的虚拟样本，故需要先对 $\boldsymbol{z}_{\mathrm{VSS}}$ 进行变维度处理：

$$\tilde{z}_{\mathrm{VSS}}^{n}=\begin{cases}0, & \boldsymbol{r}_{n}\in\boldsymbol{R}_{\mathrm{VS\text{-}G}}\ \text{且}\ \boldsymbol{r}_{n}\notin\boldsymbol{R}_{\mathrm{VS\text{-}D}}\\ z_{\mathrm{VSS}}^{n}, & \text{其他}\end{cases} \tag{10.16}$$

式(10.16)所表征的原理：将扩展域外的虚拟样本所对应的决策变量设置为无效；对变维处理后的 $\tilde{z}_{\mathrm{VSS}}$ 解码，即从候选虚拟样本中获得虚拟样本子集 $\boldsymbol{R}_{\mathrm{VS\text{-}S}}$。

10.4.2.3 虚拟样本评价指标计算

计算所获得的虚拟样本子集 $\boldsymbol{R}_{\mathrm{VS\text{-}S}}$ 的评价指标，并将其作为粒子的适应度：

$$f_{\mathrm{num}}(\boldsymbol{z})=N_{\mathrm{VS\text{-}S}} \tag{10.17}$$

$$f_{\mathrm{mod}}(\boldsymbol{z}):\boldsymbol{R}_{\mathrm{VS\text{-}S}}\xrightarrow{R_{\mathrm{train}}}\boldsymbol{R}'_{\mathrm{mix}}\rightarrow f'_{\mathrm{RF}}(\boldsymbol{R}_{\mathrm{valid}})\rightarrow F \tag{10.18}$$

其中，$N_{\mathrm{VS\text{-}S}}$ 为虚拟样本集 $\boldsymbol{R}_{\mathrm{VS\text{-}S}}$ 的数量，即将虚拟样本数量作为适应度 $f_{\mathrm{num}}(\boldsymbol{z})$；$F$ 为虚拟样本集 $\boldsymbol{R}_{\mathrm{VS\text{-}S}}$ 的泛化性能指标，其计算过程：将原始训练集 $\boldsymbol{R}_{\mathrm{train}}$ 与 $\boldsymbol{R}_{\mathrm{VS\text{-}S}}$ 混合获得临时混合样本集 $\boldsymbol{R}'_{\mathrm{mix}}=\{\boldsymbol{R}_{\mathrm{train}};\boldsymbol{R}_{\mathrm{VS\text{-}S}}\}$；基于 $\boldsymbol{R}'_{\mathrm{mix}}$ 构建临时 RF 映射模型 $f'_{\mathrm{RF}}(\cdot)$；计算验证集 $\boldsymbol{R}_{\mathrm{valid}}$ 在 $f'_{\mathrm{RF}}(\cdot)$ 上的性能指标 F，作为适应度 $f_{\mathrm{mod}}(\boldsymbol{z})$。

10.4.3 面向 VSG 的 MOPSO

如图 10.3 所示，采用 MOPSO 对虚拟样本生成过程进行混合优化，包括种群初始化，更新粒子速度，更新参数决策变量与生成候选虚拟样本，变维度更新样本选择决策变量与选择候选虚拟样本，计算适应度，更新粒子个体最优、档案和样例池，达到迭代次数后计算全局最优并获取最优虚拟样本。

基于 MOPSO 的 VSG 伪代码如表 10.2 所示。

表 10.2 MOPSO-VSG 伪代码

算法 2 MOPSO-VSG

1. 初始化参数和种群
2. For $n=1$ to N_{iter}
3. For $p=1$ to P_{num}
4. 更新粒子速度$\boldsymbol{v}^{p}$
5. 更新粒子的参数决策变量的位置 $\boldsymbol{z}_{\text{para}}^{p}$

//生成候选虚拟样本

6. $\gamma_{\text{extend}} \leftarrow z_{\text{MTD}}$；//粒子的参数决策变量为 MTD 扩展率赋值
7. 计算输出扩展上下限 $y_{\text{VSG-max}}$ 和 $y_{\text{VSG-min}}$
8. 计算输入扩展上下限 $\boldsymbol{x}_{\text{VSG-max}}$ 和 $\boldsymbol{x}_{\text{VSG-min}}$
9. 在小样本空间($\boldsymbol{x}_{\min}$,$\boldsymbol{x}_{\max}$)和扩展空间($\boldsymbol{x}_{\text{VSG-min}}$,$\boldsymbol{x}_{\min}$)和($\boldsymbol{x}_{\max}$,$\boldsymbol{x}_{\text{VSG-max}}$)中分别进行等间隔插值以获得虚拟样本输入 $\boldsymbol{X}_{\text{equal}}$
10. 在($\boldsymbol{x}_{\text{VSG-min}}$,$\boldsymbol{x}_{\text{VSG-max}}$)空间中进行随机插值以获得虚拟样本输入 $\boldsymbol{X}_{\text{rand}}$
11. 获得虚拟样本输入 $\boldsymbol{X}_{\text{VS-G}}=\{\boldsymbol{X}_{\text{equal}};\boldsymbol{X}_{\text{rand}}\}$
12. $L_{\text{F}} \leftarrow z_{\text{RF}}^{1}$,$\theta_{\text{leaf}} \leftarrow z_{\text{RF}}^{2}$；//粒子的决策变量为 RF 的参数赋值
13. 依算法 1 构建 RF 映射模型,并计算 $\boldsymbol{X}_{\text{VS-G}}$ 对应的虚拟样本输出 $\boldsymbol{y}_{\text{VS-G1}}$
14. $I \leftarrow z_{\text{RWNN}}$；//粒子的参数决策变量为 RWNN 的参数赋值
15. 构建 RF 映射模型,并计算 $\boldsymbol{X}_{\text{VS-G}}$ 对应的虚拟样本输出 $\boldsymbol{y}_{\text{VS-G2}}$
16. 获得虚拟样本 $\boldsymbol{R}_{\text{VS-G}}=\{\boldsymbol{R}_{\text{VS-G1}},\boldsymbol{R}_{\text{VS-G2}}\}$
17. 对 $\boldsymbol{R}_{\text{VS-G}}$ 进行删减,获得候选虚拟样 $\boldsymbol{R}_{\text{VS-D}}$
18. 更新粒子的样本选择决策变量的位置 $\boldsymbol{z}_{\text{VSS}}^{p}$

//候选虚拟样本选择

19. 对粒子样本选择决策变量的位置 $\boldsymbol{z}_{\text{VSS}}^{p}$ 进行变维度处理,获得 $\tilde{\boldsymbol{z}}_{\text{VSS}}^{p}$
20. 对 $\tilde{\boldsymbol{z}}_{\text{VSS}}^{p}$ 进行解码以获得虚拟样本子集 $\boldsymbol{R}_{\text{VS-S}}$

//适应度计算

21. $f_{\text{num}}(\boldsymbol{z}) \leftarrow N_{\text{VS-S}}$
22. 使用 $\boldsymbol{R}_{\text{mix}}'=\{\boldsymbol{R}_{\text{train}};\boldsymbol{R}_{\text{VS-S}}\}$,构建 RF 模型 $f_{\text{RF}}'(\cdot)$
23. $f_{\text{mod}}(\boldsymbol{z}) \leftarrow \text{F} \leftarrow f_{\text{RF}}'(\boldsymbol{R}_{\text{valid}})$
24. 更新个体最优 $\boldsymbol{d}^{p}$,并令 $n_{\text{refresh}}=0$,若 $\boldsymbol{d}^{p}$ 未更新则 $\boldsymbol{n}_{\text{refresh}}++$
25. End for
26. 更新档案 $\boldsymbol{A}$
27. 根据粒子个体最优 $\boldsymbol{d}^{p}$ 计算粒子排序 rand^{p}
28. If $n_{\text{refresh}} \geqslant N_{\text{refresh}}$ //粒子 p 的个体最优在 N_{refresh} 次迭代后仍未被更新
29. For $n=1$ to N_{d}
30. If $\text{rand} < P_{c}^{p}$
31. $E_{n}^{p}=\{z_{n}^{p'} \mid \min\limits_{p'}(f(\boldsymbol{z}^{p'})), p'=p_{\text{rand1}}, p_{\text{rand2}}\}$
32. Else if $\text{rand} < P_{c}^{p}$ 且 $n \in [N_{\text{para}}, N_{\text{d}}]$
33. $E_{n}^{p}=\{a_{n}^{\text{rand}} \mid \boldsymbol{a}^{\text{rand}} \in A\}$
34. End if
35. End for

续表

36.	End if
37.	End for
38.	计算档案 $\boldsymbol{A}$ 中粒子的 ρ_i 指标，获得全局最优
39.	对全局最优的样本选择决策变量进行变维度解码，获得最优虚拟样本 $\boldsymbol{R}_{\mathrm{VS}}$

在种群初始化时：首先，对粒子数量 P_{num}、迭代次数 N_{iter}、更新阈值 N_{refresh}、参数决策变量上、下限等相关参数进行设定；其次，生成由 P_{num} 个粒子构成的种群，随机初始化粒子的位置和速度、计算粒子的适应度；再次，初始化粒子的个体最优与外部档案；最后，计算粒子的学习概率与学习样例。

在初始化种群后，进入迭代寻优阶段。首先，更新粒子的速度 $\boldsymbol{v}^p$ 和参数决策变量的位置 $\boldsymbol{z}_{\mathrm{para}}^p$，并根据 $\boldsymbol{z}_{\mathrm{para}}^p$ 的表征结果，生成候选虚拟样本；其次，更新粒子的样本选择决策变量的位置 $\boldsymbol{z}_{\mathrm{para}}^p$，对候选虚拟样本进行选择以获得虚拟样本 $\boldsymbol{R}_{\mathrm{VS\text{-}S}}$；计算 $\boldsymbol{R}_{\mathrm{VS\text{-}S}}$ 的评价指标作为粒子适应度 $\boldsymbol{F}(\boldsymbol{z}^p)$；再次，基于适应度更新粒子个体最优，并将种群搜索到的非支配解存入档案，并更新档案 $\boldsymbol{A}$；计算粒子的个体最优排序 rank^p，并更新其学习概率 $\boldsymbol{P}_c$，进而对迭代 N_{refresh} 次后个体最优仍未更新的粒子进行学习样例的更新。

但是，在更新粒子学习样例时，考虑到待优化的样本选择决策变量维数较高，需要对 MOPSO 进行改进以加速虚拟样本优选过程的收敛速度。本章在标准 MOPSO 采用的更新样例池策略的基础上，增加样本选择决策变量向档案中粒子学习的新策略：

$$E_n^p = \{a_n^{\mathrm{rand}} \mid \boldsymbol{a}^{\mathrm{rand}} \in \boldsymbol{A}\} \tag{10.19}$$

进而，根据上述步骤不断进行迭代寻优，在达到最大迭代次数 N_{iter} 后，根据下式计算档案 $\boldsymbol{A}$ 中粒子适应度的评估指标 ρ_i：

$$\rho_i = \frac{f_{\mathrm{mod}}(\phi) - f_{\mathrm{mod}}(\boldsymbol{a}^i)}{f_{\mathrm{num}}(\boldsymbol{a}^i)}, \quad \boldsymbol{a}^i \in \boldsymbol{A} \tag{10.20}$$

其中，ρ_i 表示虚拟样本的综合评价指标，$f_{\mathrm{mod}}(\phi)$表示无虚拟样本情况下原训练集的泛化性能指标 F，$\boldsymbol{a}^i$ 表示档案 $\boldsymbol{A}$ 中非支配解。

最后，将档案中 ρ_i 最大的粒子作为全局最优，即 $\max\{\rho_i\}_{i=1}^{P_{\mathrm{Amax}}}$，对全局最优的样本选择决策变量进行变维度解码后获得最优虚拟样本 $\boldsymbol{R}_{\mathrm{VS}}$。

10.5 仿真验证和工业应用

本节基于 UCI 平台的两个基准数据集设计不同的小样本集生成虚拟样本，对本章所提 VSG 方法进行验证，通过虚拟样本的泛化性能与分布情况表明了该方法的有效性。进一步，基于 MSWI 过程 DXN 排放浓度数据生成虚拟样本构建软测量模型。

10.5.1　评价指标描述

定义指标 η 用于评价样本与数据整体间的分布相似度。定义数据集 $\boldsymbol{S}_1$ 和 $\boldsymbol{S}_2$ 的分布相似度：

$$\eta=\frac{1}{N_{\text{attr}}}\sum_{i=1}^{N_{\text{attr}}}D_{\text{H}}(p_{s1}^{i}\parallel p_{s2}^{i}) \tag{10.21}$$

其中，N_{attr} 表示数据集 $\boldsymbol{S}_1$ 和 $\boldsymbol{S}_2$ 的属性数量；p_{s1}^{i} 和 p_{s2}^{i} 分别表示 $\boldsymbol{s}_1^i\in\boldsymbol{S}_1$ 和 $\boldsymbol{s}_2^i\in\boldsymbol{S}_2$ 的概率分布；$D_{\text{H}}(p_{s1}^{i}\parallel p_{s2}^{i})$ 表示数据集 $\boldsymbol{S}_1$ 和 $\boldsymbol{S}_2$ 属性 i 的海林格距离(Hellinger distance)，该距离是散度的一种，此处用于度量两个概率分布的相似度，其计算公式如下，

$$D_{\text{H}}(p_1\parallel p_2)=\frac{1}{\sqrt{2}}\sqrt{\sum_{x}(\sqrt{p_1(x)}-\sqrt{p_2(x)})^2} \tag{10.22}$$

采用均方根误差 RMSE 作为模型泛化性能的评价指标：

$$\text{RMSE}=\sqrt{\sum_{i=1}^{N}(y_i-\hat{y}_i)^2/(N-1)} \tag{10.23}$$

此外，式(10.20)所定义的用以选择全局最优的评价指标 ρ_i 在此处用于评价不同 VSG 生成的虚拟样本集在数量和泛化性能改进方面的优劣。在此，面向不同实验对虚拟样本进行评价，将其重新表示为

$$\rho_j=\frac{E_0-E_j}{N_j} \tag{10.24}$$

其中，ρ_j 为实验 j 的虚拟样本综合评价值；E_0 为基于原始小样本建模的 RMSE；E_j 为实验 j 的 RMSE；N_j 为建模所用虚拟样本的数量，其表示虚拟样本对模型泛化性能改进的平均贡献。显然，ρ_j 越大虚拟样本集的质量越高。

10.5.2　基准数据验证

10.5.2.1　数据描述

采用的基准数据集分别为“混凝土抗压强度”数据集和“超导临界温度”数据集。混凝土抗压强度数据集共有数据 1030 组，包含 8 个输入变量(水泥、高炉渣、粉煤灰、水、超塑化剂、粗骨料、细骨料、龄期)和 1 个输出变量(混凝土抗压强度)。超导临界温度数据集共有数据 21263 组，包含 81 个输入变量和 1 个输出变量(超导临界温度)。

为了验证本章所提方法，分别对以上两个数据集进行处理：从数据集中随机选取 20 个、40 个和 60 个样本作为训练集(原始小样本)，对应随机选取 20 个、40 个和 60 个样本作为验证集，等间隔选取 100 个样本作为测试集。所以，每个数据

集均被设计为3个对比实验，其编号分别为 $A1$、$A2$、$A3$、$B1$、$B2$ 和 $B3$，如表10.3所示。

表10.3 基准数据集划分

数据集	特征数	训练集		验证集		测试集		实验数据编号
		数量	η	数量	η	数量	η	
混凝土抗压强度	8	20	0.3327	20	0.3598	—	—	$A1$
		40	0.2444	40	0.2628	100	0.1255	$A2$
		60	0.1853	60	0.2070	—	—	$A3$
超导临界温度	81	20	0.3351	20	0.3388	—	—	$B1$
		40	0.2309	40	0.2423	100	0.1538	$B2$
		60	0.1949	60	0.1966	—	—	$B3$

10.5.2.2 实验结果

两个数据集的参数设定如表10.4所示，需要根据不同的数据特征凭经验确定。

两个数据集的参数设定如表10.4所示。表中分别给出了决策变量 z_{MTD}、z_{RF}^{1}、z_{RF}^{2} 和 z_{RWNN} 的最大值和最小值。

表10.4 基准数据集基于MOPSO-VSG的参数设定

数据集	P_{num}	N_{iter}	N_{refresh}	K	z_{MTD}	z_{RF}^{1}	z_{RF}^{2}	z_{RWNN}
A	30	30	3	30	(0,1)	(1,6)	(2,10)	(3,20)
B	30	30	3	50	(0,1)	(1,30)	(2,10)	(3,20)

分别采用数据集 $A1$～$A3$ 和 $B1$～$B3$ 对所提方法进行仿真实验。基准数据集基于MOPSO-VSG获得的非支配解的帕累托前沿如图10.4所示。

在图10.4中，横、纵坐标分别表示两个优化目标，即虚拟样本数量 $N_{\mathrm{VS\text{-}S}}$ 和混合样本模型的RMSE。从两个数据集的帕累托前沿可知，当原始训练样本数量为20时，虚拟样本对模型性能的提升效果最为明显；另外，虚拟样本数量的增加可以提高模型性能，但当虚拟样本数量超过某个阈值后，模型的性能不再明显提升。

虽然各实验均生成1080个虚拟样本，混合优化后筛选出的虚拟样本最佳数量却存在差异。其中，数据集 $A1$、$A2$ 和 $A3$ 的最佳数量为80、128和150；数据集 $B1$、$B2$ 和 $B3$ 的最佳数量约为20、69和70，这一统计结果从侧面表明虚拟样本的最佳数量与其质量相关。

进一步，对非支配解进行分析。图10.5～图10.7分别展示了非支配解解码获得的虚拟样本的建模性能指标、综合评价指标和分布相似度指标的对比情况。

由图10.5可知，本章所提方法生成的虚拟样本可以提高RF软测量模型的泛

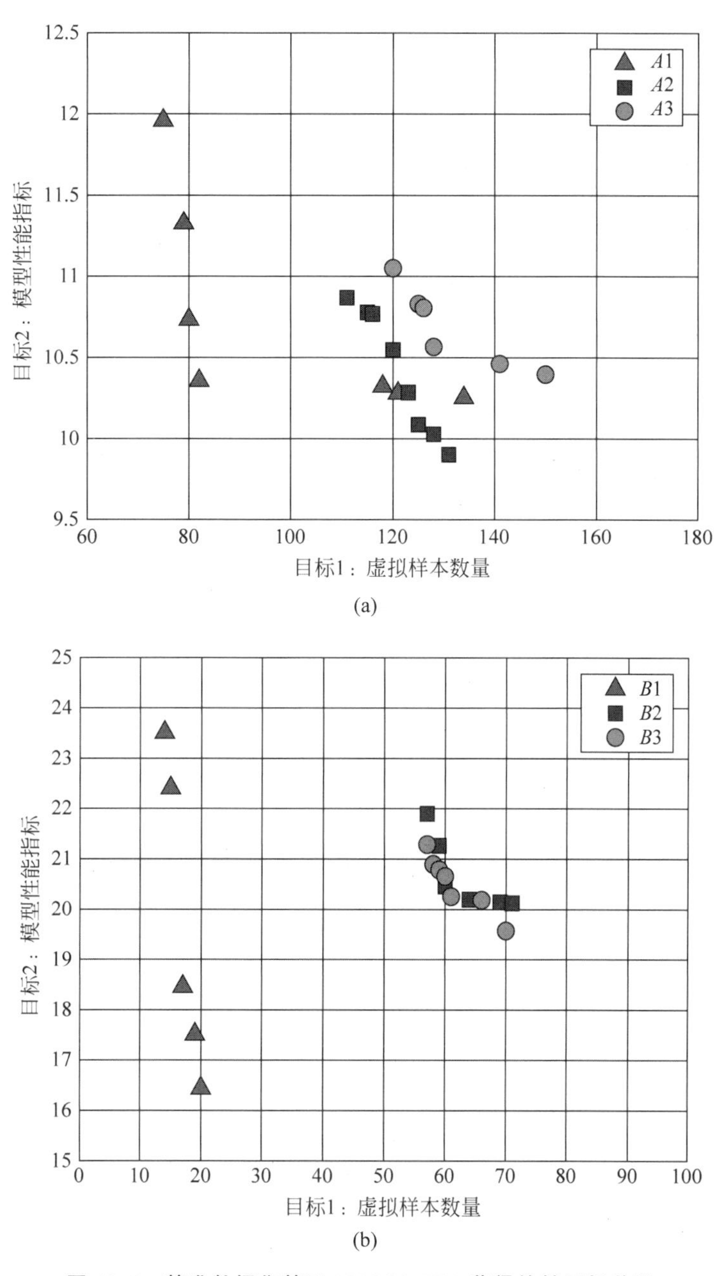

图 10.4 基准数据集基于 MOPSO-VSG 获得的帕累托前沿

(a) 混凝土抗压强度数据集；(b) 超导临界温度数据集

化性能；对于超导临界温度数据集，混合样本构建的 RF 模型在验证集上的泛化性能弱于在测试集上的表现；另外，随着小样本数量的增多，基于小样本所构建模型的测试性能整体提高，但虚拟样本对模型的泛化性能却有所下降。

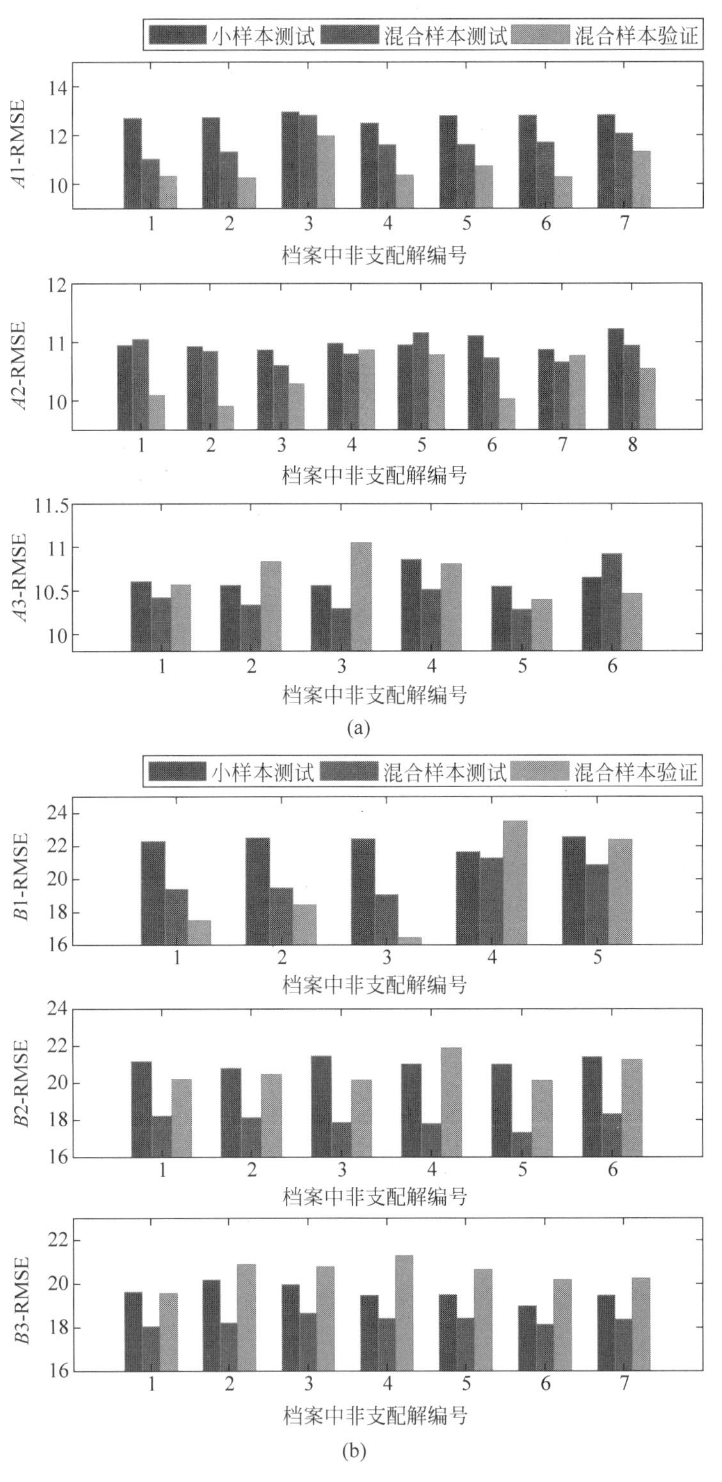

图 10.5 基准数据集非支配解的建模性能指标

(a) 混凝土抗压强度数据集；(b) 超导临界温度数据集

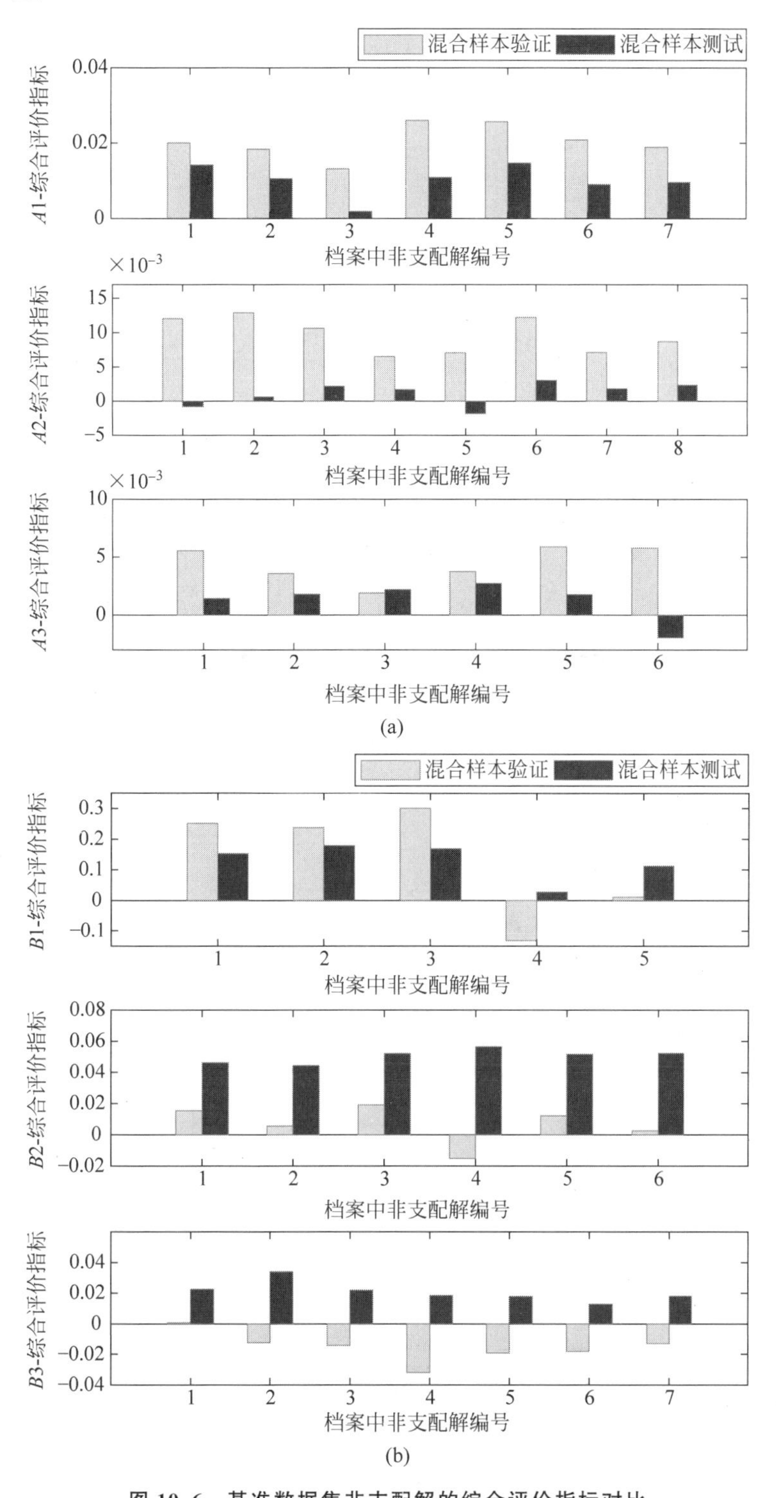

图 10.6　基准数据集非支配解的综合评价指标对比

(a) 混凝土抗压强度数据集；(b) 超导临界温度数据集

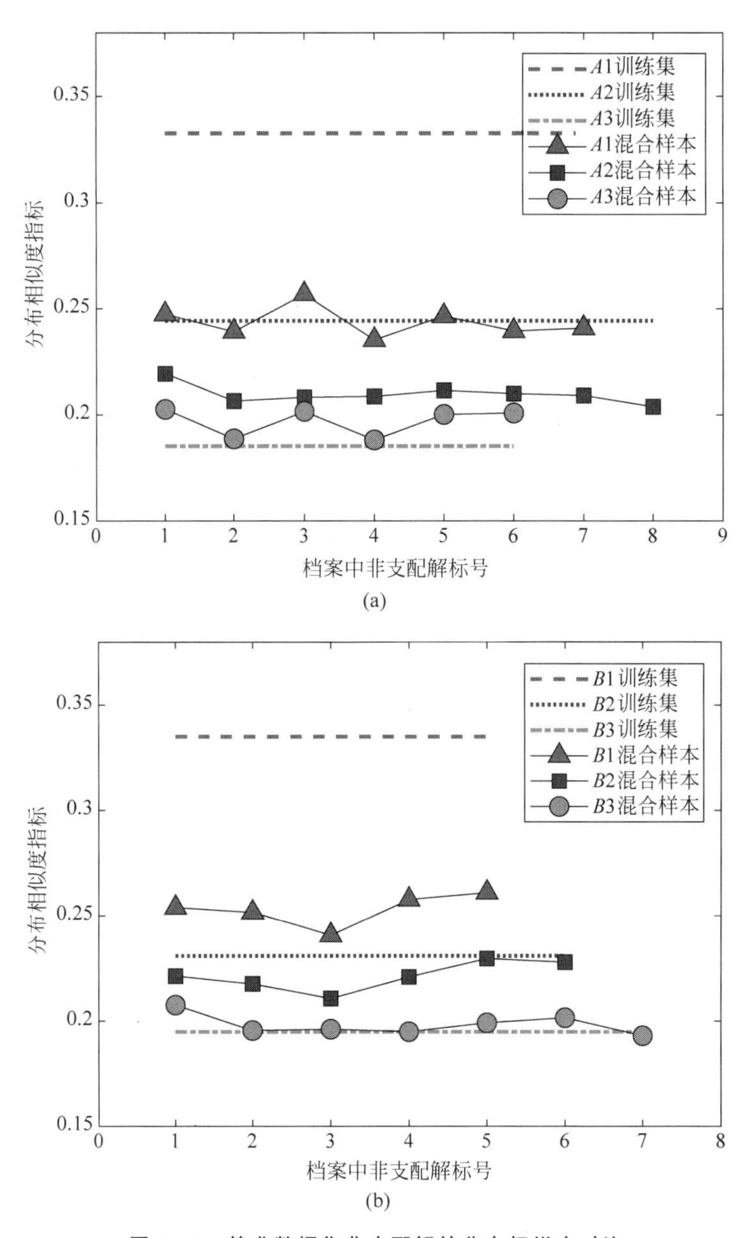

图 10.7 基准数据集非支配解的分布相似度对比

(a) 混凝土抗压强度数据集；(b) 超导临界温度数据集

由图 10.6 可知，本章方法生成的虚拟样本均有较好的综合评价指标；但随着原始小样本数量的增加，生成虚拟样本的综合评价指标明显变差；从虚拟样本的综合评价指标也可知，超导临界温度数据集在验证集上的表现较差。

由图 10.7 可知，本章方法生成的虚拟样本能够改善小样本与全体数据的分布相似度。其中，当小样本数量为 20 时，分布相似度改善效果最为明显；另外，小样本数量的增加会大大提高它与全体数据的分布相似度，但所提方法对分布相似度指标的改善也越来越难实现；当小样本数量为 60 时，虚拟样本分布相似度不仅几乎未得到改善，还破坏了原有分布。与此相关的更多理论分析有待深入研究。

根据综合评价指标 ρ_i 从档案中选取全局最优，解码后获得的最优虚拟样本如表 10.5～表 10.6 所示。

表 10.5　基准数据基于多目标 PSO 混合优化获得的最优虚拟样本

数据集	$\boldsymbol{X}_{\text{VS}}$								$\boldsymbol{y}_{\text{VS}}$
A1	396.5	117.4	0	176.4	11.42	876.7	796.9	60.23	58.83
	200.5	16.35	115.8	161.6	8.27	1071.7	809.9	17.23	29.23
	240.9	0	100.3	183.5	5.87	977.3	852.4	14	18.25
	272.4	56.58	0	199	0	965.0	786.9	37.38	12.62
	347.4	0	0	190.8	0	1116.4	718.2	15.08	3.42
B1	5.69	95.64	60.78	69.89	36.85	1.481	1.410	182.2	26.79
	4.08	77.39	51.82	60.19	35.09	1.218	1.269	121.4	95.32
	4	76.44	50.35	59.37	34.71	1.200	1.291	121.3	80.12
	4.46	82.72	56.99	64.52	36.03	1.298	1.090	131.2	51.89
	3.54	83.97	60.06	66.37	43.11	1.066	0.974	99.9	6.38

表 10.6　基准数据原始样本输入输出范围

数据集		输　入								输出
A1	最小值	102	0	0	121.75	0	801	594	1	2.33
	最大值	540	359.4	200.1	247	32.2	1145	992.6	365	82.60
B1	最小值	1	6.9	6.4	5.3	2.0	0	0	0	0.00
	最大值	9	209.0	209.0	209.0	209.0	1.98	1.96	208.0	185

在表 10.5 中，$\boldsymbol{X}_{\text{VS}}$ 和 $\boldsymbol{y}_{\text{VS}}$ 分别为最优虚拟样本的输入与输出。其中，数据集 A1 取了 5 个虚拟样本，B1 取了 5 个虚拟样本的前 8 个输入和输出。表 10.6 为数据集 A1 和 B1 的原始样本最大值与最小值。

本章方法在不同数据集上的全局最优结果包括超参数最优解、虚拟样本数量、混合样本构建的 RF 模型在验证集和测试集上的 RMSE 平均值、综合评价指标(ρ)，以及混合样本的分布相似度指标(η)，其统计结果如表 10.7 所示。

表 10.7　基准数据基于多目标 PSO 混合优化的全局最优解的统计结果

数据集	超　参　数				虚拟样本数量	验证集		测试集		η
	γ_{extend}	L_{F}	θ_{leaf}	I		RMSE 平均值	ρ	RMSE 平均值	ρ	
A1	0.6033	3	9	18	82	10.36	0.026	11.59	0.012	0.2354
A2	0.6245	6	5	19	128	10.03	0.012	10.73	0.003	0.2099

续表

数据集	超参数				虚拟样本数量	验证集		测试集		η
	γ_{extend}	L_F	θ_{leaf}	I		RMSE平均值	ρ	RMSE平均值	ρ	
$A3$	0.6528	6	9	20	150	10.40	0.006	10.28	0.002	0.2002
$B1$	0.3951	5	5	16	20	16.44	0.300	19.07	0.169	0.2407
$B2$	0.4892	8	6	14	69	20.14	0.019	17.86	0.051	0.2118
$B3$	0.6775	19	6	15	70	19.57	0.000	18.05	0.023	0.2076

由表10.7可知：

(1) 在超参数优化的结果中，扩展率 γ_{extend} 随数据集变化，其受训练集与验证集分布情况的综合影响。结果表明，各数据集均进行了明显的域扩展；

(2) 小样本数量影响虚拟样本的最佳数量，间接说明虚拟样本的最佳数量与其质量有相关关系；

(3) 原始训练集中加入虚拟样本构建的RF模型在验证集和测试集均有较好的表现，比小样本建模的性能均有所提升，在小样本数量为20的情况下，生成的虚拟样本最佳数量分别为82和20，建模的RMSE平均值分别为11.59和18.05，比小样本建模分别提升了10.50%和21.73%；

(4) 虚拟样本的综合评价指标(ρ)随小样本数据的增多而逐渐变小，即虚拟样本对模型性能的提升随着小样本数量的增多而变得更加困难；

(5) 混合样本与原始全体数据的分布相似度也有较明显的改善，特别是数据集 $A1$ 和 $B1$，其建模所用样本与原始数据的分布相似度分别改善了29.25%和38.05%。

图10.8分别给出了数据集 A 和 B 在测试集上的预测输出。由图10.8可知，混合样本建模的测试集输出对期望输出具有良好的拟合度，但其精度还有提升空间。

10.5.2.3 方法比较

将本章所提MOPSO-VSG与其他VSG进行了对比。前文为了研究虚拟样本与小样本数量的关系，设置了样本数量为20个、30个、40个的小样本分别进行实验；但此处为了研究该方法与其他方法相比的优越性，只采用样本数量为20个的小样本数据集 $A1$ 和 $B1$ 进行实验结果对比，更具有说服力。

实验首先采用小样本数据集 $A1$ 和 $B1$ 分别生成虚拟样本，其次将其与原始小样本混合以构建模型；最后，将所有实验均重复30次，计算相应指标，统计结果如表10.8所示。

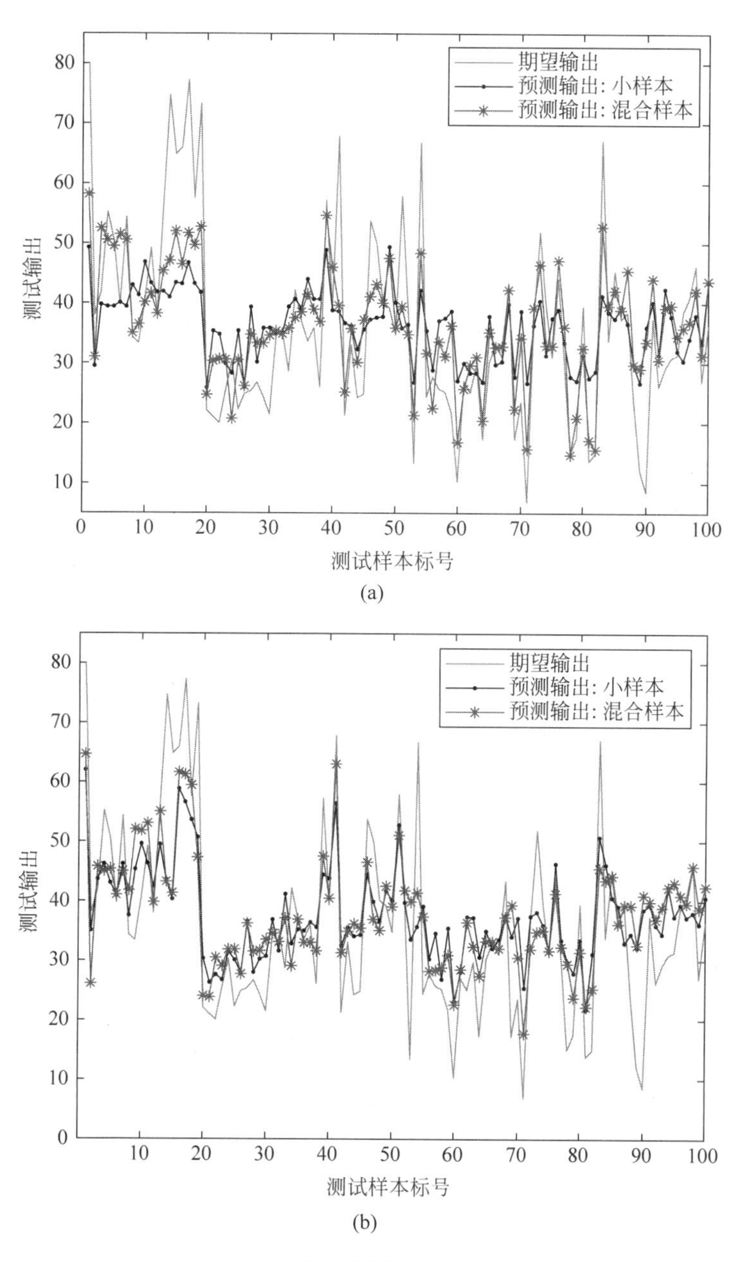

图 10.8　基准数据预测输出对比

(a) 数据集 $A1$；(b) 数据集 $A2$；(c) 数据集 $A3$；(d) 数据集 $B1$；(e) 数据集 $B2$；(f) 数据集 $B3$

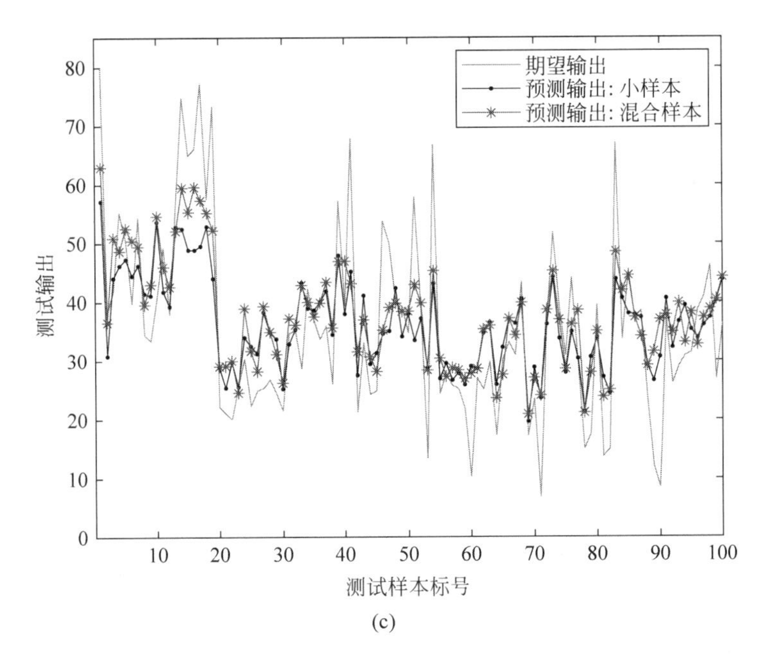
期望输出
预测输出: 小样本
预测输出: 混合样本
测试输出
测试样本标号
0
10
20
30
40
50
60
70
80
100

(c)

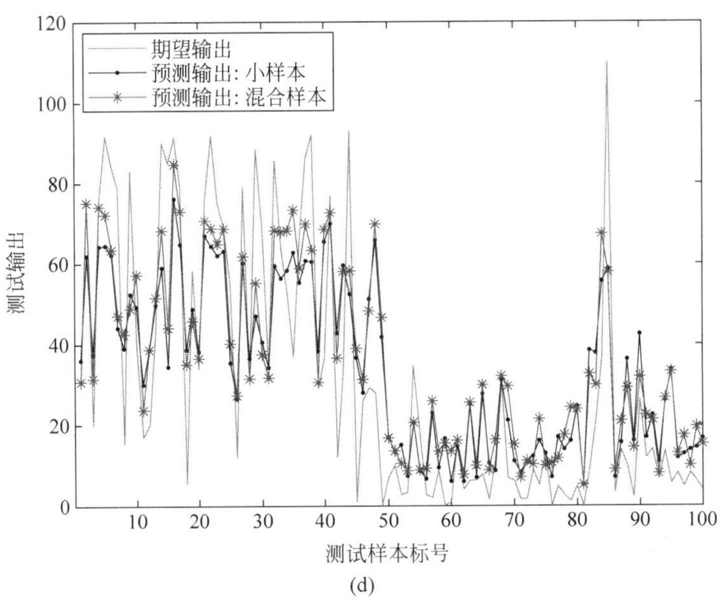
期望输出
预测输出: 小样本
预测输出: 混合样本
测试输出
测试样本标号
0
20
40
60
80
100
120

(d)

图 10.8 （续）

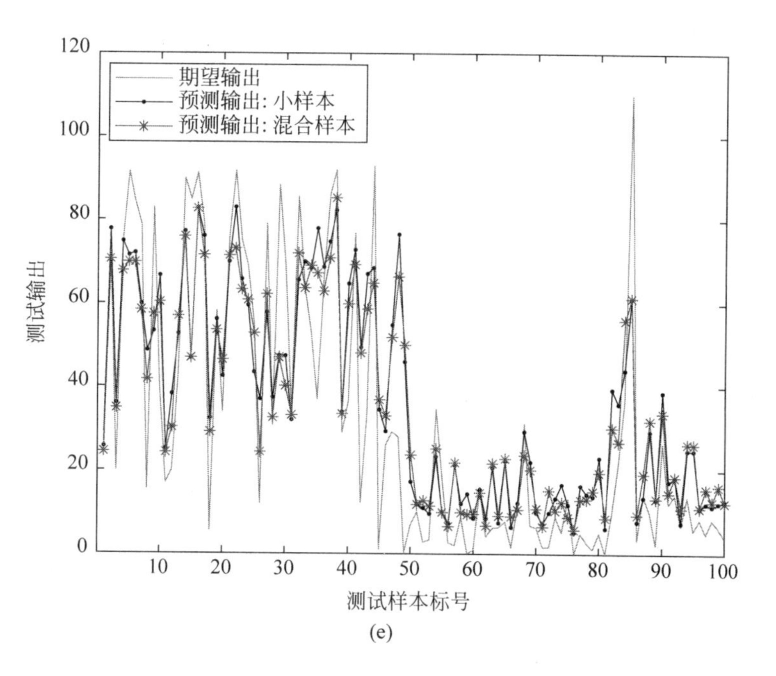
期望输出
预测输出: 小样本
预测输出: 混合样本
测试输出
测试样本标号
0
20
40
60
80
100
120
10
20
30
40
50
60
70
80
90
100
(e)

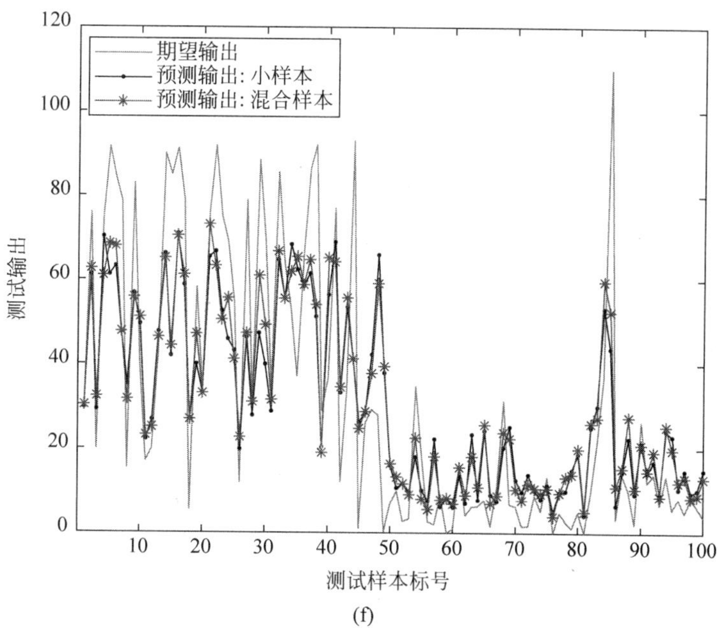
期望输出
预测输出: 小样本
预测输出: 混合样本
测试输出
测试样本标号
0
20
40
60
80
100
120
10
20
30
40
50
60
70
80
90
100
(f)

图 10.8　（续）

表 10.8 基准数据不同 VSG 的对比统计结果

数据集	方法	虚拟样本数量	混合样本 η	测试 RMSE			测试 ρ		
				平均值	方差	最优	平均值 $\times 10^{-3}$	方差 $\times 10^{-4}$	最优 $\times 10^{-3}$
$A1$	N-VSG	219	0.2770	16.47	8.785	14.11	4.09	15.44	4.62
	M-VSG	238	0.3018	17.08	8.575	13.65	2.26	19.73	4.55
	MP-VSG	165	0.2641	14.03	4.525	12.93	6.04	9.93	7.19
	MOPSO-VSG	82	0.2354	11.59	0.107	9.67	12.46	1.34	14.72
$B1$	N-VSG	176	0.2945	24.38	10.541	21.96	13.87	17.96	14.25
	M-VSG	281	0.3100	25.33	12.786	20.12	12.63	56.11	14.12
	MP-VSG	134	0.2513	20.84	3.452	19.47	17.43	4.37	18.89
	MOPSO-VSG	20	0.2076	18.05	0.062	17.84	169.26	1.57	178.69

注：N-VSG 表示非线性插值的 VSG；M-VSG 表示线性与非线性结合的混合插值 VSG；MP-VSG 表示基于插值并经过 PSO 的 VSG；MOPSO-VSG 表示基于 MOPSO 的 VSG。

由表 10.8 可知：

(1) 在虚拟样本数量最少的情况下，由混合样本构建的 RF 模型具有更好的泛化性能，其在测试集上的 RMSE 方差与最优值最小，表明本章方法生成的虚拟样本在提高模型泛化性能的同时具有较好的稳定性；

(2) 本章方法生成的虚拟样本综合评价值最大，表明所生成的虚拟样本具有更高的质量，即每个虚拟样本对模型性能提升的贡献更大；

(3) 本章方法生成的虚拟样本与训练集混合后的分布相似度最小，表明其分布更符合全体数据的分布。

10.5.3 工业数据验证

10.5.3.1 数据描述

此处采用的工业数据源于北京某基于炉排炉的 MSWI 厂，涵盖了 2012—2018 年所记录的有效 DXN 排放浓度检测样本 34 个。将原始数据预处理后，获得包含 119 维输入和 1 维输出的建模样本。由于原始样本数量较少，将数据集划分为训练集和验证集，验证集也作为测试集并将该数据集记为 C。

10.5.3.2 实验结果

设置算法相关参数如表 10.9 所示，表中分别给出了决策变量 z_{MTD}、z_{RF}^{1}、z_{RF}^{2}、z_{RWNN} 的最大值和最小值。

表 10.9 DXN 数据集基于 MOPSO 的 VSG 参数设定

数据集	P_{num}	N_{iter}	N_{refresh}	K	z_{MTD}	z_{RF}^{1}	z_{RF}^{2}	z_{RWNN}
C	30	30	3	50	(0,1)	(1,35)	(2,10)	(3,20)

采用数据集 C 对所提方法进行仿真实验，获得非支配的帕累托前沿，如图 10.9 所示。

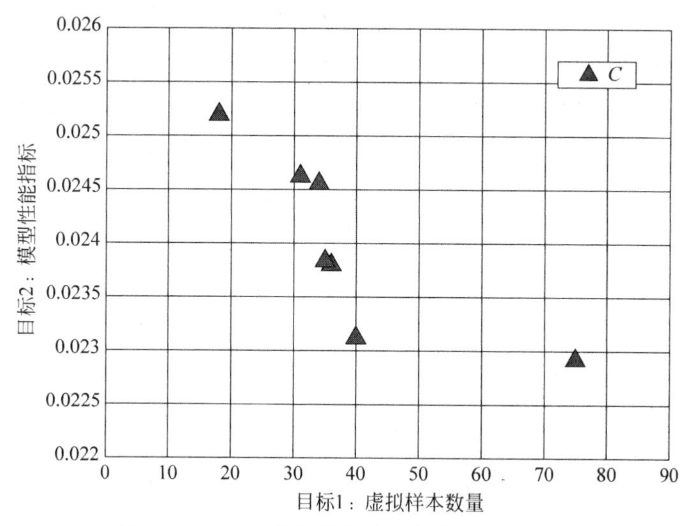

图 10.9　DXN 数据集非支配解的帕累托前沿

由图 10.9 可知，在虚拟样本数量为 40 时，模型的泛化性能较好，其中候选虚拟样本的数量均为 918。

对非支配解进行分析，由非支配解解码获得的虚拟样本的建模性能指标和综合评价指标由图 10.10 所示。

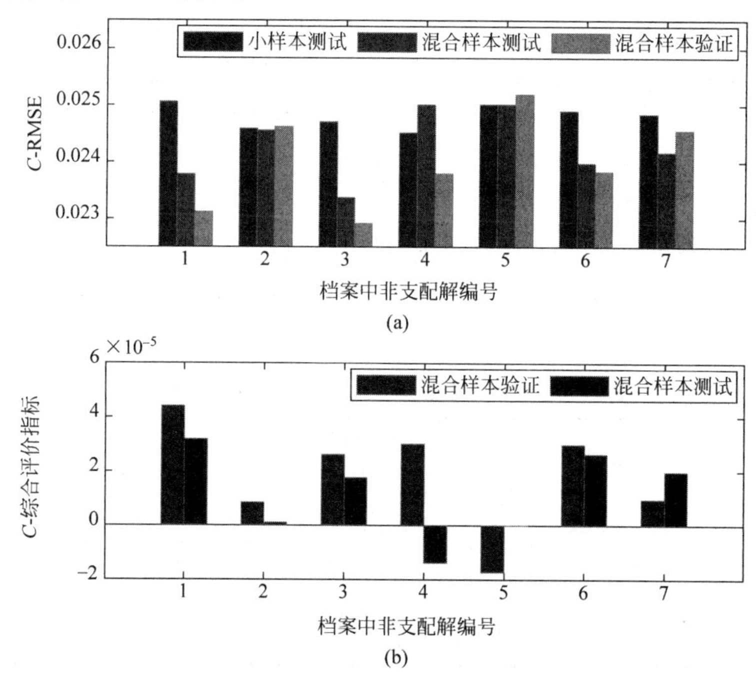

图 10.10　DXN 数据集非支配解的建模性能指标、综合评价指标对比

(a) 建模性能指标；(b) 综合评价指标

由图 10.10 可知，本章方法生成的虚拟样本在总体上可以提高模型的泛化性能；而非支配解 4 和 5 的综合评价指标为负，表明建模性能在加入虚拟样本后不仅没有得到提升反而降低了；由于测试集和验证集相同，所构建的 RF 模型在两者的表现相似但也存在一定差别。根据综合评价指标从非支配解中获取全局最优，并解码获得最优虚拟样本。如表 10.10 所示，表中展示了 5 个虚拟样本的前 7 个输入和 1 个输出。全局最优结果统计情况如表 10.11 所示。

表 10.10　DXN 数据基于 MOPSO 获得的最优虚拟样本

数据集	$\boldsymbol{X}_{\mathrm{VS}}$							$\boldsymbol{y}_{\mathrm{VS}}$
C	4.366	1.54	68.78	27.31	241.4	3.96	334.7	0.0289
	4.206	约为 0	68.94	28.15	222.5	3.77	306.8	0.0458
	4.449	7.69	72.48	30.23	222.8	3.98	315.8	0.0685
	4.432	10	71.83	30	225.9	3.99	319.5	0.0163
	4.461	17.69	74.65	30.77	228.5	3.99	321.8	0.0029

表 10.11　DXN 数据面向 VSG 的 MOPSO 混合优化全局最优解

数据集	超参数				虚拟样本数量	验证集		测试集		小样本建模	
	γ_{extend}	L_{F}	θ_{leaf}	I		RMSE 平均值	ρ	RMSE 平均值	ρ	验证 RMSE	测试 RMSE
C	0.1206	2	5	15	40	0.0231	4.41×10^{-5}	0.0238	3.18×10^{-5}	0.0259	0.0251

由表 10.11 可知，超参数 γ_{extend} 较小，表明样本域扩展程度较小，训练集与测试集的分布域较为相似；17 个训练样本生成的虚拟样本最佳数量为 40，混合样本构建的随机森林模型在验证集和测试集的表现相似，其在验证集上的 RMSE 平均值为 0.0231，比小样本建模提升了 2.51%；虚拟样本的综合评价指标大于 0 但值较小，表明所生成的虚拟样本有效但仍需改进。

10.5.3.3　方法比较

将本章所提的 MOPSO-VSG 与其他 VSG 进行对比。采用数据集 C 生成虚拟样本，将其与原始小样本混合构建模型，均重复实验 30 次，相应评价指标的统计结果如表 10.12 所示。

表 10.12　DXN 数据集不同 VSG 的对比统计结果

数据集	方法	虚拟样本数量	测试 RMSE			测试 ρ		
			平均值	方差 $\times10^{-4}$	最优	平均值 $\times10^{-5}$	方差	最优 $\times10^{-5}$
C	N-VSG	129	0.0406	0.695	0.0262	0.19	1.94×10^{-5}	0.36
	M-VSG	116	0.0403	1.331	0.0231	0.26	8.83×10^{-5}	0.53
	MP-VSG	68	0.0377	1.208	0.0218	1.04	5.16×10^{-7}	1.78
	MOPSO-VSG	40	0.0231	0.691	0.0220	3.18	4.47×10^{-9}	3.45

由表 10.12 可知，本章方法在虚拟样本数量最少的情况下，混合样本构建的 RF 模型具有更好的泛化性能，其在测试集上的 RMSE 平均值和方差较小，表明本章方法在提升模型预测性能和稳定性上具有优势；但是，在 30 次实验中，本章方法的最优 RMSE 不如 MP-VSG；另外，本章方法生成的虚拟样本有较好的综合评价指标。

10.5.4 讨论与分析

在两个基准数据集上进行仿真验证，在小样本数量为 20 个的情况下，生成的虚拟样本最佳数量分别为 82 个和 20 个，建模平均测试 RMSE 分别为 11.59 和 18.05，比小样本建模分别提升了 10.50%和 21.73%，建模所用样本与原始数据的分布相似度分别改善了 29.25%和 38.05%。将该方法应用于 DXN 排放浓度的建模问题，17 个训练样本生成的虚拟样本最佳数量为 40 个，模型在测试集上的 RMSE 平均值为 0.0231，比小样本建模提升了 2.51%。因此，本章所提的 MOPSO-VSG 能够对 VSG 过程的超参数和虚拟样本的选择进行混合优化，确保生成和优选更为合理的虚拟样本，并有效提高虚拟样本的质量和确定其最佳数量。针对不同数据集，该方法能够进行自适应的域扩展，并基于生成的虚拟样本优化确定其最佳数量。生成的虚拟样本可以明显提升模型的泛化性能，具有较好的综合评价指标，也能够提高小样本与全体数据的分布相似度，比其他方法更具优势。

本章方法涉及的参数包括种群的粒子数 P_{num}，迭代次数 N_{iter}，样例池更新阈值 N_{refresh}，RF 模型中的决策树数量 K，参数决策变量 z_{MTD}、z_{RF}^{1}、z_{RF}^{2}、z_{RWNN} 的上、下限。

(1) 种群的粒子数量 P_{num} 和迭代次数 N_{iter} 是粒子对可行域进行充分搜索的基础条件，两者的乘积代表了粒子到达可行域的位置数。在种群迭代搜索的过程中，粒子逐渐向全局最优靠拢，直至收敛到全局最优。当 P_{num} 和 N_{iter} 过小时，种群未收敛至全局最优；当 P_{num} 和 N_{iter} 过大时，种群收敛至全局最优后继续迭代会浪费较多算力。因此，P_{num} 和 N_{iter} 的确定需要综合考虑 MOPSO 的全局收敛性能与优化问题的难度。

(2) 在 MOPSO 中，学习样例引导着粒子的搜索方向和步长，决定了算法的寻优性能。而样例池更新阈值 N_{refresh} 决定了学习样例的更新频率，间接决定了算法的搜索能力和收敛性。粒子的全局最优经 N_{refresh} 次未变，需要更新其学习样例，即引导粒子跳出个体最优。当 N_{refresh} 过大时，粒子长期向旧学习样例进行学习，导致种群的全局搜索能力下降；当 N_{refresh} 过小时，粒子不断向新学习样例进行学习，导致种群收敛性变差。因此，N_{refresh} 的确定需要综合考虑优化问题的特性和迭代次数 N_{iter}。

(3) RF 模型中决策树的数量 K 影响着构建软测量模型的精度，合适的 K 使得模型具有良好的泛化性能和软测量精度，而建模数据是影响 K 的主要因素。另外，参数决策变量 z_{MTD}、z_{RF}^{1}、z_{RF}^{2}、z_{RWNN} 的上、下限决定了种群的可行域，影响着种群的搜索效率和结果，可行域过大则搜索效率会降低，可行域过小则可能错失全局最优解。因此，上述参数的取值需要根据不同的数据特征凭经验确定。

上述分析表明，可变参数的设置方式对本章方法获取最优虚拟样本具有一定影响，在选择参数时需结合实际数据的特征和应用背景。

参考文献

[1] 柴天佑. 工业过程控制系统研究现状与发展方向[J]. 中国科学：信息科学，2016，46(8)：1003-1015.

[2] 乔俊飞，郭子豪，汤健. 面向城市固废焚烧过程的二噁英排放浓度检测方法综述[J]. 自动化学报，2020，46(6)：1063-1089.

[3] ARAFAT H A，JIJAKLI K，AHSAN A. Environmental performance and energy recovery potential of five processes for municipal solid waste treatment[J]. Journal of Cleaner Production，2015，105：233-240.

[4] ZHOU H，MENG A，LONG Y，et al. A review of dioxin-related substances during municipal solid waste incineration[J]. Waste Management，2015，36：106-118.

[5] JONES P H，DEGERLACHE J，MARTI E，et al. The global exposure of man to dioxins-a perspective on industrial-waste incineration[J]. Chemosphere，1993，26：1491-1497.

[6] 汤健，乔俊飞. 基于选择性集成核学习算法的固废焚烧过程二噁英排放浓度软测量[J]. 化工学报，2019，70(2)：696-706.

[7] HE A，LI T，LI N，et al. CABNet：Category attention block for imbalanced diabetic retinopathy grading[J]. IEEE Transactions on Medical Imaging，2021，40(1)：143-153.

[8] WANG Q，WANG K，LI Q，et al. MBNN：A multi-branch neural network capable of utilizing industrial sample unbalance for fast inference[J]. IEEE Sensors Journal，2021，21(2)：1809-1819.

[9] 汤健，乔俊飞，柴天佑，等. 基于虚拟样本生成技术的多组分机械信号建模[J]. 自动化学报，2018，44(9)：1569-1589.

[10] LIN Y S，LI D C. The generalized-trend-diffusion modeling algorithm for small data sets in the early stages of manufacturing systems[J]. European Journal of Operational Research，2010，207(1)：121-130.

[11] ZHU Q，CHEN Z，ZHANG X，et al. Dealing with small sample size problems in process industry using virtual sample generation：A Kriging-based approach[J]. Soft Computing，2020，24：6889-6902.

[12] ZHANG T，CHEN J，XIE J，et al. SASLN：Signals augmented self-taught learning networks for mechanical fault diagnosis under small sample condition[J]. IEEE Transactions on Instrumentation and Measurement，2021，70：1-11.

[13] POGGIO T，VETTER T. Recognition and structure from one 2D model view：Observations onprototypes，object classes and symmetries[J]. Laboratory Massachusetts Institute of Technology，1992，1347：1-25.

[14] LI D C,LIN L S,CHEN C C,et al. Using virtual samples to improve learning performance for small datasets with multimodal distributions[J]. Soft Computing, 2019, 23(22): 11883-11900.

[15] NIYOGI P,GIROSI F,POGGIO T. Incorporating prior information in machine learning by creating virtual examples[J]. Proceedings of the IEEE,1998,86(11): 2196-2209.

[16] LI D C,HSU H C, TSAI T I,et al. A new method to help diagnose cancers for small sample size[J]. Expert Systems with Applications,2007,33(2): 420-424.

[17] ZHU Y,YAO J. A novel reliability assessment method based on virtual sample generation and failure physical model[C]//12th International Conference on Reliability,Maintainability,and Safety (ICRMS),Shanghai,China. Piscataway: IEEE Press,2018: 99-102.

[18] SCHLKOPF B,SIMARD P,SMOLA A J,et al. Prior knowledge in support vector kernels [C]//Neural Information Processing Systems 10, Denver, Colorado, USA. Cambridge: Massachusetts Institute of Technology,1997.

[19] CAI W D,MA B,ZHANG L,et al. A pointer meter recognition method based on virtual sample generation technology[J]. Measurement,2020,163: 107962.

[20] GANG H,YUAN X,WEI Z,et al. An effective method for face recognition by creating virtual training samples based on pixel processing[C]//10th International Conference on Intelligent Human-Machine Systems and Cybernetics (IHMSC), Hangzhou, China. Piscataway: IEEE Press,2018: 177-180.

[21] LUO J,TJAHJADI T. Multi-set canonical correlation analysis for 3D abnormal gait behaviour recognition based on virtual sample generation[J]. IEEE Access, 2020, 8: 32485-32501.

[22] LI D C,LIN Y S. Using virtual sample generation to build up management knowledge in the early manufacturing stages[J]. European Journal of Operational Research, 2006, 175(1): 413-434.

[23] LI D C,LIN L S. A new approach to assess product lifetime performance for small data sets[J]. European Journal of Operational Research,2013,230(2): 290-298.

[24] LIN L S,LI D C,YU W H,et al. Generating multi-modality virtual samples with soft DBSCAN for small data set learning[C]//3rd International Conference on Applied Computing and InformationTechnology/2nd International Conference on Computational Science and Intelligence,Okayama,Japan. Piscataway: IEEE Press,2015,363-368.

[25] ZHANG X H,XU Y,HE Y L,et al. Novel manifold learning based virtual sample generation for optimizing soft sensor with small data[J]. ISA Transactions, 2021, 109: 229-241.

[26] CHEN Z S,ZHU Q X,XU Y,et al. Integrating virtual sample generation with input-training neural network for solving small sample size problems: Application to purified terephthalic acid solvent system[J]. Soft Computing,2021,25(9): 1-16.

[27] LI D C,CHEN C C,CHANG C J,et al. A tree-based-trend-diffusion prediction procedure for small sample sets in the early stages of manufacturing systems[J]. Expert Systems with Applications,2012,39(1): 1575-1581.

[28] ZHU B,CHEN Z S,YU L A. A novel small sample mage-trend-diffusion technology[J]. Journal of Chemical Industry and Technology,2016,67(3): 820-826.

[29] HE Y L,WANG P J,ZHANG M Q,et al. A novel and effective nonlinear interpolation virtual sample generation method for enhancing energy prediction and analysis on small data problem: A case study of Ethylene industry[J]. Energy,2018,147: 418-427.

[30] 朱宝,乔俊飞.基于AANN特征缩放的虚拟样本生成方法及其过程建模应用[J].计算机与应用化学,2019,36(4): 304-307.

[31] 乔俊飞,郭子豪,汤健.基于改进大趋势扩散和隐含层插值的虚拟样本生成方法及应用[J].化工学报,2020,71(12): 5681-5695.

[32] TANG J,JIA M Y,LIU Z,et al. Modeling high dimensional frequency spectral data based on virtual sample generation technique[C]//IEEE International Conference on Information and Automation. Piscataway: IEEE Press,2015,1090-1095.

[33] LI D C,WEN I. A genetic algorithm-based virtual sample generation technique to improve small data set learning[J]. Neurocomputing,2014,143: 222-230.

[34] CHEN Z S,ZHU B,HE Y L,et al. PSO based virtual sample generation method for small sample sets: applications to regression datasets[J]. Engineering Applications of Artificial Intelligence,2017,59: 236-243.

[35] 汤健,王丹丹,郭子豪,等.基于虚拟样本优化选择的城市固废焚烧过程二噁英排放浓度预测[J].北京工业大学学报,2021,47(5): 431-443.

[36] 汤健,夏恒,乔俊飞,等.深度集成森林回归建模方法及应用研究[J].北京工业大学学报,2021,47(11): 1219-1229.

[37] LIANG J J,QIN A K,SUGANTHAN P N,et al. Comprehensive learning particle swarm optimizer for global optimization of multimodal functions[J]. IEEE Transactions on Evolutionary Computation,2006,10(3): 281-295.

[38] TANG J,ZHANG J,YU G,et al. Multisource latent feature selective ensemble modeling approach for small-sample high-dimension process data in application[J]. IEEE Access,2020,8: 148475-148488.

[39] 林越,刘廷章,王哲河.具有两类上限条件的虚拟样本生成数量优化[J].广西师范大学学报(自然科学版),2019,37(1): 142-148.

[40] BUNSAN S,CHEN W Y,CHEN H W,et al. Modeling the dioxin emission of a municipal solid waste incinerator using neural networks[J]. Chemosphere,2013,92: 258-264.

[41] XIAO X D,LU J W,HAI J. Prediction of dioxin emissions in flue gas from waste incineration based on support vector regression[J]. Renewable Energy Resources,2017,35(8): 1107-1114.

[42] 乔俊飞,郭子豪,汤健.基于多层特征选择的固废焚烧过程二噁英排放浓度软测量[J].信息与控制,2021,50(1): 75-87.

[43] 夏恒,汤健,乔俊飞.深度森林研究综述[J].北京工业大学学报,2022,48(2): 182-196.

[44] LIANG J J,QIN A K,SUGANTHAN P N,et al. Comprehensive learning particle swarm optimizer for global optimization of multimodal functions[J]. IEEE Transactions on Evolutionary Computation,2006,10(3): 281-295.

第 11 章

基于特征约简概率密度函数的VSG及其在MSWI过程二噁英排放软测量中的应用

第 11 章图片

11.1 引言

虽然产业自动化与信息化促成了工业大数据的发展，但面对质量指标、环保指标等难测参数，用于构建其数据驱动软测量模型的仍是小样本数据[1-2]。以MSWI 过程为例，其副产品 DXN 的排放浓度受到炉温、烟气流量、HCl 浓度等上百个易检测过程参数的影响，系统通常的长期稳态运行模式导致所采集的大量过程数据均对应着非常相似的工况。此外，离线 DXN 检测的高成本和长周期会导致真值缺失[1]，因此，用于 DXN 排放浓度软测量的有效建模样本具有数量少、分布不均衡等特性[3]。同时，通过控制实验获取工业过程中的非稳态数据、异常数据甚至故障数据的成本和风险也很高，因此，复杂工业过程难测参数的建模都面临“大数据、小样本”的问题[4]。

数据驱动建模常用于数据足够丰富且样本真值获取成本相对较低的场景[5]。研究表明，小样本问题的本质是样本中包含的建模信息不足[3]。文献[6]～文献[9]的研究认为，小样本是指有效样本数量小于 30 个或 50 个，或者样本数量小于输入特征数的 k 倍(k 取 2,5 或 10)的情况。此外，小样本也因分布稀疏而不能完全反映实际数据分布，表现出分布不平衡等问题[10-11]。因此，由小样本构建的模型往往具有片面性和偏差性，其预测结果也难以反映实际输出。目前，已有多种机器学习方法用于小样本建模，包括支持向量机[12-13]、灰色模型[14]、核回归[15]和贝叶斯网络[16-17]等。但是，在样本数量极其稀缺且分布不平衡的情况下，上述算法难以进一步提高模型的泛化性能。

由模式识别领域首次提出的 VSG[18]，通过撷取小样本数据间隙中存在的潜在信息产生适当数量的虚拟样本，进而扩增建模样本数量，以提高模型预测性能[19]，其已被成功应用于癌症识别[20]、可靠性分析[21]、机械振动信号建模[9]等诸多领域。VSG最初多用于图像识别领域[22-25]，研究者通常结合先验知识生成有效的虚拟图像样本以提高模型的泛化性能，但获得领域先验知识的难度大、耗费时间长，故各领域研究人员大多聚焦于如何从小样本中汲取知识以生成虚拟样本的方法。

面向工业过程回归建模的VSG问题较分类领域的难度更大，如何生成虚拟样本的输入和输出为主要焦点。结合实验设计中的先验知识，Tang等通过线性插值生成虚拟样本输入，再由小样本构建映射模型生成虚拟样本输出[26]。He等和朱等通过对小样本构建的神经网络模型的隐含层进行插值或缩放的策略，同时生成非线性虚拟样本的输入与输出[27-28]。为了有效填补小样本间的信息间隙，Zhu等利用距离准则识别较大的信息区间后进行克里金插值[29]，Zhang等利用流形学习寻找稀疏区域进行插值[30]，Chen等采用查询方法对稀疏区域进行插值[31]。但是，上述插值法虽然能够有效扩展建模样本数量且较大程度地填补小样本间的信息间隙，但是也因为不同程度地改变了样本的分布状态而造成了虚拟样本的冗余。Li等基于MTD提出了基于树的趋势扩散[32]，即先基于MTD对样本进行扩散，再在边界内根据随机启发机理同时生成虚拟样本的输入与输出。进一步，Zhu等[33]提出了多分布趋势扩散，在对样本的每个属性进行独立扩展后再根据不同分布生成虚拟样本输入。上述方法未考虑样本属性间的相互关系，如何基于数据分布获得有效的虚拟样本输入还有待研究。生成虚拟样本输出的一般方法是构建基于小样本的映射模型。Li等提出，当映射模型的平均绝对百分比误差(MAPE)不超过10%时，该模型可用于生成与输入对应的输出[34]。虽然通过调整模型参数可以达到上述要求，但是由于映射模型构建方法固有的差异性，采用相同输入映射的输出在稳定性和扩展性上存在较大差异。为了得到误差更小的虚拟样本输出，映射模型应该具有较好的适应性。另外，为了消除所生成虚拟样本间存在的冗余性，汤等采用PSO对虚拟样本进行了优化选择[3]，但其并未考虑建模样本的数据分布特性。

综上所述，为了获得更符合数据期望分布的虚拟样本输入、提高映射模型输出的适应性和促使生成最优虚拟样本，本章提出了基于特征约简概率密度函数(probability density function，PDF)的VSG方法。首先，提出基于特征约简概率密度函数生成虚拟样本的输入，包括对小样本输入特征进行主成分分析获得降维后相互独立的样本主成分，以减少原特征间的相关性和噪声的影响，再对其分别进行核密度估计(Kernel density estimation，KDE)，根据概率密度函数的结果分别生成虚拟候选主成分以确保虚拟样本在低维空间的分布一致性，再通过正交采样获得虚拟主成分以尽可能多地获得不同的组合模式，进行主成分分析重构后获得虚拟样本输入。为了提高映射模型对小样本数据的适应性，本章结合建模精度高、稳定性好的RF模型与预测精度稍弱、波动范围广的RWNN模型构建集成映射模型，进而生成虚拟样本输出。最后，为了生成最佳数量的"优质"虚拟样本，本章采用综合学习PSO对虚拟样本生成过程的超参数进行优化，以获得使软测量模型泛化性能最优的虚拟样本。

11.2　预备知识

11.2.1　主成分分析

工业过程数据通常是包含大量过程变量的高维样本数据，其在提供丰富信息的同时，也增加了问题分析的复杂性。另外，通常这些变量间存在相关性，若单独分析每个特征，则只能获得不切合实际的孤立结果。主成分分析能够在降低数据特征维度的同时，尽量减少数据中信息的损失，其本质是采用正交变换将高维样本映射在低维空间，使高维空间存在相关性的样本特征转换为低维不相关特征，后者即被称为“主成分”。

首先，对于 d 维样本集 $\boldsymbol{D}=\{\boldsymbol{x}_1,\boldsymbol{x}_2,\cdots,\boldsymbol{x}_n\}$ 进行中心化处理：

$$\hat{\boldsymbol{x}}_i=\boldsymbol{x}_i-\frac{1}{n}\sum_{i=1}^{n}\boldsymbol{x}_i \tag{11.1}$$

由此获得矩阵 $\boldsymbol{X}=(\hat{\boldsymbol{x}}_1,\hat{\boldsymbol{x}}_2,\cdots,\hat{\boldsymbol{x}}_n)$。

其次，计算样本的协方差矩阵 $\boldsymbol{C}=\frac{1}{n}\boldsymbol{X}\boldsymbol{X}^{\mathrm{T}}$，对其进行特征值分解并对特征值进行排序：$\lambda_1\geqslant\lambda_2\geqslant\cdots\geqslant\lambda_d$。根据给定的方差贡献率阈值 θ_{PCA} 计算主成分数量 d'：

$$\frac{\sum_{i=1}^{d'}\lambda_i}{\sum_{i=1}^{d}\lambda_i}\geqslant\theta_{\mathrm{PCA}} \tag{11.2}$$

最后，取 $\lambda_1\geqslant\lambda_2\geqslant\cdots\geqslant\lambda_{d'}$ 对应的 d' 个特征向量组成投影矩阵 $\boldsymbol{U}=(\boldsymbol{u}_1,\boldsymbol{u}_2,\cdots,\boldsymbol{u}_{d'})$，并由此计算降维后的样本 $\tilde{\boldsymbol{x}}_i$：

$$\tilde{\boldsymbol{x}}_i=\boldsymbol{U}^{\mathrm{T}}\boldsymbol{x}_i \tag{11.3}$$

由此，样本集 $\boldsymbol{D}$ 经特征降维获得样本集 $\boldsymbol{D}'=\{\tilde{\boldsymbol{x}}_1,\tilde{\boldsymbol{x}}_2,\cdots,\tilde{\boldsymbol{x}}_n\}$。

显然，降维后的样本集的采样密度更大且降低了噪声干扰。

11.2.2　核密度估计

随机变量的概率密度函数描述了随机数出现的概率。对于虚拟样本生成而言，若已知数据总体的概率密度函数，即可准确生成合理的虚拟样本。核密度估计是一种通过样本估计总体未知的概率密度函数的非参数估计方法，其无需提前假设数据符合某种分布性态，而是采用平滑的峰值函数(“核”)拟合已知样本点，从而获取总体数据的概率密度分布估计曲线。

记 $\boldsymbol{X}=\{x_1,x_2,\cdots,x_n\}$ 为独立同分布的 n 个样本点，设其总体的概率密度函数为 $f_X(x)$，则其核密度估计为

$$\hat{f}_X(x)=\frac{1}{nh}\sum_{i=1}^{n}K\left(\frac{x-x_i}{h}\right) \tag{11.4}$$

其中,x_i 为样本值;$K(\cdot)$为核函数,常用的核函数为高斯函数:

$$K(x)=\frac{1}{\sqrt{2\pi}}\exp\left(-\frac{1}{2}x^2\right) \tag{11.5}$$

核密度估计可以理解为每个样本点均符合核函数 $K(\cdot)$的分布。通过计算获得 n 个核函数,将其线性叠加并归一化后即可获得核密度估计函数。

11.3　建模策略与算法实现

本章提出基于约简 PDF 生成虚拟样本输入、基于集成映射模型生成虚拟样本输出和基于综合学习 PSO 优化虚拟样本生成过程超参数的 VSG 策略,如图 11.1 所示。

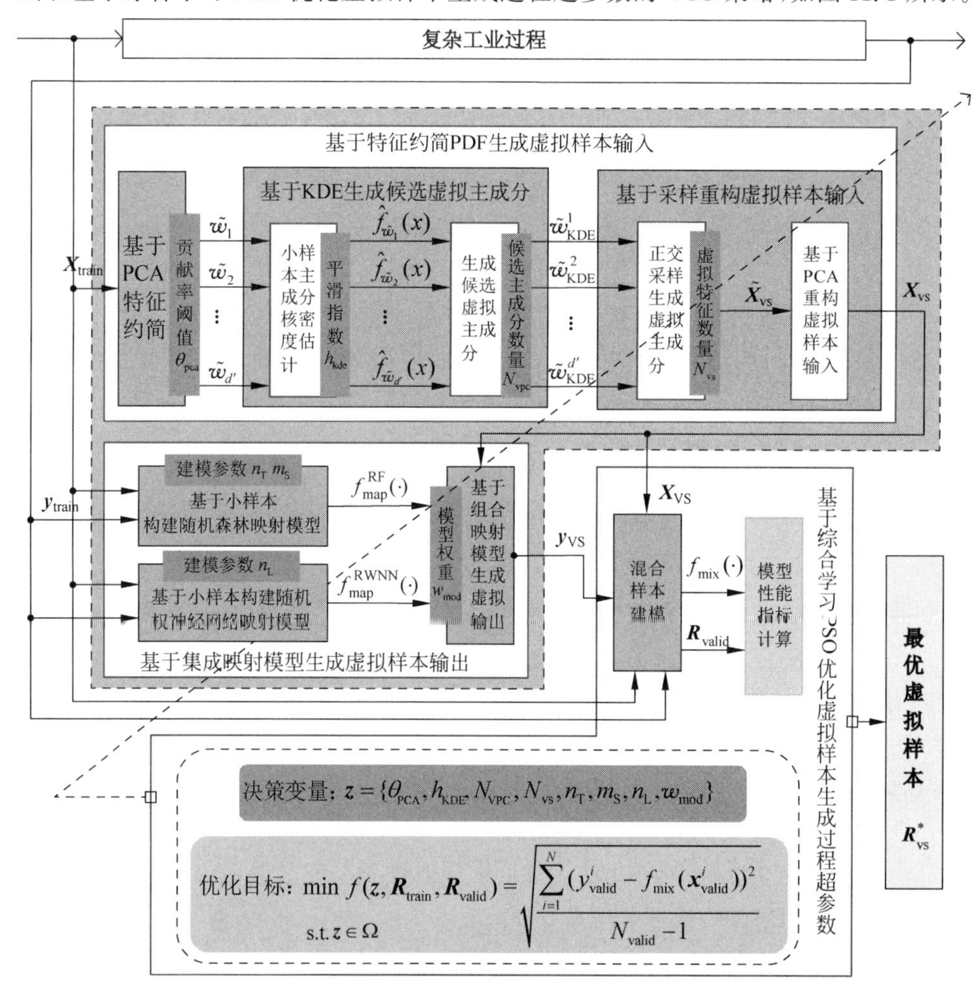

图 11.1　基于特征约简概率密度函数的虚拟样本生成策略图

在图 11.1 中，$\boldsymbol{R}_{\text{train}}=\{\boldsymbol{X}_{\text{train}},\boldsymbol{y}_{\text{train}}\}$表示小样本数据训练集，其中，$\boldsymbol{X}_{\text{train}}$ 和 $\boldsymbol{y}_{\text{train}}$ 分别表示训练集的输入与输出；$\{\tilde{\boldsymbol{w}}_1,\tilde{\boldsymbol{w}}_2,\cdots,\tilde{\boldsymbol{w}}_{d'}\}$表示 $\boldsymbol{X}_{\text{train}}$ 经 PCA 约简后的 d'个主成分；$\{\hat{f}_{\tilde{\boldsymbol{w}}_1}(x),\hat{f}_{\tilde{\boldsymbol{w}}_2}(x),\cdots,\hat{f}_{\tilde{\boldsymbol{w}}_{d'}}(x)\}$表示特征约简的核密度估计函数；$\{\tilde{\boldsymbol{w}}_{\text{KDE}}^1,\tilde{\boldsymbol{w}}_{\text{KDE}}^2,\cdots,\tilde{\boldsymbol{w}}_{\text{KDE}}^{d'}\}$表示根据核密度估计函数生成的候选虚拟主成分；$\widetilde{\boldsymbol{X}}_{\text{VS}}$ 表示候选虚拟主成分经采样后获得的虚拟主成分；$\boldsymbol{X}_{\text{VS}}$ 表示 $\widetilde{\boldsymbol{X}}_{\text{VS}}$ 重构后获得的虚拟样本输入；$f_{\text{map}}^{\text{RF}}(\cdot)$和 $f_{\text{map}}^{\text{RWNN}}(\cdot)$分别表示基于 $\boldsymbol{R}_{\text{train}}$ 构建的 RF 和 RWNN 映射模型；$\boldsymbol{y}_{\text{VS}}$ 表示由集成映射模型生成的虚拟样本输出；$f_{\text{mix}}(\cdot)$表示由 $\boldsymbol{R}_{\text{train}}$ 与 $\boldsymbol{R}_{\text{VS}}=\{\boldsymbol{X}_{\text{VS}},\boldsymbol{y}_{\text{VS}}\}$组成的混合样本构建的软测量模型；$\boldsymbol{R}_{\text{valid}}$ 表示小样本验证集；$\boldsymbol{z}=\{\theta_{\text{PCA}},h_{\text{KDE}},N_{\text{VPC}},N_{\text{VS}},n_{\text{T}},m_{\text{S}},n_{\text{L}},w_{\text{mod}}\}$表示优化虚拟样本生成过程的决策变量，其中 θ_{PCA}、h_{KDE}、N_{VPC}、N_{VS}、n_{T}、m_{S}、n_{L} 和 w_{mod} 分别表示主成分贡献率、KDE 平滑指数、候选虚拟主成分、虚拟样本数量、3 个映射模型的建模参数、模型集成权重；Ω 表示决策变量的可行域。

11.3.1 基于特征约简概率密度函数生成虚拟样本输入

11.3.1.1 基于 PCA 的特征约简

对于小样本训练集 $\boldsymbol{R}_{\text{train}}$ 的 d 维输入特征 $\boldsymbol{X}_{\text{train}}=\{\boldsymbol{x}_1,\boldsymbol{x}_2,\cdots,\boldsymbol{x}_{N_{\text{train}}}\}$进行主成分分析。

首先，分别对样本进行中心化处理，然后将其排列为 $d\times N_{\text{train}}$ 的矩阵 $\hat{\boldsymbol{X}}$。

其次，计算其协方差矩阵 $\boldsymbol{C}_{\text{train}}=\dfrac{1}{N_{\text{train}}}\hat{\boldsymbol{X}}\hat{\boldsymbol{X}}^{\text{T}}$ 并进行特征值分解，特征值排序为 $\lambda_1\geqslant\lambda_2\geqslant\cdots\geqslant\lambda_d$。

再次，根据设定的方差贡献率阈值 θ_{PCA} 计算主成分数量 d'。

最后，取 $\lambda_1\geqslant\lambda_2\geqslant\cdots\geqslant\lambda_{d'}$ 对应的 d'个特征向量组成投影矩阵 $\boldsymbol{U}_{\text{train}}=(\boldsymbol{u}_1,\boldsymbol{u}_2,\cdots,\boldsymbol{u}_{d'})$，并由此计算降维后的样本矩阵：

$$\widetilde{\boldsymbol{X}}_{\text{train}}=\boldsymbol{U}_{\text{train}}^{\text{T}}\boldsymbol{X}_{\text{train}} \tag{11.6}$$

其中，$\widetilde{\boldsymbol{X}}_{\text{train}}=\{\tilde{\boldsymbol{x}}_1,\tilde{\boldsymbol{x}}_2,\cdots,\tilde{\boldsymbol{x}}_{N_{\text{train}}}\}$为降维后训练集的输入，每个样本均包含 d'个特征，即 $\tilde{\boldsymbol{x}}_i=(\tilde{w}_{i1},\tilde{w}_{i2},\cdots,\tilde{w}_{id'})$。

相应地，$\boldsymbol{X}_{\text{train}}$ 的 d'个主成分表示为$\{\tilde{\boldsymbol{w}}_1,\tilde{\boldsymbol{w}}_2,\cdots,\tilde{\boldsymbol{w}}_{d'}\}$。其中，$\tilde{\boldsymbol{w}}_i=(\tilde{w}_{1i},\tilde{w}_{2i},\cdots,\tilde{w}_{N_{\text{train}}i})$。

11.3.1.2 基于 KDE 生成候选虚拟主成分

对基于 PCA 特征约简后的 $\boldsymbol{X}_{\text{train}}$ 主成分$\{\tilde{\boldsymbol{w}}_1,\tilde{\boldsymbol{w}}_2,\cdots,\tilde{\boldsymbol{w}}_{d'}\}$进行核密度估计，以第 i 个主成分 $\tilde{\boldsymbol{w}}_i=(\tilde{w}_{1i},\tilde{w}_{2i},\cdots,\tilde{w}_{N_{\text{train}}i})$为例，根据式(11.4)计算 $\tilde{\boldsymbol{w}}_i$ 的核密度估计 $\hat{f}_{\tilde{\boldsymbol{w}}_i}(x)$为

$$\hat{f}_{\tilde{w}_i}(x)=\frac{1}{N_{\text{train}}h_{\text{KDE}}}\sum_{j=1}^{N_{\text{train}}}K\left(\frac{x-\tilde{\boldsymbol{w}}_{ji}}{h_{\text{KDE}}}\right) \tag{11.7}$$

其中,h_{KDE} 为核密度估计的平滑指数。

理论上,h_{KDE} 应该趋近于 0,但若 h_{KDE} 太小,由于小样本数量十分有限,邻域 $(x-h_{\text{kde}},x+h_{\text{kde}})$ 中参与拟合的真实样本点会过少。

本章选用如式(11.5)所示的高斯函数作为核函数,每个样本点对应的高斯分布的方差为 h_{KDE},平均值为样本值 $\tilde{w}_{ji}$,则 $\hat{f}_{\tilde{w}_i}(x)$ 为

$$\hat{f}_{\tilde{w}_i}(x)=\frac{1}{\sqrt{2\pi}\cdot N_{\text{train}}h_{\text{KDE}}}\sum_{j=1}^{N_{\text{train}}}\exp\left(-\frac{1}{2}\left(\frac{x-\tilde{\boldsymbol{w}}_{ji}}{h_{\text{KDE}}}\right)^2\right) \tag{11.8}$$

基于上述主成分的核密度估计结果,生成符合主成分分布的候选虚拟主成分。

后文将描述基于反演法生成 N_{VPC} 个符合核密度 $\hat{f}_{\tilde{w}_i}(x)$ 的虚拟候选主成分的步骤。

首先,对于组成 $\hat{f}_{\tilde{w}_i}(x)$ 的高斯函数之一——$K\left(\frac{x-\tilde{w}_{ji}}{h_{\text{KDE}}}\right)=\frac{1}{\sqrt{2\pi}}\exp\left(-\frac{1}{2}\left(\frac{x-\tilde{w}_{ji}}{h_{\text{KDE}}}\right)^2\right)$ 生成 $\frac{N_{\text{VPC}}}{N_{\text{train}}}$ 个候选虚拟主成分 $\tilde{w}_{\text{KDE}}^{ji}$。其中,$\tilde{w}_{\text{KDE}}^{ji}\sim N(\tilde{w}_{ji},h_{\text{KDE}})$,$j=1,2,\cdots,N_{\text{train}}$,即 $\tilde{w}_{\text{KDE}}^{ji}$ 服从平均值为 $\tilde{w}_{ji}$,方差为 h_{KDE} 的正态分布。

其次,为组成 $\hat{f}_{\tilde{w}_i}(x)$ 的 N_{train} 个高斯函数均生成符合其分布的 $\frac{N_{\text{VPC}}}{N_{\text{train}}}$ 个候选虚拟主成分,可以获得符合主成分 $\tilde{\boldsymbol{w}}_i$ 概率分布的候选虚拟主成分 $\tilde{\boldsymbol{w}}_{\text{KDE}}^i$。

最后,对于主成分 $\{\tilde{\boldsymbol{w}}_1,\tilde{\boldsymbol{w}}_2,\cdots,\tilde{\boldsymbol{w}}_{d'}\}$ 分别生成候选虚拟主成分 $\{\tilde{\boldsymbol{w}}_{\text{KDE}}^1,\tilde{\boldsymbol{w}}_{\text{KDE}}^2,\cdots,\tilde{\boldsymbol{w}}_{\text{KDE}}^{d'}\}$,其中各候选虚拟主成分间无对应关系。

11.3.1.3 基于采样重构虚拟样本输入

根据 $\boldsymbol{X}_{\text{train}}$ 的主成分分布估计生成的候选虚拟主成分 $\{\tilde{\boldsymbol{w}}_{\text{KDE}}^1,\tilde{\boldsymbol{w}}_{\text{KDE}}^2,\cdots,\tilde{\boldsymbol{w}}_{\text{KDE}}^{d'}\}$ 之间相互独立,为了最大限度获得更多的组合模式,通过对各候选虚拟主成分进行随机正交采样获得主成分间相互关联的虚拟主成分 $\tilde{\boldsymbol{X}}_{\text{VS}}=\{\tilde{\boldsymbol{x}}_{\text{VS}}^1,\tilde{\boldsymbol{x}}_{\text{VS}}^2,\cdots,\tilde{\boldsymbol{x}}_{\text{VS}}^{N_{\text{VS}}}\}$,$\tilde{\boldsymbol{x}}_{\text{VS}}^i$ 的生成方式为

$$\tilde{\boldsymbol{x}}_{\text{VS}}^i=\{\tilde{\boldsymbol{w}}_{\text{KDE}}^{j\,\text{rand}}\mid\tilde{\boldsymbol{w}}_{\text{KDE}}^{j\,\text{rand}}\in\tilde{\boldsymbol{w}}_{\text{KDE}}^j,j=1,2,\cdots,d'\} \tag{11.9}$$

其中,rand 表示 $[1,N_{\text{VPC}}]$ 中的随机整数。

因此,$\tilde{\boldsymbol{x}}_{\text{VS}}^i$ 的生成方式可描述为从 d' 个虚拟候选主成分中各随机抽取一个组成 d' 维虚拟样本输入的主成分 $\tilde{\boldsymbol{x}}_{\text{VS}}^i$。

对生成的虚拟样本输入的主成分 $\tilde{\boldsymbol{X}}_{\text{VS}}$ 进行 PCA 重构以获得虚拟样本输入

$\boldsymbol{X}_{\mathrm{VS}}$,则 $\boldsymbol{x}_{\mathrm{VS}}^{i}$ 的计算方法为

$$\boldsymbol{x}_{\mathrm{VS}}^{i}=(\boldsymbol{U}_{\mathrm{train}}^{\mathrm{T}})^{-1}\tilde{\boldsymbol{x}}_{\mathrm{VS}}^{i}+\bar{\boldsymbol{x}}_{\mathrm{train}} \tag{11.10}$$

其中,$\bar{\boldsymbol{x}}_{\mathrm{train}}=\frac{1}{N_{\mathrm{train}}}\sum_{i=1}^{N_{\mathrm{train}}}\boldsymbol{x}_{i}$,是训练集输入 $\boldsymbol{X}_{\mathrm{train}}$ 的均值向量。

11.3.2　基于集成模型生成虚拟样本输出

首先,采用前述方法基于小样本训练集 $\boldsymbol{R}_{\mathrm{train}}$ 构建 RF 映射模型 $f_{\mathrm{map}}^{\mathrm{RF}}(\cdot)$,其 RF 伪代码如表 4.1 所示。其中,$n_{\mathrm{T}}$ 表示构建 RF 映射模型中决策树的数量,m_{S} 表示决策树中叶节点包含的样本数阈值。

其次,采用前述方法基于原始训练集 $\boldsymbol{R}_{\mathrm{train}}$ 构建 RWNN 映射模型 $f_{\mathrm{map}}^{\mathrm{RWNN}}(\cdot)$,其输入层与隐含层间神经元的连接权重和偏置分别被随机设置为 $\boldsymbol{w}=\{\boldsymbol{w}_1,\boldsymbol{w}_2,\cdots,\boldsymbol{w}_I\}$ 和 $\boldsymbol{b}=\{b_1,b_2,\cdots,b_N\}^{\mathrm{T}}$,计算其隐含层与输出层神经元的连接权重为$\boldsymbol{\beta}$,采用 n_{L} 表示隐含层神经元数量。

再次,基于 RF 与 RWNN 映射模型获得集成映射模型以生成虚拟样本输出,如图 11.2 所示。

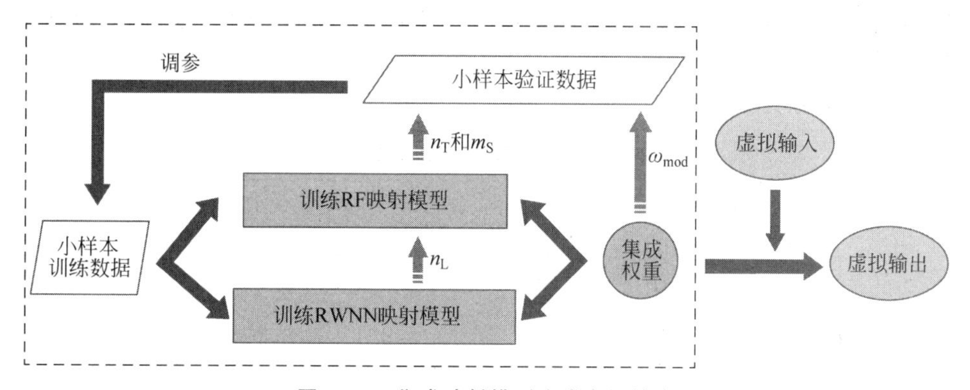

图 11.2　集成映射模型生成虚拟输出

由图 11.2 可知,通过调节 RF 和 RWNN 映射模型的参数,以及两者的集成权重,获得适应性更高的集成映射模型,生成虚拟样本输出。

计算基于 RF 映射模型的虚拟输出 $\boldsymbol{y}_{\mathrm{VS}}^{\mathrm{RF}}$:

$$\boldsymbol{y}_{\mathrm{VS}}^{\mathrm{RF}}=f_{\mathrm{map}}^{\mathrm{RF}}(\boldsymbol{X}_{\mathrm{VS}})=\frac{1}{n_{\mathrm{T}}}\sum_{k=1}^{n_{\mathrm{T}}}f_{\mathrm{tree}}^{k}(\boldsymbol{X}_{\mathrm{VS}}) \tag{11.11}$$

计算基于 RWNN 映射模型的虚拟输出 $\boldsymbol{y}_{\mathrm{VS}}^{\mathrm{RWNN}}$:

$$\boldsymbol{y}_{\mathrm{VS}}^{\mathrm{RWNN}}=f_{\mathrm{map}}^{\mathrm{RWNN}}(\boldsymbol{X}_{\mathrm{VS}})=\Gamma_{\mathrm{map}}(\boldsymbol{w},\boldsymbol{b},\boldsymbol{X}_{\mathrm{VS}})\boldsymbol{\beta}=\boldsymbol{H}^{\mathrm{VS}}\boldsymbol{\beta} \tag{11.12}$$

进而,基于 $\boldsymbol{y}_{\mathrm{VS}}^{\mathrm{RF}}$ 和 $\boldsymbol{y}_{\mathrm{VS}}^{\mathrm{RWNN}}$,获得虚拟输出 $\boldsymbol{y}_{\mathrm{VS}}$:

$$\boldsymbol{y}_{\mathrm{VS}}=w_{\mathrm{mod}}\cdot\boldsymbol{y}_{\mathrm{VS}}^{\mathrm{RF}}+(1-\omega_{\mathrm{mod}})\cdot\boldsymbol{y}_{\mathrm{VS}}^{\mathrm{RWNN}} \tag{11.13}$$

由此,获得虚拟样本 $\boldsymbol{R}_{\mathrm{VS}}=\{\boldsymbol{X}_{\mathrm{VS}},\boldsymbol{y}_{\mathrm{VS}}\}$。

11.3.3 基于综合学习 PSO 优化 VSG 过程的超参数

虚拟样本生成过程中涉及的主成分贡献率 θ_{PCA}、KDE 平滑指数 h_{KDE}、虚拟变量数 N_{VPC}、虚拟样本数量 N_{VS}、映射模型参数$\{n_{\mathrm{T}},m_{\mathrm{S}},n_{\mathrm{L}}\}$和模型组合权重 w_{mod} 等参数都会影响虚拟样本的优劣。本章采用综合学习 PSO 来优化这些参数。

对于本章所提 VSG 过程中的参数优化问题，其优化目标可以描述为

$$\begin{cases}\min & f(\boldsymbol{z},\boldsymbol{R}_{\mathrm{train}},\boldsymbol{R}_{\mathrm{valid}})=\sqrt{\sum_{i=1}^{N}(y_{\mathrm{valid}}^{i}-f_{\mathrm{mix}}(\boldsymbol{x}_{\mathrm{valid}}^{i}))^2/(N_{\mathrm{valid}}-1)}\\ \mathrm{s.t.} & \boldsymbol{z}\in\Omega\end{cases} \tag{11.14}$$

其中，$f(\boldsymbol{z},\boldsymbol{R}_{\mathrm{train}},\boldsymbol{R}_{\mathrm{valid}})$表示虚拟样本与小样本训练集组成的混合样本构建的模型在验证集上的 RMSE；$f_{\mathrm{mix}}(\cdot)$表示混合样本构建的软测量模型；$\boldsymbol{z}=\{\theta_{\mathrm{PCA}},h_{\mathrm{KDE}},N_{\mathrm{VPC}},N_{\mathrm{VS}},n_{\mathrm{T}},m_{\mathrm{S}},n_{\mathrm{L}},w_{\mathrm{mod}}\}$表示该优化问题的决策变量，包含虚拟样本生成过程的 8 个参数；$\boldsymbol{z}\in\Omega$ 表示决策变量的可行域空间，其范围根据具体问题确定。

采用综合学习 PSO 对上述优化问题进行求解，获得最优的虚拟样本，确保构建的混合样本软测量模型泛化性能最优，同时也优化了虚拟样本的数量，具体优化过程见第 10 章。

表 11.1 为实现本章方法的伪代码。

表 11.1 基于特征约简概率密度函数的 VSG 伪代码

1.	初始化算法参数和种群
2.	For $n=1$ to N_{iter}
3.	For $p=1$ to P_{num}
4.	更新粒子速度$\boldsymbol{v}^{\mathrm{p}}$
5.	更新粒子决策变量的位置 $\boldsymbol{z}^{p}=\{z_1^p,z_2^p,\cdots,z_8^p\}$
	//生成虚拟样本输入
6.	粒子的决策变量 z_1^p 为主成分方差贡献率赋值，即 $\theta_{\mathrm{PCA}}\leftarrow z_1^p$
7.	对 $\boldsymbol{X}_{\mathrm{train}}$ 进行主成分分析，获得投影矩阵 $\boldsymbol{U}_{\mathrm{train}}$ 与 d' 个主成分$\{\tilde{\boldsymbol{w}}_1,\tilde{\boldsymbol{w}}_2,\cdots,\tilde{\boldsymbol{w}}_{d'}\}$
8.	粒子的决策变量 z_2^p 为 KDE 平滑指数赋值，即 $h_{\mathrm{KDE}}\leftarrow z_2^p$
9.	计算$\{\tilde{\boldsymbol{w}}_1,\tilde{\boldsymbol{w}}_2,\cdots,\tilde{\boldsymbol{w}}_{d'}\}$的核密度估计函数$\{\hat{f}_{\tilde{\boldsymbol{w}}_1}(x),\hat{f}_{\tilde{\boldsymbol{w}}_2}(x),\cdots,\hat{f}_{\tilde{\boldsymbol{w}}_{d'}}(x)\}$
10.	粒子的决策变量 z_3^p 为候选虚拟主成分数量赋值，即 $N_{\mathrm{VPC}}\leftarrow z_3^p$
11.	根据$\{\hat{f}_{\tilde{\boldsymbol{w}}_1}(x),\hat{f}_{\tilde{\boldsymbol{w}}_2}(x),\cdots,\hat{f}_{\tilde{\boldsymbol{w}}_{d'}}(x)\}$分别生成 N_{VPC} 个候选虚拟主成分$\{\tilde{\boldsymbol{w}}_{\mathrm{KDE}}^1,\tilde{\boldsymbol{w}}_{\mathrm{KDE}}^2,\cdots,\tilde{\boldsymbol{w}}_{\mathrm{KDE}}^{d'}\}$
12.	粒子的决策变量 z_4^p 为虚拟样本数量赋值，即 $N_{\mathrm{VS}}\leftarrow z_4^p$；
13.	采样生成 N_{VS} 个虚拟主成分 $\tilde{\boldsymbol{X}}_{\mathrm{VS}}=(\tilde{\boldsymbol{x}}_{\mathrm{VS}}^1;\ \tilde{\boldsymbol{x}}_{\mathrm{VS}}^2;\ \cdots;\ \tilde{\boldsymbol{x}}_{\mathrm{VS}}^{N_{\mathrm{VS}}})$

续表

14.	将虚拟主成分重构为虚拟样本输入 $\boldsymbol{X}_{\mathrm{VS}}=\{\boldsymbol{x}_{\mathrm{VS}}^{1},\boldsymbol{x}_{\mathrm{VS}}^{2},\cdots,\boldsymbol{x}_{\mathrm{VS}}^{N_{\mathrm{VS}}}\}$
	//生成虚拟样本输出
15.	粒子的决策变量 z_5^p 和 z_6^p 为 RF 映射模型参数赋值，即 $n_{\mathrm{T}}\leftarrow z_5^p,m_{\mathrm{S}}\leftarrow z_6^p$
16.	构建基于 $\boldsymbol{R}_{\mathrm{train}}$ 的 RF 映射模型 $f_{\mathrm{map}}^{\mathrm{RF}}(\cdot)$
17.	粒子的决策变量 z_7^p 为 RWNN 映射模型参数赋值，即 $n_{\mathrm{L}}\leftarrow z_7^p$
18.	构建基于 $\boldsymbol{R}_{\mathrm{train}}$ 的 RWNN 映射模型 $f_{\mathrm{map}}^{\mathrm{RWNN}}(\cdot)$
19.	粒子的决策变量 z_8^p 为集成映射模型集成权重赋值，即 $\omega_{\mathrm{mod}}\leftarrow z_8^p$
20.	计算基于集成映射模型的虚拟样本输出 $\boldsymbol{y}_{\mathrm{VS}}$
	//适应度计算
21.	基于 $\boldsymbol{R}_{\mathrm{train}}$ 和 $\boldsymbol{R}_{\mathrm{VS}}=\{\boldsymbol{X}_{\mathrm{VS}},\boldsymbol{y}_{\mathrm{VS}}\}$ 组成的混合样本，构建 RF 软测量模型 $f_{\mathrm{mix}}(\cdot)$
22.	使用验证集 $\boldsymbol{R}_{\mathrm{valid}}$ 计算 $f_{\mathrm{mix}}(\cdot)$ 的软测量 RMSE，作为粒子的适应度
23.	更新个体最优 $\boldsymbol{d}^p$，并令 n_{refresh}，若 $\boldsymbol{d}^p$ 未更新则 n_{refresh} ++
24.	End for
25.	计算种群全局最优粒子个体最优 $\boldsymbol{g}$
26.	根据粒子个体最优 $\boldsymbol{d}^p$ 计算粒子排序 rank^p，并计算学习概率 P_c^p
27.	If $n_{\mathrm{refresh}}\geqslant N_{\mathrm{refresh}}$ //粒子 p 的个体最优在 N_{refresh} 次迭代后仍未被更新
28.	更新粒子学习样例 E^p
29.	End if
30.	End for
31.	根据全局最优 $\boldsymbol{g}$，获得最优虚拟样本 $\boldsymbol{R}_{\mathrm{VS}}^{*}$

11.4 仿真验证

采用 UCI 平台的基准数据集，设计不同的小样本集生成虚拟样本，通过虚拟样本的建模性能与分布情况验证本章所提 VSG 的有效性；采用 MSWI 过程的 DXN 排放浓度数据生成虚拟样本，构建软测量模型。

11.4.1 评价指标描述

对于数据集 $\boldsymbol{X}=\{\boldsymbol{x}_1,\boldsymbol{x}_2,\cdots,\boldsymbol{x}_N\}$，定义指标 D_{ave}^{k} 和 $D_{\min}^{k}$ 用于评价样本空间分布的稀疏程度：

$$D_{\mathrm{ave}}^{k}=\frac{1}{N\cdot k_{\mathrm{nst}}}\sum_{n=1}^{N}\sum_{i=1}^{k_{\mathrm{nst}}}E(\boldsymbol{x}_n,\boldsymbol{x}_{n,i}) \tag{11.15}$$

$$D_{\min}^{k}=\min_{n=1\sim N}\left(\min_{i=1\sim k_{\mathrm{nst}}}E(\boldsymbol{x}_n,\boldsymbol{x}_{n,i})\right) \tag{11.16}$$

其中，D_{ave}^{k} 和 $D_{\min}^{k}$ 分别表示样本与其 k 近邻间的平均距离和最小欧氏距离，$\boldsymbol{x}_{n,i}$ 表示 $\boldsymbol{x}_n$ 的第 i 个 k 近邻，k_{nst} 表示设定的样本的近邻数量。$E(\boldsymbol{x}_n,\boldsymbol{x}_{n,i})$ 表示 $\boldsymbol{x}_n$

和 $\boldsymbol{x}_{n,i}$ 的欧氏距离：

$$E(\boldsymbol{x}_n,\boldsymbol{x}_{n,i})=\sqrt{\sum_{j=1}^{d}(x_n^j-x_{n,i}^j)^2} \tag{11.17}$$

其中，$\boldsymbol{x}_n=(x_n^1,x_n^2,\cdots,x_n^d)$。

11.4.2 基准数据集

11.4.2.1 实验数据描述

基准数据集为“混凝土抗压强度”数据集，共有数据 1030 组，包含 8 个输入变量（水泥、高炉渣、粉煤灰、水、超塑化剂、粗骨料、细骨料、龄期）和 1 个输出变量（混凝土抗压强度）。

为验证本章所提 VSG 的合理性和有效性，分别对数据集（$A1$、$A2$、$A3$）进行处理，随机获取 10 个、20 个和 30 个小样本，对应随机获取 10 个、20 个和 30 个验证样本，并等间隔获取 100 个测试样本，分别计算各数据集与其全体数据的概率分布相似度 η，以及空间分布稀疏度指标 D_{ave}^k 和 $D_{\min}^k$，如表 11.2 所示。

表 11.2 基准数据集划分

数据集	特征数	数量	训练集			数量	验证集			数量	测试集			实验数据编号
			η	D_{ave}^k	$D_{\min}^k$		η	D_{ave}^k	$D_{\min}^k$		η	D_{ave}^k	$D_{\min}^k$	
混凝土抗压强度	8	10	0.469	3.83	1.24	10	0.440	3.83	1.54	—	—	—	—	$A1$
		20	0.354	3.07	0.90	20	0.369	3.15	1.02	100	0.126	1.91	0.05	$A2$
		30	0.288	2.73	0.54	30	0.254	2.72	0.57	—	—	—	—	$A3$

11.4.2.2 实验结果

对数据集 $A1$、$A2$ 和 $A3$ 的实验数据进行仿真实验，其中，综合学习 PSO 的参数设定如表 11.3 所示。

表 11.3 基准数据基于综合学习 PSO 的 VSG 过程参数设定

参数		P_{num}	N^{iter}	N_{refresh}	θ_{PCA}	h_{KDE}	N_{VPC}	N_{VS}	n_{T}	m_{S}	n_{L}	ω_{mod}
设定值/范围	最小值	30	30	3	0.2	0.3	0	5	5	1	2	0.1
	最大值				0.99	0.99	200	200	30	12	20	0.9

表 11.3 中分别给出了 P_{num}、N_{iter} 和 N_{refresh} 的设定值，即综合学习 PSO 的种群粒子数量、迭代次数和学习样例更新阈值，以及 θ_{PCA}、h_{KDE}、N_{VPC}、N_{VS}、n_{T}、m_{S}、n_{L} 和 w_{mod} 的最大值与最小值，即决策变量 z 的寻优范围。

1. 基于特征约简概率密度函数生成虚拟样本输入结果

针对数据集 $A1$、$A2$、$A3$ 的训练集和混凝土抗压强度的全体数据进行主成分分析，如图 11.3 所示。

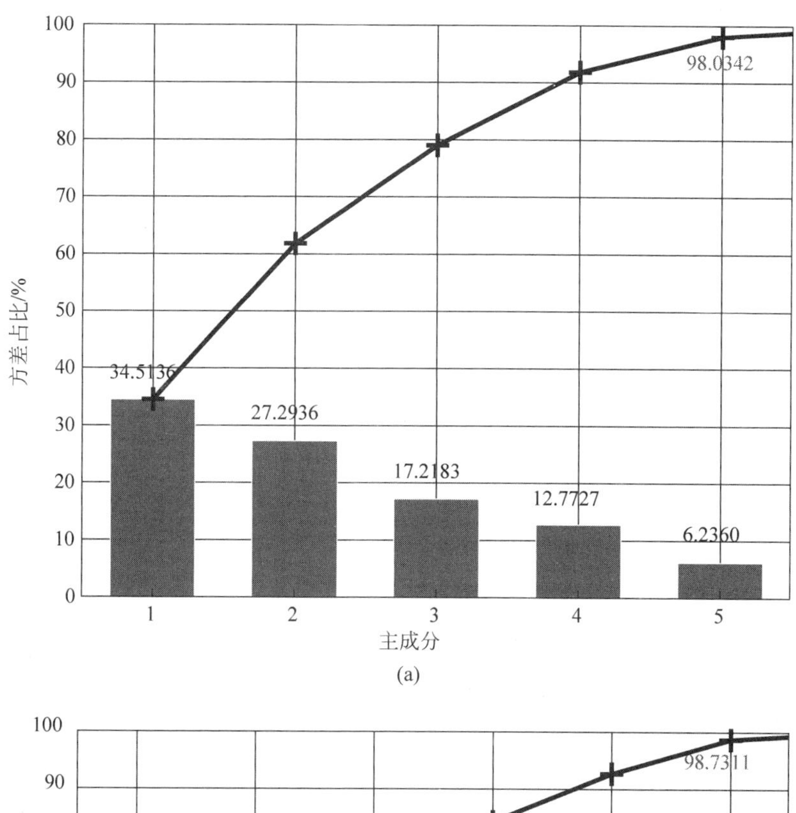

(a)

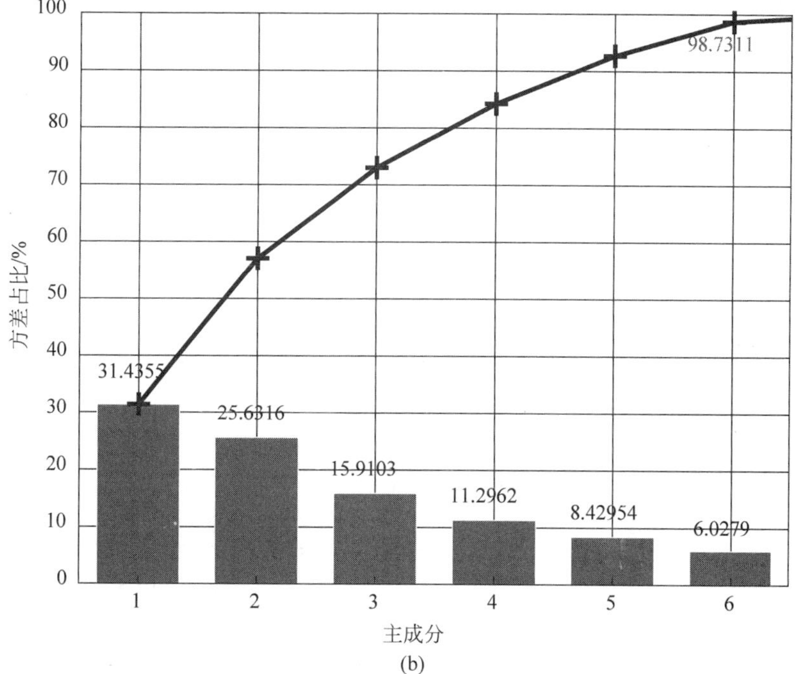

(b)

图 11.3　基准数据主成分分析结果

(a) 数据集 $A1$；(b) 实验数据集 $A2$；(c) 实验数据集 $A3$；(d) 全体数据

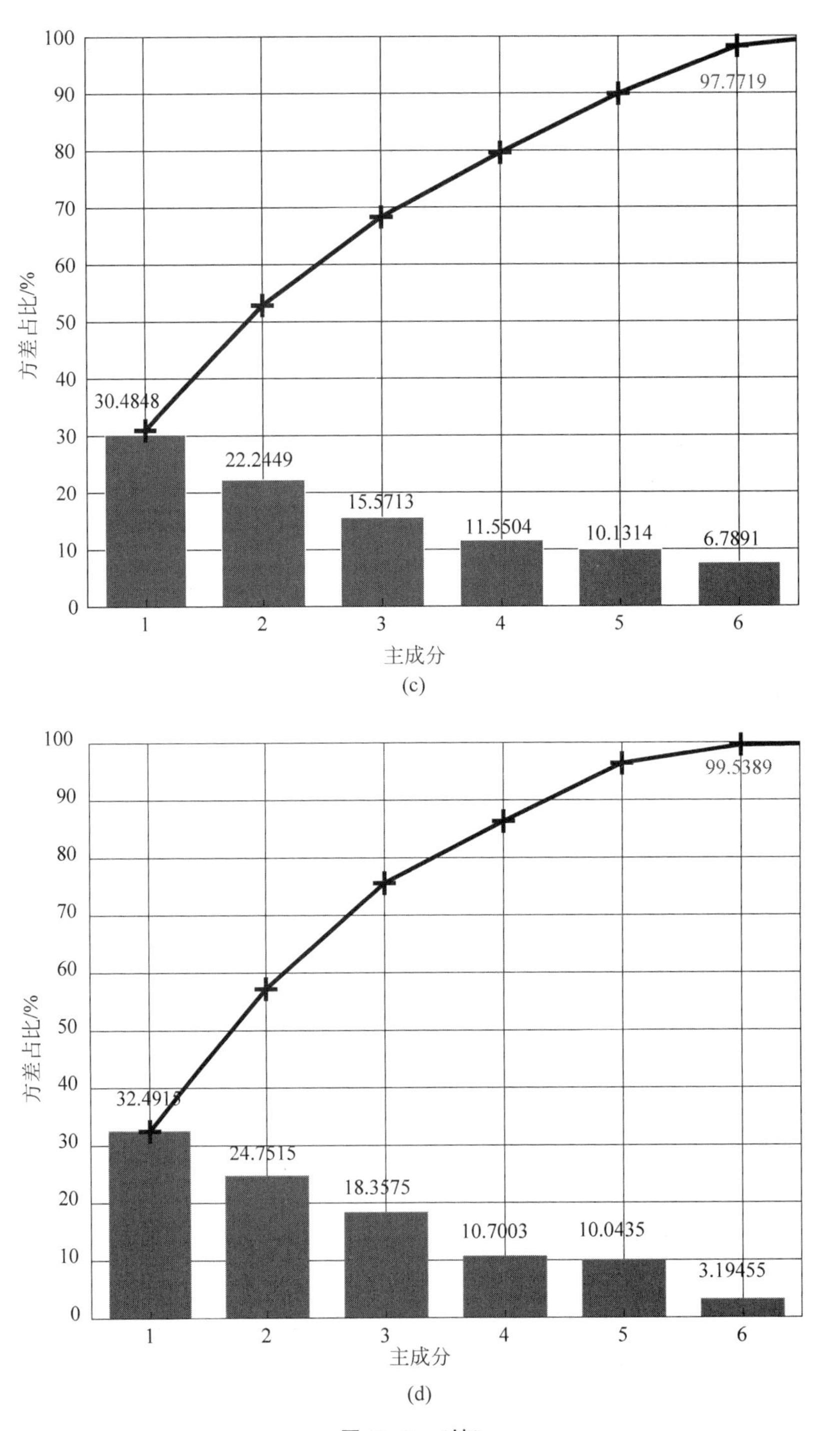
100
90
80
70
60
50
40
30
20
10
0
方差占比/%
30.4848
22.2449
15.5713
11.5504
10.1314
6.7891
97.7719
1
2
3
4
5
6
主成分
(c)
32.4915
24.7515
18.3575
10.7003
10.0435
3.19455
99.5389
主成分
(d)

图 11.3 （续）

由图 11.3 可知：

(1) 图 11.3(a)～(c)分别是样本数量为 10 个、20 个和 30 个的训练集的 PCA 结果，当累计方差贡献率占比大于 97%时，原训练集的 8 维特征分别被降维至 5 维、6 维和 6 维；

(2) 图 11.3(d)为全体数据的 PCA 结果，前 6 个主成分的累计方差贡献率达到了 99.54%；

(3) 对比小样本训练集和全体数据的 PCA 结果可知，当样本数量为 10 个时，小样本训练集的 PCA 结果与全体数据有较大差距；但当小样本数量增加到 20 个和 30 个时，PCA 结果与全体数据的相似度较高。

在选择使用主成分数量的问题上，通过综合学习 PSO 对主成分累计方差贡献率 θ_{PCA} 进行优化，获得最利于生成虚拟样本的主成分数量，其结果如表 11.4 所示。

表 11.4 基准数据基于综合学习 PSO 的主成分选择参数 θ_{PCA} 的优化结果

实验数据	θ_{PCA} 优化结果/%	选择主成分数量/个	实际主成分方差累计贡献率/%
$A1$	87.34	4	91.80
$A2$	66.02	3	72.98
$A3$	82.53	5	89.98

由表 11.4 可知，对于数据集 $A1$、$A2$ 和 $A3$，经综合学习 PSO 优化后，分别选择了 4 个、3 个和 5 个主成分参与虚拟样本的生成，即将 8 维特征分别约简为 4 维、3 维和 5 维。

对于数据集 $A1$、$A2$ 和 $A3$ 的特征约简分别进行基于核密度估计的概率密度估计，图 11.4 展示了数据集 $A2$ 的 3 个主成分的核密度估计结果。

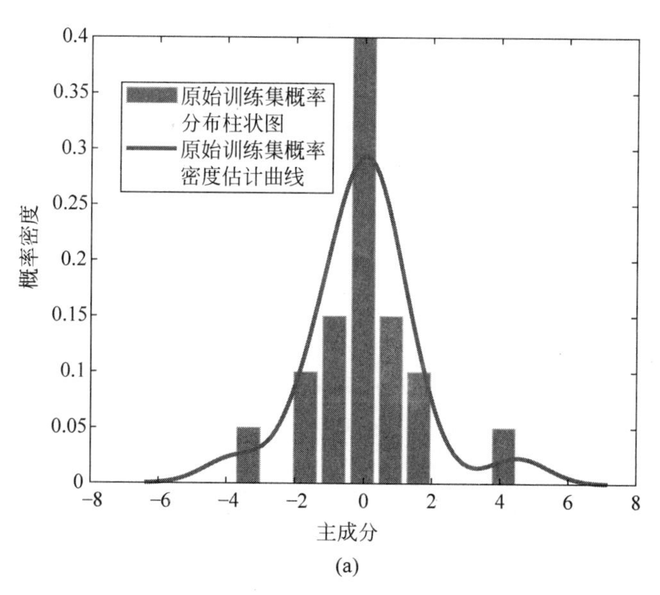

(a)

图 11.4 基准数据基于核密度估计的特征约简核密度估计结果

(a) 主成分 1；(b) 主成分 2；(c) 主成分 3

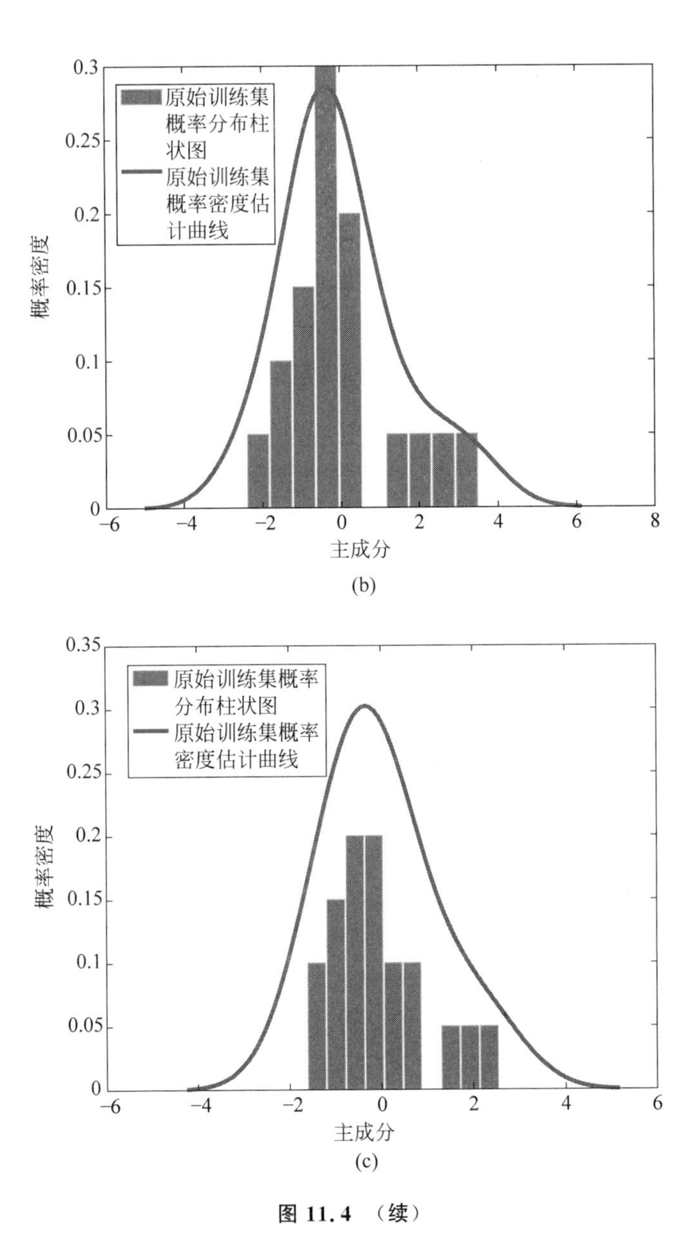

图 11.4 （续）

图 11.4 展示了数据集 A2 的 3 个特征约简的核密度估计结果，其中核密度估计的平滑指数 h_{KDE} 经 CLPSO 进行了优化，可知概率密度估计曲线可以较好地拟合其概率分布柱状图。

不同平滑指数对于核密度估计结果有较大的影响，图 11.5 展示了全体数据的第 1 主成分在不同平滑指数下的概率密度估计曲线。

图 11.5 分别展示了平滑指数为 0.2、0.4、0.6 和 0.8 时，全体数据第 1 主成分

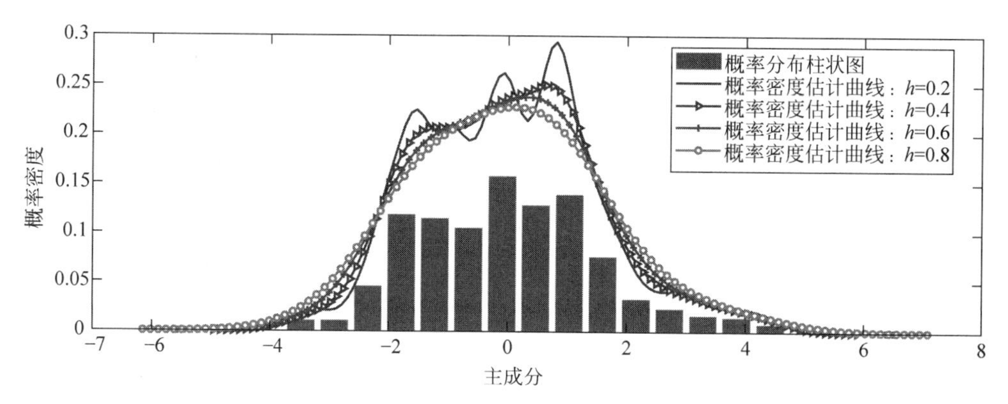

图 11.5 基准数据平滑指数对核密度估计的影响

基于核密度估计的概率密度估计曲线可知，随着平滑指数的增大，概率密度估计曲线趋于平滑；但当平滑指数过小或过大时，数据概率分布的局部特征被放大或消除。另外，对比图 11.4 中数据集 $A2$ 第 1 主成分的概率分布情况可知，小样本数据与全体样本的分布存在一定差异，对小样本的分布进行精确估计不能完全反映全体数据的分布情况。所以，本章通过使用综合学习 PSO 对平滑指数 h_{KDE} 进行优化，能够获得有利于虚拟样本生成的核密度估计结果。表 11.5 展示了数据集 $A1$、$A2$ 和 $A3$ 的 h_{KDE} 优化结果。

表 11.5 基准数据基于综合学习 PSO 的核密度估计平滑指数 h_{KDE} 优化结果

数据集	$A1$	$A2$	$A3$
h_{KDE} 优化结果	0.798	0.875	0.606

基于核密度估计结果生成候选虚拟主成分，再通过采样获得虚拟主成分，图 11.6 展示了数据集 $A2$ 的原始训练集主成分、候选虚拟主成分和虚拟主成分的概率密度估计曲线。

由图 11.6 可知，基于核密度估计结果生成的候选虚拟主成分、经采样后获得的虚拟主成分与原始训练集特征约简的概率分布均有很好的一致性。

另外，候选虚拟主成分数量 N_{VPC} 和虚拟主成分数量 N_{VS} 直接影响着虚拟样本输入在空间上的分布密度：若 N_{VPC} 和 N_{VS} 过小，无法有效改善小样本的分布稀疏问题；过大则容易造成虚拟样本的冗余。经过综合学习 PSO 对 N_{VPC} 和 N_{VS} 进行优化，获得最利于软测量模型性能提高的优化值，如表 11.6 所示。

由表 11.6 可知，数据集 $A1$、$A2$ 和 $A3$ 的 N_{VS} 优化结果分别为 111、120 和 52；对于数据集 $A3$，由于训练样本中蕴含更多特征信息，过多的虚拟样本反而恶化了软测量模型的构建。

对虚拟主成分进行重构可以获得虚拟样本输入。表 11.7 和表 11.8 分别展示了数据集 $A2$ 的 7 个训练样本输入和由其生成的 7 个虚拟样本输入(随机选择)。

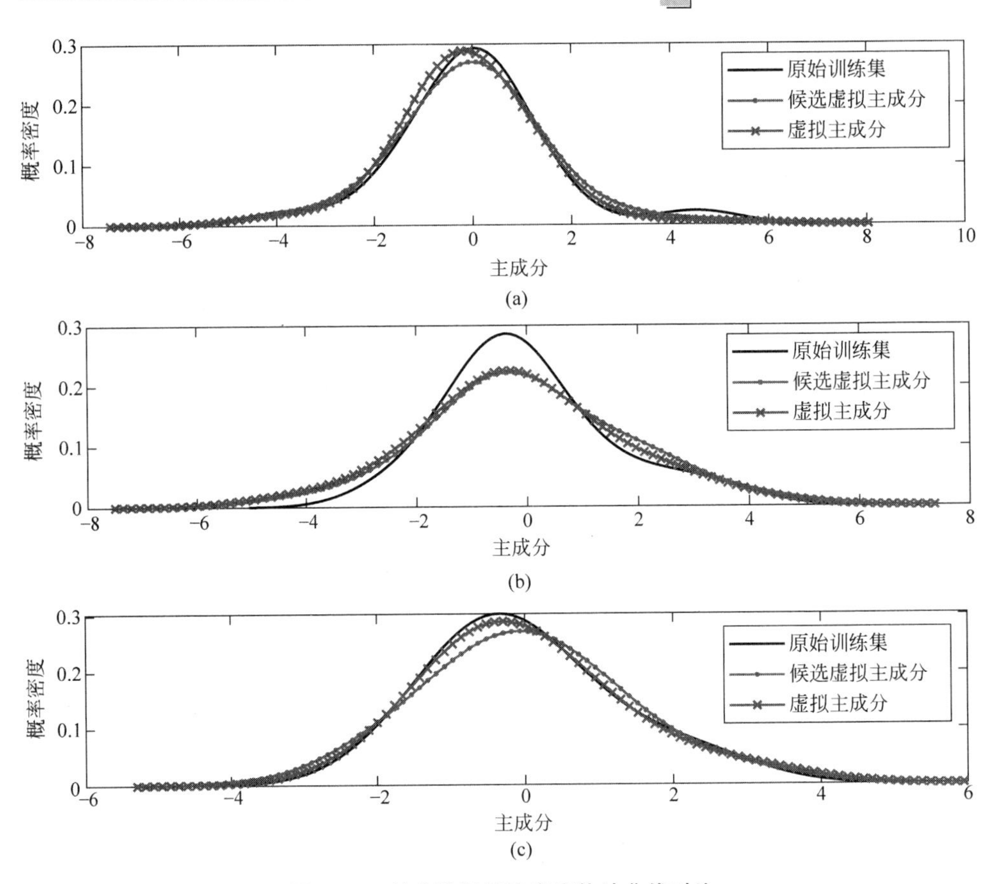

图 11.6 基准数据概率密度估计曲线对比

(a) 主成分 1；(b) 主成分 2；(c) 主成分 3

表 11.6 基准数据基于综合学习 PSO 的候选及虚拟主成分数量 N_{VPC} 和 N_{VS} 的优化结果

数 据 集	$A1$	$A2$	$A3$
N_{VPC} 优化结果	84	124	152
N_{VS} 优化结果	111	120	52

表 11.7 数据集 A2 实验的训练样本输入

训练样本编号	特征 1	特征 2	特征 3	特征 4	特征 5	特征 6	特征 7	特征 8
S.1	190	190	0	228	0	932	670	180
S.2	525	0	0	189	0	1125	613	7
S.3	165	128.5	132.1	175.1	8.08	1005.8	746.6	100
S.4	153	102	0	192	0	888	943.1	7
S.5	266.2	112.3	87.5	177	10.4	909.7	744.5	28
S.6	323.7	282.8	0	183.8	10.3	942.7	659.9	56
S.7	178.0	129.8	118.6	179.9	3.57	1007.3	746.8	3

表 11.8　数据集 A2 实验的虚拟样本输入

虚拟样本编号	特征 1	特征 2	特征 3	特征 4	特征 5	特征 6	特征 7	特征 8
1	216.9	39.99	86.95	187.2	2.52	970.3	809.8	25.35
2	205.8	38.34	113.67	167.8	13.00	878.4	915.6	1.35
3	104.3	87.59	102.90	199.5	0.42	939.17	826.3	43.58
4	534.3	51.14	34.62	170.9	5.66	1064.8	649.3	35.87
5	191.3	255.3	24.01	178.4	18.08	805.2	840.7	72.91
6	351.8	7.97	58.91	171.7	6.63	911.5	789.8	9.65
7	447.5	1.39	2.76	188.0	−4.21	1119.9	636.7	34.79

由表 11.7 和表 11.8 可知，生成的虚拟样本输入能够有效填补小样本输入的间隙，并能够对小样本输入空间进行一定的扩展，但是虚拟样本中也存在有悖数据物理含义的特征值。如表 11.8 中虚拟样本 7 特征 5 的值为−4.21，其物理含义是超塑化剂量，明显存在错误。所以，生成的虚拟样本也需要进一步筛选，该问题有待进一步研究。

对生成的虚拟样本输入进行平均扩展率、D_{ave}^{k}、D_{min}^{k} 和 η 的分析，表 11.9 给出了虚拟样本的各项评价指标。

表 11.9　数据集虚拟样本输入的评价指标

数据集	数量	平均扩展率	D_{ave}^{k}	D_{min}^{k}	η
$A1$	111	65.39%	1.703	0.182	0.283
$A2$	120	42.73%	1.487	0.213	0.295
$A3$	52	34.94%	2.144	0.514	0.252

由表 11.9 可知：

(1) 平均扩展率指的是生成的虚拟样本输入域与训练样本输入域的扩展比率。随着训练样本数量的增多，虚拟样本输入的平均扩展率降低。

(2) D_{ave}^{k} 和 D_{min}^{k} 分别代表样本平均距离、最小 k 近邻欧氏距离，两者的计算均采用了混合样本且使用 10 个近邻，对比数据集 $A1$、$A2$ 和 $A3$ 训练集的 D_{ave}^{k}：3.83、3.07 和 2.73，混合样本的 D_{ave}^{k} 分别减小了 55.5%、51.6%和 27.3%，D_{min}^{k} 也有一定程度的减小，表明虚拟样本可有效改善小样本空间分布稀疏的问题；但是，数据集 $A3$ 由于虚拟样本数量较少，对样本空间分布稀疏问题的改善程度有限。

(3) η 表示混合样本与全体数据的分布相似度，对比数据集 $A1$、$A2$ 和 $A3$ 训练集的 η：0.469，0.354 和 0.288，混合样本的 η 分别减小了 39.7%、16.7%和 12.5%，表明虚拟样本输入可以改善小样本的概率分布状况，但随着训练样本数量的增多，改善的空间减小、难度增大。

图 11.7 为数据集 $A2$ 生成的虚拟样本输入在空间上的分布，分别选择了特征 2、特征 4 和特征 7。

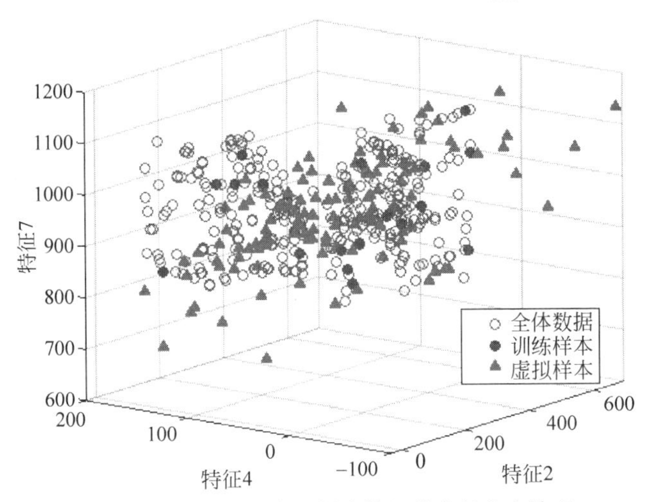

图 11.7 基准数据虚拟样本输入的空间分布情况

由图 11.7 可知，虚拟样本可以有效填补小样本的信息间隙，但对比全体数据的空间分布情况，虚拟样本明显存在冗余，有待进一步筛选。

图 11.8 为由数据集 $A2$ 生成的虚拟样本输入组成的混合样本、原训练样本和全体数据的概率分布柱状图，其中选取了特征 6 和特征 8 进行对比。

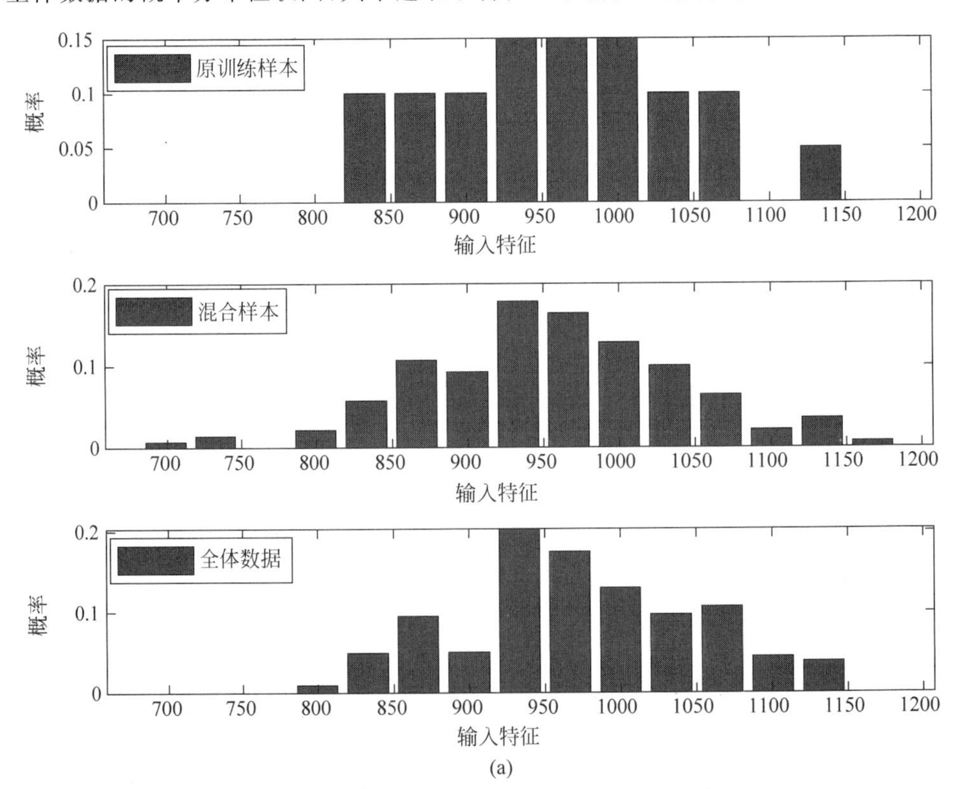

图 11.8 数据集 A2 的虚拟样本输入概率分布柱状图对比

(a) 特征 6；(b) 特征 8

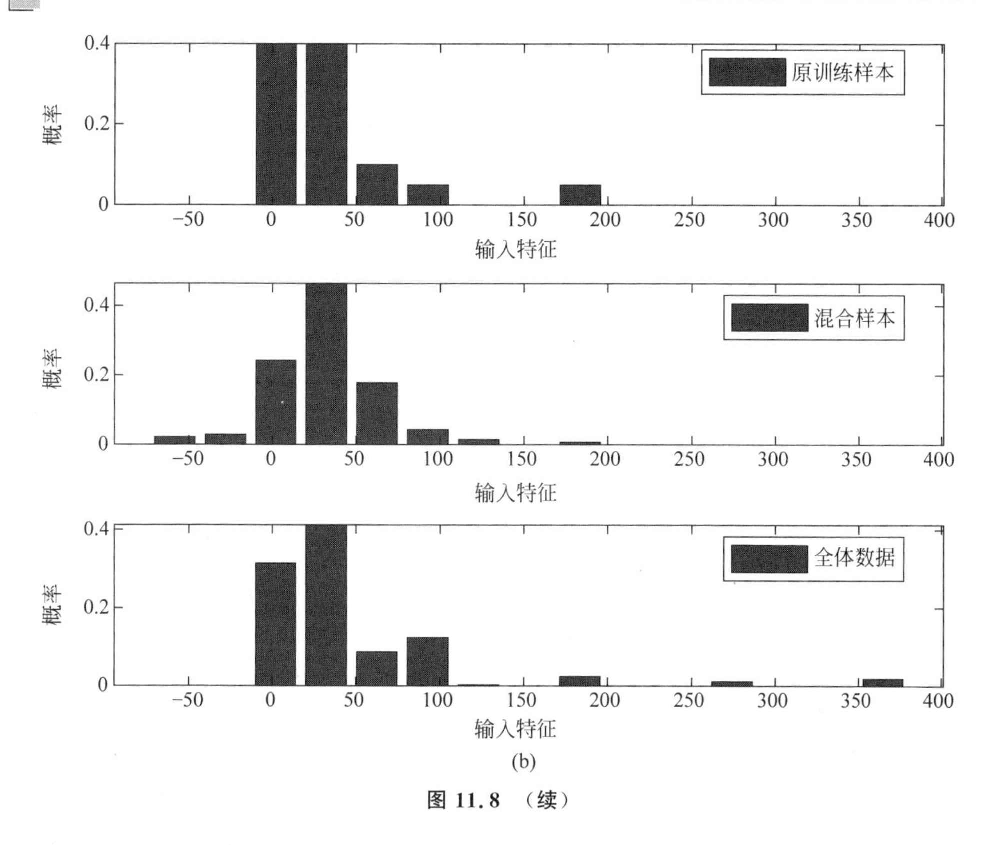

图 11.8 （续）

由图 11.8 可知，生成的虚拟样本输入可有效填补小样本在概率分布上的空隙，也能够较好地改善小样本的概率分布情况，使其更贴近全体数据概率分布。但是，特征 6 和特征 8 的下限存在过度扩展、特征 8 的上限存在扩展不足的问题，有待进一步解决。

2. 生成虚拟样本输出的结果

对于数据集 $A1$、$A2$ 和 $A3$，分别基于其训练集构建 RF 与 RWNN 映射模型，其中 RF 与 RWNN 映射模型的建模参数 n_T、m_S 和 n_L，以及模型集成权重 w_{mod} 通过综合学习 PSO 进行优化，其结果如 11.10 所示。

表 11.10 数据集基于综合学习 PSO 集成映射模型参数的优化结果

数据集	n_T	m_S	n_L	ω_{mod}	映射模型验证 RMSE		
					RF	RWNN	集成
$A1$	16	10	14	0.293	14.52	18.25	14.02
$A2$	27	6	14	0.182	13.58	14.27	13.15
$A3$	25	10	19	0.505	13.79	14.84	13.31

表 11.10 展示了基于训练集构建的集成映射模型及 RF、RWNN 单独映射模型在验证集上的 RMSE，由此可知，集成映射模型有更好的泛化性能。

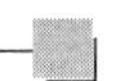

基于构建的集成映射模型，为虚拟样本输入生成虚拟样本输出，表 11.11 展示了表 11.8 中训练样本输入对应的实际输出，表 11.12 展示了表 11.8 中虚拟样本输入对应的虚拟样本输出。

表 11.11 数据集 A2 的实验训练样本输出

训练样本编号	1	2	3	4	5	6	7
输出	46.93	42.43	55.02	8.37	39.42	80.20	20.73

表 11.12 数据集 A2 的实验虚拟样本输出

虚拟样本编号	1	2	3	4	5	6	7
RF 映射模型输出	28.71	37.08	33.67	59.63	44.99	43.96	52.22
RWNN 映射模型输出	15.43	22.15	18.24	63.07	67.32	33.57	45.07
集成映射模型输出	17.84	24.86	21.04	62.44	63.26	35.46	46.37

表 11.12 分别展示了 RF、RWNN 单独映射模型与其集成映射模型的虚拟样本输出，可知 RF 映射的输出更稳定，RWNN 映射的输出分布范围更广泛。进一步，表 11.13 展示了基于映射模型生成的虚拟样本输出的扩展率。

表 11.13 数据集虚拟样本的输出扩展率

数据集	映射输出最小值			映射输出最大值			训练集输出		扩展率/%
	RF	RWNN	集成	RF	RWNN	集成	最小值	最大值	
$A1$	30.56	−33.49	−14.75	30.56	72.84	60.47	11.85	79.99	10.40
$A2$	24.34	−5.54	−0.002	59.63	93.28	86.36	8.37	80.20	20.24
$A3$	24.56	−55.65	−15.12	47.08	131.16	88.52	8.37	79.99	44.73

由表 11.13 可知，RF 映射的输出分布集中，其输出域比训练集的输出域还要窄；RWNN 映射的输出分布范围广，但超出了正常范围，有悖实际物理意义，而集成映射模型则可以平衡两者的优势与缺陷，使映射输出的分布广泛且不过分超出合理范围。

图 11.9 为数据集 $A2$ 实验的虚拟样本输出概率分布对比柱状图。图中，由虚拟样本与训练样本组成的混合样本输出与全体数据输出的概率分布柱状图具有较高的相似度，表明生成的虚拟样本输出可以有效改善小样本的概率分布情况，但也存在数值 70～80 的空隙未被填补、数值 80～90 过度扩展的问题。

3. 混合样本构建软测量模型结果

对于数据集 $A1$、$A2$ 和 $A3$ 实验获得的虚拟样本，将其与原始训练集共同构建 RF 软测量模型，表 11.14 展示了构建软测量模型的性能指标。

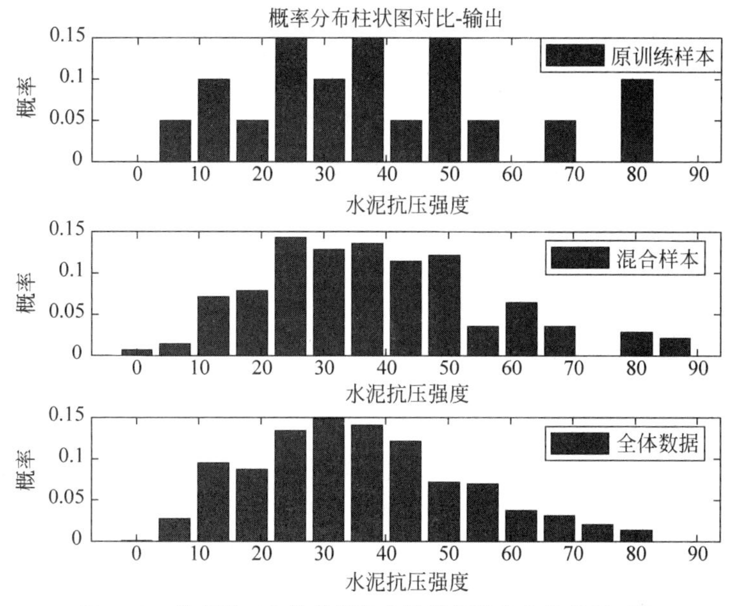

图 11.9　数据集 A2 的虚拟样本输出概率分布柱状图对比

表 11.14　数据集混合样本构建的软测量模型结果

数据集	混合样本建模 RMSE			小样本建模 RMSE		
	训练集	验证集	测试集	训练集	验证集	测试集
A1	6.98	7.48	12.41	19.07	14.06	16.68
A2	6.15	11.34	10.93	14.42	12.87	12.88
A3	8.39	12.42	11.56	10.24	12.92	12.53

由表 11.14 可知：

(1) 对于数据集 A1、A2 和 A3，对比其小样本构建的软测量模型，混合样本建模在测试集上的 RMSE 分别减小了 25.6%、15.1% 和 7.7%，表明了虚拟样本对模型的软测量性能均有所提升，但提升难度随着小样本数量的增加而增大，提升程度也逐渐减小；

(2) 数据集 A2 和 A3 的混合样本建模在测试集上的表现均优于验证集，表现出更好的泛化性能；

(3) 当采用小样本建模时，数据集 A1、A2 和 A3 随着训练样本的增多，建模性能具有逐渐增强的趋势；但在混合样本建模时，数据集 A2 却比 A3 表现出了更优的泛化性能，这一现象源于较多数量的小样本蕴含更多的数据特征，虚拟样本对改善模型的泛化能力有限，虚拟样本甚至由于“误差累积”效应导致模型出现测量偏差。

图 11.10 为数据集 A2 基于小样本和混合样本构建模型的测试集输出，可知基于混合样本构建的软测量模型比基于小样本的具有更好的期望输出跟随效果，但其精度仍然有待提高。

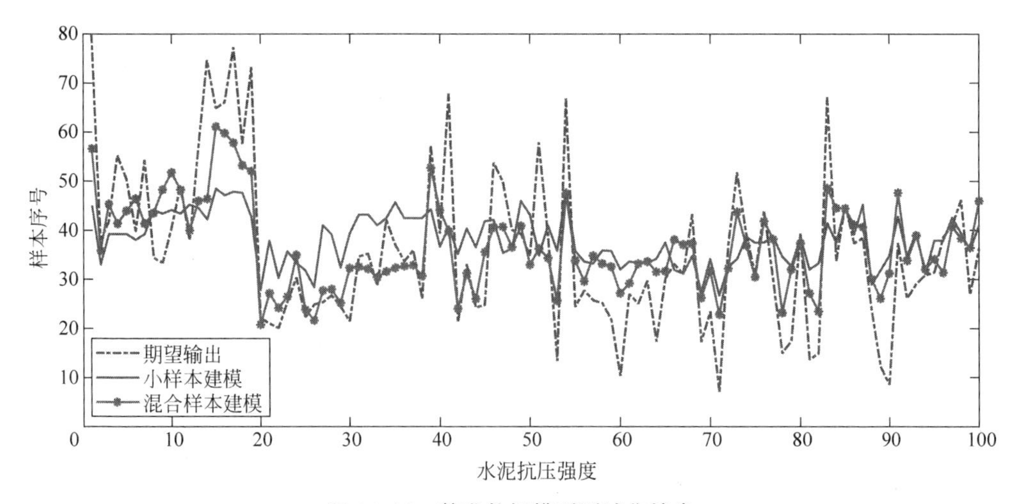

图 11.10 基准数据模型测试集输出

11.4.2.3 方法比较

将本章所提基于特征约简概率密度函数的 VSG 与其他方法进行对比。首先采用 $A2$ 小样本集分别生成虚拟样本，其次将其与原始小样本混合以构建模型，最后将所有实验均重复 30 次并计算相应指标。统计结果如表 11.15 所示。

表 11.15 基准数据不同 VSG 的对比统计结果

方法	虚拟样本数量	混合样本			测试集 RMSE		
		η	D_{ave}^{k}	$D_{\min}^{k}$	平均值	方差	最优值
N-VSG	219	0.277	1.681	0.176	16.47	8.785	14.11
M-VSG	238	0.302	1.253	0.122	17.08	8.575	13.65
MP-VSG	165	0.264	1.817	0.261	14.03	4.525	12.93
本章	120	0.295	1.487	0.213	10.93	0.255	9.92

在表 11.15 中，N-VSG 和 M-VSG 分别代表非线性插值和混合插值的 VSG，两者在生成虚拟样本后进行了简单的删减，即筛除了扩展域外的虚拟样本；MP-VSG 则是在 M-VSG 的基础上对虚拟样本进行了优化选择；而本章生成的虚拟样本并未经过删减，其中仍包含异常或冗余的虚拟样本。

由表 11.15 可知：

(1) 由本章方法构建的模型在测试集的表现最好，其 30 次实验的 RMSE 平均值、方差和最优值均优于其他方法；

(2) 本章方法并未对虚拟样本进行筛选，但对虚拟样本的数量进行了优化，最终获得的虚拟样本数量最少，但达到了最优的建模效果，表明本章方法可以生成更高质量的虚拟样本；

(3) 本章方法在概率分布的相似度上不如 N-VSG 和 MP-VSG 的表现，这可能是由于虚拟样本未经筛选，其中的异常样本导致了概率分布出现偏差；

(4) 本章方法比 M-VSG 生成的虚拟样本在空间分布上更稀疏，这一现象是由于虚拟样本数量的差异，但相比之下，由本章方法生成的虚拟样本在空间分布上更为均衡。

11.4.3　工业数据集

11.4.3.1　工业过程和数据描述

本节采用的工业数据源于北京某基于炉排炉的 MSWI 厂，涵盖 2012—2018 年所记录的有效 DXN 排放浓度检测样本 34 个；原始变量 314 维经预处理后为 119 维，输出为 1 维，即 DXN 排放浓度。由于原始样本数量较少，数据集划分为训练集和验证集，验证集也作为测试集，并将该数据集记为 B。

11.4.3.2　实验结果

对于数据集 B 进行仿真实验，其中综合学习 PSO 的参数设定如表 11.16 所示。

表 11.16　DXN 数据基于综合学习 PSO 的虚拟样本生成过程参数设定

参数		P_{num}	N_{iter}	$N_{refresh}$	θ_{PCA}	h_{KDE}	N_{VPC}	N_{VS}	n_T	m_S	n_L	w_{mod}
设定值/范围	最小值	30	30	3	0.2	0.3	0	5	5	1	2	0.1
	最大值				0.99	0.99	200	200	50	20	30	0.9

对于数据集 B，表 11.16 分别给出了 P_{num}、N_{iter} 和 $N_{refresh}$ 的设定值，即 CLPSO 的种群粒子数量、迭代次数和学习样例更新阈值，以及 θ_{PCA}、h_{KDE}、N_{VPC}、N_{VS}、n_T、m_S、n_L 和 w_{mod} 的最大值与最小值，即决策变量 $\boldsymbol{z}$ 的寻优范围。

1. 基于特征约简概率分布函数生成虚拟样本的输入结果

对数据集 B 的训练集进行主成分分析，如图 11.11 所示。

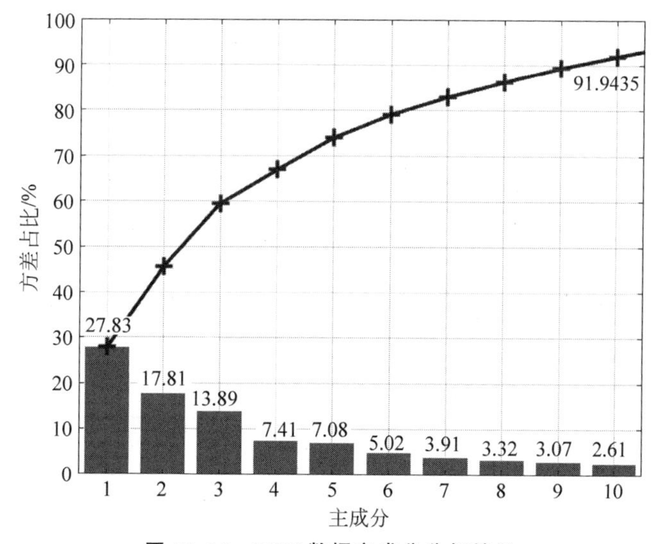

图 11.11　DXN 数据主成分分析结果

在图11.11中，119维的训练集输入特征经主成分分析后，前10个主成分累计方差贡献率达到91.94%，其中前3个主成分的累计方差贡献率接近60%。经综合学习PSO对主成分累计方差贡献率θ_{PCA}参数的优化，θ_{PCA}的优化结果为65.92%，最终选择4个主成分作为特征约简，其实际累计的方差贡献率为66.94%。

对数据集B的4维特征约简分别进行基于核密度估计的概率密度估计，其结果如图11.12所示。

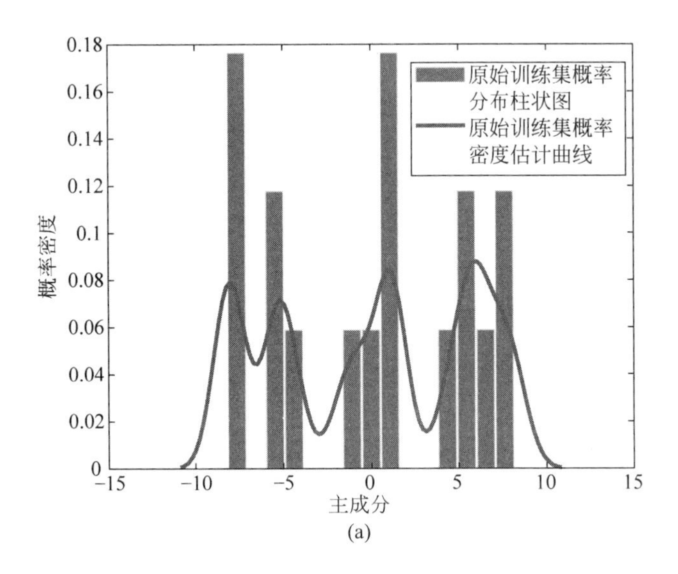

(a)

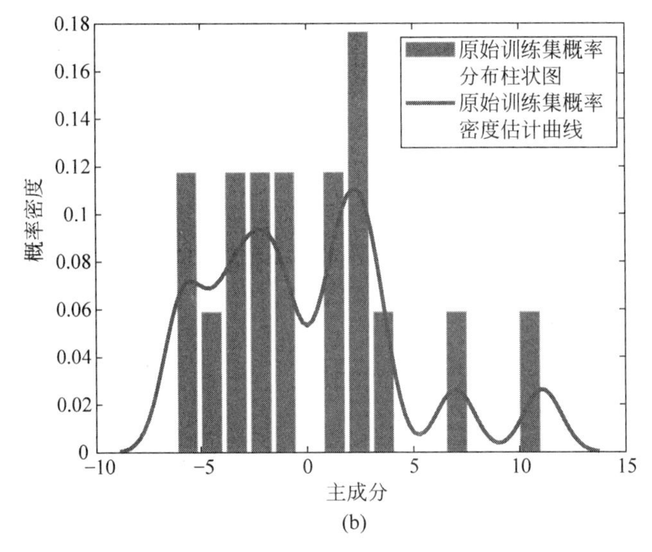

(b)

图11.12 DXN数据基于核密度估计的特征约简核密度估计结果

(a) 主成分1；(b) 主成分2；(c) 主成分3；(d) 主成分4

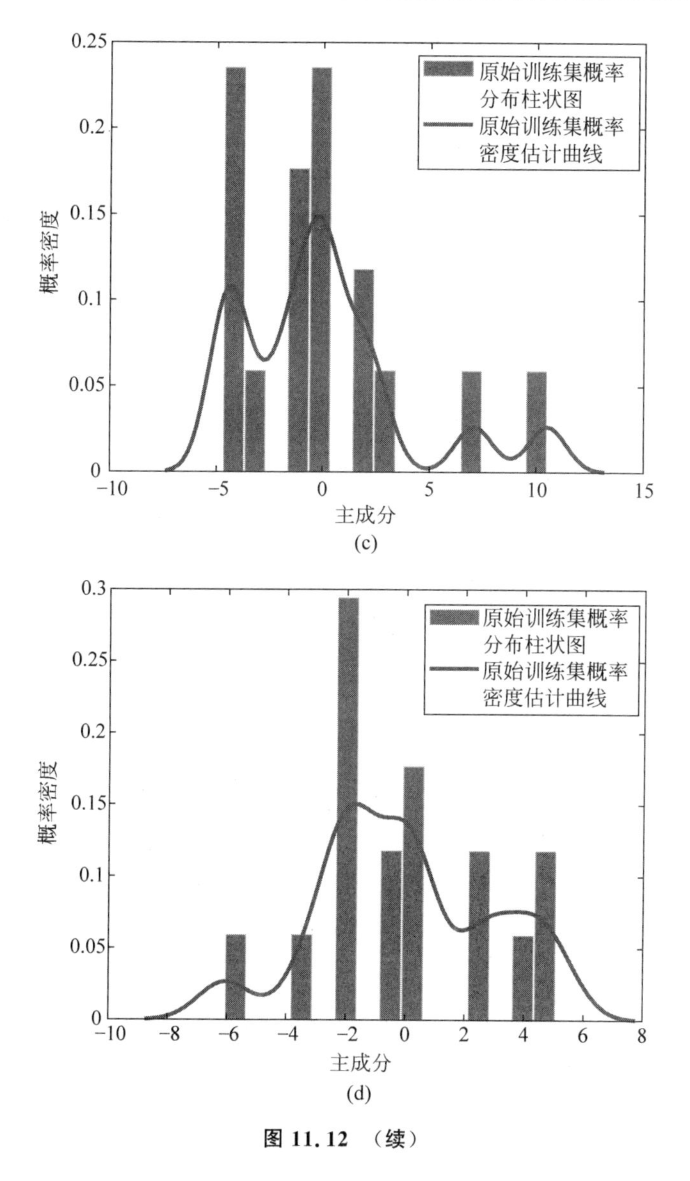

图 11.12　（续）

图 11.12 展示了数据集 B 的 4 个特征约简的核密度估计结果。其中，核密度估计的平滑指数 h_{KDE} 经综合学习 PSO 进行了优化，可知概率密度估计曲线可较好地拟合其概率分布柱状图。平滑指数 h_{KDE} 的优化结果为 0.891。

先基于核密度估计结果生成候选虚拟主成分，再通过采样获得虚拟主成分，图 11.13 展示了数据集 B 的原始训练集主成分、候选虚拟主成分和虚拟主成分的概率密度估计曲线。

由图 11.13 可知，基于核密度估计结果生成的候选虚拟主成分、经采样后获得的虚拟主成分与原始训练集特征约简的概率分布具有较好的一致性，但对振荡比较频繁的主成分 2 的拟合程度较低。

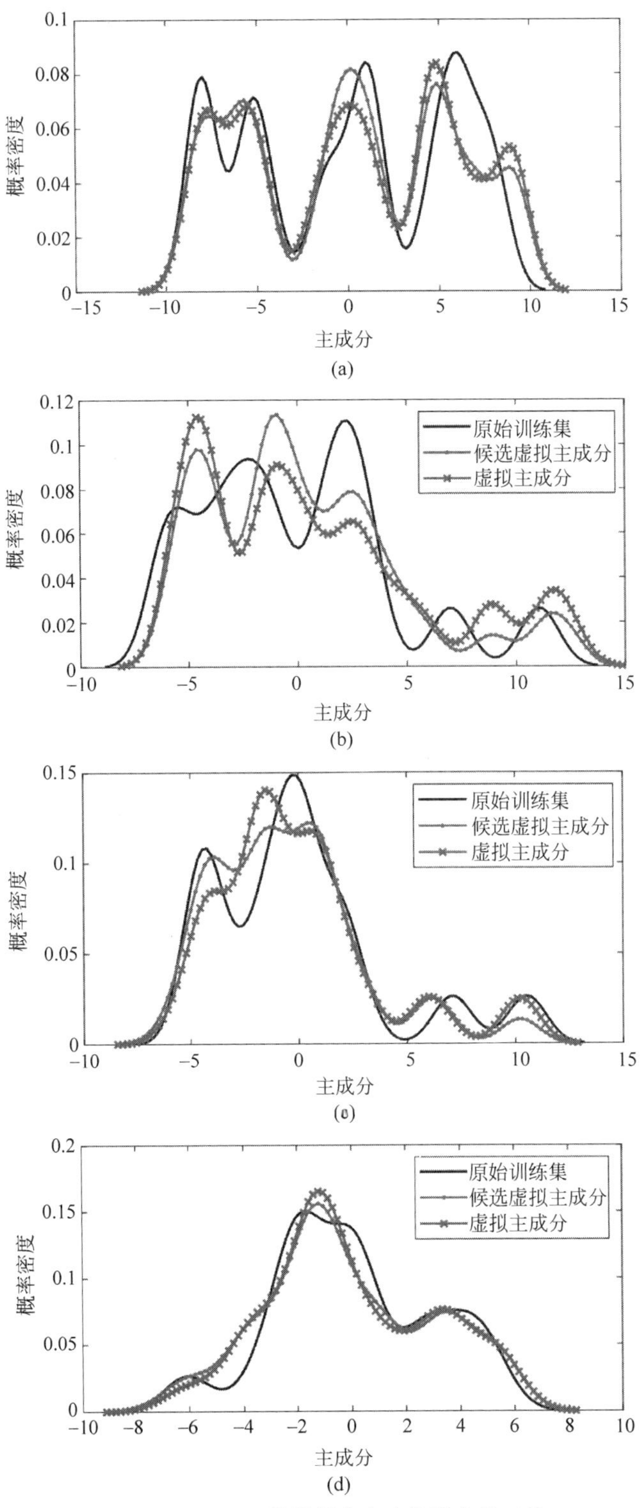

图 11.13 DXN 数据概率密度估计曲线对比

(a) 主成分 1；(b) 主成分 2；(c) 主成分 3；(d) 主成分 4

另外，通过综合学习 PSO 对候选虚拟主成分数量 N_{VPC} 和虚拟主成分数量 N_{VS} 进行优化，获得了最利于模型性能提高的值，N_{VPC} 和 N_{VS} 的优化结果分别为 33 和 196。

对虚拟主成分进行重构，获得虚拟样本输入。表 11.17 和表 11.18 分别展示了数据集 B 的 7 个训练样本输入和由其生成的 7 个虚拟样本输入(随机选择)。

表 11.17　DXN 数据集 *B* 的实验训练样本输入

训练样本编号	特征 24	特征 57	特征 72	特征 80	特征 102	特征 118	特征 119
1	1.9	53	728	23.1	622	1554.3	−0.140
2	0.3	110	704	37.9	414	553.4	−0.210
3	3.5	130	687	12.3	640	1974.8	−0.120
4	1.4	114	704	28.3	600	2422.4	−0.170
5	2.7	131	775	25.3	422	1170.4	−0.185
6	4	109	780	13.1	569	2712.2	−0.160
7	2.3	107	773	63.7	323	1383.5	−0.180

表 11.18　DXN 数据集 *B* 的实验虚拟样本输入

虚拟样本编号	特征 24	特征 57	特征 72	特征 80	特征 102	特征 118	特征 119
1	0.812	126.3	721.4	39.76	408.8	616.8	−0.203
2	3.218	78.4	736.1	16.61	608.2	1755.4	−0.142
3	0.750	105.1	734.9	31.43	460.1	607.1	−0.202
4	1.864	127.3	751.4	39.12	449.8	1344.3	−0.165
5	0.253	121.5	689.5	66.82	221.0	−19.6	−0.221
6	3.693	90.15	688.7	28.92	530.2	1623.4	−0.143
7	2.392	89.28	699.1	27.95	507.3	1071.2	−0.173

由表 11.17 和表 11.18 可知，生成的虚拟样本输入能够有效填补小样本输入的间隙，并能够对小样本输入空间进行一定的扩展，但是虚拟样本中存在有悖数据物理含义的特征值。如表 11.18 中虚拟样本 5 特征 118 的值为 −19.6，其物理含义为尿素供应量，明显存在错误。所以本章方法生成的虚拟样本需要进一步筛选。

对生成的虚拟样本输入进行空间扩展率与空间稀疏度的分析，表 11.19 为虚拟样本各项评价指标。

表 11.19　DXN 数据虚拟样本输入评价指标

数据集 B	数量	平均扩展率	D^k_{ave}	D^k_{min}
训练集	17	—	13.47	7.64
虚拟样本	196	6.53%	5.45	0.43

由表 11.19 可知，数据集 B 的虚拟样本比训练集的输入域扩增了 6.53%；代表样本平均距离和最小 k 近邻欧氏距离的 D^k_{ave} 和 D^k_{min} 分别减小了 59.5%和 94.4%，

表明虚拟样本明显地改善了小样本分布稀疏的问题。

图 11.14 为数据集 B 生成的虚拟样本输入在空间上的分布(特征 9、特征 21 和特征 45)。由图可知,虚拟样本可以有效填补小样本的信息间隙,但也存在小样本边缘区域未被填补的情况。

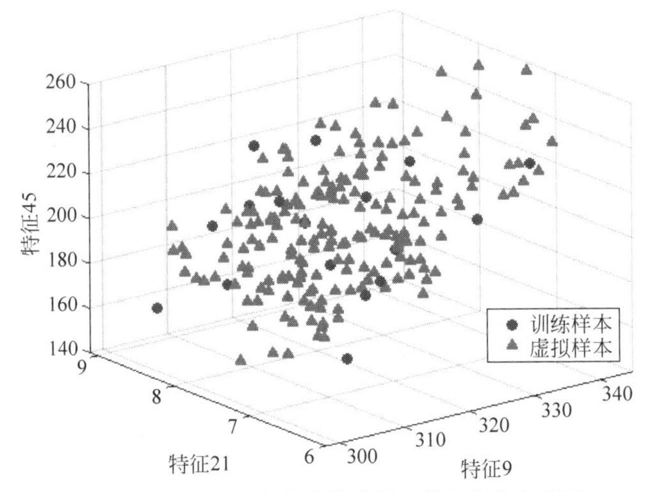

图 11.14 DXN 数据虚拟样本输入的空间分布情况

图 11.15 为数据集 B 生成的混合样本、原训练样本和全体数据输入的概率分布柱状图,其中选取了特征 45 和特征 54 进行展示。

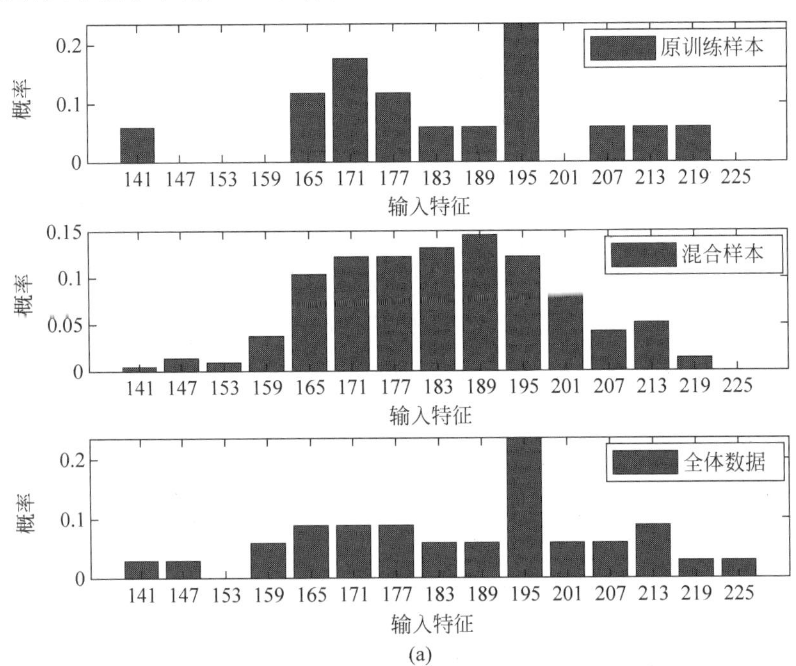

图 11.15 DXN 数据虚拟样本输入概率分布柱状图对比

(a) 特征 45; (b) 特征 54

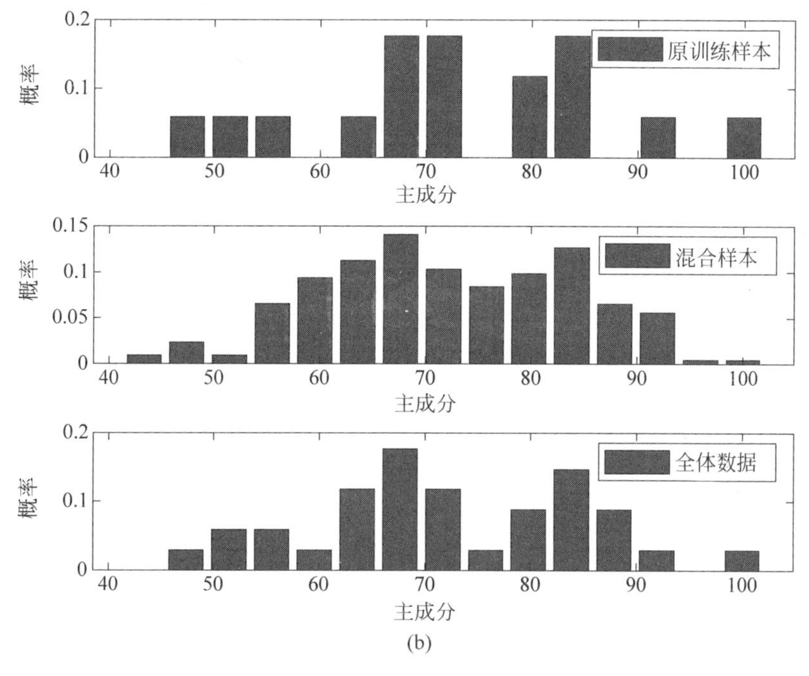

图 11.15　（续）

由图 11.15 可知，生成的虚拟样本输入可有效填补小样本在概率分布上的空隙。图中的全体数据是包含训练集和测试集的 34 条数据，其呈现的概率分布不能反映真实的工业数据实际概率分布，而生成的虚拟样本在原始小样本数据概率分布特征的基础上，展现了正态分布的特征，符合期望。

2. 生成虚拟样本输出的结果

基于数据集 B 的训练集，构建 RF 与 RWNN 映射模型，对两者的建模参数 n_{T}、m_{S} 和 n_{L}，以及模型集成权重 w_{mod} 通过综合学习 PSO 进行优化，其结果如表 11.20 所示。

表 11.20　数据集 *B* 基于 CLPSO 优化集成映射模型参数的结果

数据集	n_{T}	m_{S}	n_{L}	w_{mod}	映射模型验证 RMSE		
					RF	RWNN	集成
B	26	6	23	0.309	0.0267	0.0291	0.0253

表 11.20 展示了基于训练集构建的集成映射模型和 RF、RWNN 单独映射模型在验证集上的 RMSE，由此可知，集成映射模型有更好的泛化性能。

基于构建的集成映射模型，为虚拟样本输入生成虚拟样本输出。表 11.21 展示了表 11.17 中训练样本输入所对应的实际输出，表 11.22 展示了表 11.18 中虚拟样本输入对应的虚拟样本输出。

表 11.21　数据集 *B* 的实验训练样本输出

训练样本编号	1	2	3	4	5	6	7
输出	0.0260	0.0640	0.0025	0.0727	0.0523	0.0023	0.0480

表 11.22　数据集 *B* 的实验虚拟样本输出

虚拟样本输出	1	2	3	4	5	6	7
RF 映射模型输出	0.0594	0.0222	0.0554	0.0518	0.0588	0.0296	0.0479
RWNN 映射模型输出	0.1000	−0.0171	0.0499	0.0031	0.0430	0.0393	0.0498
集成映射模型输出	0.0874	−0.0050	0.0516	0.0181	0.0479	0.0363	0.0492

表 11.22 分别展示了 RF、RWNN 单独映射模型与集成映射模型的虚拟样本输出。由表可知，RF 映射输出更稳定，RWNN 映射输出的分布范围更广泛。进一步，表 11.23 展示了基于映射模型生成的虚拟样本输出的扩展率。

表 11.23　数据集 *B* 的虚拟样本输出扩展率

数据集	映射输出最小值			映射输出最大值			训练集输出		扩展率/%
	RF	RWNN	集成	RF	RWNN	集成	最小值	最大值	
B	0.0170	−0.0574	−0.0284	0.0599	0.1313	0.1091	0.0020	0.0827	70.39

由表 11.23 可知，RF 映射输出的分布较为集中，其输出域比训练集的输出域还要窄；RWNN 映射输出的分布范围广，但也超出了正常范围，有悖实际物理意义；而集成映射模型则可平衡两者的优势与缺陷，使映射输出分布广泛且不过分超出合理范围。

图 11.16 为数据集 *B* 的虚拟样本输出概率分布对比柱状图。图中，由虚拟样本与训练样本组成的混合样本输出的概率分布维持了小样本的一些特征，同时也更逼近于正态分布，符合期望；但是，虚拟样本输出的下限超出了正常范围，有待进一步筛选。

3. 混合样本构建软测量模型结果

数据集 *B* 获得的虚拟样本与原训练样本共同构建 RF 软测量模型。表 11.24 展示了所构建软测量模型的性能指标。

表 11.24　数据集 *B* 的混合样本构建软测量模型结果

数据集	混合样本建模 RMSE			小样本建模 RMSE		
	训练集	验证集	测试集	训练集	验证集	测试集
B	0.0089	0.0219	0.0219	0.0151	0.0253	0.0253

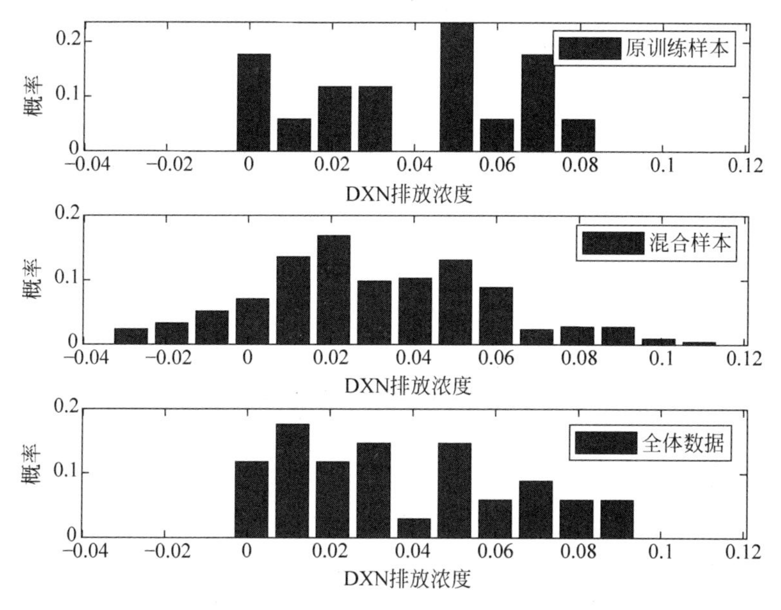

图 11.16 数据集 B 的虚拟样本输出概率分布柱状图对比

在表 11.24 中，对比小样本构建的软测量模型，混合样本建模在测试集上的 RMSE 减小了 13.4%，表明虚拟样本对模型的软测量性能有所改善。另外，由于数据稀少，验证集与训练集数据相同，所以其 RMSE 也相同。

11.4.3.3 方法比较

将本章所提基于特征约简概率密度函数的 VSG 与其他方法进行对比。首先，采用数据集 B 分别生成虚拟样本；其次，将其与原始训练集混合以构建模型；最后，将所有实验均重复 30 次并计算相应指标。统计结果如表 11.25 所示。

表 11.25 DXN 数据不同 VSG 的对比统计结果

方法	虚拟样本数量	混合样本		测试集 RMSE		
		D^k_{ave}	$D^k_{\min}$	平均值	方差	最优值
N-VSG	129	7.12	2.04	0.0406	0.695×10^{-4}	0.0262
M-VSG	116	7.36	1.79	0.0403	1.331×10^{-4}	0.0231
MP-VSG	68	9.37	4.18	0.0377	1.208×10^{-4}	0.0218
本章	196	5.45	0.43	0.0219	1.334×10^{-6}	0.0197

数据集 B 为工业实际数据，由于并无对应的全体数据，故不进行概率分布相似度的评价。

由表 11.25 可知：

(1) 由本章方法生成的虚拟样本构建的软测量模型在测试集上的表现最好，其 30 次实验的 RMSE 平均值、方差和最优值均优于其他 VSG 方法；

（2）N-VSG、M-VSG 和 MP-VSG 在对虚拟样本进行筛选后，剩余的虚拟样本数量明显少于本章方法，但由于本章方法生成的虚拟样本中仍存在异常与冗余样本，需进一步筛选；

（3）由本章方法生成的虚拟样本在空间分布上更加紧密和均衡，但这一结果在较大程度上受到了虚拟样本数量的影响。

11.4.4 讨论与分析

在基准数据集上进行仿真验证，当小样本数据分别为 10 个、20 个和 30 个时，生成的最佳虚拟样本数量分别为 111 个、120 个和 52 个，由其组成的混合样本在与全体数据的概率分布相似度上比原训练集分别提高了 39.7%、16.7%和 12.5%，在空间分布稀疏度指标上均有不同程度的降低，构建的软测量模型在测试集上的 RMSE 分别减小了 25.6%、15.1%和 7.7%，表明该方法生成的虚拟样本能够使小样本的概率密度函数更贴近全体数据，降低小样本空间分布的稀疏度和不均衡性，提升软测量模型的泛化性能；但随着小样本数量的增多，虚拟样本对其改善的难度增大，幅度减小。将该方法应用于 DXN 排放浓度软测量的建模问题上，17 个训练样本生成的虚拟样本最佳数量为 196 个，模型在测试集上的 RMSE 平均值为 0.0219，比小样本建模提升了 13.4%。

本章方法根据小样本特征约简的概率密度函数生成虚拟样本输入，使其更符合真实数据概率分布且空间分布更均衡，避免了"空洞"现象；根据小样本构建集成映射模型生成虚拟样本输出，使其在确保空间扩展度的同时有更高的精度；通过综合学习 PSO 优化虚拟样本生成过程的超参数，能够同时优化虚拟样本的质量与数量。该方法生成的虚拟样本可明显提升软测量模型的泛化性能，改善原训练样本在概率分布的局限，使其更贴近实际数据的概率密度函数，也能够有效消除原训练样本在空间分布的稀疏性和不均衡性。

参考文献

[1] 乔俊飞，郭子豪，汤健. 面向城市固废焚烧过程的二噁英排放浓度检测方法综述[J]. 自动化学报，2020，46(6)：1063-1089.

[2] 汤健，夏恒，乔俊飞，等. 深度集成森林回归建模方法及应用研究[J]. 北京工业大学学报，2021，47(11)：1219-1229.

[3] 汤健，王丹丹，郭子豪，等. 基于虚拟样本优化选择的城市固废焚烧过程二噁英排放浓度预测[J]. 北京工业大学学报，2021，47(5)：431-443.

[4] ZHANG T，CHEN J，XIE J，et al. SASLN：Signals augmented self-taught learning networks for mechanical fault diagnosis under small sample condition [J]. IEEE Transactions on Instrumentation and Measurement，2021，70：1-11.

[5] ZHONG K，HAN M，HAN B. Data-driven based fault prognosis for industrial systems：A

concise overview[J]. IEEE/CAA Journal of Aut-omatica Sinica,2020,7(2): 330-345.

[6] LI D C,LIN L S,PENG L J. Improving learning accuracy by using synthetic samples for small datasets with non-linear attribute dependency[J]. Decision Support Systems,2014, 59: 286-295.

[7] CHEN Z S,ZHU B,HE Y L,et al. PSO based virtual sample generation method for small sample sets: Applications to regression datasets[J]. Engineering Applications of Artificial Intelligence,2017,59: 236-243.

[8] WANG Y Q,WANG Z Y,SUN J Y,et al. Gray bootstrap method for estimating frequency-varying random vibration signals with small samples[J]. Chinese Journal of Aeronautics, 2014,27(2): 383-389.

[9] 汤健,乔俊飞,柴天佑,等. 基于虚拟样本生成技术的多组分机械信号建模[J]. 自动化学报,2018,44(9): 1569-1589.

[10] HE A,LI T,LI N, et al. CABNet: Category attention block for imbalanced diabetic retinopathy grading[J]. IEEE Transactions on Medical Imaging,2021,40(1): 143-153.

[11] WANG Q,WANG K,LI Q,et al. MBNN: A multi-branch neural network capable of utilizing industrial sample unbalance for fast inference[J]. IEEE Sensors Journal,2021, 21(2): 1809-1819.

[12] HONG W C,LI M W,GENG J,et al. Novel chaotic bat algorithm for forecasting complex motion of floating platforms[J]. Applied Mathematical Modelling,2019,72: 425-443.

[13] BLOCH G,LAUER F,COLIN G,et al. Support vector regression from simulation data and few experimental samples[J]. Information Sciences,2008,178(20): 3813-3827.

[14] THOMAS P T,EDWARD A P. Small sample reliability growth modeling using a grey systems model[J]. Grey Systems Theory and Application,2018,8(3): 246-271.

[15] SHAPIAI M I,IBRAHIM Z,KHALID M,et al. Function and surface approximation based on enhanced kernel regression for small sample set[J]. International Journal of Innovation Computing,Informaton and Control,2011,7(10): 5947-5960.

[16] DAI Z,WEI H,LI X, et al. Validation of missile simulation model based on Bayesian theory with extreme small sample[C]//In Proceedings of the 3rd International Conference on Electron Device and Mechanical Engineering (ICEDME),Suzhou,China. Piscataway IEEE Press,2020: 683-686.

[17] HOU Y,ZHENG E,GUO W,et al. Learning bayesian network parameters with small data set: A parameter extension under constraints method[J]. IEEE Access, 2020, 8: 24979-24989.

[18] POGGIO T, VETTER T. Recognition and structure from one 2D model view: Observations onprototypes,object classes and symmetries[J]. Laboratory Massachusetts Institute of Technology,1992,1347: 1-25.

[19] LI D C,LIN L S,CHEN C C,et al. Using virtual samples to improve learning performance for small datasets with multimodal distributions[J]. Soft Computing, 2019, 23(22): 11883-11900.

[20] LI D C,HSU H C,TSAI T I,et al. A new method to help diagnose cancers for small sample size[J]. Expert Systems with Applications,2007,33(2): 420-424.

[21] ZHU Y,YAO J. A novel reliability assessment method based on virtual sample

generation and failure physical model[C]//12th International Conference on Reliability, Maintainability, and Safety (ICRMS), Shanghai, China. Piscataway: IEEE Press, 2018: 99-102.

[22] SCHLKOPF B, SIMARD P, SMOLA A J, et al. Prior knowledge in support vector kernels [C]//Neural Information Processing Systems 10, Denver, Colorado, USA. Cambridge: [s. n.], 1997.

[23] CAI W D, MA B, ZHANG L, et al. A pointer meter recognition method based on virtual sample generation technology[J]. Measurement, 2020, 163: 107962.

[24] GANG H, YUAN X, WEI Z, et al. An effective method for face recognition by creating virtual training samples based on pixel processing[C]//10th International Conference on Intelligent Human-Machine Systems and Cybernetics (IHMSC), Hangzhou, China. Piscataway: IEEE Press, 2018: 177-180.

[25] LUO J, TJAHJADI T. Multi-set canonical correlation analysis for 3D abnormal gait behaviour recognition based on virtual sample generation[J]. IEEE Access, 2020, 8: 32485-32501.

[26] TANG J, JIA M Y, LIU Z, et al. Modeling high dimensional frequency spectral data based on virtual sample generation technique[C]//IEEE International Conference on Information and Automation. Piscataway: IEEE Press, 2015: 1090-1095.

[27] HE Y L, WANG P J, ZHANG M Q, et al. A novel and effective nonlinear interpolation virtual sample generation method for enhancing energy prediction and analysis on small data problem: A case study of Ethylene industry[J]. Energy, 2018, 147: 418-427.

[28] 朱宝，乔俊飞. 基于ANN特征缩放的虚拟样本生成方法及其过程建模应用[J]. 计算机与应用化学，2019，36(4)：304-30.

[29] ZHU Q, CHEN Z, ZHANG X. et al. Dealing with small sample size problems in process industry using virtual sample generation: A Kriging-based approach[J]. Soft Computing, 2020, 24: 6889-6902.

[30] ZHANG X H, XU Y, HE Y L, et al. Novel manifold learning based virtual sample generation for optimizing soft sensor with small data[J]. ISA Transactions, 2021, 109: 229-241.

[31] CHEN Z S, ZHU Q X, XU Y, et al. Integrating virtual sample generation with input-training neural network for solving small sample size problems: Application to purified terephthalic acid solvent system[J]. Soft Computing, 2021, 25(9): 1-16.

[32] LI D C, CHEN C C, CHANG C J, et al. A tree-based-trend-diffusion prediction procedure for small sample sets in the early stages of manufacturing systems[J]. Expert Systems with Applications, 2012, 39(1): 1575-1581.

[33] ZHU B, CHEN Z S, YU L A. A novel small sample mage-trend-diffusion technology[J]. Journal of Chemical Industry and Technology, 2016, 67(3): 820-826.

[34] LI D C, WEN I. A genetic algorithm-based virtual sample generation technique to improve small data set learning[J]. Neurocomputing, 2014, 143(2): 222-230.

第 12 章

基于VSG的MSWI过程二噁英排放浓度软测量系统

第 12 章图片

12.1 引言

MSWI 过程会排放被称为“世纪之毒”的 DXN 类化合物，通常，为保证 DXN 等有毒有机物的有效分解，在固废焚烧阶段的烟气温度应达到至少 850℃并保持 2s。为降低排放烟气中的 DXN 浓度，在烟气处理阶段需要向反应器内喷射消石灰和活性炭以吸附 DXN 和某些重金属。但是，作为复杂化合物，DXN 不能被实时检测，只能采用高成本、长周期的离线化验方式。所以，MSWI 厂一般会通过人工控制的方式不计成本地抑制 DXN 剧毒化合物的排放。因此，本章设计 DXN 软测量系统以实时检测 DXN 的排放浓度，指导 MSWI 过程的控制决策并进一步在线优化控制，为最小化 MSWI 厂的污染排放提供支撑。

由于构建 DXN 软测量模型的样本数量十分稀少，本章采用前文提出的 VSG 扩展建模样本数量，以保障 DXN 软测量模型的检测精度。本系统基于 C# 语言进行开发，采用 Visual Studio、MATLAB 和 MySQL 混合编程。其中，基于 VSG 的 DXN 排放浓度软测量模型通过 MATLAB 在 PC 端编程实现，采用本章所提 VSG 生成最优虚拟样本后再结合虚拟样本与真实样本构建 RF 软测量模型；MySQL 数据库的主要功能是存储历史过程数据、历史 DXN 排放浓度软测量值、建模样本和算法参数；软测量系统与数据源之间的通讯通过 OPC 技术实现。通过该系统可以实时在线检测 MSWI 过程的 DXN 排放浓度。

12.2 系统需求分析

MSWI 厂排放的烟气中含有强毒性的 DXN 类化合物。目前，一般通过实验室化验的方法对 DXN 排放浓度进行按月/季的检测，周期长且成本高，由此也导致构建其软测量模型的有效样本极其稀少。为了能够实时监测 DXN 的排放浓度，便于将其控制在最低值，笔者团队设计开发了基于 VSG 的 DXN 排放浓度软测量系统。

本系统的设计目的是实时在线检测 DXN 排放浓度，协助工作人员对 DXN 进行实时监控和异常状况下的人工控制。本系统包括用户登录、过程数据在线监控、DXN 排放浓度软测量、建模样本展示和算法介绍 5 个界面，除用户登录界面外，其他界面的简介如下。

(1) 过程数据在线监控界面：展示 MSWI 过程在线检测的所有过程数据，每秒进行自动更新。

(2) DXN 排放浓度软测量界面：展示用于 DXN 软测量建模的关键过程数据，基于实时的关键过程数据软测量模型可实时对 DXN 排放浓度进行软测量，并实时更新显示，历史 DXN 排放浓度软测量值通过折线图的形式展示，单击“导出”按钮可将 72h 内的关键过程数据和 DXN 排放浓度软测量值导出，保存至本地。

(3) 建模样本展示界面：展示真实建模样本与虚拟建模样本，单击“导入”按钮可将最新的建模样本导入数据库并展示。

(4) 算法介绍界面：展示基于 VSG 的 DXN 排放浓度软测量模型构造策略和面向 DXN 软测量的 VSG 的整体策略。

12.3 系统开发方案与技术路线

12.3.1 开发方案

针对 MSWI 过程中 DXN 排放浓度难以实时监测和构建软测量模型的有效样本稀少问题，本章设计开发了基于 VSG 的 DXN 排放浓度软测量系统，其结构如图 12.1 所示。

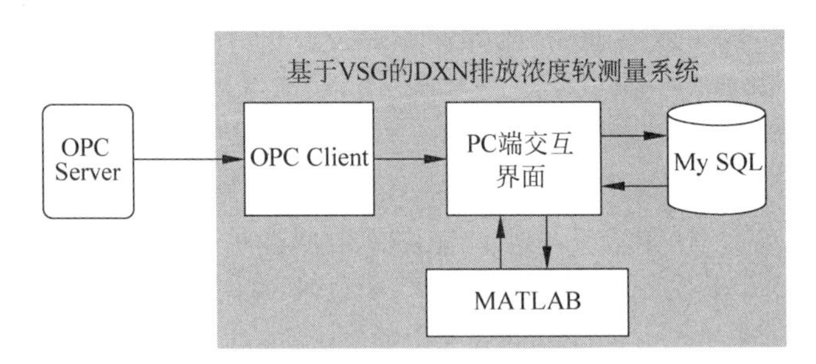

图 12.1 系统结构图

针对软件运行系统的 OPC Server 需求，开发 OPC Client 实现软件的外部通信功能。通过 OPC Client 读取的关键建模数据被传输至后台算法程序进行 DXN 排放浓度计算，其结果回传给 PC 端交互界面进行显示，实现 DXN 排放浓度的实时软测量。

在 MATLAB 环境下编写面向 DXN 软测量的 VSG 以生成最优虚拟样本，再基于虚拟样本构建 DXN 排放浓度软测量模型，确定模型的输入、输出。开发易操作的 PC 端交互界面，以展示实时过程数据和关键建模数据。将 MATLAB 算法程序打包成 DLL 文件嵌入系统后台，前、后台应用程序通过.NET API 接口技术实现数据传输。当前软测量结果以数值形式显示，同时更新历史软测量结果折线图。

另外，对构建当前软测量模型所使用的真实建模样本与虚拟建模样本进行显示，对软测量模型的构建和 VSG 策略进行展示。通过本系统，使用者能够实时监控 DXN 排放浓度及其变化趋势、实时监控关键建模过程数据、查看建模样本和了解算法原理。

图 12.2 为系统的功能框架图，其具体功能说明如下。

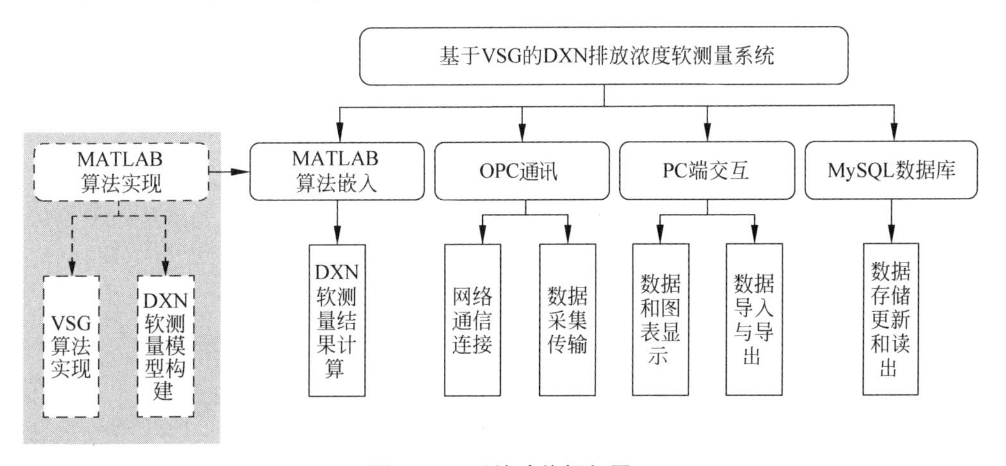

图 12.2　系统功能框架图

(1) 网络通信连接功能：通过 IP 地址连接外部 OPC Server，实现系统与外部的通信；

(2) 数据采集传输功能：利用 OPC Client 采集建模过程数据，为系统提供实时数据源；

(3) DXN 软测量结果计算功能：将在 MATLAB 中构建的 DXN 软测量模型嵌入系统后台，模型基于系统实时采集的建模过程数据计算 DXN 软测量结果；

(4) 数据和图表显示功能：系统提供了数据显示、曲线趋势显示、表格显示和图文显示等人性化展示界面，操作人员可以通过系统交互界面实时监控 DXN 排放浓度、过程数据、历史数据、建模样本和算法介绍等；

(5) 数据导入与导出功能：系统的 PC 端交互界面提供了数据导入与导出功能，将运行过程中的建模数据导出至本地，同时能够将本地建模样本等导入数据库更新或保存；

(6) 数据存储、更新和读出功能：对 OPC Client 采集到的实时过程数据、系统计算的实时 DXN 软测量值、手动导入的建模样本数据等进行存储、更新和读出，通过读出功能可以实现 PC 端交互界面的数据显示、导出等功能；

(7) VSG 算法实现和 DXN 软测量模型构建功能：该功能基于 MATLAB 平台实现，属于系统实现的离线支撑功能。通过 VSG 算法实现功能可以获得用于解决 DXN 小样本建模问题的虚拟样本；DXN 软测量模型构建功能可以结合虚拟样本构建 DXN 软测量模型，模型被嵌入系统后可以实现 DXN 排放浓度的实时软测量。

12.3.2 技术路线

面向 MSWI 过程的基于 VSG 的 DXN 排放浓度软测量系统的开发环境为 Windows 7 操纵系统，本系统对硬件系统的要求为计算机主频大于 1.86GHz，内存不小于 4GB，硬盘不小于 50GB。另外，开发过程中主要使用的软件为 Visual Studio 2019、MATLAB R2015b 和 MySQL 数据库等。上述软件的功能介绍如下。

(1) Visual Studio 2019：该软件是面向 Windows、Android 等众多平台的应用程序集成开发环境，它集成了设计、编辑、调试、探查等功能，可采用 C#、C++、HTML、Python 等众多编程语言进行开发，兼具了使用的灵活性与效率。本章应用该软件通过 C# 进行了系统的开发，实现了 PC 端交互界面和后端数据联接、算法运行和数据存取等功能。

(2) MATLAB R2015b：该软件是一款主要面向科学计算、可视化和交互式程序设计的数学软件，集成了数值分析、矩阵计算、数据可视化、非线性动态系统建模和仿真等诸多功能，可以使用类似于数学和工程中常见的形式进行便捷的算法编程实现，为科学研究和工程设计的仿真计算提供了重要支撑。本系统在开发过程中采用该软件实现了 VSG 算法并构建了 DXN 排放浓度软测量模型，且模型被打包成动态数据链接库嵌入 C# 程序中运算。

(3) MySQL 数据库：该软件是一种关系型数据库管理系统，具有体积小、速度快和开源等优点。本系统使用该软件存储过程数据、系统运算结果和建模样本等，并协助系统实现数据的更新、导入和导出。

12.4 系统功能实现

根据系统的开发方案，基于 Visual Studio 环境采用 C# 结合 MATLAB 与 MySQL 完成系统各项功能的开发，以下从系统界面的视角介绍其各项功能的实现。

12.4.1 过程数据监控

过程数据监控界面用于实时监控源自 MSWI 过程现场的所有过程变量，如

图 12.3 所示。系统通过外部 OPC sever 的 IP 地址和名称与其实现连接，过程数据基于 OPC 创建的传输通路读取并显示在界面上。另外，单击界面底部导航栏的“过程数据监控”模块，即可切换显示该界面。

基于VSG的DXN排放浓度软测量系统

IP: 192.168.1.110　搜索　Server: TN.OPC.SERV　连接

Id	Value	Quality	Time
MSWI.C1.D2.S1_G1.MSWI_HistoryData_FCV_12CM15	24	192	2022/3/11 16:03:16
MSWI.C1.D2.S1_G1.MSWI_HistoryData_FI_12BL02	3.96869	192	2022/3/11 16:04:04
MSWI.C1.D2.S1_G1.MSWI_HistoryData_FI_12BL02_QDIS	1692.886963	192	2022/3/11 16:04:04
MSWI.C1.D2.S1_G1.MSWI_HistoryData_FI_12BL0203	7.578648	192	2022/3/11 16:04:04
MSWI.C1.D2.S1_G1.MSWI_HistoryData_FI_12BL03	3.591292	192	2022/3/11 16:04:04
MSWI.C1.D2.S1_G1.MSWI_HistoryData_FI_2SN01	55.433632	192	2022/3/11 16:04:04
MSWI.C1.D2.S1_G1.MSWI_HistoryData_FI_2SN01_Q_24	358.990021	192	2022/3/11 16:04:04
MSWI.C1.D2.S1_G1.MSWI_HistoryData_FI_2SN01_QDIS	10185.41406	192	2022/3/11 16:04:04
MSWI.C1.D2.S1_G1.MSWI_HistoryData_FI12FG01PV	131.79068	192	2022/3/11 16:04:04
MSWI.C1.D2.S1_G1.MSWI_HistoryData_FI2BL04PV	80.759453	192	2022/3/11 16:04:04
MSWI.C1.D2.S1_G1.MSWI_HistoryData_FI2BL04PV_Q	33599.06641	192	2022/3/11 16:04:04
MSWI.C1.D2.S1_G1.MSWI_HistoryData_FI2CM16PV	0	192	2022/3/11 16:03:16
MSWI.C1.D2.S1_G1.MSWI_HistoryData_FIC_12BL05	32.701385	192	2022/3/11 16:04:04
MSWI.C1.D2.S1_G1.MSWI_HistoryData_FIC_12BL06	32.780895	192	2022/3/11 16:04:04
MSWI.C1.D2.S1_G1.MSWI_HistoryData_FIC_12BLZ	65.418991	192	2022/3/11 16:04:04
MSWI.C1.D2.S1_G1.MSWI_HistoryData_FIC_12SN02_Q_24	0	192	2022/3/11 16:03:16
MSWI.C1.D2.S1_G1.MSWI_HistoryData_FIC2CM01PV	4.348086	192	2022/3/11 16:04:04

DXN排放浓度软测量　建模样本　算法展示　过程数据监控

图 12.3　过程数据监控界面

12.4.2　DXN 排放浓度软测量

DXN 排放浓度软测量的界面是本系统的主界面，能够显示关键建模数据、当前 DXN 排放浓度的软测量值和历史 DXN 排放浓度软测量值折线图，其功能实现如下：

(1) OPC Client 读取关键建模过程数据进行实时显示并存储于数据库，显示的数据每小时自动覆盖，数据库的数据每 72h 自动覆盖；

(2) 系统读取关键建模过程数据后，通过.NET API 接口传输至后台软测量模型进行运算，计算结果即当前 DXN 排放浓度的软测量值，对其进行实时更新显示；

(3) 实时计算的 DXN 排放浓度软测量值存储于数据库，历史 DXN 排放浓度软测量值通过折线图的形式显示在界面上，并根据软测量结果进行实时更新；

(4) 单击“导出”按钮，可将存储于数据库的历史关键建模过程数据及其对应的 DXN 排放浓度软测量值导出至本地。

另外，单击界面底部导航栏的“DXN 排放浓度软测量”模块，即可切换显示该界面。

图 12.4 DXN 排放浓度软测量界面

12.4.3 建模样本展示

建模样本展示界面主要展示用于构建模型的真实样本和虚拟样本,通过单击“导入”按钮可以分别将真实样本与虚拟样本导入系统,存储至数据库并展示在界面上。当系统模型被更新时,可以对其进行相应的更新。另外,单击界面底部导航栏的“建模样本”模块,即可切换显示该界面,如图 12.5 所示。

图 12.5 建模样本展示界面

12.4.4　算法介绍

算法介绍界面主要是对DXN排放浓度软测量模型构建方法和VSG算法的实现进行介绍。分别展示了基于VSG的DXN排放浓度软测量模型构建策略和面向DXN排放浓度软测量的VSG策略，方便使用者对算法进行基本了解。另外，单击界面底部导航栏的“算法介绍”模块，即可切换显示该界面，如图12.6所示。

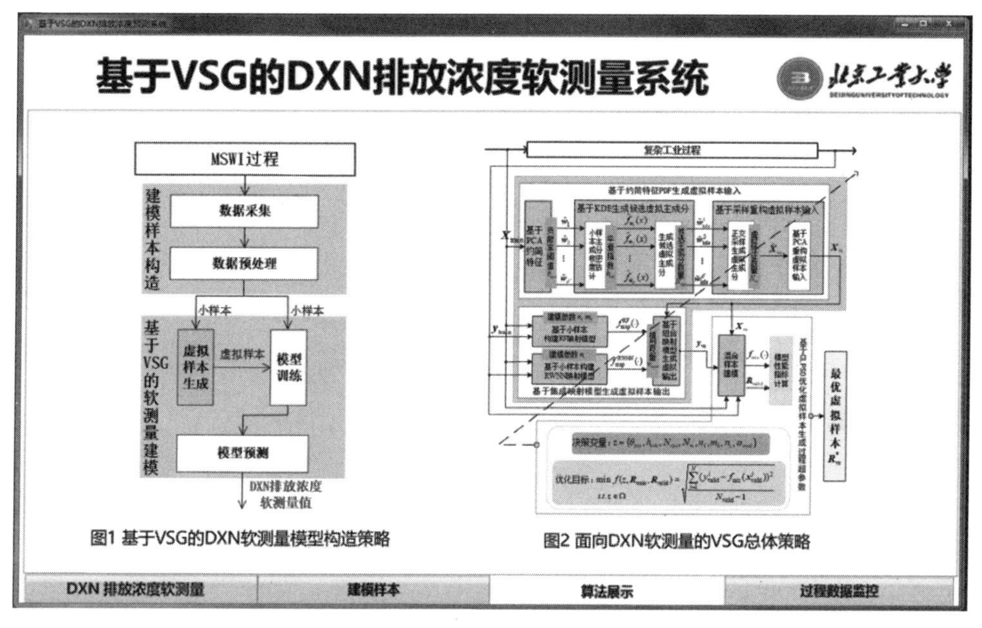

图 12.6　算法介绍界面